EUL VERLAG

Rechnungslegung und Wirtschaftsprüfung

Herausgegeben von Prof. (em.) Dr. Dr. h. c. Jörg Baetge, Münster, Prof. Dr. Hans-Jürgen Kirsch, Münster, und Prof. Dr. Stefan Thiele, Wuppertal

Band 13
Leif Steinhauer
Die Objektivierung des kapitalmarktorientierten Value Reporting – Möglichkeiten und Grenzen des Economic Value Added
Lohmar – Köln 2007 • 362 S. • € 54,- (D) • ISBN 978-3-89936-616-7

Band 14
Dirk Mahlstedt
IFRS und Bilanzrating – Eine empirische Untersuchung auf Basis von IFRS-Erstanwendern
Lohmar – Köln 2008 • 388 S. • € 55,- (D) • ISBN 978-3-89936-671-6

Band 15
Peter Koelen
Investitionstheoretische Bewertungskalküle in der IFRS-Rechnungslegung – Möglichkeiten und Grenzen einer unternehmenswertorientierteren Berichterstattung
Lohmar – Köln 2009 • 300 S. • € 59,- (D) • ISBN 978-3-89936-821-5

Band 16
Sebastian Nimwegen
Vermeidung und Aufdeckung von Fraud – Möglichkeiten der internen Corporate Governance-Elemente
Lohmar – Köln 2009 • 296 S. • € 59,- (D) • ISBN 978-3-89936-822-2

Band 17
Timo Haenelt
Die Zwischenberichterstattung nach IFRS – Eine empirische Analyse der gesetzlichen Vorschriften und der Anforderungen des Kapitalmarkts
Lohmar – Köln 2009 • 400 S. • € 66,- (D) • ISBN 978-3-89936-831-4

JOSEF EUL VERLAG

Reihe: Rechnungslegung und Wirtschaftsprüfung · Band 17

Herausgegeben von Prof. (em.) Dr. Dr. h. c. Jörg Baetge, Münster, Prof. Dr. Hans-Jürgen Kirsch, Münster, und Prof. Dr. Stefan Thiele, Wuppertal

Dr. Timo Haenelt

Die Zwischenberichterstattung nach IFRS

Eine empirische Analyse der gesetzlichen Vorschriften und der Anforderungen des Kapitalmarkts

Mit einem Geleitwort von Prof. Dr. Dr. h. c. Jörg Baetge, Westfälische Wilhelms-Universität Münster

EUL VERLAG

Bibliografische Information der Deutschen Nationalbibliothek

Die Deutsche Nationalbibliothek verzeichnet diese Publikation in der Deutschen Nationalbibliografie; detaillierte bibliografische Daten sind im Internet über <http://dnb.d-nb.de> abrufbar.

Dissertation, Westfälische Wilhelms-Universität Münster, 2009

D 6 (2009)

ISBN 978-3-89936-831-4
1. Auflage August 2009

JOSEF EUL VERLAG GmbH
Brandsberg 6
53797 Lohmar
Tel.: 0 22 05 / 90 10 6-6
Fax: 0 22 05 / 90 10 6-88
E-Mail: info@eul-verlag.de
http://www.eul-verlag.de

Bei der Herstellung unserer Bücher möchten wir die Umwelt schonen. Dieses Buch ist daher auf säurefreiem, 100% chlorfrei gebleichtem, alterungsbeständigem Papier nach DIN 6738 gedruckt.

Geleitwort

Innerhalb der Europäischen Union (EU) wurde die Zwischenberichterstattung mit der Ende 2004 verabschiedeten Transparenzrichtlinie (2004/109/EG) zuletzt wesentlich erweitert und konkretisiert. Seit 2005 sind die in der EU ansässigen kapitalmarktorientierten Unternehmen zudem verpflichtet, ihre konsolidierten Zwischenabschlüsse nach den International Financial Reporting Standards (IFRS) zu erstellen. Vom deutschen Gesetzgeber wurde die Transparenzrichtlinie mit dem am 20. Januar 2007 in Kraft getretenen Transparenzrichtlinie-Umsetzungsgesetz (TUG) in nationales Recht umgesetzt. Bezugnehmend auf die novellierten gesetzlichen Regelungen zur Zwischenberichterstattung veröffentlichte ebenfalls der Deutsche Standardisierungsrat (DSR) im Mai 2008 den neuen Deutschen Rechnungslegungs Standard Nr. 16 (DRS 16: „Zwischenberichterstattung"). Neben dem (europäischen) Gesetzgeber erweiterte auch das International Accounting Standards Board (IASB) in den letzten Jahren – unter anderem durch die verabschiedeten IFRS 8 („Geschäftssegmente") und IFRS 3 („Unternehmenszusammenschlüsse") – den Umfang der IFRS-Zwischenberichterstattung deutlich.

Eine detaillierte empirische Untersuchung darüber, welche Anforderungen die Kapitalmarktteilnehmer an die novellierte IFRS-Zwischenberichterstattung stellen, existiert im Schrifttum bislang nicht, obgleich aktuellen Kapitalmarktstudien zufolge für die Anlageentscheidungen der befragten Kapitalmarktteilnehmer die IFRS-Zwischenberichte annähernd den gleich hohen Stellenwert einnehmen wie der Geschäftsbericht eines kapitalmarktorientierten Unternehmens. Der Verfasser schließt mit seiner Arbeit diese im Schrifttum bestehende Lücke. Darüber hinaus entwickelt der Verfasser – aufbauend auf den empirisch ermittelten Anforderungen des Kapitalmarkts an eine entscheidungsnützliche IFRS-Zwischenberichterstattung – umfangreiche und detaillierte Empfehlungen zur inhaltliche Gestaltung von IFRS-Zwischenberichten. Ferner untersucht der Verfasser auf Basis der empirisch ermittelten Anforderungen und der entwickelten Gestaltungsempfehlungen, ob und wieweit die kapitalmarktorientierten Unternehmen gegenwärtig die Informationsbedürfnisse der Kapitalmarktteilnehmer mit ihren publizierten IFRS-Zwischenberichten erfüllen und wieweit die derzeitige Qualität der IFRS-Zwischenberichterstattung anhand unternehmensspezifischer Merkmale erklärt werden kann.

Die vorliegende empirische Untersuchung besteht insgesamt aus sechs Kapiteln. Im **ersten Kapitel** erläutert der Verfasser die Fragestellung der Arbeit und stellt die Bedeutung der

Zwischenberichterstattung für die Kapitalmarktteilnehmer dar. Anschließend erläutert er die Problemstellung und den Gang der Untersuchung.

Im **zweiten Kapitel** werden vom Verfasser als Grundlage für die empirische Untersuchung die gesetzlichen Vorschriften zur IFRS-Zwischenberichterstattung in Deutschland vorgestellt. Dabei stellt er zunächst die europarechtlichen Vorgaben dar, die vom deutschen Gesetzgeber in das nationale Recht (Wertpapierhandelsgesetz (WpHG)) umzusetzen waren. Nach den Regelungen des WpHG beschreibt der Verfasser die Vorschriften des DRS 16 („Zwischenberichterstattung") und erörtert anschließend die Vorgaben des IFRS-Normenwerkes (IAS 34 und IFRIC 10) zur unterjährigen Berichterstattung. Bezugnehmend auf die Regelungen zur IFRS-Zwischenberichterstattung, werden vom Verfasser die Zwecke des IFRS-Zwischenberichts konkretisiert, da inhaltliche Gestaltungsempfehlungen nur dann sinnvoll entwickelt werden können, wenn die Zwecke adäquat berücksichtigt werden. Der Zweck des IFRS-Zwischenberichts besteht grundsätzlich in der Informationsvermittlung. Unter dem Zweck der Informationsvermittlung lassen sich im Rahmen der IFRS-Zwischenberichterstattung sowohl die Rechenschaft über die abgelaufene Zwischenberichtsperiode und die Überbrückung des Zeitraums zwischen zwei jährlichen IFRS-Abschlüssen als auch die Vorausschau für das laufende Geschäftsjahr subsumieren. Neben den Zwecken der IFRS-Zwischenberichterstattung stellt er zudem die gesetzlichen Vorgaben zur Offenlegung und die Vorschriften zur Prüfung von IFRS-Zwischenberichten vor.

Im **dritten Kapitel** stellt der Verfasser die Ergebnisse der empirischen Erhebung dar, mit der er die Informationsbedürfnisse der Kapitalmarktteilnehmer an eine entscheidungsnützliche IFRS-Zwischenberichterstattung ermittelt. In der empirischen Untersuchung wurden hierzu fachkundige Finanzanalysten, Fondsmanager und Wirtschaftsprüfer befragt, welche Bedeutung sie der IFRS-Zwischenberichterstattung im Allgemeinen und den einzelnen Berichtsgegenständen des IFRS-Zwischenberichts im Speziellen beimessen. In die empirische Befragung wurden 950 Finanzanalysten, 217 Fondsmanager und 950 Wirtschaftsprüfer einbezogen. Die Befragungsgesamtheit betrug damit 2.117 Kapitalmarktteilnehmer. Ihnen wurde ein hierarchisch gegliederter und sachlich strukturierter Fragebogen vorgelegt, der vom Verfasser durch eine Auswertung des Schrifttums zur Zwischenberichterstattung und eine Diskussion mit Repräsentanten der Deutschen Vereinigung für Finanzanalyse und Asset Management e. V. (DFVA) entwickelt wurde. Der Fragebogen umfasst drei Abschnitte, neun Unterabschnitte sowie 49 übergeordnete und 48 untergeordnete Berichtsgegenstände.

Insgesamt gab es einen Rücklauf von 158 auswertbaren Fragebögen, was einer Rücklaufquote von 7,46 % entspricht. Die empirische Untersuchung kann mit dieser Rücklaufquote als repräsentativ für die Befragungsgesamtheit bezeichnet werden, da anhand der Stichprobenergebnisse die Aussagen mit einem Sicherheitsgrad von 95 % und einem Genauigkeitsgrad von größtenteils über 90 % getroffen werden können.

Die Befragungsergebnisse zeigen, dass für die Anlageentscheidungen der befragten Kapitalmarktteilnehmer der IFRS-Zwischenbericht annähernd so wichtig ist wie der Geschäftsbericht eines kapitalmarktorientierten Unternehmens. Den wichtigsten Bestandteil des IFRS-Zwischenberichts stellt für die Befragten mit einem prozentualen Gewicht von 53,43 % der IFRS-Zwischenabschluss dar, während sie die Bedeutung des Zwischenlageberichts als durchschnittlich einschätzen (Gewicht 32,77 %). Die niedrigste Bedeutung weisen die befragten Kapitalmarktteilnehmer den sonstigen Angaben mit einem prozentualen Gewicht von 13,77 % zu. Vor dem Hintergrund, dass die Zwischenberichte in Deutschland nicht verpflichtend von einem Wirtschaftsprüfer prüferisch durchgesehen werden müssen, ist die hohe Bedeutung des Zwischenberichts allerdings danach zu differenzieren, ob er prüferisch durchgesehen wurde oder nicht. Der Verfasser stellte als Ergebnis seiner empirischen Untersuchung fest, dass die befragten Kapitalmarktteilnehmer zwischen einem prüferisch durchgesehenen IFRS-Zwischenbericht und einem IFRS-Zwischenbericht, der keiner prüferischen Durchsicht unterzogen wurde, einen nennenswerten Unterschied in der Berichterstattungsqualität sehen.

Im **vierten Kapitel** untersucht der Verfasser die einzelnen Berichtsgegenstände des IFRS-Zwischenberichts. Zunächst erläutert er, welche Bedeutung die befragten Kapitalmarktteilnehmer den einzelnen Berichtsgegenständen des IFRS-Zwischenberichts zuweisen. Sofern die befragten Kapitalmarktexperten und Wirtschaftprüfer die Bedeutung einzelner Berichtsgegenstände signifikant unterschiedlich einschätzen, werden die Unterschiede zusätzlich analysiert. Anschließend stellt der Verfasser dar, welche Angaben das berichterstattende Unternehmen zu den einzelnen Berichtsgegenständen des IFRS-Zwischenberichts nach dem WpHG, dem DRS 16 und dem IAS 34 zu machen hat. Auf dieser Basis ermittelt er für jeden einzelnen Berichtsgegenstand, welche freiwilligen Angaben im IFRS-Zwischenbericht zu den Berichtsgegenständen veröffentlicht werden sollten, damit die empirisch erhobenen Informationsbedürfnisse der Adressaten adäquat befriedigt werden. Entsprechend der ermittelten Bedeutung eines Berichtsgegenstandes für die befragten Kapitalmarktteilnehmer werden die Anforderungen an die Informationen über diesen Berichtsgegenstand konkretisiert. Der Verfasser kommt insgesamt zu dem Ergebnis, dass die berichterstattenden Unternehmen bei vielen Berichtsgegenständen neben den vorgeschriebenen Angaben freiwillig zusätzliche Angaben machen sollten, wenn sie die Informationsbedürfnisse der Kapitalmarktteilnehmer befriedigen wollen.

Für die einzelnen Bestandteile des IFRS-Zwischenberichts kommt der Verfasser zu folgenden Ergebnissen:

- Die **Rechenwerke** des IFRS-Zwischenabschlusses sind gemäß IAS 34.8 zumindest in verkürzter Form auszuweisen. Das berichterstattende Unternehmen sollte die Rechenwerke aber freiwillig detaillierter darstellen, denn die Ergebnisse der empirischen Erhebung zeigen, dass die befragten Kapitalmarktteilnehmer im IFRS-Zwischenabschluss ausführliche Rechenwerke präferieren, die etwa so ausführlich wie die Rechenwerke des letzten jährlichen IFRS-Abschlusses gegliedert sind. Dadurch können die Kapitalmarktteilnehmer die wirtschaftliche Lage des berichterstattenden Unternehmens im Zeitablauf besser vergleichen und unterjährige Veränderungen der Vermögens-, Finanz- und Ertragslage leichter erkennen. Überdies ergab die Befragung, dass die Posten der einzelnen Rechenwerke im IFRS-Zwischenabschluss nicht nur dargestellt, sondern zusätzlich vom Unternehmen im IFRS-Zwischenbericht freiwillig erläutert werden sollten, sofern sie sich im Vergleich zum letzten jährlichen Abschluss wesentlich geändert haben. Die befragten Kapitalmarktexperten weisen besonders den Erläuterungen zur Gesamtergebnisrechnung und zur Bilanz eine hohe Bedeutung zu.
- Beim **Anhang** des IFRS-Zwischenabschlusses messen die befragten Kapitalmarktexperten und Wirtschaftsprüfer den folgenden Angaben mindestens eine hohe Bedeutung bei:
  - Angaben zu den angewandten Bilanzierungs- und Bewertungsmethoden sowie zu den unterjährigen Abgrenzungsregeln,
  - Angaben zu Schätzungen,
  - Angaben zu ungewöhnlichen Sachverhalten,
  - Angaben zu einem veränderten Konsolidierungskreis,
  - Angaben zu Ereignissen nach dem Ende der Zwischenberichtsperiode und
  - Segmentangaben.

Der Verfasser hat für diese Anhangangaben in seiner Arbeit ausführliche inhaltliche Gestaltungsempfehlungen entwickelt und diese anhand einiger Beispiele aus publizierten IFRS-Zwischenberichten veranschaulicht. Ebenfalls beschreibt der Verfasser die für den Kapitalmarkt weniger relevanten Berichtsgegenstände in seiner Arbeit, da die inhaltliche Qualität des IFRS-Zwischenberichts grundsätzlich auch verbessert werden kann, wenn das berichterstattende Unternehmen freiwillige Angaben zu diesen Berichtsgegenständen veröffentlicht. Für eine effiziente IFRS-Zwischenberichterstattung ist über die für den Kapitalmarkt weniger bedeutenden Berichtsgegenstände indes nicht so umfangreich zu berichten wie über die wichtigeren Berichtsgegenstände.

- Beim **Zwischenlagebericht** messen die befragten Kapitalmarktteilnehmer dem Teilbericht „Ertrags-, Finanz- und Vermögenslage", dem „Risikobericht" und dem „Prognosebericht" mindestens eine hohe Bedeutung bei. Für den Teilbericht „Ertrags-, Finanz- und Vermögenslage" entwickelt der Verfasser für die Teillagen detaillierte Gestaltungsempfehlungen, wobei er inhaltliche Redundanzen zwischen dem Anhang des IFRS-Zwischenabschlusses und dem Zwischenlagebericht weitgehend vermeidet. Im Zusammenhang mit der unterjährigen Risiko- und Prognoseberichterstattung empfiehlt der Verfasser dem berichterstattenden Unternehmen – bezugnehmend auf die empirisch ermittelten Informationsbedürfnisse der Kapitalmarktteilnehmer – nicht nur die wesentlich veränderten Risiken und Prognosen für das laufende Geschäftsjahr, sondern – über die gesetzlichen Vorgaben hinaus – auch die Risiken und Prognosen für das kommende Geschäftsjahr zu aktualisieren. Aufgrund der hohen Bedeutung des Risiko- und Prognoseberichts für die Kapitalmarktteilnehmer sollten die veränderten Risiken und Prognosen in Bandbreiten quantifiziert werden, obgleich dies weder nach WpHG noch nach DRS 16 vorgeschrieben oder empfohlen wird. Falls sich die im letzten jährlichen Lagebericht dargestellten Risiken und Prognosen während der Zwischenberichtsperiode nicht wesentlich verändert haben, empfiehlt der Verfasser diesbezüglich einen Fehlbericht in den Zwischenlagebericht aufzunehmen.
- Von den **sonstigen Angaben** besitzen für die Befragten ausschließlich die Angaben von Non-GAAP-Kennzahlen eine mittlere bis hohe Bedeutung. Dem Veröffentlichungsdatum des IFRS-Zwischenberichts und dem Kalendarium mit Veröffentlichungs- und Veranstaltungsterminen weisen die Befragten hingegen eine mittlere Bedeutung zu, während der Versicherung der gesetzlichen Vertreter („Bilanzeid") und den Angaben zum Aktienkurs nur eine niedrige bis mittlere Bedeutung zukommt. Hinsichtlich der

bedeutendsten der sonstigen Angaben im IFRS-Zwischenabschluss, d. h. der Angabe der Non-GAAP-Kennzahlen zeigt der Verfasser, dass zwar mit der Non-GAAP-Berichterstattung die zwischenbetriebliche und zeitliche Vergleichbarkeit der Ertragslage des berichterstattenden Unternehmens verbessert werden soll, indes der Bilanzierende erhebliche Ermessenspielräume besitzt, da die Non-GAAP-Kennzahlen weder gesetzlich definiert sind, noch gegenwärtig im Schrifttum eine einheitliche Definition der Kennzahlen vorliegt. Für eine entscheidungsnützliche unterjährige Non-GAAP-Berichterstattung sind nach Ansicht des Verfassers daher die Non-GAAP-Kennzahlen mit einer Überleitungsrechnung nachprüfbar zum Zwischenabschluss überzuleiten.

Insgesamt gelingt es dem Verfasser, umfangreiche inhaltliche Gestaltungsempfehlungen für eine effiziente und zugleich entscheidungsnützliche IFRS-Zwischenberichterstattung zu entwickeln. Er illustriert seine Untersuchungsergebnisse zusätzlich mit zahlreichen Beispielen guter und schlechter Berichterstattungsqualität aus veröffentlichten IFRS-Zwischenberichten deutscher kapitalmarktorientierter Unternehmen.

Im **fünften Kapitel** dienen dem Verfasser die empirisch ermittelten Anforderungen des Kapitalmarkts an die IFRS-Zwischenberichterstattung und die entwickelten Gestaltungsempfehlungen als Grundlage für eine objektive Bewertung der inhaltlichen Qualität publizierter IFRS-Zwischenberichte. Auf dieser Grundlage wird die inhaltliche Qualität von 75 publizierten IFRS-Zwischenberichten kapitalmarktorientierter deutscher Industrie-, Handels- und Dienstleistungsunternehmen gemessen und in ein intersubjektiv nachprüfbares Maß (Gesamt- bzw. Teil-Qualitätswert) abgebildet. Da die relative Häufigkeit der unternehmensspezifischen Merkmale in der Stichprobe repräsentativ für die relative Häufigkeit der unternehmensspezifischen Merkmale in der Grundgesamtheit der 118 in den Indizes DAX®, MDAX® und SDAX® notierten Unternehmen ist, sind die Aussagen der empirischen Untersuchung statistisch gesichert.

Bei den untersuchten Unternehmen beträgt der durchschnittliche Gesamt-Qualitätswert des IFRS-Zwischenberichts 58,91 %, wobei rund neun Zehntel der untersuchten Unternehmen mit ihren publizierten IFRS-Zwischenberichten den Adressaten mindestens in ausreichender Weise (Gesamt-Qualitätswert > 50 %) aktuelle Informationen über die wirtschaftliche Lage und die künftige Entwicklung der Gesellschaft vermitteln. Allerdings gibt es mit einem durchschnittlichen Gesamt-Qualitätswert von 58,91 % noch ein erhebliches Potenzial, die gegenwärtige IFRS-Zwischenberichterstattung zu verbessern und damit den Adressaten zusätzliche entscheidungsnützliche Informationen für ihre unterjährigen Anlageentscheidungen zu geben. Die Ergebnis-Analyse der drei Bestandteile des IFRS-Zwischenberichts (IFRS-Zwischenabschluss, Zwischenlagebericht und sonstige Angaben) zeigt, dass die Qualität der IFRS-Zwischenberichte vor allem im Zwischenlagebericht – mit einem noch unzureichenden Teil-Qualitätsmittelwert von 44,38 % – erheblich verbessert werden kann.

Der Verfasser hat die inhaltliche Qualität der 75 untersuchten IFRS-Zwischenberichte kapitalmarktorientierter deutscher Unternehmen nicht nur beschrieben, sondern auch erklärt. Hierzu hat er fünf unternehmensspezifische Merkmale (Börsenindexzugehörigkeit, Unternehmensgröße, prüferische Durchsicht, Veröffentlichungsdauer und Streubesitzanteil) identifiziert, die die Qualität der IFRS-Zwischenberichterstattung in der Praxis beeinflussen könnten. Anschließend hat der Verfasser mithilfe des Zweistichprobentests für die Differenz zweier arithmetischer Mittelwerte die Hypothesen über vermutete Zusammenhänge zwischen den unternehmensspezifischen Merkmalen und der Qualität der IFRS-Zwischenberichterstattung getestet. Die wesentlichen Ergebnisse lauten wie folgt:

- Unternehmen, die im DAX® gelistet sind, besitzen eine signifikant bessere IFRS-Zwischenberichterstattung als Unternehmen, die im MDAX® und SDAX® notiert sind. Des Weiteren weisen MDAX®-Unternehmen eine signifikant bessere IFRS-Zwischenberichterstattung auf als SDAX®-Unternehmen.
- Große Unternehmen haben eine signifikant bessere IFRS-Zwischenberichterstattung als mittelgroße und kleinere Unternehmen.
- Prüferisch durchgesehene IFRS-Zwischenberichte weisen eine signifikant höhere Qualität auf als IFRS-Zwischenberichte, die keiner prüferischen Durchsicht unterzogen wurden.
- Früh veröffentlichte IFRS-Zwischenberichte besitzen eine signifikant höhere Qualität als IFRS-Zwischenberichte, die erst spät publiziert werden.
- Unternehmen, bei denen sich ein hoher oder ein mittlerer Anteil ihrer Aktien im Streubesitz befindet, haben eine signifikant bessere IFRS-Zwischenberichterstattung als Unternehmen mit einem niedrigen Streubesitzanteil ihrer Aktien.

Neben den Hypothesentests führt der Verfasser zusätzlich eine multiple lineare Regressionsanalyse durch, um zu bestimmen, wie gut mit den fünf unternehmensspezifischen Merkmalen die Qualität publizierter IFRS-Zwischenberichte insgesamt erklärt werden kann, d. h. ob und wieweit andere Faktoren die Qualität publizierter IFRS-Zwischenberichte wesentlich beeinflussen. Der Verfasser kommt bei seiner multiplen linearen Regressionsanalyse zu den folgenden Ergebnissen:

- Bei den konzipierten multiplen linearen Regressionsmodellen werden alle Voraussetzungen erfüllt, damit sowohl unverzerrte (erwartungstreue) als auch effiziente Schätzer ermittelt werden können.
- Der Verfasser erzielt mit dem ersten Regressionsmodell, bei dem alle unternehmensspezifischen Merkmale berücksichtigt werden, ein korrigiertes Bestimmtheitsmaß (R^2_{korr}) von 0,329. Das Regressionsmodell besitzt im Vergleich zu anderen empirischen Studien damit eine gute Erklärungskraft.
- Im ersten Regressionsmodell besteht zwischen dem Merkmal „Börsenindexzugehörigkeit" ein signifikant positiver Zusammenhang zur Qualität der IFRS-Zwischenberichterstattung. Im Gegensatz zur Börsenindexzugehörigkeit besteht im ersten Regressionsmodell zwischen der Unternehmensgröße und der Qualität publizierter IFRS-Zwischenberichte kein signifikanter Einfluss.
- Da die Merkmale „Börsenindexzugehörigkeit" und „Unternehmensgröße" häufig positiv miteinander korrelieren, wurden mit dem zweiten und dritten Regressionsmodell diese beiden unternehmensspezifischen Merkmale jeweils separat mit den übrigen Merkmalen untersucht. Dabei erwies sich, dass zwischen der Qualität der IFRS-Zwischenberichterstattung und der Unternehmensgröße ein signifikant positiver Zusammenhang besteht, wenn die Börsenindexzugehörigkeit nicht in das Regressionsmodell einbezogen wird. Mit dem zweiten und dritten Regressionsmodell wurde ferner ermittelt, dass mit der Börsenindexzugehörigkeit die Qualität publizierter IFRS-Zwischenberichte wesentlich besser erklärt werden kann als mit der Unternehmensgröße.
- Zwischen dem unternehmensspezifischen Merkmal „prüferische Durchsicht" und der Qualität der IFRS-Zwischenberichterstattung besteht ein signifikanter Zusammenhang, während zwischen den Merkmalen „Veröffentlichungsdauer" und „Streubesitzanteil" in keinem Regressionsmodell ein signifikanter Zusammenhang zur Qualität publizierter IFRS-Zwischenberichte besteht.

Im **sechsten Kapitel** werden die wesentlichen Ergebnisse der Arbeit zusammengefasst.

Münster, im August 2009 Prof. Dr. Dr. h.c. Jörg Baetge

Vorwort des Verfassers

Die vorliegende empirische Untersuchung entstand während meiner Tätigkeit als wissenschaftlicher Mitarbeiter im Forschungsteam Baetge an der Westfälischen Wilhelms-Universität Münster und meiner Tätigkeit als fachlicher Mitarbeiter bei der PricewaterhouseCoopers AG in Osnabrück. Sie wurde im Juli 2009 von der Wirtschaftswissenschaftlichen Fakultät der Westfälischen Wilhelms-Universität Münster als Dissertation angenommen.

Meinem verehrten Doktorvater, Herrn Prof. Dr. Dr. h.c. Jörg Baetge, danke ich herzlich für die wissenschaftliche Betreuung der Arbeit und für die Übernahme des Erstgutachtens. Seine fachlichen Anregungen und seine Zuversicht in das Gelingen der Arbeit haben mir während meiner Promotionszeit sehr geholfen. Für die weitreichende Unterstützung der PricewaterhouseCoopers AG bedanke ich mich stellvertretend bei Herrn WP/StB Prof. Dr. Norbert Winkeljohann und Herrn WP/StB Jürgen Kramer. Mein herzlicher Dank gilt auch Herrn Prof. Dr. Wolfgang Berens für die Übernahme des Zweitgutachtens.

Ohne die Unterstützung der Deutschen Vereinigung für Finanzanalyse und Asset Management e. V. (DFVA) und des Bundesverbandes Deutscher Investmentgesellschaften e. V. (BVI) wäre eine repräsentative Umfrage unter Finanzanalysten und Wirtschaftsprüfern nicht zu erreichen gewesen. Stellvertretend möchte ich mich daher herzlich bei Herrn Ralf Frank (DVFA) und Herrn Wolfgang Raab (BVI) bedanken. Dem Münsteraner Gesprächskreis Rechnungslegung und Prüfung e. V. (MGK) danke ich für die finanzielle Förderung der empirischen Untersuchung.

Meinen ehemaligen und derzeitigen Kolleginnen und Kollegen des Forschungsteams Baetge danke ich für die nicht nur in den Doktorandenseminaren bewiesene Unterstützung. Ebenso danke ich den Kolleginnen und Kollegen am Institut für Rechnungslegung und Wirtschaftsprüfung (IRW) unter der Leitung von Herrn Prof. Dr. Hans-Jürgen Kirsch. Ganz besonders bedanke ich mich bei Frau Dr. Eva Klaholz und Herrn Dipl.-Kfm. Tobias Brembt, die mir durch ihre kritische Durchsicht meines Manuskripts viele wertvolle Hinweise geben konnten. Darüber hinaus sei auch den studentischen Hilfskräften gedankt, die nicht müde wurden, meine Literaturwünsche zu erfüllen. Ohne die genannten Personen wäre diese Arbeit nicht möglich gewesen.

Besonders bedanke ich mich bei meiner Freundin Stefanie, die mir während der gesamten Zeit verständnisvoll und aufmunternd zur Seite stand. Ihr Verständnis und ihr liebevoller

Zuspruch haben mir die nötige Kraft gegeben, die gelegentlichen Hürden während der Promotionszeit zu überwinden.

Der größte Dank gebührt meinem verstorbenen Vater und meiner lieben Mutter, die mich auf meinem bisherigen Lebensweg vertrauensvoll und stets mit großer Zuversicht unterstützt und gefördert haben. Ihnen sei diese Arbeit gewidmet.

Osnabrück, im August 2009 Dr. Timo Haenelt

Inhaltsübersicht

Inhaltsverzeichnis

Verzeichnis der Übersichten

Verzeichnis der Beispiele

Abkürzungsverzeichnis

A

Abs.	Absatz
Abschn.	Abschnitt
ADS	Adler/Düring/Schmaltz
a. F.	alte Fassung
AG	Aktiengesellschaft
AIMR	Association for Investment Management and Research
AK	Arbeitskreis
AKEIÜ	Arbeitskreis „Externe und interne Überwachung der Unternehmung" der Schmalenbach-Gesellschaft für Betriebswirtschaft e. V.
AKEU	Arbeitskreis „Externe Unternehmensrechnung" der Schmalenbach-Gesellschaft für Betriebswirtschaft e. V.
amend.	amended
Art.	Artikel
Aufl.	Auflage
Aug.	August

B

BaFin	Bundesanstalt für Finanzdienstleistungsaufsicht
BB	Betriebs-Berater (Zeitschrift)
BC	Basis for Conclusions
Bd.	Band
BFuP	Betriebswirtschaftliche Forschung und Praxis (Zeitschrift)
BGBl.	Bundesgesetzblatt
BilMoG	Bilanzrechtsmodernisierungsgesetz
BilReG	Bilanzrechtsreformgesetz
BMF	Bundesministerium der Finanzen
BMJ	Bundesministerium der Justiz
BörsG	Börsengesetz
BörsZulV	Börsenzulassungs-Verordnung
BQ	Berichtsqualität
BS	Bilanzsumme
bspw.	beispielsweise
BT	Bundestag
B. V.	Besloten Vennootschap met beperkte aansprakelijkheid (Rechtsform)
BVI	Bundesverband Deutscher Investmentgesellschaften
bzgl.	bezüglich
bzw.	beziehungsweise

C

CFA	Centre for Financial Market Integrity
CIIA	Certified International Investment Analyst
Co.	Compagnie/Company
c. p.	ceteris paribus
CPA	Certified Public Accountant

D

DAI	Deutsches Aktieninstitut
DAX®	Deutscher Aktienindex
DB	Der Betrieb (Zeitschrift)
DBW	Die Betriebswirtschaft (Zeitschrift)
DCF	Discounted Cashflow
DCGK	Deutscher Corporate Governance Kodex
Dez.	Dezember
d. h.	das heißt
DPR	Deutsche Prüfstelle für Rechnungslegung e. V.
DRS	Deutscher Rechnungslegungs Standard
DRSC	Deutsches Rechnungslegungs Standards Committee e. V.
DSR	Deutscher Standardisierungsrat
DStR	Deutsches Steuerrecht (Zeitschrift)

DVFA	Deutsche Vereinigung für Finanzanalyse und Asset Management e. V.

E

E	Entwurf
E&Y	Ernst & Young
EBIT	Earnings before Interest and Taxes
EBITDA	Earnings before Interest, Taxes, Depreciation and Armortization
EBT	Earnings before Taxes
ED	Exposure Draft
E-DRS	Entwurf eines Deutschen Rechnungslegungs Standards
EFV-Lage	Ertrags-, Finanz und Vermögenslage
EG	Europäische Gemeinschaft
EPS	Earnings Per Share
et al.	et alii
etc.	et cetera
EU	Europäische Union
EUR	Euro
e. V.	eingetragener Verein
EWG	Europäische Wirtschaftsgemeinschaft

F

f.	folgende (Seite)
F	Framework
F&E	Forschung und Entwicklung
FASB	Financial Accounting Standards Board
FB	Finanz-Betrieb (Zeitschrift)
Feb.	Februar
FFF	Free Float Factor
FRUG	Finanzmarktrichtlinie-Umsetzungsgesetz
FSAP	Financial Statement Analysis Package
FWB®	Frankfurter Wertpapierbörse

G

GAAP	Generally Accepted Accounting Principles
GAO	Government Accountability Office
GEFIU	Gesellschaft für Finanzwirtschaft in der Unternehmensführung e.V.
gem.	gemäß
gewog.	gewogenes
ggf.	gegebenenfalls
GmbH	Gesellschaft mit beschränkter Haftung
GmbHR	GmbH Rundschau (Zeitschrift)
GoB	Grundsätze ordnungsmäßiger Buchführung
GoL	Grundsätze ordnungsmäßiger Lageberichterstattung
GuV	Gewinn- und Verlustrechnung

H

H_0	Null-Hypothese
H_1	Gegen-Hypothese
HB	Handbuch
HDAX®	Deutscher Aktienindex bestehend aus DAX®, MDAX® und TecDAX®
HdK	Handbuch der Konzernrechnungslegung
HdR	Handbuch der Rechnungslegung
HdR-E	Handbuch der Rechnungslegung-Einzelabschluss
HFA	Hauptfachausschuss
HGB	Handelsgesetzbuch
HJ	Halbjahr
Hrsg.	Herausgeber
hrsg. v.	herausgegeben von

I

IAS	International Accounting Standard(s)
IASB	International Accounting Standards Board

IASC	International Accounting Standards Committee
i. d. F.	in der Fassung
i. d. R.	in der Regel
IDW	Institut der Wirtschaftsprüfer in Deutschland e.V.
IE	Illustrative Examples
IFRIC	International Financial Reporting Interpretation Committee
IFRS	International Financial Reporting Standard(s)
IG	Implementation Guidance
i. H.	in Höhe
IN	Introduction
Inc.	Incorporated (Rechtsform)
inkl.	inklusive
IRZ	Zeitschrift für Internationale Rechnungslegung
i. S. d.	im Sinne des/der
i. V. m.	in Verbindung mit
i. V. z.	in Vergleich zu
i. W.	im Wesentlichen

K

Kap.	Kapitel
KE	Kapitalmarktexperten
KGaA	Kommanditgesellschaft auf Aktien
Komm.	Kommentar
KonTraG	Gesetz zur Kontrolle und Transparenz im Unternehmensbereich
KoR	Zeitschrift für internationale und kapitalmarktorientierte Rechnungslegung
KPMG	Klynveld, Peat, Marwick und Goerdeler
krp	Kostenrechnungspraxis (Zeitschrift)

L

lit.	litera

M

MC	Management Commentary
MDAX®	Mid Cap Aktienindex
Mio.	Million(en)
Mrd.	Milliarde(n)
m. w. N.	mit weiteren Nachweisen

N

n. F.	neue Fassung
NJW	Neue Juristische Wochenschrift
No.	Number(s)
Nov.	November
Nr.	Nummer(n)
N. V.	Naamloze Vennootschap (Rechtsform)
NYSE	New York Stock Exchange

O

OCI	Other Comprehensive Income
Okt.	Oktober
OLS	Ordinary Least Squares

P

p. a.	per annum
pD	prüferische Durchsicht
PiR	Praxis der internationalen Rechnungslegung (Zeitschrift)
Pkt.	Punkt(e)
PLC	Public Limited Company (Rechtsform)
PS	Prüfungsstandard
PwC	PricewaterhouseCoopers

R

rd.	rund
RegE	Regierungsentwurf
REIT	Real Estate Investment Trust
RESET	Regression Specification Error Test
rev.	revised
RGBl.	Reichsgesetzblatt

RIW	Recht der Internationalen Wirtschaft (Zeitschrift)
Rn.	Randnummer(n)
ROI	Return on Investment
RWZ	Zeitschrift für Recht und Rechnungswesen

S

S.	Seite(n)
S. A.	Société(s) Anonyme(s) (Rechtsform)
SABI	Sonderausschuss Bilanzrichtlinien-Gesetz des Instituts der Wirtschaftsprüfer in Deutschland e. V.
SDAX®	Small Cap Aktienindex
SE	Societas Europaea (Rechtsform)
SEC	Securities and Exchange Commission
Sep.	September
SIC	Standing Interpretations Committee
sic	so
s. o.	siehe oben
sog.	sogenannt(e)
Sp.	Spalte(n)
StuB	Steuern und Betrieb (Zeitschrift)
SWK	Steuer- und Wirtschaftskartei (Zeitschrift)

T

T	Toleranzwert
TecDax®	Technology Aktienindex
TranspDFRL	Richtlinie mit Durchführungsbestimmungen zur Transparenzrichtlinie
TranspRL	Transparenzrichtlinie
TranspRLDV	Transparenzrichtlinie-Durchführungsverordnung
TUG	Transparenzrichtlinie-Umsetzungsgesetz
TUG-E	Transparenzrichtlinie-Umsetzungsgesetz-Entwurf
Tz.	Textziffer

U

u. a.	unter anderem
UG	Unternehmensgröße
U. S.	United States
USA	United States of America
US-GAAP	United States Generally Accepted Accounting Standards
usw.	und so weiter
u. U.	unter Umständen

V

V	Veröffentlichungsdauer
v.	vom/von
VB	Vertrauensbereich
vgl.	vergleiche
Vol.	Volume
vs.	versus

W

wg.	wegen
WiSt	Wirtschaftswissenschaftliches Studium (Zeitschrift)
WISU	Das Wirtschaftsstudium (Zeitschrift)
WP	Wirtschaftsprüfer
WpAIV	Wertpapierhandelsanzeige- und Insiderverordnung
WPg	Die Wirtschaftsprüfung (Zeitschrift)
WpHG	Wertpapierhandelsgesetz

Z

z. B.	zum Beispiel
ZCG	Zeitschrift für Corporate Governance
ZfB	Zeitschrift für Betriebswirtschaft
ZfbF	Zeitschrift für betriebswirtschaftliche Forschung
ZGR	Zeitschrift für Unternehmens- und Gesellschaftsrecht
ZIP	Zeitschrift für Wirtschaftsrecht
z. T.	zum Teil
zzgl.	zuzüglich

Symbolverzeichnis

Kapitel 3:

α	Signifikanzniveau
μ_i	Unbekanntes arithmetisches Mittel der Gruppe i in der Befragungsgesamtheit
$\sigma_{\bar{x}_i}$	Geschätzte Standardabweichung der Gruppe i in der Befragungsgesamtheit
$t_{n;\,0{,}975}$	Quantil der t-Verteilung (zweiseitig; n Freiheitsgrade; Signifikanzniveau von α = 5 %)
VB	Vertrauensbereich
x	Mittlere absolute Einschätzung
x_i	Arithmetisches Mittel der Gruppe i in der Stichprobe (Rücklauf)

Kapitel 5:

a	Abschnitt
α	Signifikanzniveau
$\bar{b}_{aukc}$	Arithmetisches Mittel der Einschätzung der Befragten zur Bedeutung des untergeordneten Kriteriums *c*
BS	Bilanzsumme
BQ_i	Qualität des IFRS-Zwischenberichts im Modell i
β_0	Konstantes Glied der Regressionsfunktion (y-Abschnitt)
β_{DAX}	Regressionskoeffizient für die Variable „DAX"
β_{FFF}	Regressionskoeffizient für die Variable „FFF"
β_j	Regressionskoeffizient (j = 1, 2, ..., J)
β_{MDAX}	Regressionskoeffizient für die Variable „MDAX"
β_{pD}	Regressionskoeffizient für die Variable „pD"
β_{SDAX}	Regressionskoeffizient für die Variable „SDAX"
β_{UG}	Regressionskoeffizient für die Variable „UG"
β_V	Regressionskoeffizient für die Variable „V"
γ_0	Konstantes Glied der Regressionsfunktion (y-Abschnitt)
γ_j	Regressionskoeffizient j
γ_{DAX}	Regressionskoeffizient für die Variable „DAX"
γ_{MDAX}	Regressionskoeffizient für die Variable „MDAX"
γ_{SDAX}	Regressionskoeffizient für die Variable „SDAX"
C	Zahl der untergeordneten Kriterien eines übergeordneten Kriteriums *k*
c	untergeordnetes Kriterium
$Cov(\varepsilon, X_j)$	Kovarianz zwischen der Störgröße ε und der Variable X_j
$Cov(\tau, X_j)$	Kovarianz zwischen der Störgröße τ und der Variable X_j
$Cov(\Phi, X_j)$	Kovarianz zwischen der Störgröße Φ und der Variable X_j
$Cov(\varepsilon_t, \varepsilon_{t+r})$	Kovarianz zwischen der Störgröße ε_t und der Störgröße ε_{t+r}
δ_0	Konstantes Glied der Regressionsfunktion (y-Abschnitt)
δ_j	Regressionskoeffizient j
DAX	DAX®-Unternehmen mit 1 = „Ja" und 0 = „Nein"
$E(\varepsilon)$	Erwartungswert der Störgröße ε

$E(\tau)$	Erwartungswert der Störgröße τ
$E(\Phi)$	Erwartungswert der Störgröße Φ
ε	Störgröße
FFF	Free Float Factor (Streubesitzanteil der Aktien in Prozent)
g_a	Gewicht eines Abschnitts a
g_{au}	Gewicht eines Unterabschnitts u eines Abschnitts a
g_{auk}	Gewicht eines übergeordneten Kriteriums k eines Unterabschnitts u eines Abschnitts a
g_{aukc}	Gewicht eines untergeordneten Kriteriums c eines übergeordneten Kriteriums k, welches einem Unterabschnitt u und einem Abschnitt a zugeordnet ist
g_i	Gewichtungsfaktor des Bewertungskriteriums i
i	Bewertungskriterium
j	Handlungsalternative / Unternehmen
k	übergeordnetes Kriterium
$MDAX$	MDAX®-Unternehmen mit 1 = „Ja“ und 0 = „Nein“
N	Zahl der bei der Regression zugrunde gelegten Beobachtungen
n	Bewertungskriterien
$N(0, \sigma^2)$	Normalverteilung mit einem Erwartungswert von 0 und einer Varianz von σ^2
pD	prüferische Durchsicht mit 1 = „Ja“ und 0 = „Nein“
R^2	Bestimmtheitsmaß
R^2_{korr}	korrigiertes Bestimmtheitsmaß
σ^2	Varianz
$SDAX$	SDAX®-Unternehmen mit 1 = „Ja“ und 0 = „Nein“
τ	Störgröße
T	Toleranzwert
u	Unterabschnitt
UG	Unternehmensgröße (Bilanzsumme in Mio. €)
u_{ij}	Teil-Nutzenwert des Bewertungskriteriums i bei der Handlungsalternative j
U_j	Gesamt-Nutzenwert der Handlungsalternative j / Gesamt-Qualitätswert des Unternehmens j bezüglich des IFRS-Zwischenberichts
u_{ja}	Teil-Qualitätswert beim Unternehmen j für einen Abschnitt a
u_{jau}	Teil-Qualitätswert beim Unternehmen j für einen Unterabschnitt u
u_{jauk}	Teil-Qualitätswert beim Unternehmen j für ein übergeordnetes Kriterium k
u_{jaukc}	Teil-Qualitätswert beim Unternehmen j für ein untergeordnetes Kriterium c
V	Veröffentlichungsdauer (in Tagen)
$Var(\varepsilon)$	Varianz der Störgröße ε
$Var(\tau)$	Varianz der Störgröße τ
$Var(\Phi)$	Varianz der Störgröße Φ
Φ	Störgröße
α	Signifikanzniveau
H_0	Null-Hypothese

Anhang:

H_1	Gegen-Hypothese
KE	Kapitalmarktexperten (Finanzanalysten und Fondsmanager)
μ_i	Unbekanntes arithmetisches Mittel der Gruppe i in der Befragungsgesamtheit
n	Die Summe der Antworten der KE, WP in der Stichprobe ($n = n_{KE} + n_{WP}$)
n_i	Zahl der Elemente der Gruppe i in der Stichprobe (Rücklauf) / Größe der Stichprobe i / Zahl der Elemente des unternehmensspezifischen Merkmals i in der Stichprobe
N_i	Zahl der Elemente der Gruppe i in der Befragungsgesamtheit / Zahl der Elemente des unternehmensspezifischen Merkmals i in der Grundgesamtheit
$n_{i,j}$	Größe der Stichprobe i, j
$n_{KE,\,WP}$	Zahl der Antworten der KE, WP in der Stichprobe (Rücklauf)
p_i	Anteil des unternehmensspezifischen Merkmals i in der Stichprobe
π_i	Anteil des unternehmensspezifischen Merkmals i in der Grundgesamtheit
r	Zahl der Werte in der gepoolten Stichprobe (KE, WP) bei denen Bindungen auftreten
$R_{KE,WP}$	Rangsumme der Antworten der KE, WP aus der gepoolten Stichprobe$_{KE,\,WP}$
$\sigma_{\bar{x}_i}$	Geschätzte Standardabweichung der Gruppe i in der Befragungsgesamtheit
s_i	Standardabweichung der Gruppe i in der Stichprobe (Rücklauf)
$s_{i,j}$	Standardabweichung der Stichproben i, j
t	Zahl, wie oft ein bestimmter ranggleicher Wert in der gepoolten Stichprobe (KE, WP) auftritt
T	Prüfgröße der WILCOXON-Verteilung
$\hat{t}$	Prüfgröße der Student-Verteilung
$t_{n;\,0,975}$	Quantil der t-Verteilung (zweiseitig; n Freiheitsgrade; Signifikanzniveau von $\alpha = 5$ %)
$U_{KE,WP}$	An den MANN/WHITNEY U-Test angepasste Rangsumme der Antworten der KE, WP
VB_i	Prozentualer Vertrauensbereich für die Gruppe i
WP	Wirtschaftsprüfer
x_i	Arithmetisches Mittel der Gruppe i in der Stichprobe (Rücklauf)
$x_{i,j}$	Arithmetisches Mittel der Stichproben i, j
$x_{KE,\,WP}$	Arithmetisches Mittel der Antworten der KE, WP in der Stichprobe (Rücklauf)
$\hat{z}$	Prüfgröße der Standardnormalverteilung

1 Einleitung

11 Einführung

Der Zwischenbericht wird in Europa zunehmend als Komponente der kapitalmarktorientierten Unternehmensberichterstattung anerkannt.[1] Zum einen hat der europäische Gesetzgeber mit der Ende 2004 verabschiedeten Transparenzrichtlinie (2004/109/EG) die Zwischenberichterstattung wesentlich erweitert und konkretisiert. Zum anderen sind aktuellen empirischen Studien zufolge die Zwischenberichte für die Anlageentscheidungen der befragten Kapitalmarktteilnehmer annähernd so wichtig wie der jährliche Geschäftsbericht[2] eines Unternehmens.[3] Durch die Zwischenberichterstattung sollen die Kapitalmarktteilnehmer bereits während des laufenden Geschäftsjahres mit aktuellen Informationen über die wirtschaftliche Lage und die künftige Entwicklung der Gesellschaft versorgt werden, damit sie das Jahresergebnis und die erwartete Dividende besser prognostizieren können.[4]

Die Wurzeln der Zwischenberichterstattung liegen in den USA. Die NEW YORK STOCK EXCHANGE (NYSE) empfahl bereits 1910 den dort gelisteten Unternehmen eine unterjährige Berichterstattung, bis 1946 die SECURITIES AND EXCHANGE COMMISSION (SEC) börsennotierte Unternehmen verpflichtete, quartalsweise ihre Umsatzzahlen zu veröffentlichen.[5] Seit 1970 müssen amerikanische börsennotierte Unternehmen allerdings vollständige Quartalsabschlüsse nach Form 10-Q veröffentlichen, wenn sie gegenüber der SEC berichtspflichtig sind.[6] Im Gegensatz zum hohen Stellenwert der unterjährigen Berichterstattung in den USA war die Zwischenberichterstattung in Europa lange Zeit nur von untergeordneter Bedeutung. In Deutschland lagen beispielsweise erstmalig im Jahr 1971 – und dies auch nur für die freiwillig aufgestellten Zwischenberichte – die von der ARBEITSGEMEINSCHAFT DEUTSCHER WERTPAPIERBÖRSEN veröffentlichten *„Regeln für die Beurteilung von Zwischenberichten“* vor.[7] Die gesetzliche Pflicht zur unterjährigen Berichterstattung wurde in

1 Vgl. PELLENS, B. u. a., Internationale Rechnungslegung, S. 900.

2 Zum Geschäftsbericht vgl. ausführlich BAETGE, J./KIRCHHOFF, K. R., Der Geschäftsbericht; HÜTTEN, C., Der Geschäftsbericht als Informationsinstrument.

3 Vgl. GASSEN, J./SCHWEDLER, K., Fair Value and Other Measurement Concepts, S. 13; ERNST, E./ GASSEN, J./PELLENS, B., Verhalten und Präferenzen deutscher Aktionäre, S. 48. Zu einer älteren Studie vgl. CHANG, L./MOST, K., International Comparison, S. 50.

4 Vgl. ROLVERING, A./STAHL, A., Die Aussagefähigkeit von Zwischenberichten, S. 294; PFAFF, D./ PETERS, G., Anforderungen an die Zwischenberichterstattung, S. 286.

5 Vgl. MAY, R. G., Quarterly Earnings Announcements, S. 120.

6 Vgl. hierzu auch ROGGENBUCK, H. E., Zwischenberichterstattung, S. 1010; HEBESTREIT, G./ RAHE, I., Zwischenberichterstattung, S. 121 f.

Deutschland erst mit der Umsetzung der europäischen Zwischenberichtsrichtlinie (82/121/EWG) für nach dem 31. Dezember 1989 beginnende Geschäftsjahre eingeführt.[8] Seitdem mussten Unternehmen, deren Aktien zum Handel auf dem amtlichen Markt zugelassen waren, einen Zwischenbericht während des Geschäftsjahres publizieren.[9]

Die Zwischenberichterstattung wurde zuletzt durch die von der EUROPÄISCHEN UNION am 15. Dezember 2004 erlassene Transparenzrichtlinie (2004/109/EG) wesentlich erweitert und präzisiert.[10] In Deutschland wurde die Transparenzrichtlinie mit dem Transparenzrichtlinie-Umsetzungsgesetz (TUG) in das nationale Recht umgesetzt. Seit dem Geschäftsjahr 2007 müssen nunmehr sowohl Emittenten von Aktien als auch von Schuldtiteln einen durch die Transparenzrichtlinie erweiterten Halbjahresfinanzbericht – bestehend aus einem verkürzten Abschluss, einem Zwischenlagebericht und einer Erklärung der gesetzlichen Vertreter (dem sog. „Bilanzeid") – veröffentlichen, wenn sie ihre Wertpapiere zum Handel auf dem regulierten Markt[11] zugelassen haben.[12] Ferner sind Aktienemittenten erstmals gesetzlich dazu verpflichtet, nach dem ersten und dritten Quartal eine Zwischenmitteilung der Geschäftsführung zu publizieren, sofern sie nicht freiwillig Quartalsfinanzberichte erstellen und veröffentlichen.[13] Bezugnehmend auf die novellierten gesetzlichen Regelungen zur Zwischenberichterstattung hat ebenfalls der DEUTSCHE STANDARDISIERUNGSRAT (DSR)[14] reagiert und im Mai 2008 den neuen Deutschen Rechnungslegungs Standard Nr. 16 („Zwischenberichterstattung") veröffentlicht,[15] durch den die gesetzlichen Vorschriften zur Zwischenberichterstattung konkretisiert und zusätzlich erweitert werden.[16]

7 Vgl. hierzu ARBEITSGEMEINSCHAFT DEUTSCHER WERTPAPIERBÖRSEN (Hrsg.), Beurteilung von Zwischenberichten, S. 16-19; KÖBRICH, M., Erstellung von Zwischenberichten, S. 1477.

8 Vgl. MÜLLER, K., Das neue Börsenzulassungs-Gesetz, S. 70-73. Die gesetzliche Grundlage wurde mit der Umsetzung der Zwischenberichtsrichtlinie in § 44b Börsengesetz (BörsG) a. F. und §§ 53-62 Börsenzulassungs-Verordnung (BörsZulV) a. F. eingeführt.

9 Vgl. COENENBERG, A. G./ALVAREZ, M., Zwischenberichterstattung, Sp. 2760.

10 Vgl. ERNSTBERGER, J./PFAUNTSCH, K., Die Qualität von Zwischenberichten, S. 195; KAJÜTER, P./REISLOH, C., Zwischenmitteilungen nach WpHG, S. 620; HENKEL, K./SCHMIDT, K./OTT, D., Zwischenberichterstattung, S. 115.

11 Der amtliche und geregelte Markt wurde durch das Finanzmarktrichtlinie-Umsetzungsgesetz (FRUG) im November 2007 durch den regulierten Markt ersetzt. Vgl. BAETGE, J./HAGEMEISTER, C./BREMBT, T., in: Baetge/Kirsch/Thiele, Publizität und Offenlegung, Rn. 602.

12 Zum Halbjahresfinanzbericht vgl. § 37w Wertpapierhandelsgesetz (WpHG).

13 Vgl. § 37x WpHG.

14 Zu den Aufgaben und zur Arbeit des DSR vgl. BAETGE, J./KRUMNOW, J./NOELLE, J., Das DRSC, S. 769-774; BIENER, H., Das DRSC: Auftrag und Perspektiven, S. 55-70.

15 Vgl. DRSC (Hrsg.), Pressemitteilung DRS 16, S. 1 f.

16 Vgl. hierzu auch STRIEDER, T./AMMEDICK, O., Der Zwischenlagebericht, S. 1369 und S. 1371.

Seit dem Jahr 2005 sind die in der EUROPÄISCHEN UNION ansässigen kapitalmarktorientierten Unternehmen zudem verpflichtet, ihre konsolidierten Zwischenabschlüsse nach den INTERNATIONAL FINANCIAL REPORTING STANDARDS (IFRS) zu erstellen.[17] Die Pflicht zur Konzernrechnungslegung nach IFRS resultiert aus der IAS-Verordnung,[18] die mit dem Bilanzrechtsreformgesetz (BilReG) in das deutsche Recht umgesetzt wurde.[19]

Neben den europäischen und nationalen Gesetzgebern hat zuletzt ebenfalls der INTERNATIONAL ACCOUNTING STANDARDS BOARD (IASB) den Umfang der IFRS-Zwischenberichterstattung – unter anderem durch die verabschiedeten IFRS 8 („Geschäftssegmente") und IFRS 3 („Unternehmenszusammenschlüsse")[20] deutlich erweitert. Im Rahmen der Segmentberichterstattung nach IFRS 8 ist künftig anstelle des *risk and reward approach* der *management approach* anzuwenden,[21] wodurch im IFRS-Zwischenbericht eine Vielzahl von zusätzlichen Segmentangaben[22] offenzulegen ist (IAS 34.16(g)).[23] Neben der erweiterten unterjährigen Segmentberichterstattung müssen die Unternehmen künftig ebenfalls ausführlicher über Unternehmenszusammenschlüsse berichten (IAS 34.16(i)),[24] da der IASB mit der Verabschiedung von IFRS 3 im Januar 2008 die Bilanzierung von *business combinations* wesentlich geändert und in diesem Zuge die unterjährige Berichterstattung ausgeweitet hat.

Durch die Novellierung der nationalen (WpHG, DRS 16) und internationalen (IAS 34) Vorschriften zur Zwischenberichterstattung verdeutlichen sowohl der (europäische) Gesetzgeber als auch der IASB, dass sie dem Zwischenbericht eine höhere Bedeutung beimessen. Gleichermaßen sehen die Kapitalmarktteilnehmer – wie eingangs erwähnt – in der Zwischenberichterstattung ein bedeutendes Publizitätsinstrument kapitalmarktorientierter Un-

17 Vgl. § 37y WpHG.

18 Vgl. Artikel 1 der Verordnung (EG) Nr. 1606/2002 des Europäischen Parlaments und des Rates vom 19. Juni 2002. Diese Verordnung wird auch als IAS-Verordnung bezeichnet.

19 Vgl. BÖCKING, H.-J., Internationalisierung der Rechnungslegung, S. 177-183.

20 Vgl. PELLENS, B./AMSHOFF, H./SELLHORN, T., IFRS 3, S. 602-606; BEYHS, O./WAGNER, B., Unternehmenszusammenschlüsse, S. 73-83; SCHWEDLER, K., Business Combination, S. 125 f.

21 Vgl. ALVAREZ, M./BÜTTNER, M., Segmentberichterstattung, S. 307; FINK, C./ULBRICH, P., Verabschiedung des IFRS 8, S. 1; FINK, C./ULBRICH, P., IFRS 8, S. 981-985.

22 Vgl. IFRS 8.BC9(d) und IFRS 8.BC15.

23 Vgl. BAETGE, J./HAENELT, T., Segmentberichterstattung nach IFRS 8, S. 43; HALLER, A., in: Baetge u. a., Rechnungslegung nach IFRS, IFRS 8, Rn. 15(g).

24 Zu den Veränderungen des IAS 34 durch das *Business-Combination*-Projekt vgl. ED IFRS 3.D9.

ternehmen.[25] Im folgenden Abschnitt ist zu zeigen, welche Bedeutung die Zwischenberichterstattung für den Kapitalmarkt konkret hat.

12 Bedeutung der Zwischenberichterstattung für den Kapitalmarkt

Eigen- und Fremdkapitalgeber sind an entscheidungsnützlichen Informationen über die Vermögens-, Finanz- und Ertragslage sowie über die voraussichtliche Entwicklung des Unternehmens interessiert.[26] Mithilfe der offengelegten Informationen entscheiden die Eigenkapitalgeber über das Kaufen, Halten oder Verkaufen von Unternehmensanteilen sowie über die Beschäftigung und Entlohnung von Managern; Fremdkapitalgeber urteilen hingegen über Kreditvergabe, -prolongationen und -kündigungen.[27]

Obgleich in den letzten Jahren ein Trend zur beschleunigten Jahresabschlusserstellung (*fast close*)[28] feststellbar ist, lässt sich nicht vermeiden, dass regelmäßig ein nicht unerheblicher Zeitraum zwischen dem Eintreten eines relevanten Ereignisses im Geschäftsjahr (bspw. eines Unternehmenszusammenschlusses) und der zugehörigen Berichterstattung im Jahresabschluss eines Unternehmens vergeht.[29] Für Adressaten sind Informationen indes umso entscheidungsnützlicher, je aktueller sie sind. Bezugnehmend auf diese Problematik sollen Adressaten mithilfe der unterjährigen Berichterstattung[30] schon während des laufenden Geschäftsjahres mit aktuellen und zuverlässigen Informationen über die wirtschaftliche Lage[31] und die künftige Entwicklung der Gesellschaft versorgt sowie über revidierte Ziele und Strategien informiert werden.[32] In diesem Zusammenhang konnten KELLER/MÖLLER in einer empirischen Untersuchung nachweisen, dass Jahresabschlüsse von zwischenberichterstatten-

25 Vgl. auch PFYL, T., Quartalsberichte, S. 28; ALVAREZ, M./WOTSCHOFSKY, S., Zwischenberichterstattung, S. 157; BRIDTS, C., Zwischenberichtspublizität, S. 46-47; KIRCHHOFF, K. R., Grundlagen der Investor Relations, S. 44; ALVAREZ, M./WOTSCHOFSKY, S., Zur Bedeutung der Zwischenberichtspublizität, S. 1789.

26 Vgl. BAETGE, J./KIRSCH, H.-J./THIELE, S., Bilanzen, S. 147.

27 Vgl. BAETGE, J./LIENAU, A., Fair Value, S. 312.

28 Vgl. HOMMEL, M./SCHULTE, O., Rückstellungen in Fast-Close-Abschlüssen, S. 1671-1678; HÜTTCHE, T., Fast Close, S. 241-245; EGGEMANN, G./PETRY, M., Verkürzung von Aufstellungszeiten für Abschlüsse, S. 1635-1639.

29 Vgl. PELLENS, B. u. a., Internationale Rechnungslegung, S. 901.

30 Neben den Zwischenberichten zählen zu der unterjährigen Berichterstattung auch Ad-hoc-Mitteilungen. Vgl. zu Ad-hoc-Mitteilungen FÜLBIER, R. U., Regulierung der Ad-hoc-Publizität; CAHN, A./GÖTZ, J., Ad-hoc-Publizität und Regelberichterstattung, S. 221-226; GRUBER, M., Ad-hoc-Publizität, S. 239-252.

31 Zum authentischen Bild der wirtschaftlichen Lage vgl. BAETGE, J., Authentizität des Bildes, S. 22; BALLWIESER, W., Anforderungen des Kapitalmarkts, S. 164.

den Unternehmen einen geringeren Informationsnutzen für Adressaten besitzen als die Jahresabschlüsse von nicht unterjährig berichterstattenden Unternehmen.[33] Daraus lässt sich schließen, dass der Kapitalmarkt mithilfe der Zwischenberichterstattung bestimmte entscheidungsnützliche Informationen bereits vor der Veröffentlichung des Jahresabschlusses erhält.

Indem mit dem Zwischenbericht entscheidungsnützliche Informationen über die wirtschaftliche Lage des berichterstattenden Unternehmens veröffentlicht werden, trägt der Zwischenbericht ebenfalls dazu bei,[34] die zwischen dem Kapitalgeber (Prinzipal) und dem Management (Agent) bestehenden Informationsasymmetrien zu reduzieren[35] und damit die zwischen den Kooperationspartnern bestehenden Prinzipal-Agenten-Konflikte zu mindern.[36] Mit einem Zwischenbericht legt das Management die Verwendung des ihm anvertrauten Kapitals offen und gibt Rechenschaft über die abgelaufene Zwischenberichtsperiode.[37] Dadurch können die Kapitalgeber bereits unterjährig die im Geschäftsbericht vom Management getätigten Aussagen über die voraussichtliche Entwicklung des Unternehmens auf ihre Richtigkeit hin prüfen.[38] Ferner können die Kapitalgeber – wie durch amerikanische Kapitalmarktstudien gezeigt werden konnte –[39] mithilfe einer Zwischenberichterstattung regelmäßig das Jahresergebnis und die Dividenden des berichterstattenden Unternehmens besser prognostizieren, als wenn keine Zwischenberichte vom Unternehmen publiziert werden. Für den Kapitalmarkt ist der Zwischenbericht daher ein wichtiges Informationsinstrument, wobei nach der empirischen Studie von COENENBERG/HENES der Jahresabschluss

32 Vgl. COENENBERG, A. G./FEDERSPIELER, C., Internationale Zwischenberichtspublizität, S. 386; ROLVERING, A., Zwischenberichterstattung, S. 6 f.

33 Vgl. KELLER, E./MÖLLER, H. P., Auswirkungen der Zwischenberichterstattung auf den Informationswert von Jahresabschlüssen, S. 58.

34 So auch GRIEWEL, E., Ad hoc-Publizität und Zwischenberichterstattung, S. 41 und S. 82; ROLVERING, A., Zwischenberichterstattung, S. 27 und S. 65-67.

35 Vgl. MÜLLER, W., Zwischenberichtspublizität, S. 12.

36 Die ökonomische Analyse der Beziehungen zwischen Kapitalgebern und dem Management ist Gegenstand der Prinzipal-Agenten-Theorie. Vgl. hierzu JENSEN, M./MECKLING, W. H., Theory of the Firm; FAMA, E. F., Agency Problems; GÖBEL, E., Neue Institutionenökonomik; EWERT, R., Rechnungslegung, Glaubigerschutz und Agency-Probleme.

37 Vgl. LEFFSON, U., Die Grundsätze ordnungsmäßiger Buchführung, S. 64.

38 Vgl. HEBESTREIT, G., Zwischenberichterstattung in Großbritannien und Deutschland, S. 118.

39 Vgl. BROWN, P./KENNELLY, J. W., The Informational Content of Quarterly Earnings, S. 415; COATES, R., The Predictive Content of Interim Reports, S. 141; LOREK, K. S., Predicting Annual Net Earnings with Quarterly Time-Series Models, S. 190; REILLY, F. K./MORGENSON, D. L./ WEST, M., The Predictive Ability of Interim Financial Statements, S. 121.

und der Zwischenbericht nahezu gleichwertige Informationsinstrumente für den Kapitalmarkt darstellen.[40]

Für kapitalmarktorientierte Unternehmen ist der Zwischenbericht indes nicht nur ein gesetzlich vorgeschriebenes Berichtsinstrument, sondern zugleich ein wichtiges *Investor-Relations*-Instrument.[41] Eine Befragung der DAX-100-Unternehmen im Jahr 1998 ergab, dass 97 % der antwortenden Unternehmen den Zwischenbericht als wichtiges *Investor-Relations*-Instrument ansehen.[42] Dabei stellt der Zwischenbericht nach einer Umfrage von PWC/KIRCHHOFF sogar ein wichtigeres *Investor-Relations*-Instrument dar als der jährliche Geschäftsbericht des Unternehmens.[43] Mit einer anlegerorientierten Zwischenberichterstattung im Rahmen des *Investor-Relations*-Managements kann unter anderem eine Unterbewertung der Aktie am Kapitalmarkt verhindert, die Kapitalkosten[44] des börsennotierten Unternehmens können gesenkt und die Volatilität des Aktienkurses kann verringert werden.[45] Durch eine zusätzliche unterjährige wertorientierte Berichterstattung (*Value Reporting*) könnten zudem positive Aktienkursreaktionen auf intern geschaffene Werte des berichterstattenden Unternehmens erzielt werden.[46]

13 Problemstellung

Im vorherigen Abschnitt wurde die Bedeutung der Zwischenberichterstattung für den Kapitalmarkt erläutert. Für kapitalmarktorientierte Unternehmen stellt sich indes die Frage, wie sie ihre Zwischenberichte gestalten müssen,[47] damit diese den Anforderungen des Kapitalmarkts unter Berücksichtigung der novellierten Vorschriften zur Zwischenberichterstattung gerecht werden. Diese Fragestellung ist Gegenstand der vorliegenden Arbeit.

40 Vgl. COENENBERG, A. G./HENES, F., Der Informationsgehalt von Zwischenberichten, S. 992. Vgl. auch DUMONTIER, P./RAFFOURNIER, B., Accounting and Capital Markets, S. 122 f.; MÖLLS, S. H./STRAUSS, M., Zur Informationswirkung der Rechnungslegung, S. 85 f.

41 Vgl. KIRCHHOFF, K. R./KLEIN, S., Zwischenberichterstattung, S. 389; MÜLLER, S./STUTE, A., Unterjährige Berichterstattung, S. 2903; LINK, R., Investor Relations, S. 129 f.

42 Vgl. ALVAREZ, M./WOTSCHOFSKY, S., Zwischenberichterstattung in der Praxis, S. 318.

43 Vgl. PWC/KIRCHHOFF (Hrsg.), Kapitalmarktkommunikation in Deutschland, S. 17.

44 Vgl. BAY, W./BRUNS, H.-G., Internationalisierung der Unternehmenspublizität, S. 716.

45 Vgl. SERFLING, K./GROSSKOPFF, A./RÖDER, M., Investor Relations in der Unternehmenspraxis, S. 273-280; KIRCHHOFF, K. R., Grundlagen der Investor Relations, S. 28-30; LINDEMANN, J., Rechnungslegung und Kapitalmarkt, S. 46 f.; BÖCKING, H.-J., Verhältnis von Rechnungslegung und Kapitalmarkt, S. 49; BECKER, F. G., Finanzmarketing, S. 300 f.

46 Vgl. GRIEWEL, E., Ad hoc-Publizität und Zwischenberichterstattung, S. 286; RUHWEDEL, F./SCHULTZE, W., Value Reporting, S. 602.

In der folgenden Untersuchung werden dabei die gesetzlichen Rahmenbedingungen zur Zwischenberichterstattung in Deutschland zugrunde gelegt. Da die deutschen kapitalmarktorientierten Unternehmen in der Regel zur Konzernrechnungslegung verpflichtet sind und aufgrund dessen gemäß der IAS-Verordnung ihre Konzern- und Zwischenabschlüsse nach IFRS erstellen müssen, wird im Folgenden die Zwischenberichterstattung von deutschen kapitalmarktorientierten Unternehmen analysiert, die nach IFRS bilanzieren. Den Untersuchungsgegenstand stellt der Halbjahres- bzw. Quartalsfinanzbericht nach IFRS dar (im Folgenden IFRS-Zwischenbericht),[48] der aus einem IFRS-Zwischenabschluss, einem Zwischenlagebericht und ggf. einer Erklärung der gesetzlichen Vertreter (dem sog. „Bilanzeid“) besteht.[49] Für den IFRS-Zwischenabschluss sind dabei die Regelungen des IAS 34 und des IFRIC 10 relevant, während für den Zwischenlagebericht und den Bilanzeid die Vorschriften des WpHG und des DRS 16 anzuwenden sind.

In der Praxis ist den meisten kapitalmarktorientierten Unternehmen nicht genau bekannt, welchen Informationen eines IFRS-Zwischenberichts die Kapitalmarktteilnehmer eine besonders hohe, eine mittlere oder eine besonders niedrige Bedeutung beimessen. Zwar beschäftigen sich kapitalmarktorientierte Unternehmen mit dieser Frage im Rahmen ihres *Investor-Relationship*-Managements,[50] indem sie bspw. eigene Anteilseigner befragen,[51] indes gibt es für die IFRS-Zwischenberichterstattung auf Basis der aktuellen Gesetzeslage keine empirische Untersuchung. Mit der vorliegenden Arbeit soll diese Lücke geschlossen werden, indem der Frage nachgegangen wird, auf welche Weise kapitalmarktorientierte Unternehmen **eine den Anforderungen der Adressaten entsprechende IFRS-Zwischenberichterstattung** erzielen können. Hierzu muss zunächst bekannt sein, welche Bedeutung die Adressaten den einzelnen Berichtsgegenständen des IFRS-Zwischenberichts beimessen. Dies soll empirisch ermittelt werden, indem **professionelle Kapitalmarktteilnehmer** zu der Bedeutung der einzelnen Berichtsgegenstände des IFRS-Zwischenberichts **befragt** werden. Auf-

47 Durch eine empirische Studie wurde gezeigt, dass nur rd. 58 % (41 %) der (nicht-)finanziellen Angaben in den Berichten von Analysten auf Angaben in Jahres- und Zwischenberichten zurückgeführt werden können. Die Analysten sind daher im erheblichen Maße auf andere Informationsquellen angewiesen. Vgl. ABDOLMOHAMMADI, M. u. a., Analysts' Reports, S. 388.

48 Die Zwischenmitteilung der Geschäftsführung ist nicht Gegenstand der vorliegenden Untersuchung, da die Zwischenmitteilung der Geschäftsführung keinen Zwischenabschluss enthält, der von kapitalmarktorientierten Mutterunternehmen nach IFRS erstellt werden könnte.

49 Der Bilanzeid ist nur Pflichtbestand des Halbjahresfinanzberichts. Vgl. § 37w-x WpHG.

50 Vgl. PWC/KIRCHHOFF (Hrsg.), Kapitalmarktkommunikation in Deutschland, S. 21.

51 Vgl. ERNST, E./GASSEN, J./PELLENS, B., Verhalten und Präferenzen deutscher Aktionäre.

bauend auf den Befragungsergebnissen werden anschließend **inhaltliche Gestaltungsempfehlungen für den IFRS-Zwischenbericht entwickelt.** Dabei wird durch die jeweilige Bedeutung eines Berichtsgegenstands für den Kapitalmarkt determiniert, wie konkret das bilanzierende Unternehmen zu diesem Berichtsgegenstand berichten sollte. Kapitalmarktorientierte Unternehmen sollten vor allem über jene Berichtsgegenstände eines IFRS-Zwischenberichts ausführlich berichten und freiwillige Angaben publizieren, die für den Kapitalmarkt eine besonders hohe Bedeutung besitzen.[52] Zwar kann die inhaltliche Qualität des IFRS-Zwischenberichts auch verbessert werden, wenn das Unternehmen hinsichtlich der für den Kapitalmarkt weniger relevanten Berichtsgegenstände detaillierte Angaben macht. Indes sollte für eine effiziente IFRS-Zwischenberichterstattung[53] über die für den Kapitalmarkt weniger bedeutsamen Berichtsgegenstände nicht so umfangreich berichtet werden wie über die für den Kapitalmarkt wichtigeren Berichtsgegenstände.[54]

Ein weiteres Ziel der vorliegenden Arbeit besteht darin, basierend auf der aktuellen Gesetzeslage, aus den Ergebnissen der empirischen Erhebung und den daraus entwickelten Gestaltungsempfehlungen für die IFRS-Zwischenberichterstattung eine **objektivierte Grundlage für die inhaltliche Bewertung von IFRS-Zwischenberichten** zu ermitteln. Eine ähnliche Untersuchung wurde zuletzt von ROLVERING im Jahr 2001 durchgeführt.[55] Da die nationalen Vorschriften zur Zwischenberichterstattung durch das TUG und den DRS 16 wesentlich geändert[56] sowie die IFRS-Vorschriften zur unterjährigen Berichterstattung vom IASB weiterentwickelt wurden, soll mit der vorliegenden Untersuchung eine aktuelle empirische Basis für die inhaltliche Bewertung von IFRS-Zwischenberichten ermittelt werden. Ferner untersuchte ROLVERING die Zwischenberichterstattung nach HGB, IFRS und US-GAAP.[57]

52 Vgl. BRÜGGEMANN, B., Die Berichterstattung im Anhang des IFRS-Abschlusses, S. 9.

53 Durch eine effiziente Berichterstattung wird vermieden, dass aufgrund eines hohen Berichtsumfanges wesentliche neue Ereignisse und Geschäftsvorfälle verschleiert bzw. Fehlinterpretationen auf Seiten der Adressaten begünstigt werden. Ferner wird dem bilanzierenden Unternehmen eine zeitnähere und kostengünstigere unterjährige Kapitalmarktkommunikation ermöglicht.

54 Vgl. PRIGGE, C., Konzernlageberichterstattung, S. 48.

55 Vgl. ROLVERING, A., Zwischenberichterstattung.

56 Vgl. BOSSE, C., Wesentliche Neuregelungen für börsennotierte Unternehmen, S. 43; HEBESTREIT, G./RAHE, I., Zwischenberichterstattung, S. 111 f.; STRIEDER, T./AMMEDICK, O., Der Zwischenlagebericht, S. 1369.

57 Zum Untersuchungszeitpunkt von ROLVERING war dies zweckmäßig, da im Jahr 2001 nach § 292a HGB a. F. börsennotierte Mutterunternehmen fakultativ einen vom handelsrechtlichen Konzernabschluss befreienden Konzernabschluss nach IFRS oder US-GAAP aufstellten konnten. Vgl. WOLLMERT, P./OSER, P., Befreiender internationaler Konzernabschluss nach § 292a HGB, S. 729-735; BURGER, A./ULBRICH, P., IAS-Verordnung und § 292a HGB, S. 2397-2399.

Seit dem Jahr 2005 sind indes die in der EU ansässigen kapitalmarktorientierten Unternehmen verpflichtet, ihre konsolidierten Zwischenabschlüsse nach IFRS zu erstellen. Da die IFRS-Zwischenberichte auf der Grundlage der Befragungsergebnisse bewertet werden, ist es nun möglich, ausschließlich und detailliert die Anforderungen des Kapitalmarkts an die IFRS-Zwischenberichterstattung abzufragen. Im Unterschied zu der Arbeit von ROLVERING besteht das Ziel dieser Arbeit aber nicht ausschließlich darin, die Qualität publizierter Zwischenberichte zu bestimmen, vielmehr sollen mit der Arbeit – aufbauend auf den empirisch ermittelten Anforderungen des Kapitalmarkts an die IFRS-Zwischenberichterstattung – auch Empfehlungen zur inhaltlichen Gestaltung von IFRS-Zwischenberichten erarbeitet werden. Die zu erarbeitenden Gestaltungsempfehlungen werden darüber hinaus zusätzlich bei der Analyse der inhaltlichen Qualität publizierter IFRS-Zwischenberichte genutzt. Da für Banken und Versicherungen spezielle branchenspezifische Vorschriften gelten,[58] werden Banken und Versicherungen von der empirischen Untersuchung ausgenommen.

Insgesamt lassen sich für die folgende Untersuchung **drei Hauptfragen** herausarbeiten:

(1) Welche Anforderungen stellt der Kapitalmarkt an den Inhalt des IFRS-Zwischenberichts eines kapitalmarktorientierten Unternehmens?

(2) Wie sollten kapitalmarktorientierte Unternehmen ihre IFRS-Zwischenberichte unter Berücksichtigung der Anforderungen des Kapitalmarkts sowie der novellierten gesetzlichen Vorschriften zweckadäquat gestalten?

(3) Wie hoch ist die derzeitige Qualität von IFRS-Zwischenberichten deutscher kapitalmarktorientierter Unternehmen, und existieren unternehmensspezifische Merkmale, welche die Qualität der IFRS-Zwischenberichterstattung erklären können?

Aus den drei Hauptfragestellungen ergeben sich weitere Fragen, die in den folgenden Abschnitten zu untersuchen und zu beantworten sind. Die **erste Hauptfrage** wird mithilfe einer empirischen Befragung beantwortet. Dabei ergeben sich die folgenden Fragen:

- Welche Adressatengruppen sind geeignet, die Anforderungen des Kapitalmarkts an die IFRS-Zwischenberichterstattung zu repräsentieren?
- Welches sind die verpflichtenden Berichtsgegenstände eines IFRS-Zwischenberichts, bei denen wesentliche Wahlrechte oder Ermessensspielräume bestehen, und welches

58 Vgl. unter anderem CLAUSSEN, C. P. (Hrsg.), Bank- und Börsenrecht.

sind die freiwilligen Berichtsgegenstände, die der Befragung zugrunde gelegt werden können?

- Wie ist der Fragebogen zu gestalten, damit einerseits repräsentative Ergebnisse erzielt werden können und andererseits den Befragten ermöglicht wird, die Fragen in einer aus ihrer Sicht angemessenen Zeit zu beantworten?

Die **zweite Hauptfrage** der Untersuchung bezieht sich auf die Entwicklung von Empfehlungen zur inhaltlichen Gestaltung der IFRS-Zwischenberichte, d. h. des Halbjahres- bzw. Quartalsfinanzberichts nach IFRS. Hierfür sollen die novellierten Vorschriften des WpHG, des DRS 16 und des IAS 34 sowie die Anforderungen des Kapitalmarkts berücksichtigt werden. Folgende Fragen stellen sich:

- Welche Angaben sind im IFRS-Zwischenabschluss gemäß IAS 34 verpflichtend vorgeschrieben, bei denen Wahlrechte oder Ermessensspielräume bestehen? Wie sollten kapitalmarktorientierte Unternehmen die Wahlrechte und Ermessensspielräume nutzen, damit sie eine hohe Qualität in ihrer Zwischenberichterstattung erreichen?
- Welche Angaben sind im Zwischenlagebericht nach dem WpHG und dem DRS 16 vorgesehen, und wie sind diese bei der Aufstellung des Zwischenlageberichts zu berücksichtigen bzw. zu konkretisieren?
- Wie können die inhaltlichen Überschneidungen zwischen dem Zwischenlagebericht und dem Anhang des IFRS-Zwischenabschlusses bei der Entwicklung der inhaltlichen Gestaltungsempfehlungen zum IFRS-Zwischenbericht berücksichtigt werden?
- Welche freiwilligen Berichtsinhalte sollten in den IFRS-Zwischenbericht integriert werden, damit die IFRS-Zwischenberichterstattung die Anforderungen des Kapitalmarkts besser erfüllt?

Die **dritte Hauptfrage** der Untersuchung bezieht sich auf die inhaltliche Qualität der IFRS-Zwischenberichterstattung deutscher kapitalmarktorientierter Unternehmen. Dabei ergeben sich die folgenden Fragen:

- Wie können die Ergebnisse der Befragung zu den Anforderungen des Kapitalmarkts an die IFRS-Zwischenberichterstattung genutzt werden, damit die inhaltliche Qualität publizierter IFRS-Zwischenberichte gemessen werden kann?

- Wie sind bei der objektiven Messmethode die verschiedenen Bestandteile des IFRS-Zwischenberichts einzubeziehen und welche Erfüllungsgrade sind bei den einzelnen Bestandteilen möglich?
- Wie viele und welche nach IFRS bilanzierenden kapitalmarktorientierten Unternehmen sollten in die Untersuchung einbezogen werden, damit repräsentative Ergebnisse vorliegen?
- Wie hoch ist die mithilfe der objektivierten Messmethode ermittelte Qualität der publizierten IFRS-Zwischenberichte und mit welchen unternehmensspezifischen Merkmalen kann die Qualität der IFRS-Zwischenberichterstattung erklärt werden?

Im folgenden Abschnitt werden der Aufbau der Arbeit sowie die Vorgehensweise vorgestellt, damit die oben dargestellten Fragen beantwortet werden können.

14 Aufbau der Untersuchung

Wie im vorherigen Abschnitt erläutert wurde, besteht das Ziel dieser Arbeit darin, die Anforderungen des Kapitalmarkts an die IFRS-Zwischenberichterstattung empirisch zu ermitteln sowie kapitalmarktorientierten Industrie-, Handels- und Dienstleistungsunternehmen Empfehlungen zur inhaltlichen Gestaltung ihrer IFRS-Zwischenberichte zu geben. Des Weiteren wird anhand der empirisch ermittelten Anforderungen des Kapitalmarkts an die IFRS-Zwischenberichterstattung die inhaltliche Qualität publizierter IFRS-Zwischenberichte in Deutschland bestimmt.

Im **Kapitel 2** werden als Grundlage für die weitere Untersuchung sowohl die Vorschriften des WpHG und des DRS 16 als auch die Regelungen des IFRS-Normenwerkes (IAS 34, IFRIC 10) zur Zwischenberichterstattung vorgestellt. Die Vorgaben werden allerdings zunächst nur in ihren Grundzügen erörtert. Ausführlich werden die Regelungen zum IFRS-Zwischenbericht, d. h. zum Halbjahres- bzw. Quartalsfinanzbericht nach IFRS, im Kapitel 4 bei der Entwicklung der inhaltlichen Gestaltungsempfehlungen für die einzelnen Berichtsgegenstände des IFRS-Zwischenberichts dargestellt. Bezugnehmend auf die Regelungen zur Zwischenberichterstattung werden ebenfalls die Zwecke der Zwischenberichterstattung erörtert, da inhaltliche Gestaltungsempfehlungen nur dann sinnvoll entwickelt werden können, wenn die Zwecke der Zwischenberichterstattung angemessen berücksichtigt werden.

Im **Kapitel 3** werden die Anforderungen des Kapitalmarkts an die IFRS-Zwischenberichterstattung empirisch untersucht. Dabei werden drei Adressatengruppen als sachkundige Stellvertreter aller Kapitalmarktteilnehmer einbezogen, damit ein möglichst objektives Urteil über die Anforderungen des Kapitalmarkts an die Zwischenberichterstattung nach IFRS gewonnen werden kann. Als Stellvertreter der aktuellen und potenziellen Eigenkapitalgeber werden Fondsmanager in die empirische Untersuchung einbezogen. Zudem werden Finanzanalysten befragt, die den aktuellen und potenziellen Eigenkapitalgebern Informationen für ihre unterjährigen Anlageentscheidungen bereitstellen (Informationsintermediäre).[59] Neben den Fondsmanagern und Finanzanalysten werden ebenfalls Wirtschaftsprüfer befragt, da Wirtschaftsprüfer in ihrer Funktion als Advokaten des Kapitalmarkts[60] und aufgrund ihrer hohen Fachkenntnisse gut beurteilen können, welche Bedeutung die einzelnen Berichtsgegenstände des IFRS-Zwischenberichts für die aktuellen und potenziellen Eigenkapitalgeber besitzen.

Für den Fragebogen werden die Berichtsinhalte des IFRS-Zwischenberichts in drei Abschnitte, neun Unterabschnitte, 49 übergeordnete und 48 untergeordnete Berichtsgegenstände gegliedert. Neben den konkreten Berichtsinhalten werden im Fragebogen zudem allgemeine Fragen zur Zwischenberichterstattung aufgenommen. In diesem Zusammenhang werden die Kapitalmarktteilnehmer befragt, welche Bedeutung sie verschiedenen Publizitätsinstrumenten beimessen und welche Bedeutung sie der freiwilligen Prüfung bzw. prüferischen Durchsicht von Zwischenberichten zuweisen. Die Ergebnisse werden anschließend ausgewertet und interpretiert.

Aufbauend auf den empirisch ermittelten Anforderungen des Kapitalmarkts an die IFRS-Zwischenberichterstattung, werden im **Kapitel 4** detaillierte Empfehlungen zur inhaltlichen Gestaltung des IFRS-Zwischenberichts entwickelt. Die im Kapitel 3 vorgenommene inhaltliche Strukturierung des IFRS-Zwischenberichts dient als Grundlage für den Aufbau des vierten Kapitels. Entsprechend wird in einem ersten Schritt erläutert, welche Bedeutung die befragten Kapitalmarktteilnehmer den einzelnen Berichtsgegenständen beimessen. Falls die befragten Gruppen die Bedeutung von Berichtsgegenständen signifikant unterschiedlich einschätzen, werden die Unterschiede näher analysiert. In einem zweiten Schritt wird anschließend für jeden Berichtsgegenstand dargelegt, welche Angaben nach den gesetzlichen

59 Vgl. LINDEMANN, J., Rechnungslegung und Kapitalmarkt, S. 75.

60 Vgl. BAETGE, J./MATENA, S., Abschlussprüfung, S. 186.

Vorschriften im IFRS-Zwischenbericht zu machen sind. In einem dritten Schritt wird darauf aufbauend untersucht, ob und wieweit freiwillige Angaben im IFRS-Zwischenbericht zu den einzelnen Berichtsgegenständen veröffentlicht werden sollten, damit die Informationsbedürfnisse der Adressaten adäquat befriedigt werden und die Qualität der IFRS-Zwischenberichterstattung verbessert wird.

Die empirisch ermittelten Anforderungen des Kapitalmarkts an die IFRS-Zwischenberichterstattung und die daraus entwickelten Gestaltungsempfehlungen dienen ferner als Grundlage für eine objektive Bewertung der inhaltlichen Qualität publizierter IFRS-Zwischenberichte in Deutschland. Dafür wird im **Kapitel 5** mithilfe der Nutzwertanalyse ein Modell zur Messung der Berichtsqualität des IFRS-Zwischenberichts vorgestellt. Der Kriterienkatalog zur Qualitätsmessung von IFRS-Zwischenberichten umfasst ausschließlich inhaltliche Kriterien; auf sprachliche oder gestalterische Aspekte wird nicht eingegangen.[61] Mithilfe der objektivierten Messmethode wird anschließend die gegenwärtige Qualität von 75 zufällig aus dem DAX®, MDAX® und SDAX® ausgewählten IFRS-Zwischenberichten aus dem Jahr 2008 bestimmt. Die Messergebnisse werden anschließend genutzt, damit die zuvor formulierten Hypothesen über vermutete Zusammenhänge zwischen unternehmensspezifischen Merkmalen und der Qualität publizierter IFRS-Zwischenberichte anhand statistischer Testverfahren (Zweistichprobentest und multiple lineare Regression) geprüft werden können.

Im **Kapitel 6** werden die wesentlichen Ergebnisse der vorliegenden Arbeit zu den Anforderungen des Kapitalmarkts an die Zwischenberichterstattung nach IFRS, zu den daraus entwickelten inhaltlichen Gestaltungsempfehlungen sowie zur empirisch ermittelten Qualität von IFRS-Zwischenberichten deutscher kapitalmarktorientierter Unternehmen zusammengefasst.

61 Vgl. DÖHLE, P./PAPENDICK, U., Masse statt Klasse; KELLER, R., Unternehmenskommunikation durch klare Sprache und gutes Deutsch; HEISTERS, V., Geschäftsberichte richtig gestalten.

2 Grundlagen zur Zwischenberichterstattung in Deutschland

21 Vorbemerkung

Im vorherigen Kapitel wurde dargestellt, dass das Ziel dieser Arbeit darin besteht – aufbauend auf den empirisch ermittelten Anforderungen des Kapitalmarkts an die Zwischenberichterstattung –, Empfehlungen zur inhaltlichen Gestaltung von IFRS-Zwischenberichten zu entwickeln und die gegenwärtige Qualität von publizierten IFRS-Zwischenberichten deutscher kapitalmarktorientierter Unternehmen zu bestimmen.

Als Grundlage für diese Untersuchung werden in Abschnitt 22 die gesetzlichen Vorschriften zur Zwischenberichterstattung in Deutschland vorgestellt. Dabei werden zunächst die europarechtlichen Vorgaben dargestellt, die vom deutschen Gesetzgeber in das nationale Recht (WpHG) umzusetzen waren. Nach den Regelungen des WpHG werden die Vorschriften des DRS 16 („Zwischenberichterstattung“) beschrieben und die Vorgaben des IFRS-Normenwerkes (IAS 34, IFRIC 10) zur unterjährigen Berichterstattung erörtert. Neben den Regelungen zum IFRS-Zwischenbericht, d. h. zum Halbjahres- bzw. Quartalsfinanzbericht nach IFRS, werden in Abschnitt 22 ebenfalls die Vorschriften zur Zwischenmitteilung der Geschäftsführung skizziert. Denn im Rahmen der empirischen Erhebung werden die Kapitalmarktteilnehmer auch befragt, welche Bedeutung sie den verschiedenen Publizitätsinstrumenten der Zwischenberichterstattung beimessen. Die Befragungsergebnisse können allerdings nur sinnvoll interpretiert werden, wenn bekannt ist, welche inhaltlichen Unterschiede zwischen dem Halbjahresfinanzbericht, dem Quartalsfinanzbericht und der Zwischenmitteilung der Geschäftsführung bestehen.

Bezugnehmend auf die Regelungen zur Zwischenberichterstattung, werden in Abschnitt 23 die Zwecke der Zwischenberichterstattung konkretisiert, da inhaltliche Gestaltungsempfehlungen nur dann sinnvoll entwickelt werden können, wenn die Zwecke der Zwischenberichterstattung angemessen berücksichtigt werden. Des Weiteren werden die gesetzlichen Vorgaben zur Offenlegung (Abschn. 24) und die Vorschriften zur Prüfung von Zwischenberichten (Abschn. 25) vorgestellt, damit auch diese zwischenberichtsspezifischen Vorschriften bei der Analyse der Befragungsergebnisse einbezogen werden können.

22 Inhaltliche Vorschriften zur Zwischenberichterstattung

221. Europarechtliche Vorschriften

Die EUROPÄISCHE UNION (EU) wirkt zunehmend auf die nationalen Rechtsordnungen ihrer Mitgliedsstaaten ein.[1] In diesem Zusammenhang ist ein bedeutendes Ziel der europäischen Gesetzgebung, innerhalb der EU effiziente, transparente und harmonisierte Kapitalmärkte zu gewährleisten. Im Rahmen des hierzu initiierten Aktionsplans Finanzdienstleistungen[2] wurde am 15. Dezember 2004 die **Transparenzrichtlinie** (2004/109/EG; TranspRL) vom EUROPÄISCHEN PARLAMENT und vom EUROPÄISCHEN RAT erlassen. Mit der Transparenzrichtlinie wurden die nationalen Offenlegungsvorschriften[3] für kapitalmarktorientierte Unternehmen harmonisiert und zugleich wesentlich erweitert.[4] Die erweiterten Offenlegungsvorschriften wurden vom europäischen Gesetzgeber damit begründet, dass die *„rechtzeitige Bekanntgabe zuverlässiger und umfassender Informationen über Wertpapieremittenten [...] das Vertrauen der Anleger nachhaltig [stärkt sowie] eine fundierte Beurteilung ihres Geschäftsergebnisses und ihrer Vermögenslage [ermöglicht].*“[5] Dies erhöht sowohl den Anlegerschutz als auch die Effizienz der Kapitalmärkte innerhalb der EU.[6]

Durch die Transparenzrichtlinie wurde für kapitalmarktorientierte Unternehmen EU-weit der Lagebericht als Pflichtbestandteil der Finanzberichterstattung vorgeschrieben[7] und der Bilanzeid nach US-amerikanischem Vorbild des *Sarbanes-Oxley-Act*[8] eingeführt.[9] Ferner wurde durch die Transparenzrichtlinie die unterjährige Berichterstattung von kapitalmarktorientierten Unternehmen – trotz des Verzichts auf eine obligatorische Quartalsfinanzberichterstattung[10] – deutlich erweitert.[11] Bislang waren nach der Zwischenberichtsrichtlinie

1 Vgl. RODEWALD, J./UNGER, U., Transparenz für die europäischen Kapitalmärkte, S. 1917.

2 Vgl. EUROPÄISCHE KOMMISSION (Hrsg.), Aktionsplan Finanzdienstleistungen.

3 Vgl. BOSSE, C., Wesentliche Neuregelungen für börsennotierte Unternehmen, S. 39.

4 Vgl. BUCHHEIM, R., Die Jahres- und Zwischenberichterstattung, S. 241; GÖRES, U., Kapitalmarktrechtliche Pflichten, S. 16; HUTTER, S./KAULAMO, K., Regelpublizität, S. 550 f.

5 Ziffer 1 der TranspRL, S. 38 [Ergänzungen durch den Verfasser].

6 Vgl. BEIERSDORF, K./BUCHHEIM, R., Ausweitung der Publizitätspflichten, S. 1674.

7 Vgl. BAETGE, J./HAENELT, T., Konzernlageberichterstattung im IFRS-Abschluss, S. 113.

8 Vgl. MCCAULEY, L./O'SULLIVAN, S. A./SHANNON, J. H., Sarbanes-Oxley, S. 38-46; ANAND, S., Sarbanes-Oxley Act, S. 945-955; KERSTING, C., Sarbanes-Oxley-Act, S. 233.

9 Vgl. BEIERSDORF, K./BUCHHEIM, R., Ausweitung der Publizitätspflichten, S. 1674.

10 Im zweiten Konsultationspapier vom 8. Mai 2002 sah die EUROPÄISCHE KOMMISSION allerdings zunächst vor, dass Aktienemittenten keine Zwischenmitteilungen der Geschäftsführung, sondern verpflichtend Quartalsfinanzberichte veröffentlichen sollten. Vgl. EUROPÄISCHE KOMMISSION (Hrsg.), Zweites Konsultationspapier, S. 5.

(82/121/EWG) lediglich Emittenten, deren Aktien zum Handel auf einem amtlichen Markt zugelassen waren, zur halbjährlichen Berichterstattung verpflichtet.[12] Seit der Umsetzung der Transparenzrichtlinie (2004/109/EG) müssen neben Aktienemittenten zusätzlich auch Emittenten von Schuldtiteln einen durch die Transparenzrichtlinie erweiterten Halbjahresfinanzbericht veröffentlichen, wenn sie ihre Wertpapiere zum Handel auf dem geregelten Markt zugelassen haben.[13] Der Halbjahresfinanzbericht besteht aus einem Zwischenabschluss, einem Zwischenlagebericht und einer Erklärung der gesetzlichen Vertreter (dem sog. „Bilanzeid").[14] Des Weiteren sind Aktienemittenten erstmals gesetzlich dazu verpflichtet, nach dem ersten und dritten Quartal eine Zwischenmitteilung der Geschäftsführung zu publizieren.

Neben der Transparenzrichtlinie wurde von der EUROPÄISCHEN KOMMISSION zusätzlich am 8. März 2007 eine **Richtlinie mit Durchführungsbestimmungen** zur Transparenzrichtlinie verabschiedet (2007/14/EG; TranspDFRL). Mit der TranspDFRL wurden im Zusammenhang mit der Zwischenberichterstattung der Mindestinhalt des nicht konsolidierten Abschlusses (Art. 3 TranspDFRL) sowie die Angabepflichten zu wesentlichen Geschäften mit nahestehenden Unternehmen und Personen präzisiert (Art. 4 TranspDFRL).[15]

Im folgenden Abschnitt wird dargestellt, wie die europarechtlichen Vorgaben zur Zwischenberichterstattung in das deutsche Recht umgesetzt wurden. Dabei werden die nationalen Vorschriften lediglich skizziert, da sie im Kapitel 4 bei den konkreten Empfehlungen zur inhaltlichen Gestaltung des IFRS-Zwischenberichts umfassend ausgelegt werden.

222. Wertpapierhandelsrechtliche Vorschriften

222.1 Vorbemerkung

Mit dem Transparenzrichtlinie-Umsetzungsgesetz (TUG), das am 20. Januar 2007 in Kraft getreten ist, wurde die Transparenzrichtlinie (2004/109/EG) in das deutsche Recht umgesetzt.[16] Die gesetzlichen Regelungen zur Zwischenberichterstattung wurden in diesem Zuge

11 Vgl. EUROPÄISCHE KOMMISSION (Hrsg.), Vorschlag zur Transparenzrichtlinie, S. 14-19.

12 Vgl. BUCHHEIM, R., Die Jahres- und Zwischenberichterstattung, S. 242; BUCHHEIM, R./ ULBRICH, P., EU-Transparenz-Richtlinie, S. 281.

13 Der geregelte Markt im Sinne des EU-Rechts ist in Deutschland der regulierte Markt.

14 Vgl. Art. 4 Abs. 2 lit. c TranspRL und Art. 5 Abs. 2 lit. c TranspRL.

15 Vgl. WIEDERHOLD, P./PUKALLUS, S., Corporate Governance, S. 264.

16 Vgl. BT-Drucksache 16/2498, S. 1.

aus dem Börsengesetz (BörsG) bzw. der Börsenzulassungs-Verordnung (BörsZulV) herausgelöst und in das Wertpapierhandelsgesetz (WpHG) implementiert. Die novellierten Bestimmungen zur Zwischenberichterstattung waren erstmals für Geschäftsjahre anzuwenden, die nach dem 31. Dezember 2006 begannen (§ 46 Abs. 1 WpHG).

Nach dem Wertpapierhandelsgesetz sind grundsätzlich Inlandsemittenten[17] von Aktien und Schuldtiteln zur Zwischenberichterstattung verpflichtet, die den regulierten Markt[18] in Anspruch nehmen (§ 37w-z WpHG).[19] Im Freiverkehr (*Open Market*) notierte Unternehmen müssen nach den wertpapierhandelsrechtlichen Vorschriften keine unterjährige Berichterstattung vornehmen.[20]

222.2 Halbjahresfinanzbericht nach dem WpHG

222.21 Zwischenabschluss nach dem WpHG

Gemäß § 37w Abs. 1 WpHG haben Inlandsemittenten von Aktien oder Schuldtiteln, die den regulierten Markt in Anspruch nehmen, einen Halbjahresfinanzbericht zu veröffentlichen. Ein Halbjahresfinanzbericht besteht aus einem verkürzten Abschluss, einem Zwischenlagebericht sowie einer Erklärung der gesetzlichen Vertreter („Bilanzeid").[21] Die auf den verkürzten Abschluss (Bilanz, GuV und Anhang) anzuwendenden Rechnungslegungsvorschriften ergeben sich aus den Vorschriften, die für den Jahresabschluss gelten (§ 37w Abs. 3 WpHG).[22] Tritt bei der Offenlegung gemäß § 325 Abs. 2a HGB an die Stelle des handelsrechtlichen Jahresabschlusses ein Einzelabschluss, der nach IFRS erstellt wurde, ist auch der verkürzte Abschluss des Halbjahresfinanzberichts nach IFRS zu erstellen. Ebenfalls

17 Inlandsemittenten sind zum einen deutsche Unternehmen, deren Wertpapiere in Deutschland an einem organisierten Markt, d. h. auf dem regulierten Markt zugelassen sind; zum anderen Unternehmen aus dem EU-Ausland oder aus einem Vertragsstaat des europäischen Wirtschaftsraums, wenn (zusätzlich) Wertpapiere dieser Unternehmen in Deutschland zugelassen sind (und Deutschland als Herkunftsstaat gewählt wurde). Vgl. § 2 Abs. 7 WpHG.

18 Der regulierte Markt ist ein organisierter Markt im Sinne von § 2 Abs. 5 WpHG. Durch die Regelungen des Finanzmarktrichtlinie-Umsetzungsgesetzes (FRUG) wurden der amtliche und der geregelte Markt am 1. November 2007 durch den regulierten Markt ersetzt. Vgl. BAETGE, J./ HAGEMEISTER, C./BREMBT, T., in: Baetge/Kirsch/Thiele, Publizität und Offenlegung, Rn. 602.

19 Zu den Ausnahmeregelungen vgl. § 37z WpHG.

20 Der *Open Market* ist kein organisierter Markt im Sinne von § 2 Abs. 5 WpHG, da der *Open Market* nicht staatlich, sondern durch privatrechtliche Freiverkehrsrichtlinien geregelt wird. Vgl. SUDMEYER, J., Mitteilungs- und Veröffentlichungspflichten, S. 685.

21 Vgl. PHILIPPS, H., Halbjahresfinanzbericht, S. 2327.

22 Vgl. hierzu MOCK, S., in: Kommentar zum WpHG, § 37w n. F., Rn. 22.

haben kapitalmarktorientierte Mutterunternehmen nach der IAS-Verordnung sowohl ihren Konzernabschluss als auch ihre konsolidierten Zwischenabschlüsse nach IFRS zu erstellen (§ 37y WpHG i. V. m. § 315a Abs. 1 HGB).[23]

222.22 Zwischenlagebericht nach dem WpHG

Im Zwischenlagebericht sind gem. § 37w Abs. 4 WpHG die wichtigsten Ereignisse des Berichtszeitraums und deren Auswirkungen auf die wirtschaftliche Lage des Unternehmens darzustellen sowie die wesentlichen Chancen und Risiken für die dem Berichtszeitraum folgenden sechs Monate des Geschäftsjahres zu beschreiben. Bei den Regelungen zum Zwischenlagebericht ging der deutsche Gesetzgeber über die Anforderungen der europäischen Transparenzrichtlinie hinaus, da nach dieser lediglich die wesentlichen Risiken und Ungewissheiten im Zwischenlagebericht zu beschreiben sind (Art. 5 Abs. 4 TranspRL).[24] Im wertpapierhandelsrechtlichen Zwischenlagebericht sind neben den Risiken indes zusätzlich die Chancen der verbleibenden Monate des Geschäftsjahres darzustellen, damit eine konsistente Jahres- und Halbjahresfinanzberichterstattung gewährleistet wird.[25] Denn seit dem Bilanzrechtsreformgesetz[26] sind im jährlichen Lagebericht neben den wesentlichen Risiken auch die wesentlichen Chancen der voraussichtlichen Entwicklung der Gesellschaft zu erläutern (§§ 289, 315 HGB).

Inlandsemittenten von Aktien müssen im Zwischenlagebericht zusätzlich die wesentlichen Geschäfte mit nahestehenden Unternehmen und Personen angeben (§ 37w Abs. 4 WpHG). Welche Angaben im Zwischenlagebericht offenzulegen sind, wird mit § 11 der Transparenzrichtlinie-Durchführungsverordnung (TranspRLDV) konkretisiert.[27] Anstatt im Zwischenlagebericht können die Angaben zu Geschäften mit nahestehenden Unternehmen und Personen auch im Anhang vorgenommen werden.[28]

Wenn ein Halbjahresfinanzbericht nach IFRS erstellt wird, ist der Zwischenlagebericht mangels eines eigenen Standards des IASB zur Lageberichterstattung[29] weiterhin nach den

23 Zu den Regelungen zum IFRS-Zwischenabschluss vgl. Abschn. 224.

24 Vgl. STRIEDER, T./AMMEDICK, O., Der Zwischenlagebericht, S. 1369.

25 Vgl. HEBESTREIT, G./RAHE, I., Zwischenberichterstattung, S. 114.

26 Vgl. hierzu KIRSCH, H.-J./SCHEELE, A., Prognose- und Risikoberichterstattung nach BilReG, S. 1149-1154; KIRSCH, H.-J./SCHEELE, A., (Konzern-)Lageberichterstattung, S. 1-12.

27 Vgl. hierzu Abschn. 425.1.

28 Vgl. § 37w Abs. 4 WpHG und § 11 Abs. 1 TranspRLDV.

wertpapierhandelsrechtlichen Regelungen zu erstellen (§ 37w Abs. 3 WpHG i. V. m. § 37y WpHG).

222.23 Erklärung der gesetzlichen Vertreter nach dem WpHG

Die gesetzlichen Vertreter haben im Halbjahresfinanzbericht nach US-amerikanischem Vorbild[30] eine Erklärung zum Inhalt des verkürzten Abschlusses und des Zwischenlageberichts abzugeben („Bilanzeid").[31] Der konkrete Wortlaut der Erklärung ist im Wertpapierhandelsgesetz nicht festgelegt. Sie muss allerdings der Erklärung gem. §§ 264 Abs. 2 und 289 Abs. 1 HGB für einen Jahresabschluss und Lagebericht respektive der Erklärung gem. §§ 297 Abs. 2 und 315 Abs. 1 HGB für einen Konzernabschluss und Konzernlagebericht entsprechen.[32] Im Regierungsentwurf zum TUG war der Bilanzeid noch ohne Wissensvorbehalt („*nach bestem Wissen*") vorgesehen.[33] Aufgrund der erheblichen Kritik[34] im Rahmen des Gesetzgebungsprozesses wurde die ursprüngliche Regelung zum Bilanzeid allerdings um den Wissensvorbehalt ergänzt.[35]

222.3 Zwischenmitteilung der Geschäftsführung nach dem WpHG

Aktienemittenten müssen neben dem Halbjahresfinanzbericht zusätzlich nach dem ersten und dritten Quartal eines Geschäftsjahres eine Zwischenmitteilung der Geschäftsführung veröffentlichen (§ 37x Abs. 1 WpHG). Der Mitteilungszeitraum der Zwischenmitteilung

29 Der IASB setzte Ende 2007 ein *Management-Commentary*-Projekt auf seine aktive Agenda. Vgl. IASB (Hrsg.), IASB Update December 2007, S. 1. Zum Diskussionspapier des *Management-Commentary*-Projekts vgl. BAETGE, J./HAENELT, T., Konzernlageberichterstattung nach IFRS, S. 121-125; MAYR, G., Management Commentary, S. 269-297; KASPERZAK, R./BEIERSDORF, K., Diskussionspapier Management Commentary, S. 121-130.

30 In Anlehnung an den Bilanzeid des *Sarbanes-Oxley-Act*, Section 302. Vgl. hierzu BT-Drucksache 16/2498, S. 55.

31 Vgl. HAHN, C., Der Bilanzeid, S. 375-379; FLEISCHER, H., Der deutsche Bilanzeid, S. 97-106.

32 Vgl. § 37w Abs. 2 Nr. 3 WpHG.

33 Im Gesetzgebungsprozess zum TUG wurde klargestellt, dass mit *„der für den Wissensvorbehalt gewählten Formulierung 'nach bestem Wissen' [...] zum Ausdruck gebracht [wird], dass nur vorsätzliches und nicht auch fahrlässiges Handeln bei der Abgabe des Bilanzeids bezogen auf die Richtigkeit der Angaben in den Unternehmensabschlüssen rechtliche Folgen auslösen soll"*. BT-Drucksache 16/3644, S. 58 [Ergänzung durch den Verfasser].

34 Vgl. DRSC (Hrsg.), Stellungnahme TUG-E, S. 5 f.; DAI (Hrsg.), Stellungnahme Regierungsentwurf TUG, S. 9-11.

35 Die gesetzlichen Vertreter können, sofern sie die Sorgfalt eines ordentlichen und gewissenhaften Kaufmanns zeigen, bei der nicht richtigen Abgabe des Bilanzeids nicht straf- oder zivilrechtlich belangt werden. Vgl. FLEISCHER, H., Der deutsche Bilanzeid, S. 101-103.

entspricht prinzipiell dem ersten bzw. dem dritten Quartal des Geschäftsjahres. Vom Unternehmen kann der Mitteilungszeitraum allerdings in einem bestimmten Umfang verkürzt respektive ausgedehnt werden. Denn anstelle eines starren Zeitraums von drei Monaten darf der Mitteilungszeitraum die ersten zehn Wochen, maximal allerdings die ersten 20 Wochen des Halbjahres umfassen (§ 37x Abs. 1 WpHG).[36] In der Zwischenmitteilung der Geschäftsführung sind gem. § 37x Abs. 2 Satz 2 WpHG *„die wesentlichen Ereignisse und Geschäfte des Mitteilungszeitraums im Unternehmen des Emittenten und ihre Auswirkungen auf die Finanzlage des Emittenten zu erläutern sowie die Finanzlage und das Geschäftsergebnis des Emittenten im Mitteilungszeitraum zu beschreiben.“* Das berichterstattende Unternehmen muss für die Zwischenmitteilung der Geschäftsführung somit keinen Zwischenabschluss erstellen.[37]

222.4 Quartalsfinanzbericht nach dem WpHG

Ein Unternehmen, das als Inlandsemittent Aktien begibt, braucht keine Zwischenmitteilungen der Geschäftsführung nach dem ersten und dritten Quartal des Geschäftsjahres zu publizieren, wenn das Unternehmen freiwillig Quartalsfinanzberichte veröffentlicht (§ 37x Abs. 3 WpHG). Der befreiende Quartalsfinanzbericht ist entsprechend den (wertpapier-)handelsrechtlichen Vorschriften zum Halbjahresfinanzbericht aufzustellen. Im Gegensatz zum Halbjahresfinanzbericht muss der Quartalsfinanzbericht allerdings keine Erklärung der gesetzlichen Vertreter („Bilanzeid“) enthalten.

223. Vorschriften des Deutschen Standardisierungsrates (DSR)

223.1 Vorbemerkung

Aufgrund der novellierten Vorschriften zur Zwischenberichterstattung durch das Transparenzrichtlinie-Umsetzungsgesetz hat der DEUTSCHE STANDARDISIERUNGSRAT (DSR)[38] im Mai 2008 den Deutschen Rechnungslegungs Standard Nr. 16 („Zwischenberichterstattung“) veröffentlicht.[39] Vom BUNDESMINISTERIUM DER JUSTIZ (BMJ) wurde der DRS 16

36 Nach § 37x Abs. 2 Satz 1 WpHG sind die Geschäftstätigkeiten für die *„drei Monate vor Ablauf des Mitteilungszeitraums“* zu beschreiben. Hierbei handelt es sich um einen redaktionellen Fehler. Denn wenn die Zwischenmitteilung der Geschäftsführung erst in der 20. Woche veröffentlicht wird, wäre nach dieser Vorgabe über die ersten sieben Wochen des Halbjahres nicht zu berichten.

37 Vgl. E-DRS 21.A59. Beim E-DRS 21 handelt es sich um den ersten Entwurf des DRS 16.

38 Zum DSR vgl. BAETGE, J./SURREY, I., Nationale Rechnungslegungsstandards, S. 125-127.

am 24. Juli 2008 bekannt gemacht.[40] Seitdem besitzt der DRS 16 für die konsolidierte Rechnungslegung eine faktische Bindungswirkung im Sinne einer verbindlichen GoB-Konkretisierung (§ 342 Abs. 2 HGB).[41] Mit Inkrafttreten des DRS 16 wurde der bis dahin anzuwendende DRS 6 („Zwischenberichterstattung")[42] ersetzt und die gesetzlichen Vorgaben zur Zwischenberichterstattung wurden konkretisiert und zugleich erweitert.[43]

Das Ziel der Zwischenberichterstattung besteht nach DRS 16.1 darin, den Adressaten *„unterjährig entscheidungsnützliche Informationen über die Ertrags-, Finanz- und Vermögenslage und die voraussichtliche Entwicklung im Geschäftsjahr"* des berichterstattenden Unternehmens zu vermitteln. Dabei soll mit dem Zwischenbericht der letzte jährliche Abschluss fortgeführt, bestimmte Ereignisse und Geschäftsvorfälle des Zwischenberichtszeitraums sollen erläutert sowie bestimmte Prognosen des letzten Konzernlageberichts aktualisiert werden (DRS 16.2). Der DRS 16 ist für nach dem 31. Dezember 2007 beginnende Geschäftsjahre von allen Unternehmen anzuwenden, die zur Zwischenberichterstattung und zusätzlich zur Konzernrechnungslegung verpflichtet sind (DRS 16.4).

223.2 Halbjahresfinanzbericht nach DRS 16

223.21 Zwischenabschluss nach DRS 16

In DRS 16.16 wird dem bilanzierenden Unternehmen empfohlen, den (wertpapier-)handelsrechtlichen Zwischenabschluss um eine verkürzte Kapitalflussrechnung und einen verkürzten Eigenkapitalspiegel zu ergänzen, damit der (wertpapier-)handelsrechtliche Zwischenabschluss die gleichen Rechenwerke wie ein IFRS-Zwischenabschluss umfasst.[44] Beim (wertpapier-)handelsrechtlichen Zwischenabschluss sind dabei grundsätzlich dieselben Bilanzierungs- und Bewertungsmethoden zugrunde zu legen wie im letzten jährlichen Ab-

---

39 Vgl. DRSC (Hrsg.), Pressemitteilung DRS 16, S. 1 f.

40 Vgl. BMJ (Hrsg.), Bundesanzeiger Nr. 110 vom 24. Juli 2008 Beilage 110a; DRSC (Hrsg.), Bekanntmachung von DRS 16.

41 Vgl. BAETGE, J./KIRSCH, H.-J./THIELE, S., Bilanzen, S. 49; kritisch BUDDE, D./STEUBER, E., Normsetzungsbefugnis, S. 1186.

42 Zu den Regelungen des DRS 6 vgl. BUSSE VON COLBE, W., Zwischenberichterstattung nach E-DRS 6, S. 2194-2196; STRIEDER, T., Der DRS 6, S. 112-116; ALVAREZ, M./WOTSCHOFSKY, S., Zwischenberichterstattung nach DRS 6, S. 387-396; STRIEDER, T., Zwischenberichte und DRS 6, S. 222-228.

43 Nach PHILIPPS sind die *„Regelungen in §§ 37w bzw. 37y WpHG allgemein formuliert und daher interpretations- bzw. konkretisierungsbedürftig."* PHILIPPS, H., Halbjahresfinanzbericht, S. 2327.

44 Vgl. Abschn. 224.22.

schluss (DRS 16.20). Da im Wertpapierhandelsgesetz nicht konkretisiert wird, welche Angaben im Anhang des Zwischenabschlusses offenzulegen sind, werden im DRS 16.31-33 zusätzlich die Anhangangaben aufgeführt, die mindestens im Zwischenabschluss zu machen sind. Im Anhang des Zwischenabschlusses sind die angewandten Bilanzierungs- und Bewertungsmethoden anzugeben. Des Weiteren sind im Anhang die wesentlichen Änderungen in der Zusammensetzung des Konsolidierungskreises sowie die wesentlich veränderten Posten der verkürzten Bilanz und der verkürzten GuV zu erläutern. Im DRS 16.33 wird dem Unternehmen zudem empfohlen, freiwillig im Anhang des Zwischenabschlusses die Segmentumsätze und -ergebnisse offenzulegen.

Die nach IFRS bilanzierenden Unternehmen haben nicht die Regelungen des DRS 16 zum (wertpapier-)handelsrechtlichen Zwischenabschluss zu beachten (DRS 16.8). Gleichwohl können die zum IFRS-Zwischenabschluss abweichenden Regelungen zum (wertpapier-)handelsrechtlichen Zwischenabschluss (bspw. die nach IFRS nicht vorgegebenen Anhangangaben) bei der Entwicklung der inhaltlichen Gestaltungsempfehlungen für den IFRS-Zwischenabschluss einbezogen werden.

223.22 Zwischenlagebericht nach DRS 16

Mit dem Zwischenlagebericht wird der Zwischenabschluss ergänzt, wesentliche Ereignisse und Geschäftsvorfälle des Zwischenberichtszeitraums werden erläutert sowie wesentliche prognoseorientierte Informationen des letzten Konzernlageberichts aktualisiert (DRS 16.34). Beim Zwischenlagebericht sind gem. DRS 16.37 die Grundsätze ordnungsmäßiger Lageberichterstattung (GoL) nach DRS 15 („Lageberichterstattung") zu beachten.[45] Die GoL sind allerdings zwischenberichtsspezifisch auszulegen,[46] da der Prognosezeitraum des Zwischenlageberichts auf die verbleibenden Monate des Geschäftsjahres beschränkt ist und im Rahmen der Zwischenberichterstattung der Grundsatz der Wesentlichkeit besonders zu beachten ist (DRS 16.37).

Nach § 37w Abs. 4 WpHG haben die Unternehmen im Zwischenlagebericht *„mindestens die wichtigen Ereignisse des Berichtszeitraums im Unternehmen [...] und ihre Auswirkungen auf*

45 Vgl. DRS 15.9-35. Zu den im Schrifttum entwickelten GoL vgl. BAETGE, J./FISCHER, T. R./ PASKERT, D., Lagebericht, S. 16-27; BAETGE, J./KIRSCH, H.-J./THIELE, S., Bilanzen, S. 790 f.; BAETGE, J./KIRSCH, H.-J./THIELE, S., Konzernbilanzen, S. 610; KRAWITZ, N., in: Bonner HdR, § 289, Rn. 25-35.

46 Vgl. E-DRS 21.A37.

den verkürzten Abschluss anzugeben." Mit DRS 16 wird klargestellt, dass im Zwischenlagebericht alle **wesentlichen Veränderungen der Ertrags-, Finanz- und Vermögenslage** (EFV-Lage) seit dem letzten Konzernabschluss darzustellen sind (DRS 16.40). Potenzielle Ereignisse, die die EFV-Lage unterjährig wesentlich beeinflussen können, werden im DRS 16.41 aufgezählt.

Im DRS 16 werden zusätzlich die (wertpapier-)handelsrechtlichen Vorgaben zu den Angaben zu den **Geschäften mit nahestehenden Unternehmen und Personen** konkretisiert (DRS 16.50-55) sowie die Anforderungen an die **Risiko- und Chancenberichterstattung** präzisiert (DRS 16.46-49). Ferner wird im DRS 16 über die wertpapierhandelsrechtlichen Vorschriften hinausgehend verlangt, dass das berichterstattende Unternehmen im Zwischenlagebericht zu berichten hat,[47] ob sich die im letzten Konzernlagebericht abgegebenen **Prognosen** und sonstigen Aussagen zur voraussichtlichen Entwicklung des berichterstattenden Unternehmens für das laufende Geschäftsjahr wesentlich verändert haben (DRS 16.43).

223.23 Erklärung der gesetzlichen Vertreter nach DRS 16

Die gesetzlichen Vertreter haben gem. § 37w Abs. 2 Nr. 3 WpHG im Halbjahresfinanzbericht eine Erklärung zum Inhalt des verkürzten Abschlusses und zum Inhalt des Zwischenlageberichts abzugeben („Bilanzeid"). Der konkrete Wortlaut der Erklärung ist im Wertpapierhandelsgesetz nicht festgelegt. Im DRS 16.56 ist eine Vorlage für die Erklärung der gesetzlichen Vertreter enthalten, die allerdings abweichend als „*Versicherung der gesetzlichen Vertreter*" bezeichnet wird.

223.3 Zwischenmitteilung der Geschäftsführung nach DRS 16

Gemäß § 37x Abs. 2 WpHG sind in der Zwischenmitteilung der Geschäftsführung die Auswirkungen wesentlicher Ereignisse und Geschäfte auf die Finanzlage zu erläutern sowie die Finanzlage und das Geschäftsergebnis im Mitteilungszeitraum zu beschreiben. Nach dem Wertpapierhandelsgesetz ist in der Zwischenmitteilung der Geschäftsführung somit nicht auf die Vermögenslage des Unternehmens einzugehen. Mit dem DRS 16 wird hingegen verlangt, dass die Zwischenmitteilung der Geschäftsführung „*zum einen eine Erläuterung der wesentlichen Ereignisse und Geschäfte des Mitteilungszeitraums und deren Auswirkungen auf die*

47 Vgl. ROSSBACH, C., DRS 16, S. 12. Kritisch zu der europäischen Transparenzrichtlinie BUCHHEIM, R./ULBRICH, P., EU-Transparenz-Richtlinie, S. 279.

Ertrags-, Finanz- und Vermögenslage [...] und zum anderen eine allgemeine Beschreibung der Ertrags-, Finanz- und Vermögenslage" zu enthalten hat (DRS 16.64).[48] Bei dieser Vorgabe bezieht sich der DSR auf die englische Fassung der Transparenzrichtlinie. Denn der in der englischen Fassung der Transparenzrichtlinie verwendete Begriff „*financial position*" (Art. 6 Abs. 1 TranspRL) umfasst neben der Ertrags- und Finanzlage auch die Vermögenslage.[49] Neben der Beschreibung der Ertrags-, Finanz- und Vermögenslage ist in der Zwischenmitteilung der Geschäftsführung nach DRS 16.69 – über die wertpapierhandelsrechtlichen Vorschriften hinausgehend – zusätzlich über veränderte bestandsgefährdende Risiken zu berichten.[50]

223.4 Quartalsfinanzbericht nach DRS 16

Die Regelungen des DRS 16 zum verkürzten Abschluss und Zwischenlagebericht des Halbjahresfinanzberichts sind grundsätzlich auch bei der Erstellung des Quartalsfinanzberichts zu beachten (DRS 16.57). Da bei einer Quartalsfinanzberichterstattung unterjährig drei Finanzberichte veröffentlicht werden, stellt sich indes die Frage, ob die vergangenheitsbezogenen Angaben im Zwischenlagebericht auf den kumulierten Zeitraum seit Beginn des Geschäftsjahres oder auf das aktuelle Quartal zu beziehen sind. Im WpHG sind hierzu keine Regelungen enthalten. Gemäß DRS 16.58-60 können die vergangenheitsbezogenen Angaben im Zwischenlagebericht wahlweise auf den Berichtszeitraum, d. h. auf den kumulierten Zeitraum seit Beginn des Geschäftsjahres, oder auf das aktuelle Quartal bezogen werden.

224. Vorschriften des International Accounting Standards Board (IASB)

224.1 Vorbemerkung

Das INTERNATIONAL ACCOUNTING STANDARDS COMMITTEE (IASC), die Vorgängerorganisation des IASB,[51] hat mit IAS 34 („Zwischenberichterstattung") im Jahr 1998 einen eigenen Standard zur Zwischenberichterstattung verabschiedet.[52] Seitdem wurde der IAS 34

48 Vgl. KAJÜTER, P./REISLOH, C., Zwischenmitteilungen nach WpHG, S. 621.

49 Vgl. hierzu E-DRS 21.A62.

50 Vgl. KAJÜTER, P./REISLOH, C., Zwischenmitteilungen der Geschäftsführung, S. 97.

51 Der IASB hat im April 2001 die Aufgaben des IASC übernommen. Zum IASB bzw. IASC vgl. BAETGE, J./KIRSCH, H.-J./THIELE, S., Bilanzen, S. 52 f.; BAETGE, J./THIELE, S./PLOCK, M., Die Restrukturierung des IASC, S. 1033-1038.

52 Vgl. FEDERSPIELER, C., Zwischenberichterstattung gemäß IAS, S. 943-947; ALVAREZ, M./ WOTSCHOFSKY, S., IAS 34, S. 653-660.

mehrmals überarbeitet, zuletzt durch die Novellierung des IFRS 3 („Unternehmenszusammenschlüsse") im Januar 2008.[53] Ergänzend zum IAS 34 hat das INTERNATIONAL FINANCIAL REPORTING INTERPRETATIONS COMMITTEE (IFRIC) im Jahr 2006 die Interpretation IFRIC 10 („Zwischenberichterstattung und Wertminderung") veröffentlicht.

In den folgenden Abschnitten werden die Regelungen des IAS 34 und des IFRIC 10 kurz vorgestellt, da diese Vorschriften im Kapitel 4 bei den Empfehlungen zur inhaltlichen Gestaltung des IFRS-Zwischenberichts umfassend dargestellt und ausgelegt werden.

224.2 IAS 34 („Zwischenberichterstattung")

224.21 Zielsetzung und Anwendungsbereich von IAS 34

Nach der Zielsetzung des IAS 34 sollen mittels einer zeitnahen und verlässlichen Zwischenberichterstattung Investoren, Gläubiger und andere Adressaten in die Lage versetzt werden, die Vermögens- und Finanzlage des Unternehmens besser zu beurteilen sowie seine Fähigkeit einzuschätzen, künftig Gewinne und Cashflows zu erwirtschaften.[54] Das Ziel der IFRS-Zwischenberichterstattung besteht somit darin, den Adressaten unterjährig entscheidungsnützliche Informationen über die wirtschaftliche Lage des berichterstattenden Unternehmens zu vermitteln. Der IASB überlässt es dabei den jeweils verantwortlichen nationalen Gesetzgebern, Börsen und Börsenaufsichtsbehörden, Vorschriften zu erlassen, wann und wie häufig Zwischenberichte während des Geschäftsjahres veröffentlicht werden müssen.[55] In IAS 34.1 wird kapitalmarktorientierten Unternehmen lediglich empfohlen, mindestens einen IFRS-Zwischenabschluss zum Ende der ersten Hälfte des Geschäftsjahres aufzustellen und innerhalb von 60 Tagen nach Ende des Berichtszeitraums zu veröffentlichen.

224.22 Inhalt des Zwischenabschlusses nach IAS 34

Mit IAS 34 werden der Mindestinhalt eines Zwischenabschlusses und die zwischenberichtsspezifischen Ansatz- und Bewertungsgrundsätze geregelt. Gemäß IAS 34.4 kann im Rahmen

53 Zum überarbeiteten IFRS 3 vgl. HACHMEISTER, D., Neuregelung IFRS 3, S. 115-122; FLADT, G., Neuer Standard zu Unternehmenserwerben, S. 1.

54 Vgl. BAETGE, J./BRUNS, C./ROLVERING, A./HAENELT, T., in: Baetge u. a., Rechnungslegung nach IFRS, IAS 34, Rn. 1.

55 *„Whilst the existence of local regulatory requirements for interim reporting inhibits camparison, there is a wide diversity in practice in terms of content, depth of coverage and structure in today's interim financial reports."* E&Y (Hrsg.), International GAAP 2008, S. 2696 f.

der Zwischenberichterstattung entweder ein verkürzter Abschluss oder ein vollständiger Abschluss erstellt und veröffentlicht werden. Ein vollständiger Abschluss ist ein Abschluss, mit dem alle Anforderungen erfüllt werden, die an einen jährlichen IFRS-Abschluss gestellt werden (IAS 34.9 i. V. m. IAS 34.5). Ein verkürzter Abschluss[56] enthält grundsätzlich alle Bestandteile eines jährlichen IFRS-Abschlusses, allerdings in komprimierter Form (IAS 34.8):[57]

- eine verkürzte Bilanz (*condensed statement of financial position*),
- eine verkürzte Gesamtergebnisrechnung (*condensed statement of comprehensive income*), zzgl. des verwässerten und unverwässerten Ergebnisses je Aktie,
- eine verkürzte Eigenkapitalveränderungsrechnung (*condensed statement of changes in equity*),
- eine verkürzte Kapitalflussrechnung (*condensed statement of cash flows*) und
- ausgewählte erläuternde Anhangangaben (*selected explanatory notes*).

Der (verkürzte) IFRS-Abschluss ist auf konsolidierter Basis zu erstellen, wenn das berichterstattende Unternehmen zum Ende des letzten Geschäftsjahres einen Konzernabschluss aufgestellt hat (IAS 34.14).[58]

In IAS 34.16 sind ausgewählte Anhangangaben (*selected explanatory notes*) aufgeführt, die mit einem verkürzten IFRS-Zwischenabschluss mindestens offenzulegen sind. Mittels der ausgewählten Anhangangaben sollen die Adressaten über wichtige Ereignisse und Geschäftsvorfälle informiert werden, die sich seit dem letzten jährlichen IFRS-Abschluss ereignet haben. Die Angabepflichten in anderen Standards sind gemäß IAS 34.18 nicht zu beachten.[59] Da der IASB davon ausgeht, dass die Adressaten des IFRS-Zwischenabschlusses auch Zugang zum letzten jährlichen IFRS-Abschluss haben (IAS 34.15), ist im Anhang des Zwi-

56 Unternehmen erstellen aus Zeit- und Kostengründen i. d. R. keinen vollständigen, sondern einen verkürzten Abschluss. Vgl. AMMEDICK, O./STRIEDER, T., Zwischenberichterstattung börsennotierter Gesellschaften, Rn. 151; ROLVERING, A., Zwischenberichterstattung, S. 43.

57 Vgl. zu den im Zwischenabschluss darzustellenden Vergleichsperioden IAS 34.20. Eine Übersicht gibt ASCHL, F./HAIDENTHALER, E., Zwischenberichterstattung nach IFRS, S. 72.

58 *This „approach is not required if an entity disposes of its last subsidiary during the interim reporting period. [In] such cases interim financial statements, including the comparatives, should be presented as unconsolidated financial statements*". KPMG (Hrsg.), Insights into IFRS, Rn. 5.9.10.40 [Ergänzung durch den Verfasser].

59 Zu der Berichterstattung im Anhang eines jährlichen IFRS-Abschlusses vgl. BRÜGGEMANN, B., Die Berichterstattung im Anhang des IFRS-Abschlusses.

schenabschlusses nicht über Ereignisse und Geschäftsvorfälle zu berichten, die bereits im letzten jährlichen IFRS-Abschluss dargestellt wurden.[60] Zudem können diejenigen Anhangangaben im IFRS-Zwischenabschluss entfallen, mit denen lediglich unwesentliche Informationen des letzten jährlichen IFRS-Abschlusses aktualisiert werden.[61] Mit dieser Vorgabe des IASB soll verhindert werden, dass aufgrund eines hohen Berichtsumfanges wesentliche neue Ereignisse und Geschäftsvorfälle verschleiert respektive Fehlinterpretationen begünstigt werden.[62]

224.3 IFRIC 10 („Zwischenberichterstattung und Wertminderung")

Das IFRIC hat am 20. Juli 2006 die Interpretation IFRIC 10 („Zwischenberichterstattung und Wertminderung") verabschiedet. Mit der Interpretation widmet sich das IFRIC dem Zusammenhang zwischen den Vorschriften des IAS 34 und den Regelungen zum Wertaufholungsverbot bei einer im Zwischenbericht erfassten Wertminderung nach IAS 36 („Wertminderung von Vermögenswerten") und IAS 39 („Finanzinstrumente: Ansatz und Bewertung"). IFRIC 10 ist erstmalig für Geschäftsjahre anzuwenden, die am oder nach dem 1. November 2006 beginnen (IFRIC 10.10).

Gemäß IAS 34.28 hat ein Unternehmen in seinem IFRS-Zwischenabschluss die gleichen Bilanzierungs- und Bewertungsmethoden wie im jährlichen IFRS-Abschluss anzuwenden (IAS 34.28 Satz 1). Dabei darf die Häufigkeit der Berichterstattung eines Unternehmens (jährlich, halb- oder vierteljährlich) nicht die Höhe des Periodenergebnisses beeinflussen (IAS 34.28 Satz 2). Die beiden in IAS 34.28 kodifizierten Grundsätze widersprechen sich indes im Zusammenhang mit den Regelungen des IFRS-Normenwerkes zur Wertaufholung von bestimmten zuvor abgeschriebenen Vermögenswerten. Denn wenn ein Unternehmen bspw. einen Geschäfts- oder Firmenwert im ersten Quartal erfolgswirksam abgeschrieben hat und im dritten Quartal der Wertminderungsgrund wieder entfällt, ist durch die widersprüchlichen Vorgaben des IAS 34.28 unklar, ob der Wertminderungsaufwand zurückzunehmen ist oder nicht.[63] Einerseits sind gemäß IAS 34.28 Satz 1 die gleichen Bilanzierungs-

60 Vgl. PEEMÖLLER, V. H., in: Wiley-Kommentar, Abschn. 19, Rn. 16.

61 Vgl. ausführlich BAETGE, J./BRUNS, C./ROLVERING, A./HAENELT, T., in: Baetge u. a., Rechnungslegung nach IFRS, IAS 34, Rn. 49-52.

62 Vgl. ALVAREZ, M./WOTSCHOFSKY, S., Zwischenberichterstattung, S. 69.

63 Ausführlich zur Wertminderung eines Geschäfts- und Firmenwerts im Rahmen der Zwischenberichterstattung vgl. ALVAREZ, M., Unterjährige Erfolgsermittlung nach IFRS, S. 227.

und Bewertungsmethoden im IFRS-Zwischenabschluss wie im jährlichen IFRS-Abschluss anzuwenden, so dass gemäß IAS 36.124 keine Wertaufholung des Geschäfts- oder Firmenwertes stattfinden darf. Andererseits darf gemäß IAS 34.28 Satz 2 die Häufigkeit der Berichterstattung eines Unternehmens (jährlich, halb- oder vierteljährlich) nicht die Höhe des Periodenergebnisses beeinflussen. Ein Unternehmen, das lediglich einen jährlichen IFRS-Abschluss aufstellt, schreibt im vorliegenden Fall allerdings – im Gegensatz zum unterjährig berichterstattenden Unternehmen – den Geschäfts- oder Firmenwert nicht ab, da der Wertminderungsgrund im Laufe des Geschäftsjahres wieder entfallen ist. Aus diesem Grund müsste das unterjährig berichterstattende Unternehmen gemäß IAS 34.28 Satz 2 den abgeschriebenen Geschäfts- oder Firmenwert wieder zuschreiben, was indes gegen den Grundsatz des IAS 34.28 Satz 1 verstoßen würde.

Bezugnehmend auf diesen Widerspruch beschloss das IFRIC, dass ein in einem früheren Zwischenberichtszeitraum erfasster Wertminderungsaufwand für den Geschäfts- oder Firmenwert, für gehaltene Eigenkapitalinstrumente oder für solche finanziellen Vermögenswerte, die zu Anschaffungskosten bilanziert werden, nicht rückgängig gemacht werden darf (IFRIC 10.8).[64] Im Ergebnis werden im IFRS-Zwischenabschluss somit die gleichen Bilanzierungs- und Bewertungsmethoden wie im IFRS-Abschluss angewendet, allerdings kann die Häufigkeit der Berichterstattung eines Unternehmens (jährlich, halb- oder vierteljährlich) die Höhe des Periodenergebnisses beeinflussen.[65] Die Regelungen des IFRIC 10 dürfen nicht auf andere Sachverhalte übertragen werden (IFRIC 10.9). Das IFRIC behält sich vor, potenziell auftretende Konflikte zwischen dem IAS 34 und anderen IFRS gesondert zu analysieren und zu interpretieren.

225. Privatrechtliche Vorschriften der Deutschen Börse AG

Nach dem Wertpapierhandelsgesetz sind in Deutschland Inlandsemittenten von Aktien und Schuldtiteln zur Zwischenberichterstattung verpflichtet, die den regulierten Markt in Anspruch nehmen. Im *Open Market* (vormals „Freiverkehr") notierte Unternehmen müssen nach den wertpapierhandelsrechtlichen Vorschriften keine Zwischenberichte veröffentli-

64 Eine kritische Würdigung findet sich bei KOPATSCHEK, M., IFRIC 10, S. 1505 f. Nach dem IFRIC 10 haben die speziellen Vorschriften des IAS 36 und IAS 39 Vorrang vor den allgemeinen Regelungen des IAS 34. Das IFRIC verweist dabei auf IAS 36.BC189 sowie IAS 39.BC130.

65 Beispiele zum IFRIC 10 finden sich bei KOPATSCHEK, M., IFRIC 10, S. 1505; ZÜLCH, H./ FISCHER, D., Wertminderungen im Rahmen der Zwischenberichterstattung, S. 175 f.

chen. Neben den gesetzlichen Regelungen zur Zwischenberichterstattung bestehen zusätzliche privatrechtliche Vorschriften der DEUTSCHEN BÖRSE AG, die an die jeweiligen Börsensegmente der FRANKFURTER WERTPAPIERBÖRSE (FWB®) geknüpft sind. Die DEUTSCHE BÖRSE AG ist die Trägerin der öffentlich-rechtlichen FWB®, die mit einem Umsatzanteil von mehr als 90 % die größte der sieben Wertpapierbörsen in Deutschland darstellt.[66]

Von der DEUTSCHEN BÖRSE AG wurde am 25. Oktober 2005 der ***Entry Standard*** als ein Teilbereich des *Open Market* eingeführt. Mit dem *Entry Standard* wird vor allem kleinen und mittleren Unternehmen ein einfacher und kostengünstiger Zugang zum Kapitalmarkt ermöglicht.[67] Die Notierung im *Entry Standard* ist an bestimmte Publizitätspflichten geknüpft, die gesetzlich nicht vorgeschrieben sind. Nach den Geschäftsbedingungen für den Freiverkehr haben die im *Entry Standard* gelisteten Unternehmen einen gesetzlich nicht vorgeschriebenen Zwischenbericht über die ersten sechs Monate des Geschäftsjahres zu erstellen und innerhalb von drei Monaten nach dem Ende des Halbjahres auf ihrer Internetseite zu veröffentlichen.[68] Mit dem Zwischenbericht soll *„anhand von Zahlenangaben und Erläuterungen ein den tatsächlichen Verhältnissen entsprechendes Bild der Finanzlage und des allgemeinen Geschäftsgangs des Emittenten in den ersten sechs Monaten des Geschäftsjahres [vermittelt werden].“*[69] Vom berichterstattenden Unternehmen muss hierfür kein Zwischenabschluss erstellt werden.[70]

Für Unternehmen, deren Wertpapiere zum regulierten Markt zugelassen sind, hat die FWB® zum 1. Januar 2003 die Börsensegmente *Prime Standard* und *General Standard* eingerichtet.[71] Für die Aufnahme in einen der Auswahlindizes DAX®, MDAX®, SDAX® oder TecDAX® müssen die Unternehmen im *Prime Standard* der FWB® gelistet sein.

Der ***General Standard*** ist vor allem für kapitalmarktorientierte Unternehmen geeignet, die überwiegend nationale Investoren ansprechen möchten.[72] Die Zulassung eines börsennotierten Unternehmens zum *General Standard* erfolgt automatisch mit der Zulassung zum re-

66 Vgl. DEUTSCHE BÖRSE AG (Hrsg.), FWB Porträt, S. 1.

67 Vgl. BUCK-HEEB, P., Kapitalmarktrecht, S. 177.

68 Vgl. DEUTSCHE BÖRSE AG (Hrsg.), Geschäftsbedingungen für den Freiverkehr, § 17 Abs. 2(c).

69 DEUTSCHE BÖRSE AG (Hrsg.), FAQ-Katalog für Open Market, S. 5-6 [Ergänzung durch den Verfasser].

70 Vgl. FREY, L. G., Anforderungen an das Rechnungswesen, S. 123.

71 Vgl. SCHLITT, M., Die neuen Marktsegmente der FWB, S. 57-69.

72 Vgl. BUCK-HEEB, P., Kapitalmarktrecht, S. 170 f.

gulierten Markt. Im Zusammenhang mit der Zwischenberichterstattung werden im *General Standard* die gesetzlichen Mindestanforderungen verlangt,[73] d. h., die im *General Standard* gelisteten Unternehmen müssen unterjährig einen Halbjahresfinanzbericht und jeweils eine Zwischenmitteilung der Geschäftsführung nach dem ersten und dritten Quartal eines Geschäftsjahres veröffentlichen.[74]

Durch die Zulassung zum ***Prime Standard*** müssen kapitalmarktorientierte Unternehmen neben den Anforderungen des *General Standard* zusätzliche internationale Transparenzanforderungen erfüllen.[75] Nach der Börsenordnung der FWB® haben die im *Prime Standard* gelisteten Unternehmen neben dem Halbjahresfinanzbericht anstelle von Zwischenmitteilungen der Geschäftsführung vollständige Quartalsfinanzberichte nach dem ersten und dritten Quartal des Geschäftsjahres zu erstellen und zu veröffentlichen.[76] Zudem sind die Halbjahres- und Quartalsfinanzberichte in deutscher und englischer Sprache zu publizieren.[77]

23 Zwecke der Zwischenberichterstattung

231. Vorbemerkung

Im vorherigen Abschnitt wurde gezeigt, dass nach den gesetzlichen Vorschriften der Zweck der Zwischenberichterstattung darin besteht, die Adressaten bereits während des laufenden Geschäftsjahres mit entscheidungsnützlichen Informationen über die Vermögens-, Finanz- und Ertragslage sowie zur voraussichtlichen Entwicklung der Gesellschaft im laufenden Geschäftsjahr zu versorgen.[78] Der **Zweck der Zwischenberichterstattung** besteht somit grundsätzlich in der **Informationsvermittlung**.[79] Unter dem Zweck der Informationsvermittlung lassen sich die folgenden untergeordneten Zwecke subsumieren:[80]

73 Vgl. BAETGE, J./HAGEMEISTER, C./BREMBT, T., in: Baetge/Kirsch/Thiele, Publizität und Offenlegung, Rn. 602. Zu den gesetzlichen Mindestanforderungen vgl. Abschn. 222.

74 Vgl. DEUTSCHE BÖRSE AG (Hrsg.), General Standard und Prime Standard, S. 7.

75 Vgl. DEUTSCHE BÖRSE AG (Hrsg.), General Standard und Prime Standard, S. 7.

76 Vgl. DEUTSCHE BÖRSE AG (Hrsg.), Börsenordnung, § 66 Abs. 1

77 Vgl. DEUTSCHE BÖRSE AG (Hrsg.), Börsenordnung, § 66 Abs. 3.

78 Vgl. DRS 16.1; IAS 34, Zielsetzung.

79 Vgl. BAETGE, J./SCHLÖSSER, J., Zwischenberichterstattung in Theorie und Praxis, S. 228.

80 Vgl. unter anderem KÖSTER, H., Grundsätze ordnungsmäßiger Zwischenberichterstattung, S. 83; ALVAREZ, M./WOTSCHOFSKY, S., Zur Bedeutung der Zwischenberichtspublizität, S. 1795; DAHL, G., Zwischenberichterstattung börsennotierter Unternehmen, S. 59.

- Da mit einem Zwischenbericht Informationen über die Vermögens-, Finanz- und Ertragslage veröffentlicht werden, legt das Management mit einem Zwischenbericht die Verwendung des ihm anvertrauten Kapitals offen und gibt **Rechenschaft** über die abgelaufene Zwischenberichtsperiode.[81] Dadurch können die Kapitalgeber[82] bereits unterjährig die im Geschäftsbericht vom Management getätigten Aussagen über die voraussichtliche Entwicklung des Unternehmens prüfen (*feedback value*).[83]
- Mit der Zwischenberichterstattung werden den Kapitalgebern Informationen über die Vermögens-, Finanz- und Ertragslage sowie zur voraussichtlichen wirtschaftlichen Entwicklung der Gesellschaft vermittelt, wodurch sie bei der **Prognose** der künftigen Gewinne – vor allem des Jahresergebnisses und der Dividende – unterstützt werden (*predictive value*).[84]
- Mit der Zwischenberichterstattung wird der Zeitraum zwischen zwei aufeinanderfolgenden Jahresabschlussstichtagen **überbrückt**, indem der letzte Jahresabschluss fortgeführt wird, wesentliche Änderungen verdeutlicht werden, die gegenwärtige Geschäftsentwicklung dargestellt wird und prognoseorientierte Informationen des letzten Jahresabschlusses aktualisiert werden.[85]

Im Folgenden werden bezugnehmend auf die gesetzlichen Vorschriften die Zwecke des Halbjahres- bzw. Quartalsfinanzberichts[86] (Abschn. 232.) und die Zwecke der Zwischenmitteilung der Geschäftsführung (Abschn. 233.) konkretisiert.

81 Vgl. LEFFSON, U., Die Grundsätze ordnungsmäßiger Buchführung, S. 64.

82 Eine Einbeziehung sowohl von Eigen- als auch von Fremdkapitalgebern fordert u. a. BUSSE VON COLBE, W., Unternehmenskontrolle durch Rechnungslegung, S. 45; BURGER, A., Zwischenberichterstattung für Gläubiger, S. 366.

83 Vgl. KÖSTER, H., Grundsätze ordnungsmäßiger Zwischenberichterstattung, S. 83; HEBESTREIT, G., Zwischenberichterstattung in Großbritannien und Deutschland, S. 118; BOHAN, M., Interim Financial Reporting, S. 183.

84 Vgl. FEDERSPIELER, C., Zwischenberichtspublizität in Europa, S. 62.

85 Vgl. ROLVERING, A., Zwischenberichterstattung, S. 71; KÖSTER, H., Grundsätze ordnungsmäßiger Zwischenberichterstattung, S. 91.

86 Dabei werden ausschließlich die Zwecke des Zwischenabschlusses und die des Zwischenlageberichts des Halbjahres- bzw. Quartalsfinanzberichts erörtert. Zu den Zwecken des Bilanzeids vgl. Abschn. 44.

232. Zwecke des Halbjahres- bzw. Quartalsfinanzberichts

232.1 Zwecke des Zwischenabschlusses

Ausgehend vom Zweck der Informationsvermittlung ist für den Zwischenabschluss des Halbjahres- bzw. Quartalsfinanzberichts zu konkretisieren – abhängig vom Verständnis, welche Stellung die Zwischenberichtsperiode im Vergleich zur Jahresperiode einnimmt –, welcher **Zweck mit der unterjährigen Erfolgsermittlung** verfolgt wird.[87] Bevor anhand der gesetzlichen Vorschriften geklärt werden kann, welcher Zweck bei der unterjährigen Erfolgsermittlung im Zwischenabschluss nach WpHG/DRS 16 bzw. nach IAS 34 verfolgt wird, sind zunächst die verschiedenen Ansätze hinsichtlich der unterjährigen Erfolgsermittlung kurz vorzustellen:[88]

- Beim **integrativen Ansatz** (*integral view*) wird die Zwischenberichtsperiode als integraler Bestandteil der Jahresperiode und nicht als eigenständige Berichtsperiode angesehen.[89] Nach diesem Ansatz besteht der Zweck bei der unterjährigen Erfolgsermittlung primär darin, den Adressaten mithilfe des Zwischenabschlusses eine verbesserte Prognose des Jahresergebnisses und der zu erwartenden Dividende zu ermöglichen.[90] Damit die Adressaten das Jahresergebnis und die zu erwartende Dividende besser prognostizieren können, sind die Aufwendungen (z. B. Großreparaturen, Urlaubslöhne etc.) und Erträge (z. B. saisonal schwankende Umsätze, Dividenden etc.) im Hinblick auf die jeweilige Zwischenberichtsperiode abzugrenzen.[91] Ein Einblick in den tatsächlichen Geschäftsverlauf der jeweiligen Zwischenberichtsperiode wird nicht gewährt,[92] weil nicht der Erfolg der Zwischenberichtsperiode, sondern der zeitanteilige Jahreserfolg (der zum Erstellungszeitpunkt des Zwischenberichts noch gar nicht feststeht, sondern geschätzt werden muss) ausgewiesen wird.
- Nach dem **eigenständigen Ansatz** (*discrete view*) ist die Zwischenberichtsperiode eine geschlossene und damit eine von der Jahresperiode unabhängige Berichtsperiode.[93] Der Zweck bei der unterjährigen Erfolgsermittlung besteht nach diesem Ansatz darin, das

---

87 Vgl. BAETGE, J./SCHLÖSSER, J., Zwischenberichterstattung in Theorie und Praxis, S. 229; KÖSTER, H., Grundsätze ordnungsmäßiger Zwischenberichterstattung, S. 66.

88 Vgl. KÖSTER, H., Grundsätze ordnungsmäßiger Zwischenberichterstattung, S. 66-73.

89 Vgl. HEBESTREIT, G., in: Beck IFRS HB, § 42, Rn. 42.

90 Vgl. GREEN, D., Theory of Interim Reports, S. 35.

91 Vgl. BUSSE VON COLBE, W./REINHARD, H. (Hrsg.), Zwischenberichterstattung, S. 3.

92 Vgl. COENENBERG, A. G./FEDERSPIELER, C., Internationale Zwischenberichtspublizität, S. 393.

Ergebnis und den Geschäftsverlauf der jeweiligen Zwischenberichtsperiode „periodengerecht" darzustellen.[94] Damit das Ergebnis und der Geschäftsverlauf der Zwischenberichtsperiode periodengerecht dargestellt werden, sind sämtliche Aufwendungen und Erträge, d. h. auch die saisonal bedingten sowie unregelmäßigen Erfolgsbestandteile in der jeweiligen Zwischenberichtsperiode zu erfassen, in der die entsprechenden Aufwendungen und Erträge wirtschaftlich angefallen sind. Durch den eigenständigen Ansatz können die Ergebnisse der Zwischenberichtsperioden – durch die saisonal bedingten Erträge und Aufwendungen – allerdings stark schwanken, so dass die Adressaten das Ergebnis der Zwischenperiode nicht durch proportionale Extrapolation auf das Gesamtjahr hochrechnen können. Indes wird erst mit dem eigenständigen Ansatz ermöglicht, einen saisonalen Geschäftsverlauf und eine unterjährige Trendwende erkennen zu können.[95]

- Beim **kombinierten Ansatz** (*combination view*) werden der integrative und der eigenständige Ansatz kombiniert.[96] Die Aufwendungen und Erträge werden bei diesem Ansatz bestimmten Gruppen von Erfolgskomponenten zugeordnet, die dann je nach Zuordnung entweder nach dem eigenständigen oder nach dem integrativen Ansatz erfasst werden.[97]

Im Folgenden ist zu klären, welcher Ansatz bei der unterjährigen Erfolgsermittlung im IFRS-Zwischenabschluss und im Zwischenabschluss nach WpHG/DRS 16 verfolgt wird.

Der **IFRS-Zwischenabschluss** ist nach den Bilanzierungs- und Bewertungsmethoden zu erstellen (IAS 34.28),[98] die für den jährlichen IFRS-Abschluss gelten. Im Rahmen der IFRS-Zwischenberichterstattung wird somit grundsätzlich der eigenständige Ansatz zugrunde gelegt, d. h., saisonal bedingte oder über den Verlauf des Geschäftsjahres ungleich verteilte Aufwendungen und Erträge werden in der Zwischenberichtsperiode vollständig ergebnis-

93 Der Zwischenabschluss und der Jahresabschluss stehen damit – als abschnittsbezogene Ausschnitte aus der Totalperiode des Unternehmens – gleichberechtigt nebeneinander. Vgl. SHILLINGLAW, G., Interim Financial Statements, S. 222-224.

94 Vgl. KÖSTER, H., Grundsätze ordnungsmäßiger Zwischenberichterstattung, S. 71-73; BRIDTS, C., Zwischenberichtspublizität, S. 117.

95 Vgl. BAETGE, J./BRUNS, C./ROLVERING, A./HAENELT, T., in: Baetge u. a., Rechnungslegung nach IFRS, IAS 34, Rn. 94.

96 Zum kombinierten Ansatz vgl. BRIDTS, C., Zwischenberichtspublizität, S. 124-128.

97 Vgl. FASB (Hrsg.), Interim Financial Accounting and Reporting, Rn. 93.

98 Vgl. Abschn. 224.3.

wirksam erfasst, in der die entsprechenden Erträge und Aufwendungen wirtschaftlich angefallen sind (IAS 34.37). Der eigenständige Ansatz wird in IAS 34 allerdings durch zwischenberichtsspezifische Bilanzierungs- und Bewertungsmethoden ergänzt.[99] Beispielsweise ist der Ertragsteueraufwand einer Zwischenberichtsperiode nicht auf Basis des Zwischenberichtergebnisses, sondern auf Basis des geschätzten jährlichen Ertragsteuersatzes zu ermitteln (IAS 34.30(c)), d. h., der erwartete *„Steueraufwand des Geschäftsjahres [wird] gleichmäßig im Verhältnis von Ist- zu Planergebnis auf die Zwischenberichtsperioden verteilt“*[100] (integrativer Ansatz). Da nach IAS 34 – trotz der zwischenberichtsspezifischen Bilanzierungs- und Bewertungsmethoden – der **IFRS-Zwischenabschluss** im Wesentlichen nach dem **eigenständigen Ansatz** zu erstellen ist (*primarily discrete*),[101] wird mit der unterjährigen Erfolgsermittlung im IFRS-Zwischenabschluss der Zweck verfolgt, das Ergebnis und den Geschäftsverlauf der jeweiligen Zwischenberichtsperiode zutreffend darzustellen.[102]

Beim **Zwischenabschluss nach WpHG/DRS 16** sind gemäß DRS 16.20 dieselben Bilanzierungs- und Bewertungsmethoden wie im letzten jährlichen Abschluss anzuwenden.[103] Dem Zwischenabschluss nach WpHG/DRS 16 liegt somit – analog zum IFRS-Zwischenabschluss – hauptsächlich[104] der **eigenständige Ansatz** bei der unterjährigen Erfolgsermittlung zugrunde (DRS 16.21).

232.2 Zwecke des Zwischenlageberichts

Der Halbjahres- bzw. Quartalsfinanzbericht besteht neben einem Zwischenabschluss zusätzlich aus einem Zwischenlagebericht,[105] der – mangels eines eigenen Standards des IASB zur

99 Vgl. weiterführend mit Beispielen LÜDENBACH, N., Mengen- und Preiskomponenten, S. 57-59; ALVAREZ, M., Unterjährige Erfolgsermittlung nach IFRS, S. 222-228.

100 DAHLKE, J., Steuerpositionen im Zwischenabschluss nach IAS 34, S. 1832 [Ergänzung durch den Verfasser].

101 So auch BAETGE, J./BRUNS, C./ROLVERING, A./HAENELT, T., in: Baetge u. a., Rechnungslegung nach IFRS, Rn. 96(b); E&Y (Hrsg.), International GAAP 2008, S. 2650; HOFFMANN, W.-D., in: Haufe IFRS-Kommentar, § 37, Rn. 21. PEEMÖLLER spricht hingegen schon von einem kombinierten Ansatz. Vgl. PEEMÖLLER, V. H., in: Wiley-Kommentar, Abschn. 19, Rn. 25.

102 Vgl. COENENBERG, A. G./FEDERSPIELER, C., Internationale Zwischenberichtspublizität, S. 394. Daher ist im Anhang unter anderem über saisonale Einflüsse (IAS 34.16(b)) zu berichten.

103 In DRS 6, der vor DRS 16 anzuwenden war, wurde indes der integrative Ansatz stärker betont. Nach DRS 6.20 wurden Aufwendungen und Erträge, die dem Ergebnis der gewöhnlichen Geschäftstätigkeit zuzurechnen waren, keinen saisonalen Charakter hatten und regelmäßig erst zum Geschäftsjahresende anfielen, im Zwischenabschluss zeitanteilig berücksichtigt.

104 Im wertpapierhandelsrechtlichen Zwischenabschluss sind indes auch die Ertragsteuern auf Grundlage des erwarteten jährlichen Ertragsteuersatzes zu erfassen. Vgl. DRS 16.24.

105 Vgl. § 37w Abs. 2 Nr. 2 WpHG und § 37x Abs. 3 WpHG.

Lageberichterstattung –[106] grundsätzlich nach den Regelungen des WpHG und des DRS 16 zu erstellen ist. Nach § 37w Abs. 4 WpHG sind im Zwischenlagebericht des Halbjahresfinanzberichts „*mindestens die wichtigen Ereignisse des Berichtszeitraums im Unternehmen des Emittenten und ihre Auswirkungen auf den verkürzten Abschluss anzugeben sowie die wesentlichen Chancen und Risiken für die [folgenden sechs Monate des laufenden] Geschäftsjahrs zu beschreiben.*“ Da mit dem Zwischenlagebericht nicht nur über Vergangenes Rechenschaft abgelegt wird, sondern auch Informationen über die Chancen und Risiken der voraussichtlichen Entwicklung des Unternehmens offengelegt werden, besteht der **Zweck** des Zwischenlageberichts – analog zur jährlichen Lageberichterstattung –[107] in der **Informationsvermittlung** (Zweckanalogie). Aus dem Zweck der Informationsvermittlung ergeben sich für den Zwischenlagebericht die **Aufgaben,** den **Zwischenabschluss** zu **verdichten** sowie **sachlich und zeitlich** zu **ergänzen**.[108]

Die wertpapierhandelsrechtlichen Vorgaben zum Zwischenlagebericht werden durch DRS 16 allerdings konkretisiert und ergänzt.[109] Mit DRS 16.46 wird klargestellt, dass im Zwischenlagebericht lediglich die Chancen und Risiken des Unternehmens in den verbleibenden Monaten des Geschäftsjahres zu beschreiben sind, die sich während der Zwischenberichtsperiode wesentlich verändert haben. Ferner sind nach DRS 16.43 – über die Vorgaben des WpHG hinausgehend – mit dem Zwischenlagebericht die im letzten jährlichen Lagebericht abgegebenen Prognosen zur voraussichtlichen Entwicklung des Unternehmens in den verbleibenden Monaten des laufenden Geschäftsjahres zu aktualisieren. Durch die konkretisierte Chancen- und Risikenberichterstattung sowie die erweiterte Zwischenlageberichterstattung um bestimmte prognoseorientierte Informationen kommt dem Zwischenlagebericht nach DRS 16 zusätzlich die **Aufgabe** zu, bestimmte Informationen des **letzten jährlichen Lageberichts zu aktualisieren**.[110]

Bei der Zwischenlageberichterstattung wird der Prognosezeitraum auf die verbleibenden Monate des laufenden Geschäftsjahres beschränkt, während der Prognosehorizont des jähr-

106 Vgl. BAETGE, J./HAENELT, T., Konzernlageberichterstattung nach IFRS, S. 113.

107 Vgl. BAETGE, J./FISCHER, T. R./PASKERT, D., Lagebericht, S. 8; BAETGE, J./KIRSCH, H.-J./THIELE, S., Bilanzen, S. 786; BAETGE, J./KIRSCH, H.-J./THIELE, S., Konzernbilanzen, S. 609.

108 Vgl. KAJÜTER, P./BARTH, D./MEYER, J., Zwischenlageberichterstattung, S. 462; Im Zusammenhang mit dem Konzernlagebericht vgl. LÜCK, W., in: HdK, § 315, Rn. 14.

109 Vgl. STRIEDER, T./AMMEDICK, O., Der Zwischenlagebericht, S. 1369 und S. 1371.

110 In diesem Zusammenhang wird auch von einer „*Aktualisierungsfunktion*“ gesprochen. Vgl. GEFIU (Hrsg.), Stellungnahme E-DRS 21, S. 4.

lichen Lageberichts grundsätzlich zwei Jahre beträgt.[111] Mit dem Zwischenlagebericht wird somit primär der Zeitraum zwischen zwei aufeinanderfolgenden jährlichen Lageberichten überbrückt, so dass der **Zwischenlagebericht** als **zeitlich subsidiär** gegenüber dem jährlichen Lagebericht anzusehen ist. Ferner ist der Zwischenlagebericht auch als **sachlich subsidiär gegenüber dem jährlichen Lagebericht** zu bezeichnen,[112] da – im Gegensatz zum jährlichen Lagebericht – ausschließlich über wichtige Ereignisse während der Zwischenberichtsperiode und deren Auswirkungen auf die wirtschaftliche Lage des berichterstattenden Unternehmens zu berichten ist.[113]

233. Zwecke der Zwischenmitteilung der Geschäftsführung

Aktienemittenten müssen im Rahmen ihrer Zwischenberichterstattung neben dem Halbjahresfinanzbericht zusätzlich nach dem ersten und dritten Quartal des Geschäftsjahres eine Zwischenmitteilung der Geschäftsführung publizieren, sofern sie nicht freiwillig Quartalsfinanzberichte veröffentlichen (§ 37x Abs. 3 WpHG).

Nach § 37x Abs. 2 Satz 2 WpHG sind in der Zwischenmitteilung der Geschäftsführung *„die wesentlichen Ereignisse und Geschäfte des Mitteilungszeitraums im Unternehmen des Emittenten und ihre Auswirkungen auf die Finanzlage des Emittenten zu erläutern sowie die Finanzlage und das Geschäftsergebnis des Emittenten im Mitteilungszeitraum zu beschreiben.*“ Mit den Vorschriften des DRS 16 werden die wertpapierhandelsrechtlichen Vorgaben erweitert, da nach DRS 16.64 in der Zwischenmitteilung der Geschäftsführung auf alle drei wirtschaftlichen Teillagen, d. h. auf die Ertrags-, Finanz- und Vermögenslage einzugehen ist.[114] Der Zweck der Zwischenmitteilung der Geschäftsführung besteht – im Gegensatz zum Halbjahres- bzw. Quartalsfinanzbericht – nicht in der Informationsvermittlung, sondern in dem enger gefassten **Zweck der Rechenschaft**. Denn mit der Zwischenmitteilung der Geschäftsführung werden ausschließlich vergangenheitsbezogene Informationen über die abgelaufene

111 Der Prognosezeitraum des Konzernlageberichts beträgt nach DRS 15.87 mindestens zwei Jahre. Im Schrifttum wird ebenfalls ein Prognosezeitraum von zwei Jahren präferiert. Vgl. BAETGE, J./FISCHER, T. R./PASKERT, D., Lagebericht, S. 43 f.; SAHNER, F./KAMMERS, H., Der Lagebericht, S. 2313; KRAWITZ, N., Der Lagebericht und seine Prüfung, S. 9.

112 Vgl. KÖSTER, H., Grundsätze ordnungsmäßiger Zwischenberichterstattung, S. 91.

113 Die *„Zwischenlageberichterstattung der Unternehmen [soll sich] auf die wesentlichen Veränderungen im Vergleich zur vorangegangenen Jahresfinanzberichterstattung konzentrieren“*. E-DRS 21.A36 [Ergänzung durch den Verfasser].

114 Vgl. hierzu bereits ausführlich Abschn. 223.3.

Zwischenberichtsperiode offengelegt. Aus dem Zweck der Rechenschaft ergibt sich für die Zwischenmitteilung der Geschäftsführung die **Aufgabe**, die mit dem letzten Jahres- bzw. Halbjahresfinanzbericht dargestellte **wirtschaftliche Lage** des berichterstattenden Unternehmens **zu aktualisieren**.

Im Rahmen der Zwischenberichterstattung werden allerdings nicht ausschließlich Zwischenmitteilungen der Geschäftsführung publiziert, da nach dem WpHG mindestens ein Halbjahresfinanzbericht zu veröffentlichen ist. Bei der **Zwischenberichterstattung** besteht daher **grundsätzlich der Zweck in der Informationsvermittlung**. Falls das berichterstattende Unternehmen indes freiwillig nach dem ersten und dritten Quartal anstelle von Zwischenmitteilungen der Geschäftsführung vollständige Quartalsfinanzberichte veröffentlicht, wird im Rahmen der Zwischenberichterstattung der Zweck der Informationsvermittlung stärker betont.[115]

24 Veröffentlichung der Zwischenberichte

Der **Halbjahresfinanzbericht** ist gem. § 37w Abs. 1 Satz 1 WpHG innerhalb von zwei Monaten nach dem Ende des Halbjahres zu veröffentlichen.[116] Die Veröffentlichung des Halbjahresfinanzberichts erfolgt in drei Schritten:[117]

(1) Das berichterstattende Unternehmen hat vor der Veröffentlichung des Halbjahresfinanzberichts bekannt zu machen, ab welchem Zeitpunkt und unter welcher Internetadresse der Halbjahresfinanzbericht – zusätzlich zu seiner Verfügbarkeit im Unternehmensregister – öffentlich zugänglich sein wird (§ 37w Abs. 1 Satz 2 WpHG). Nach der Wertpapierhandelsanzeige- und Insiderverordnung (WpAIV) ist die Bekanntmachung mittels eines Dienstleisters gleichzeitig in der EUROPÄISCHEN UNION und in den übrigen Staaten des Europäischen Wirtschaftsraums zu veröffentlichen (§ 3a WpAIV i. V. m. § 22 WpAIV).[118]

115 Vgl. hierzu auch ALVES, C. F./DOS SANTOS, T., Financial Reports, S. 387.

116 Abweichend hierzu sollten nach dem Deutschen Corporate Governance Kodex (DCGK) *„Zwischenberichte [...] binnen 45 Tagen nach Ende des Berichtszeitraums, öffentlich zugänglich sein."* (DCGK.7.1.2). Falls daher ein Halbjahresfinanzbericht erst nach 45 Tagen veröffentlicht wird, ist dies vom Vorstand und Aufsichtsrat in der Erklärung zum DCGK anzugeben. Die Erklärung zum Corporate Governance Kodex ist nach § 289a HGB i. d. F. des BilMoG in einen gesonderten Abschnitt des Lageberichts aufzunehmen. Vgl. MELCHER, W./MATTHEUS, D., Corporate Governance-Statement, S. 55.

117 Vgl. ausführlich PIRNER, B./LEBHERZ, A., Publizieren nach dem TUG, S. 19-27.

(2) Die Bekanntmachung ist nicht nur zu veröffentlichen, sondern ebenfalls der BUNDESANSTALT FÜR FINANZDIENSTLEISTUNGSAUFSICHT (BAFIN) mitzuteilen und dem Unternehmensregister (§ 8b HGB) zur Speicherung zu übermitteln (§ 37w Abs. 1 Satz 3 WpHG).

(3) Nach der Veröffentlichung der Bekanntmachung ist der Halbjahresfinanzbericht dem Unternehmensregister zwecks Speicherung zuzuleiten (§ 37w Abs. 1 Satz 4 WpHG).

Die **Zwischenmitteilung der Geschäftsführung** ist am letzten Tag des vom bilanzierenden Unternehmen selbst gewählten Mitteilungszeitraums zu veröffentlichen. Der Mitteilungszeitraum umfasst mindestens die ersten zehn Wochen, maximal allerdings die ersten 20 Wochen des Halbjahres (§ 37x Abs. 1 WpHG). Die Zwischenmitteilung der Geschäftsführung hat den Mitteilungszeitraum vollständig abzudecken.[119] Eine dem Berichtszeitraum nachgelagerte Veröffentlichungsfrist ist nicht vorgesehen.[120] Das Verfahren zur Veröffentlichung einer Zwischenmitteilung der Geschäftsführung entspricht dem eines Halbjahresfinanzberichts (§ 37x Abs. 1 WpHG).

Das WpHG enthält für die Veröffentlichung von **Quartalsfinanzberichten** keine Regelungen. Ebenfalls wird mit § 37x Abs. 3 WpHG nicht auf die Veröffentlichungsfristen verwiesen, die für die Halbjahresfinanzberichte oder für die Zwischenmitteilungen der Geschäftsführung gelten. Nach DRS 16.62 ist ein Unternehmen allerdings nur dann von der Veröffentlichung von Zwischenmitteilungen der Geschäftsführung befreit, wenn das Unternehmen die Quartalsfinanzberichte innerhalb der jeweiligen Veröffentlichungsfristen publiziert, die für die Zwischenmitteilungen der Geschäftsführung vorgegeben sind. Aus diesem Grund gilt für die Veröffentlichung von Quartalsfinanzberichten faktisch die Veröffentlichungsfrist für Zwischenmitteilungen der Geschäftsführung, da andernfalls von Unternehmen neben Quartalsfinanzberichten weiterhin Zwischenmitteilungen der Geschäftsführung publiziert werden müssten. Bekanntmachungen, wie sie für Halbjahresfinanzberichte und Zwischenmitteilungen der Geschäftsführung zu veröffentlichen sind, werden für Quartalsfinanzberichte nicht verlangt.[121]

118 *„Nach dem Konzept der Transparenzrichtlinie muss der Emittent ein Bündel unterschiedlicher Medienarten nutzen.“* BT-Drucksache 26/2498, S. 49.

119 Kritisch STRIEDER, T./AMMEDICK, O., Die periodische unterjährige Rechnungslegung, S. 289 f.

120 Vgl. KAJÜTER, P./REISLOH, C., Zwischenmitteilungen der Geschäftsführung, S. 96.

121 Vgl. HEBESTREIT, G./RAHE, I., Zwischenberichterstattung, S. 118.

In der folgenden Übersicht werden die Berichts- und Veröffentlichungszeiträume für Halbjahresfinanzberichte, Zwischenmitteilungen der Geschäftsführung und Quartalsfinanzberichte dargestellt:

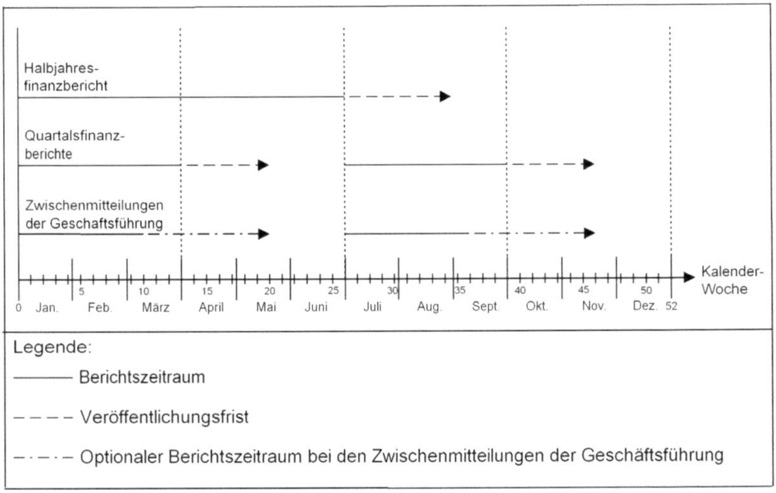

Übersicht 2-1: *Berichts- und Veröffentlichungszeiträume bei der Zwischenberichterstattung*

25 Prüfung der Zwischenberichte

251. Prüfung der Zwischenberichte durch einen Abschlussprüfer

Der verkürzte Abschluss und der Zwischenlagebericht eines **Halbjahresfinanzberichts** können freiwillig einer prüferischen Durchsicht oder einer Prüfung entsprechend der Jahresabschlussprüfung nach § 317 HGB unterzogen werden (§ 37w Abs. 5 WpHG).[122] Im Regierungsentwurf zum TUG war hingegen noch die Pflicht zur prüferischen Durchsicht von Halbjahresfinanzberichten vorgesehen.[123] Allerdings bestanden erhebliche Bedenken, dass mit dieser – über die Anforderungen der Transparenzrichtlinie hinausgehenden – Pflicht[124]

122 Eine Auswertung von 131 Halbjahresfinanzberichten von Unternehmen, die im Jahr 2007 im *Prime Standard* gelistet waren, ergab, dass rund ein Drittel der Halbjahresfinanzberichte prüferisch durchgesehen wurde. In keinem Fall wurde eine Prüfung entsprechend § 317 HGB vorgenommen. Vgl. PHILIPPS, H., Halbjahresfinanzbericht, S. 2331.

123 Vgl. BT-Drucksache 16/2498, S. 14 und S. 45. Vgl. hierzu auch BEIERSDORF, K./BUCHHEIM, R., Ausweitung der Publizitätspflichten, S. 1676.

124 Vgl. DAI (Hrsg.), Nachtrag zur Stellungnahme zum E-TUG, S. 2; DRSC (Hrsg.), Stellungnahme TUG-E, S. 5.

die deutschen Unternehmen gegenüber ihren europäischen Konkurrenten Wettbewerbsnachteile erleiden (könnten).[125] Aus diesem Grund wurde vom Gesetzgeber die prüferische Durchsicht von Halbjahresfinanzberichten nicht verpflichtend mit dem TUG vorgeschrieben.

Nach § 37w Abs. 5 Satz 3 WpHG ist die freiwillige **prüferische Durchsicht** so anzulegen, dass bei gewissenhafter Berufsausübung[126] des Wirtschaftsprüfers ausgeschlossen werden kann, *„dass der verkürzte Abschluss und der Zwischenlagebericht in wesentlichen Belangen den anzuwendenden Rechnungslegungsgrundsätzen widersprechen."*[127] Die prüferische Durchsicht ist im IDW PS 900 („Grundsätze für die prüferische Durchsicht von Abschlüssen") geregelt.[128] Vom Wirtschaftsprüfer ist das Ergebnis der prüferischen Durchsicht in einer Bescheinigung zusammenzufassen und vom berichterstattenden Unternehmen gemeinsam mit dem Halbjahresfinanzbericht zu veröffentlichen.

Neben einer prüferischen Durchsicht können der verkürzte Abschluss und der Zwischenlagebericht des Halbjahresfinanzberichts auch von einem Wirtschaftsprüfer **einer Prüfung entsprechend der Jahresabschlussprüfung nach § 317 HGB** unterzogen werden. In diesem Fall ist der Bestätigungsvermerk respektive der Vermerk über seine Versagung vollständig im Halbjahresfinanzbericht wiederzugeben und zu veröffentlichen (§ 37w Abs. 5 Satz 5 WpHG).

Werden der verkürzte Abschluss und der Zwischenlagebericht eines Halbjahresfinanzberichts weder prüferisch durchgesehen noch geprüft, ist dieser Umstand ebenfalls im Halbjahresfinanzbericht anzugeben (§ 37w Abs. 5 Satz 6 WpHG).

Im WpHG sind keine Regelungen für eine freiwillige prüferische Durchsicht von **Zwischenmitteilungen der Geschäftsführung** enthalten, da eine Zwischenmitteilung der Geschäftsführung keinen (prüfbaren) Zwischenabschluss enthält. Die **Quartalsfinanzberichte** können wie Halbjahresfinanzberichte freiwillig einer prüferischen Durchsicht oder einer Prüfung entsprechend § 317 HGB unterzogen werden. Im Gegensatz zum Halbjahresfi-

125 Vgl. BÖCKING, H.-J./STEIN, T., Prüfung des Konzernlageberichts, S. 45, HUTTER, S./KAULAMO, K., Regelpublizität, S. 552.

126 Vgl. hierzu MÜLLER, H./MÜLLER, K., Der Wirtschaftsprüfer, S. 336.

127 Vgl. SCHINDLER, J./SCHURBOHM, A./BÖCKEM, H., Prüfung von Zwischenberichten, S. 88 und S. 94. Ungeklärte Fragen zur prüferischen Durchsicht erörterte der Hauptfachausschuss (HFA) des IDW. Vgl. IDW (Hrsg.), Prüferische Durchsicht von Finanzinformationen, S. 262-265.

128 Vgl. MARTEN, K.-U./QUICK, R./RUHNKE, K., Wirtschaftsprüfung, S. 682-688.

nanzbericht ist im Quartalsfinanzbericht allerdings keine Angabe darüber notwendig, ob der Quartalsfinanzbericht prüferisch durchgesehen bzw. geprüft wurde oder nicht (§ 37x Abs. 3 WpHG).

252. Prüfung der Zwischenberichte durch das zweistufige Enforcement-System

Seit dem Inkrafttreten des TUG im Januar 2007 unterliegen dem zweistufigen *Enforcement*-Verfahren[129] der DEUTSCHEN PRÜFSTELLE FÜR RECHNUNGSLEGUNG DPR E.V. (DPR) und der BUNDESANSTALT FÜR FINANZDIENSTLEISTUNGSAUFSICHT (BAFIN) auch der verkürzte Abschluss und der Zwischenlagebericht des zuletzt veröffentlichten **Halbjahresfinanzberichts** (§ 342b Abs. 2 HGB).[130] Während Jahres- bzw. Konzernabschlüsse und Lageberichte bzw. Konzernlageberichte von kapitalmarktorientierten Unternehmen in das vollständige *Enforcement*-Verfahren einbezogen werden und damit sowohl anlassbezogen als auch stichprobenartig geprüft werden können,[131] unterliegen die verkürzten Abschlüsse und Zwischenlageberichte der Halbjahresfinanzberichte lediglich der anlassbezogenen Prüfung.[132] Gleichwohl ist davon auszugehen, dass durch die präventive und korrektive Funktion[133] der anlassbezogenen Prüfung der DPR für die Kapitalmarktteilnehmer die Informationen der Halbjahresfinanzberichte künftig verlässlicher und damit entscheidungsnützlicher werden.[134]

Im Gegensatz zum Halbjahresfinanzbericht werden die **Zwischenmitteilungen der Geschäftsführung** nicht in das *Enforcement*-Verfahren einbezogen. Der deutsche Gesetzgeber

129 Zum *Enforcement*-Verfahren vgl. BAETGE, J./THIELE, S./MATENA, S., Sicherung der Prüfungsqualität durch Enforcement, S. 201-218; BAETGE, J./LIENAU, A., Berufsaufsicht der Wirtschaftsprüfer, S. 2278 f.; SCHEFFLER, E., Aufgaben und erste Erfahrungen des Enforcements, S. 13-22; SCHEFFLER, E., Das Enforcementsystem in Deutschland, S. 75-91.

130 *„Da sich das Enforcement auf die zutreffende Anwendung von Rechnungslegungsvorschriften bezieht, ist die als 'Bilanzeid' bezeichnete Erklärung einem inhaltlichen Enforcement nicht zugänglich."* IDW (Hrsg.), Diskussionsentwurf eines TUG, S. 2.

131 Vgl. § 342b Abs. 2 HGB und § 37o Abs. 1 WpHG.

132 Im ursprünglichen Regierungsentwurf zum TUG war auch eine stichprobenartige Prüfung von Halbjahresfinanzberichten vorgesehen, die aufgrund erheblicher Kritik aus der Praxis indes nicht verabschiedet wurde. Vgl. WIEDERHOLD, P./PUKALLUS, S., Corporate Governance, S. 272; BEIERSDORF, K./RAHE, I., Verabschiedung TUG, S. 100.

133 Vgl. hierzu BAETGE, J./THIELE, S./MATENA, S., Sicherung der Prüfungsqualität durch Enforcement, S. 205; HÜTTEN, C., Qualitätssteigerung der Finanzberichterstattung durch Enforcement?, S. 125; TIELMANN, S., Durchsetzung ordnungsmäßiger Rechnungslegung, S. 173-175.

134 Kritisch zur nicht vorgeschriebenen stichprobenartigen Prüfung von Halbjahresfinanzberichten vgl. WIEDERHOLD, P./PUKALLUS, S., Corporate Governance, S. 272.

bezieht die Zwischenmitteilungen der Geschäftsführung nicht in die anlassbezogene Prüfung mit ein, da *„sie [ihm] als Prüfungsgegenstand nicht geeignet erscheinen"*;[135] Zwischenmitteilungen der Geschäftsführung enthalten im Gegensatz zum Halbjahresfinanzbericht keinen Zwischenabschluss.

Nach dem Wortlaut des § 342b Abs. 2 Satz 1 HGB wäre grundsätzlich zu vermuten, dass auch der zuletzt veröffentlichte **Quartalsfinanzbericht** dem zweistufigen *Enforcement*-Verfahren unterliegt. Denn nach § 342b Abs. 2 Satz 1 HGB wird im Rahmen des *Enforcement*-Verfahrens geprüft, *„ob [...] der zuletzt veröffentlichte verkürzte Abschluss und der zugehörige Zwischenlagebericht eines Unternehmens [...] den gesetzlichen Vorschriften [...] entspricht."* Der zuletzt veröffentlichte verkürzte Abschluss und der Zwischenlagebericht können allerdings auch in einem Quartalsfinanzbericht veröffentlicht worden sein. In der Gesetzesbegründung zum Regierungsentwurf vom TUG bezog sich der Gesetzgeber allerdings lediglich auf das *Enforcement* der zuletzt veröffentlichten Halbjahresfinanzberichte.[136] Ebenfalls heißt es im Tätigkeitsbericht 2007 der DPR ausschließlich, dass nach dem *„Transparenzrichtlinie-Umsetzungsgesetz [...] die Halbjahresfinanzberichte einer Enforcement-Prüfung zu unterziehen"*[137] sind.

Insgesamt ist somit zu konstatieren, dass nur die Halbjahresfinanzberichte in das zweistufige *Enforcement*-Verfahren der DPR und BAFIN einbezogen werden; Zwischenmitteilungen der Geschäftsführung und Quartalsfinanzberichte hingegen nicht.

135 BT-Drucksache 16/2498, S. 56 [Ergänzung durch den Verfasser].

136 Vgl. BT-Drucksache 16/2498, S. 56; HEBESTREIT, G./RAHE, I., Zwischenberichterstattung, S. 118.

137 DPR (Hrsg.), Tätigkeitsbericht 2007, S. 7.

3 Empirische Untersuchung zur Bedeutung der IFRS-Zwischenberichterstattung für den Kapitalmarkt

31 Vorbemerkung

Durch die IFRS-Zwischenberichterstattung sollen die Adressaten schon während des laufenden Geschäftsjahres mit entscheidungsnützlichen Informationen über die wirtschaftliche Lage und die künftige Entwicklung des Unternehmens versorgt werden.[1] Das Ziel der Zwischenberichterstattung kann allerdings nur dann adäquat erreicht werden, wenn bekannt ist, welche Informationen des IFRS-Zwischenberichts aus Sicht der Adressaten entscheidungsnützlich sind. Gegenwärtig liegt indes keine empirische Untersuchung vor, mit der geklärt wird,[2] welche Informationen des IFRS-Zwischenberichts[3] für die Adressaten entscheidungsnützlich sind respektive wie ein berichterstattendes Unternehmen seine IFRS-Zwischenberichte inhaltlich gestalten muss, damit die Anforderungen des Kapitalmarkts an eine adressatenorientierte unterjährige Berichterstattung zweckadäquat erfüllt werden. Mit der vorliegenden Arbeit soll diese Lücke geschlossen werden, indem der Frage nachgegangen wird, auf welche Weise kapitalmarktorientierte Unternehmen eine den **Anforderungen der Adressaten** entsprechende **IFRS-Zwischenberichterstattung** vornehmen können. Hierzu muss zunächst bekannt sein, welche Bedeutung die Adressaten den einzelnen Berichtsgegenständen des IFRS-Zwischenberichts beimessen. Dies soll empirisch ermittelt werden, indem **professionelle Kapitalmarktteilnehmer** zu der Bedeutung der einzelnen Berichtsgegenstände des IFRS-Zwischenberichts **befragt** werden.

32 Auswahl der befragten Kapitalmarktteilnehmer

In der vorliegenden Arbeit werden die Informationsbedürfnisse der Adressaten der IFRS-Zwischenberichterstattung ermittelt, indem fachkundige Finanzanalysten, Fondsmanager und Wirtschaftsprüfer zu der Bedeutung der einzelnen Berichtsgegenstände des IFRS-Zwischenberichts befragt werden (**Stellvertreterbefragung**).[4] Die Antworten der Befragten zu der Bedeutung der einzelnen Berichtsgegenstände des IFRS-Zwischenberichts werden als Surrogatgröße für die Entscheidungsnützlichkeit der Berichtsgegenstände herangezogen.[5]

---

1 Vgl. BAETGE, J./BRUNS, C./ROLVERING, A./HAENELT, T., in: Baetge u. a., Rechnungslegung nach IFRS, IAS 34, Rn. 1; KNORR, L., Zwischenberichterstattung, S. 1.

2 Vgl. Abschn. 13.

3 Die Halbjahres- bzw. Quartalsfinanzberichte nach IFRS werden in der vorliegenden Arbeit als IFRS-Zwischenberichte bezeichnet.

4 Vgl. hierzu BLOHM, H., Geschäftsbericht, S. 48-54.

Durch die Stellvertreterbefragung wird der Maßstab für die Entwicklung inhaltlicher Gestaltungsempfehlungen für IFRS-Zwischenberichte weitgehend subjektiven Einflüssen entzogen und intersubjektiv nachprüfbar[6] gestaltet. Zu den einzelnen Gruppen der Stellvertreterbefragung ist Folgendes anzumerken:

Finanzanalysten investieren nicht selbst in Kapitalmarktpapiere, sondern stellen den Eigenkapitalgebern Informationen für deren Anlageentscheidung zur Verfügung (Informationsintermediäre).[7] Die Finanzanalysten fungieren somit als Bindeglied zwischen den kapitalmarktorientierten Unternehmen und den Eigenkapitalgebern. Finanzanalysten können in *Sell-Side-* und *Buy-Side-*Analysten unterschieden werden.[8] *Sell-Side-*Analysten sind für Investmentbanken, Brokerhäuser oder Universalbanken tätig und verfassen branchen- und unternehmensbezogene *Research-*Berichte, die zur Anlageberatung von Kunden eingesetzt werden.[9] *Buy-Side-*Analysten arbeiten direkt für einen institutionellen Investor (z. B. eine Fondsgesellschaft) und versorgen ihre hauseigenen Fondsmanager mit Aktienanalysen.[10] Damit sowohl *Sell-Side-* als auch *Buy-Side-*Analysten unterjährig fundierte Anlageempfehlungen für die Aktien der analysierten Unternehmen abgeben können, benötigen sie aktuelle und detaillierte Unternehmensinformationen.[11] In diesem Zusammenhang nutzen die Finanzanalysten die Informationen aus den IFRS-Zwischenberichten, damit sie ihre *Research-*Berichte während des Geschäftsjahres aktualisieren können („*follow-up reports*"). Aufgrund der hohen Fachkenntnisse[12] von Finanzanalysten stützen viele Anleger ihre Anlageentscheidungen auf die von den Finanzanalysten erstellten „*follow-up reports*". Deshalb ist es sinnvoll, Finanzanalysten zu befragen, welche Bedeutung sie den einzelnen Berichtsgegenständen des IFRS-Zwischenberichts zuordnen.

---

5 Vgl. GONEDES, N. J., Efficient Capital Markets and External Accounting, S. 15 f.

6 Vgl. hierzu POPPER, K. R., Logik der Forschung, S. 18 f.

7 Vgl. BEAVER, W. H., Financial Reporting, S. 12 f.; DIEHL, U./LOISTL, O./REHKUGLER, H., Effiziente Kapitalmarktkommunikation, S. 7; HAX, G., Informationsintermediation durch Finanzanalysten, S. 45-47; ACHLEITNER, A.-K./PIETZSCH, L., Finanzanalysten, S. 33.

8 Vgl. DÜRR, M., Investor Relations, S. 110; ALBRECHT, T., Analysten, S. 98-102.

9 Vgl. FRANK, R., Effektive Finanzkommunikation, S. 373; BITTNER, T., Investor Relations und Finanzanalysten, S. 24; WICHELS, D., Kapitalmarktkommunikation mit Finanzanalysten, S. 20.

10 Vgl. SCHULZ, M., Aktienmarketing, S. 154; FRIEDRICH, N., Analysten, S. 40.

11 Vgl. DVFA (Hrsg.), Grundsätze für effektive Finanzkommunikation, S. 3; REVSINE, L./COLLINS, D. W./JOHNSON, B., Financial Reporting, S. 13; HAX, G., Informationsintermediation durch Finanzanalysten, S. 14; HOOKE, J., Valuation Methods, S. 82.

12 Zu der Qualifikation von Finanzanalysten vgl. FRANK, R., Effektive Finanzkommunikation, S. 377. Zu den berufsspezifischen Qualifikationen vgl. DVFA (Hrsg.), CIIA, S. 9.

Viele Privatanleger investieren aufgrund mangelnder Fachkenntnisse nicht direkt in Unternehmen, sondern lassen ihr Kapital von Kapitalanlage- bzw. Fondsgesellschaften verwalten und am Kapitalmarkt anlegen.[13] Die Fondsgesellschaften bündeln die Einlagen ihrer Kunden – abhängig von der jeweiligen Risikoeinstellung – in verschiedene Fonds. Die Fondsvermögen werden von **Fondsmanagern** verwaltet und am Kapitalmarkt angelegt. Die Fondsmanager fungieren somit als Bindeglied zwischen den kapitalmarktorientierten Unternehmen und den Anlegern, die aufgrund ihrer fehlenden Fachkenntnisse nicht direkt in Unternehmen investieren wollen bzw. können.[14] Für die Fondsmanager sind die IFRS-Zwischenberichte eine wichtige Informationsquelle, damit sie unterjährige fundierte Kauf-, Halte- oder Verkaufsentscheidungen treffen können. In einer empirischen Studie von ERNST/GASSEN/PELLENS konnte gezeigt werden, dass für institutionelle Investoren die IFRS-Zwischenberichte für ihre Anlageentscheidungen einen gleich hohen Stellenwert einnehmen wie der jährliche Geschäftsbericht eines Unternehmens.[15] Deshalb ist es zweckmäßig, auch Fondsmanager zu befragen, welche Bedeutung sie den einzelnen Berichtsgegenständen des IFRS-Zwischenberichts beimessen. Da Fondsmanager für ihre Anlageentscheidungen regelmäßig auf die Empfehlungen ihrer hauseigenen *Buy-Side*-Analysten zurückgreifen bzw. gemeinsam mit den Finanzanalysten ihre Anlageentscheidungen treffen,[16] werden im Folgenden die Informationsbedürfnisse der Fondsmanager und die der Finanzanalysten gemeinsam untersucht.

Die wesentliche Aufgabe des **Wirtschaftsprüfers** besteht darin, die wirtschaftliche Lage eines Unternehmens und seine Fortbestandsrisiken zu beurteilen sowie Adressaten über die Ordnungsmäßigkeit der Rechnungslegungsinformationen zu informieren.[17] Nach LEFFSON

13 Zu Fondsgesellschaften vgl. BEHRENWALDT, U., Institutionelle Investoren, S. 422 f.

14 Vgl. HUMBERT, C., Institutioneller Anleger und Investor Relations, S. 440. Nach LÜTJE/MENKHOFF nimmt der Marktanteil von *„gemanagten Vermögen“* an den Finanzmärkten seit Jahren stetig zu. Vgl. LÜTJE, T./MENKHOFF, L., Fondsmanagement in Deutschland, S. 1. Ähnlich REMSPERGER, H./STÖSS, E., Investmentfonds, S. 1367.

15 Die Bedeutung der Zwischenberichte (Geschäftsberichte) wird von rd. 87 % (86 %) der befragten institutionellen Investoren entweder als sehr hoch oder als hoch eingeschätzt. Vgl. ERNST, E./GASSEN, J./PELLENS, B., Verhalten und Präferenzen deutscher Aktionäre, S. 48.

16 *„Die Anlageentscheidungen werden verstärkt auf der Basis des Inhouse-Researchs getroffen. Ein Team aus Buy-Side-Analysten und Portfoliomanagern entscheidet [...] über den Kauf oder Verkauf einer Aktie.“* NIX, P., Die Zielgruppen von Investor Relations, S. 39. Vgl. auch RIDDER, C./BOMMER, K., Investor Relationship Management, S. 619.

17 Vgl. hierzu BAETGE, J./ZÜLCH, H., Wirtschaftsprüfer, S. 6. Auf die Problematik der Erwartungslücke wird in dieser Arbeit nicht eingegangen. Vgl. hierzu KIRSCH, H.-J., Erwartungslücke und Bestätigungsvermerk, S. 955-980; RUHNKE, K./DETERS, E., Erwartungslücke, S. 923-945.

lautet das oberste Gebot für den Wirtschaftsprüfer, die Informationsinteressen der Adressaten zu wahren.[18] Gleichwohl sind Wirtschaftsprüfer auch unmittelbar selbst an einer guten inhaltlichen Qualität von IFRS-Zwischenberichten interessiert. Denn je höher die Qualität der von ihnen geprüften bzw. prüferisch durchgesehenen IFRS-Zwischenberichte ist, desto geringer ist die Gefahr für den bestellten Abschlussprüfer, rückwirkend für einen verfälschten Eindruck von der tatsächlichen wirtschaftlichen Lage des Unternehmens verantwortlich gemacht zu werden und dadurch in einen Haftungsfall verwickelt zu werden oder einen Reputationsverlust zu erleiden.[19] Wirtschaftsprüfer als mittelbare Beauftragte[20] der Investoren können aufgrund ihrer Fachkenntnis adäquat einschätzen,[21] welche Informationen im IFRS-Zwischenbericht für die Adressaten von besonders hoher bzw. niedriger Bedeutung sind. Deshalb werden Wirtschaftsprüfer in ihrer Funktion als Advokaten des Kapitalmarkts[22] stellvertretend für die Investoren befragt, welche Bedeutung sie den einzelnen Berichtsinhalten des IFRS-Zwischenberichts zuweisen.

Damit möglichst viele Kapitalmarktteilnehmer in die Umfrage einbezogen werden können, bietet es sich an, die Kapitalmarktteilnehmer anzusprechen, die sich in Verbänden organisiert haben. Für die Finanzanalysten wurden daher die Mitglieder der DEUTSCHEN VEREINIGUNG FÜR FINANZANALYSE UND ASSET MANAGEMENT E. V. (DFVA) in die Befragung einbezogen. Von den rd. 1.100 DVFA-Mitgliedern, die als Fach- und Führungskräfte bei rund 400 (inter-)nationalen Investmenthäusern, Banken, Fondsgesellschaften oder unabhängigen Kapitalmarktdienstleistern tätig sind, wurden 950 Finanzanalysten befragt.

Als Vertreter der Fondsmanager wurden die Mitglieder des BUNDESVERBANDES DEUTSCHER INVESTMENTGESELLSCHAFTEN E. V. (BVI) kontaktiert. Der BVI vertritt in Deutschland die Interessen von insgesamt 88 Kapitalanlage- und Fondsgesellschaften. Im Jahr 2008 verwalteten die Mitglieder des BVI rund 1.661 Mrd. Euro, d. h. annähernd 99 % des Vermögens, welches in Deutschland den Kapitalanlage- und Fondsgesellschaften von

18 Vgl. LEFFSON, U., Wirtschaftsprüfung, S. 328.

19 Zur Haftung von Wirtschaftsprüfern vgl. BIGUS, J., Reputation und Wirtschaftsprüferhaftung, S. 22-41; WAGENHOFER, A./EWERT, R., Externe Unternehmensrechnung, S. 471-474.

20 Vgl. BAETGE, J./MATENA, S., Abschlussprüfung, S. 186.

21 Vgl. BRÜGGEMANN, B., Die Berichterstattung im Anhang des IFRS-Abschlusses, S. 47 mit Verweis auf KPMG (Hrsg.), On the threshold of IFRS, S. 2 f.

22 Vgl. BAETGE, J./MATENA, S., Abschlussprüfung, S. 186.

den Anlegern zur Verfügung gestellt wurde.[23] Bei der empirischen Erhebung wurden 217 Fondsmanager befragt.

Der Berufsstand der Wirtschaftsprüfer wird in Deutschland durch das INSTITUT DER WIRTSCHAFTSPRÜFER IN DEUTSCHLAND E. V. (IDW) repräsentiert. Dem IDW gehören 1.005 Wirtschaftsprüfungsgesellschaften und 11.770 Wirtschaftsprüfer an.[24] Von den Mitgliedern des IDW wurden zufällig 950 Berufsträger ausgewählt und in die Befragung einbezogen.

Bei der empirischen Untersuchung wurden damit 950 Finanzanalysten, 217 Fondsmanager und 950 Wirtschaftsprüfer befragt. Die Befragungsgesamtheit[25] beträgt insgesamt 2.117 Kapitalmarktteilnehmer:

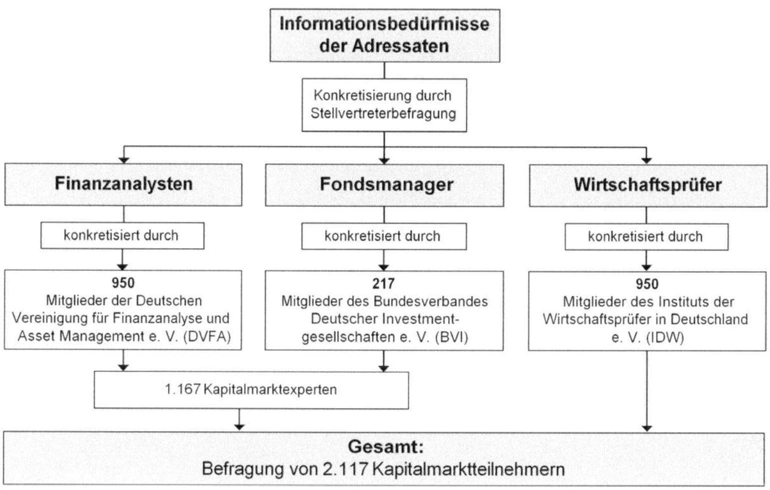

Übersicht 3-1: Zusammensetzung der Befragungsgesamtheit

23 Vgl. BVI (Hrsg.), Investmentbranche, S. 3; BVI (Hrsg.), Investment-Information, S. 1 f.

24 Vgl. auf der Internetseite des IDW (http://www.idw.de) unter der Rubrik „Wir über uns".

25 KROMREY bezeichnet die Befragungsgesamtheit auch als sog. Erhebungs-Grundgesamtheit. Vgl. KROMREY, H., Empirische Sozialforschung, S. 271 f.

33 Entwicklung des Fragebogens

331. Strukturierung des Fragebogens

Im Fragebogen sind die relevanten Berichtsinhalte des IFRS-Zwischenberichts (Hauptabschnitt „A. IFRS-Zwischenbericht") und die allgemeinen Fragen zur Zwischenberichterstattung (Hauptabschnitt „B. Allgemeine Fragen zur Zwischenberichterstattung") zweckdienlich zu strukturieren.

Der **IFRS-Zwischenbericht**, d. h. der Halbjahres- bzw. der Quartalsfinanzbericht nach IFRS, besteht aus einem **IFRS-Zwischenabschluss, einem Zwischenlagebericht** und ggf. aus einer Versicherung der gesetzlichen Vertreter (dem sog. **„Bilanzeid"**).[26] Im Fragebogen werden für den IFRS-Zwischenabschluss (Abschnitt „I. IFRS-Zwischenabschluss") und den Zwischenlagebericht (Abschnitt „II. Zwischenlagebericht") eigene Abschnitte gebildet, damit dem IFRS-Zwischenabschluss und dem Zwischenlagebericht konkretisierende Berichtsgegenstände zugeordnet werden können. Für den Bilanzeid wird hingegen kein eigener Abschnitt vorgesehen, da die Formulierung des Bilanzeids in DRS 16.56 vorgegeben wird, so dass keine konkretisierenden Berichtsgegenstände für den Bilanzeid notwendig sind. Der Bilanzeid wird daher dem Abschnitt „III. Sonstige Angaben" zugeordnet.

Der **IFRS-Zwischenabschluss** besteht gemäß IAS 34.8 mindestens in verkürzter Form aus einer Bilanz, einer Gesamtergebnisrechnung, einer Eigenkapitalveränderungsrechnung, einer Kapitalflussrechnung sowie aus ausgewählten Anhangangaben. Die Bestandteile des (verkürzten) IFRS-Abschlusses bilden bei der vorliegenden Untersuchung die Unterabschnitte des Abschnittes „I. IFRS-Zwischenabschluss".

Der **Zwischenlagebericht** des Halbjahres- bzw. Quartalsfinanzberichts nach IFRS ist mangels eines eigenen Standards des IASB zur Lageberichterstattung grundsätzlich nach den wertpapierhandelsrechtlichen Regelungen und den Vorschriften des DRS 16 zu erstellen.[27] Gemäß DRS 16.37 sind bei der Zwischenlageberichterstattung die Grundsätze ordnungsmäßiger Lageberichterstattung (GoL) des DRS 15 („Lageberichterstattung") zu beachten. Bezugnehmend auf den Grundsatz der Vergleichbarkeit,[28] wird dem berichterstattenden Unternehmen mit DRS 16.39 empfohlen, sich bei der Gliederung des Zwischenlageberichts an der Gliederung des letzten Konzernlageberichts zu orientieren. Der Konzernlagebericht

26 Der Bilanzeid ist nur Pflichtbestand des Halbjahresfinanzberichts. Vgl. § 37w-x WpHG.

27 Vgl. STRIEDER, T./AMMEDICK, O., Der Zwischenlagebericht, S. 1369.

sollte nach DRS 15.93 in die Teilbereiche „Geschäft und Rahmenbedingung", „Ertragslage", „Finanzlage", „Vermögenslage", „Nachtragsbericht", „Risikobericht" und „Prognosebericht" gegliedert werden. Im Folgenden wird die in DRS 15.93 empfohlene Gliederung für den Fragebogen zugrunde gelegt. Allerdings werden zum einen die eng miteinander verbundenen Teilbereiche zur wirtschaftlichen Lage zu einem Teilbereich zusammengefasst („Ertrags-, Finanz- und Vermögenslage"). Zum anderen wird in den Fragebogen für den Zwischenlagebericht kein „Nachtragsbericht" aufgenommen, da nach DRS 16 kein Nachtragsbericht für den Zwischenlagebericht vorgeschrieben wird und nach IAS 34.16 die wesentlichen Ereignisse nach dem Ende der Zwischenberichtsperiode im Anhang offenzulegen sind und damit auch dort abgefragt werden.

Der Fragebogen wird zusätzlich um einen dritten Abschnitt ergänzt („III. **Sonstige Angaben**"). Dem dritten Abschnitt werden neben dem „Bilanzeid" weitere Angaben zugeordnet, die das Unternehmen freiwillig im IFRS-Zwischenbericht offenlegen kann.[29] Hierbei handelt es sich um Angaben zur Aktienperformance, zum Veröffentlichungstermin des IFRS-Zwischenberichts, zu Pro-forma-Kennzahlen und zu *Investor-Relations*-Terminen.

Neben den Fragen zum Inhalt des IFRS-Zwischenberichts werden die Kapitalmarktteilnehmer zusätzlich befragt, welche Bedeutung sie verschiedenen Publizitätsinstrumenten beimessen (Geschäftsbericht, Halbjahresfinanzbericht, Zwischenmitteilung der Geschäftsführung, Quartalsfinanzbericht und Ad-hoc-Mitteilung) und welche Bedeutung sie der freiwilligen Prüfung bzw. prüferischen Durchsicht von Zwischenberichten zuordnen (Hauptabschnitt „B. Allgemeine Fragen zur Zwischenberichterstattung").

Die Struktur des Fragebogens wird in der folgenden Übersicht dargestellt:

28 Vgl. DRS 15.23. Beim Fragebogen wird die in DRS 16.39 alternativ vorgeschlagene Gliederung des Zwischenlageberichts – aufgrund der mangelnden Vergleichbarkeit zur Gliederung des Konzernlageberichts – nicht zugrunde gelegt. Denn nach der alternativen Gliederung wird im Zwischenlagebericht die Chancen- und Risikoberichterstattung zusammengefasst. Im Konzernlagebericht ist hingegen die Chancenberichterstattung gesondert vom Risikobericht im Prognosebericht vorzunehmen. Vgl. DRS 5.5.

29 Vgl. RABENHORST, D./WIECHENS, G., Praxis der Halbjahresfinanzberichterstattung, S. 522.

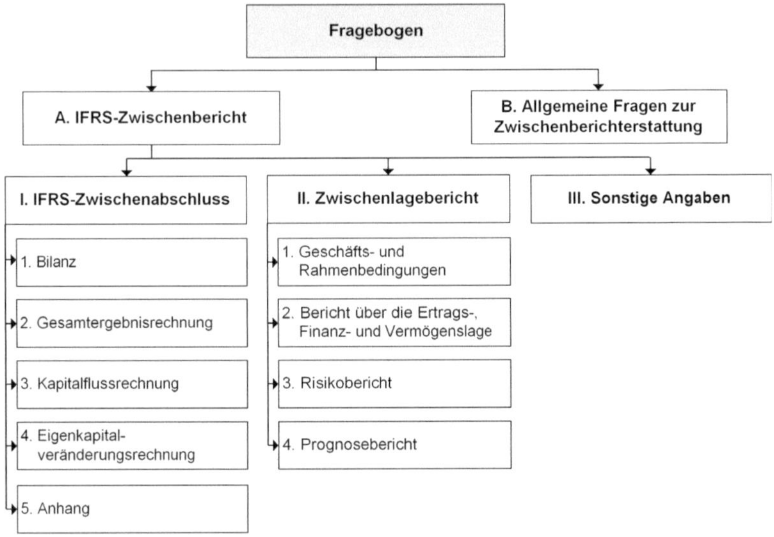

Übersicht 3-2: *Die Strukturierung des Fragebogens in zwei Hauptabschnitte, drei Abschnitte und neun Unterabschnitte*

332. Entwicklung der konkretisierenden Berichtsgegenstände

Für einen detaillierten Fragebogen sind den neun Unterabschnitten des IFRS-Zwischenberichts konkretisierende Berichtsgegenstände zuzuordnen. Wie bei der Entwicklung der konkretisierenden Berichtsgegenstände vorzugehen ist, wird im Folgenden exemplarisch für den Anhang des IFRS-Zwischenabschlusses gezeigt.

Bei der Entwicklung der konkretisierenden Berichtsgegenstände für den Anhang des IFRS-Zwischenabschlusses sind zunächst jene Anhangangaben zu identifizieren, die gemäß IAS 34.16 im IFRS-Zwischenbericht verpflichtend anzugeben sind und bei denen keine wesentlichen Wahlrechte oder Ermessensspielräume hinsichtlich der inhaltlichen Gestaltung bestehen. Denn solche Anhangangaben sind – unabhängig von der Publizitätsbereitschaft eines Unternehmens – prinzipiell bei allen nach IFRS bilanzierenden Unternehmen inhaltlich gleich gestaltet und somit für die Adressaten gleich aussagekräftig. Publizitätsfreudige Unternehmen können mit diesen Anhangangaben keine bessere Zwischenberichtsqualität erreichen als weniger publizitätsfreudige Unternehmen. In der vorliegenden empirischen Untersuchung werden daher die folgenden im IAS 34.16 vorgeschriebenen Anhangangaben nicht (direkt)[30] abgefragt:

- Angabe von Emissionen, Rückkäufen und Rückzahlungen von Schuldverschreibungen und Eigenkapitaltiteln (IAS 34.16(e)) und
- Angabe von gezahlten Dividenden, gesondert für jede Aktiengattung (IAS 34.16(f)).

Anschließend sind durch eine Auswertung der gesetzlichen Vorschriften und des Schrifttums[31] sowie durch eine Diskussion mit Kapitalmarktexperten zusätzliche Anhangangaben zu identifizieren, die für die Adressaten entscheidungsnützlich sind, aber nach IAS 34 nicht offengelegt werden müssen. Für den Anhang des IFRS-Zwischenabschlusses wurden folgende freiwillige Angaben identifiziert:

- Angabe zu den unterjährigen Abgrenzungsregeln,
- Angaben zu den sonstigen finanziellen Verpflichtungen,
- Angaben zu den zur Veräußerung gehaltenen langfristigen Vermögenswerten und aufgegebenen Geschäftsbereichen sowie
- Angabe zum IFRIC 10 („Zwischenberichterstattung und Wertminderung").[32]

Bei der Entwicklung der konkretisierenden Berichtsgegenstände für den Anhang sind auch die potenziellen inhaltlichen Redundanzen zum Zwischenlagebericht zu berücksichtigen.[33] Denn für eine adressatenfreundliche und effiziente Zwischenberichterstattung sind inhaltliche Redundanzen möglichst zu vermeiden. Angaben, die sowohl im Anhang als auch im Zwischenlagebericht anzugeben sind, brauchen nach DRS 16.12 nur in einem dieser Berichtsteile angegeben zu werden, sofern am alternativen Ausweisort auf diese Angaben verwiesen wird. Da im jährlichen IFRS-Abschluss ein *„Verweis von den Notes auf den Konzernlagebericht [...] in der Regel nicht zulässig"*[34] ist, sollten vor dem Hintergrund einer konsistenten Unternehmensberichterstattung ebenfalls im IFRS-Zwischenbericht die entsprechenden Angaben im Anhang gemacht werden und vom Zwischenlagebericht auf den Anhang verwiesen werden.

30 Zu diesen Angaben vgl. Abschn. 421.

31 Vgl. ARMELOH, K.-H., Die Berichterstattung im Anhang, S. 45.

32 Zum IFRIC 10 vgl. ausführlich Abschn. 224.3.

33 Vgl. BAETGE, J./BRÜGGEMANN, B./HAENELT, T., Erweiterte Offenlegungspflichten, S. 1888; PRIGGE, C., Inhaltliche Redundanzen, S. 252-258; STRIEDER, T./AMMEDICK, O., Der Zwischenlagebericht, S. 1372; HEUSER, P. J./THEILE, C., Auswirkungen des BilReG, S. 206; DSR (Hrsg.), Stellungnahme EU-Änderungsrichtlinie, S. 1.

34 PRIGGE, C., Konzernlageberichterstattung, S. 87.

Die berichterstattenden Unternehmen können bspw. nach § 37w Abs. 4 WpHG die Geschäfte mit nahestehenden Unternehmen und Personen entweder im Zwischenlagebericht oder im Anhang des Zwischenabschlusses angeben.[35] Da im Anhang des IFRS-Zwischenabschlusses gem. IAS 34.16(c) i. V. m. IAS 34.17(j) auch über die Geschäfte mit nahestehenden Unternehmen und Personen zu berichten ist, sollte das Wahlrecht so ausgeübt werden, dass zu nahestehenden Unternehmen und Personen ausschließlich im Anhang des IFRS-Zwischenberichts berichtet wird. Durch eine derartige Ausübung der Wahlrechte werden unerwünschte Doppelangaben im IFRS-Zwischenbericht vermieden.

Insgesamt ergeben sich für den Anhang des IFRS-Zwischenabschlusses zwölf konkretisierende Berichtsgegenstände, die in der folgenden Übersicht angegeben werden:

	Anhang des IFRS-Zwischenabschlusses
1.	Angaben zu den angewandten Bilanzierungs- und Bewertungsmethoden sowie zu den unterjährigen Abgrenzungsregeln
2.	Angaben zu Schätzungen
3.	Angaben zu ungewöhnlichen Sachverhalten
4.	Angaben zu den sonstigen finanziellen Verpflichtungen
5.	Angaben zum veränderten Konsolidierungskreis
6.	Angaben zu den zur Veräußerung gehaltenen langfristigen Vermögenswerten und aufgegebenen Geschäftsbereichen
7.	Angaben zu Eventualschulden oder Eventualforderungen
8.	Angaben zu wesentlichen Ereignissen nach dem Ende der Zwischenberichtsperiode
9.	Angaben zu Geschäften mit nahestehenden Unternehmen und Personen
10.	Angaben zu saisonalen und konjunkturellen Einflüssen
11.	Segmentangaben
12.	Angaben zum IFRIC 10 („Zwischenberichterstattung und Wertminderung")

Übersicht 3-3: *Die Berichtsgegenstände des Anhangs eines IFRS-Zwischenabschlusses*

Aufgrund der Komplexität der aufgeführten Berichtsgegenstände des Anhangs eines IFRS-Zwischenabschlusses sind die in der Übersicht 3-3 aufgeführten Berichtsgegenstände weiter zu untergliedern. Die hierfür notwendigen untergeordneten Berichtsgegenstände werden ebenfalls durch eine Auswertung der gesetzlichen Vorschriften und des Schrifttums zur Zwischenberichterstattung sowie eine anschließende Diskussion mit Kapitalmarktexperten entwickelt.[36]

35 Vgl. hierzu HEBESTREIT, G./RAHE, I., Zwischenberichterstattung, S. 114.

36 Zu den untergeordneten Berichtsgegenständen vgl. Kapitel 4.

Die in diesem Abschnitt exemplarisch für den Anhang des IFRS-Zwischenabschlusses dargestellte Vorgehensweise zur Entwicklung detaillierter über- und untergeordneter Berichtsgegenstände ist analog auf die acht weiteren Unterabschnitte des IFRS-Zwischenberichts anzuwenden. Mit der gewählten Vorgehensweise wird sichergestellt, dass der Fragebogen alle gesetzlich vorgeschriebenen Berichtsgegenstände des IFRS-Zwischenberichts, bei denen wesentliche Wahl- oder Ermessensspielräume bestehen, sowie alle freiwilligen Berichtsgegenstände, die für den Kapitalmarkt entscheidungsnützlich sind, vollständig und intersubjektiv nachprüfbar enthält.[37] Insgesamt ergibt sich ein hierarchisch gegliederter und sachlich strukturierter Fragebogen[38] mit zwei Hauptabschnitten, drei Abschnitten, neun Unterabschnitten, 49 über- und 48 untergeordneten Berichtsgegenständen.

333. Verwendete Skalierung

Die befragten Kapitalmarktteilnehmer wurden gebeten, den einzelnen Abschnitten des Fragebogens (IFRS-Zwischenabschluss, Zwischenlagebericht und sonstige Angaben) entsprechend ihrer Bedeutung im Verhältnis zu den jeweils anderen Abschnitten ein prozentuales Gewicht zuzuordnen. Die Summe aller prozentualen Gewichte musste 100 % ergeben. Die Bewertung anhand prozentualer Gewichte wurde nur bei den Abschnitten vorgesehen. Den befragten Kapitalmarktteilnehmern wurde für die Einschätzung der Bedeutung der einzelnen Unterabschnitte sowie der einzelnen über- und untergeordneten Kriterien eine Ordinalskala mit fünf qualitativen Antwortausprägungen vorgelegt. Als Antwortausprägungen standen die Einstufungen „sehr hohe“, „hohe“, „mittlere“, „niedrige“ und „keine“ Bedeutung zur Verfügung.[39] Empirischen Untersuchungen zufolge wird die fünfstufige Skala von den Befragten bevorzugt, weil sie neben einem mittleren Wert auch einen positiven und negativen Extremwert aufweist.[40]

Bei der fünfstufigen Ordinalskala ist mit der neutralen Antwortausprägung („mittlere Bedeutung“) allerdings ein Problem verbunden. Denn wenn die Befragten eine Frage nicht

37 Zum einen ist die Auswertung des Schrifttums von Dritten nachvollziehbar, also intersubjektiv nachprüfbar. Zum anderen wurde der Entwurf des Fragebogens von Kapitalmarktexperten durchgesehen und von fachkundigen Probanden getestet.

38 Der Fragebogen ist im Anhang 1 dieser Arbeit enthalten.

39 Die Abstufungen der Skala sollten von den Befragten als äquidistant wahrgenommen werden. Vgl. GREVING, B., Messen und Skalieren, S. 69 und allgemein zur Skalenbezeichnung ROHRMANN, B., Entwicklung von Antwortskalen, S. 230.

40 Zur Ordinalskala vgl. KIRCHHOFF, S. u. a., Der Fragebogen, S. 22; HENSS, R., Ratingskalen, S. 264-284; ROHRMANN, B., Entwicklung von Antwortskalen, S. 230.

richtig verstehen bzw. nicht beantworten können, wählen sie regelmäßig die neutrale Antwortausprägung, um ihre indifferente Meinung zu der gestellten Frage mitzuteilen.[41] Damit die Befragungsergebnisse nicht in die Richtung der mittleren Bedeutung verzerrt werden, ist bei der *Online*-Umsetzung des Fragebogens die Kategorie „Keine Angabe" zusätzlich aufgenommen worden, so dass die befragten Kapitalmarktteilnehmer bewusst einzelne Fragen auslassen konnten.

Für die statistische Auswertung der Befragungsergebnisse werden die fünf Antwortausprägungen in quantitative Werte transformiert. Dabei wird der Antwortausprägung mit der niedrigsten Bedeutung („keine Bedeutung") der niedrigste quantitative Wert („eins") zugeordnet. In aufsteigender Reihenfolge werden den übrigen Antwortausprägungen die Werte „zwei", „drei", „vier" und „fünf" zugewiesen. Die Rangfolge der Ordinalskala wird somit in eine Intervallskala[42] transformiert, wobei unterstellt wird, dass die Nutzenabstände zwischen den Antwortausprägungen gleich, d. h. äquidistant sind.[43]

Für die Auswertung der mittleren absoluten Einschätzungen (x) der befragten Kapitalmarktteilnehmer zu den einzelnen Berichtsinhalten des IFRS-Zwischenberichts werden die fünf Antwortausprägungen in die folgenden Klassen eingeteilt:

Mittlere absolute Einschätzung (x)	**Bedeutung des Berichtsinhalts**
$x < 1,25$	keine
$1,25 \leq x < 1,75$	keine bis niedrige
$1,75 \leq x < 2,25$	niedrige
$2,25 \leq x < 2,75$	niedrige bis mittlere
$2,75 \leq x < 3,25$	mittlere
$3,25 \leq x < 3,75$	mittlere bis hohe
$3,75 \leq x < 4,25$	hohe
$4,25 \leq x < 4,75$	hohe bis sehr hohe
$x \geq 4,75$	sehr hohe

Übersicht 3-4: *Klasseneinteilung für die absolute Bedeutung der Berichtsinhalte des IFRS-Zwischenberichts*

41 Vgl. BORTZ, J./DÖRING, N., Forschungsmethoden und Evaluation, S. 179.

42 Zur Intervallskala vgl. BAMBERG, G./BAUR, F., Statistik, S. 7.

43 ECKENRODE konnte nachweisen, dass die Transformation einer Ordinalskala in eine Intervallskala zu nicht wesentlich schlechteren Ergebnissen führt als theoretisch exaktere Rechenverfahren, die die Besonderheiten der Ordinalskala berücksichtigen. Vgl. ECKENRODE, R. T., Weighting Multiple Criteria, S. 181 und S. 185.

334. Pretest des Fragebogens

Bevor der Fragebogen den Kapitalmarktteilnehmern vorgelegt wurde, durchlief dieser einen zweistufigen Pretest.[44] Der zweistufige Pretest wurde durchgeführt, damit eine mögliche Rücklaufverzerrung (*response bias*)[45] vermieden wird. Eine Rücklaufverzerrung liegt beispielsweise dann vor, wenn der Fragebogen zu schwer formuliert ist, so dass nur überdurchschnittliche fachkundige Kapitalmarktteilnehmer den Fragebogen ausfüllen können. Im Rahmen des zweistufigen Pretests wurde sowohl der Inhalt als auch der Aufbau des Fragebogens intensiv geprüft. Zunächst wurde der Fragebogen, der mithilfe einer Auswertung der gesetzlichen Vorschriften und des Schrifttums zur Zwischenberichterstattung entwickelt wurde, von Vertretern der DVFA kritisch durchgesehen. Anschließend wurde der anhand der Anmerkungen der DVFA-Vertreter korrigierte Fragebogen von acht Probanden getestet, die zu diesem Zeitpunkt wissenschaftliche Mitarbeiter im FORSCHUNGSTEAM BAETGE der WESTFÄLISCHEN WILHELMS-UNIVERSITÄT MÜNSTER waren und im Rahmen ihrer wissenschaftlichen Tätigkeit bereits Geschäfts- und Zwischenberichte von kapitalmarktorientierten Unternehmen analysiert hatten. Neben den inhaltlichen und strukturellen Anmerkungen wurde von den Probanden ebenfalls ihr Zeitaufwand für die Beantwortung des Fragebogens protokolliert. Aus diesen Angaben wurde eine Bearbeitungszeit von nicht mehr als 15 Minuten ermittelt. Nach dem zweiten Pretest wurde der Fragebogen anhand der Anmerkungen der Probanden nochmals überarbeitet und anschließend den Kapitalmarktteilnehmern vorgelegt.

335. Konzeption des Fragebogens

Die Befragung der Kapitalmarktteilnehmer wurde in zwei Stufen durchgeführt. Auf der **ersten Befragungsstufe** wurden die Kapitalmarktteilnehmer befragt, welche Bedeutung sie den einzelnen Unterabschnitten des IFRS-Zwischenberichts und den konkretisierenden Berichtsgegenständen beimessen (Frage 1 bis Frage 6). Für diese Einschätzung wurde den Befragten die Ordinalskala mit den fünf qualitativen Antwortausprägungen vorgegeben. Nachdem die Befragten die einzelnen Unterabschnitte sowie die konkretisierenden Berichtsge-

44 Zum Pretest vgl. STIER, W., Empirische Forschungsmethoden, S. 184; KIRSCHHOFER-BOZENHARDT, A. V./KAPLITZA, G., Fragebogen, S. 126.

45 Vgl. KAYA, M., Verfahren der Datenerhebung, S. 54 f. Zur Korrektur einer Rücklaufverzerrung vgl. auch LITTLE, R. J., Survey Nonresponse Adjustments, S. 139-147; IANNACCHIONE, V./MILNE, J./FOLSOM, R., Response Probability Weight Adjustments, S. 637-642.

genstände des IFRS-Zwischenberichts beurteilt hatten und dadurch die Berichtsinhalte der einzelnen Abschnitte des IFRS-Zwischenberichts (IFRS-Zwischenabschluss, Zwischenlagebericht und sonstige freiwillige Angaben) kannten,[46] wurden die Befragten gebeten, die Abschnitte entsprechend ihrer Bedeutung zu gewichten (Frage 7).

Auf der **zweiten Befragungsstufe** wurden den Befragten allgemeine Fragen zur Zwischenberichterstattung vorgelegt, die mittels der fünfstufigen Ordinalskala zu beantworten waren (Frage 8 und Frage 9). Zudem wurde den Kapitalmarktteilnehmern durch eine offene Frage ermöglicht, den Fragebogen zu kommentieren respektive den Fragebogen um weitere für sie relevante Berichtsgegenstände zu ergänzen (Frage 10).[47] Durch die offene Frage wurde zusätzlich zum zweistufigen Pretest ermöglicht, dass alle für den Kapitalmarkt relevanten Berichtsgegenstände des IFRS-Zwischenberichts mit der empirischen Erhebung erfasst wurden.

34 Ermittlung der Repräsentativität der Befragung

341. Rücklauf der Befragung

Die Kapitalmarktteilnehmer wurden im Zeitraum von Ende Juli bis Ende September 2008 befragt.[48] Die Finanzanalysten und Fondsmanager wurden per E-Mail kontaktiert. Sie konnten den *Online*-Fagebogen über einen Link in der E-Mail aufrufen und *online* ausfüllen.[49] Die Wirtschaftsprüfer wurden auf postalischem Wege angeschrieben, da ihre E-Mail-Adressen nicht verfügbar waren.[50] In dem Anschreiben wurde den Wirtschaftsprüfern die *Internet*-Adresse der Umfrage mitgeteilt, so dass sie ebenfalls den Fragebogen *online* ausfüllen konnten.

46 Durch die gewählte Reihenfolge der Fragen wurde sichergestellt, dass alle Befragten – durch die möglichen inhaltlichen Redundanzen – bei der Gewichtung der einzelnen Abschnitte des IFRS-Zwischenberichts wussten, wie die konkrete Zuordnung zwischen dem Anhang des IFRS-Zwischenberichts und dem Zwischenlagebericht vorgenommen wurde.

47 Durch die Pretests und die Möglichkeit der Befragten den Fragebogen kommentieren zu können, wird die Subjektivität bzgl. der Auswahl der in den Fragebogen aufgenommenen Berichtsgegenstände reduziert. Vgl. hierzu WELGE, M. K./AL-LAHAM, A., Planung, S. 377.

48 Der Fragebogen ist im Anhang 1 dieser Arbeit abgedruckt.

49 Zur *Online*-Befragung vgl. SILLS, S./SONG, C., Web-Based Surveys, S. 22-30; LEOPOLD, H., Online-Befragungen, S. 10.

50 Zu schriftlichen Befragungen vgl. ATTESLANDER, P., Empirische Sozialforschung, S. 147.

Insgesamt wurden 1.167 Kapitalmarktexperten per E-Mail kontaktiert sowie 950 Wirtschaftsprüfer postalisch angeschrieben. Damit betrug die Befragungsgesamtheit 2.117 Kapitalmarktteilnehmer. Bei der Befragung ergab sich folgender Rücklauf:

Befragte Gruppe		**Rücklauf**	
		absolut	**relativ**
Kapitalmarktexperten	vollständig ausgefüllte Fragebögen	58	4,97 %
	unvollständig ausgefüllte Fragebögen	13	1,11 %
	Summe der auswertbaren Fragebögen	**71**	**6,08 %**
Wirtschaftsprüfer	vollständig ausgefüllte Fragebögen	77	8,11 %
	unvollständig ausgefüllte Fragebögen	10	1,05 %
	Summe der auswertbaren Fragebögen	**87**	**9,16 %**
Gesamtzahl	vollständig ausgefüllte Fragebögen	135	6,38 %
	unvollständig ausgefüllte Fragebögen	23	1,09 %
	Summe der auswertbaren Fragebögen	**158**	**7,46 %**

Übersicht 3-5: Zusammensetzung des Rücklaufs

Bei den Kapitalmarktexperten konnte ein Rücklauf mit 71 auswertbaren Fragebögen (6,08 %) erreicht werden.[51] Da die Wirtschaftsprüfer nicht mit einer anonymen E-Mail, sondern mit einem persönlichen Schreiben eingeladen wurden, an der Befragung teilzunehmen,[52] konnte bei den Wirtschaftsprüfern ein höherer Rücklauf von 87 auswertbaren Fragebögen erzielt werden (9,16 %). In der Rücklaufquote sind alle Fragebögen berücksichtigt, die ausgewertet werden konnten. Hierzu zählen auch die Fragebögen, bei denen die Befragten einzelne Berichtsgegenstände des IFRS-Zwischenberichts nicht beurteilt haben (*missing value*).[53] Die unvollständig ausgefüllten Fragebögen sind somit nicht vollständig von der statistischen Auswertung ausgeschlossen worden, sondern lediglich die Teile der Fragebögen, die nicht beantwortet wurden.

51 GASSEN/SCHWEDLER konnten bei einer Befragung von *professional investors* eine Rücklaufquote von 1,9 % erzielen. Die Autoren stellten bzgl. der Rücklaufquote fest, dass die Rücklaufquote „*seems to be comparable to similar surveys and can be explained by the surveying procedure (anonymous email, no incentivization) and the surveyed population (high opportunity costs).*" GASSEN, J./SCHWEDLER, K., Fair Value and Other Measurement Concepts, S. 6 f. Zu Rücklaufquoten vgl. LEOPOLD, H., Online-Befragungen, S. 10; WILK, L., Befragung, S. 187.

52 Von den Finanzanalysten und Fondsmanagern lagen keine Postadressen vor, so dass sie nicht mit einem persönlichen Brief kontaktiert werden konnten.

53 Zum *missing value* vgl. KIRCHHOFF, S. u. a., Der Fragebogen, S. 49; BACKHAUS, K. u. a., Multivariate Analysemethoden, S. 22.

342. Repräsentativität der Befragungsergebnisse

Bei der Befragung konnte kein Rücklauf von 100 % erzielt werden, so dass der Rücklauf als Stichprobe aus der Befragungsgesamtheit zu interpretieren ist. Im Folgenden ist zu klären, ob die gesuchten unbekannten Parameter der Befragungsgesamtheit anhand der Stichprobenergebnisse hinreichend verlässlich geschätzt werden können, d. h., ob die Antworten von den Kapitalmarktteilnehmern, die an der Umfrage teilgenommen haben, repräsentativ für alle angeschriebenen Finanzanalysten, Fondsmanager und Wirtschaftsprüfer sind (Repräsentationsschluss[54]). In der vorliegenden Untersuchung sind die gesuchten unbekannten Parameter der Befragungsgesamtheit die arithmetischen Mittel der Einschätzungen der Kapitalmarktteilnehmer zu der Bedeutung der einzelnen Berichtsgegenstände des IFRS-Zwischenberichts.

Da die für die Stichprobe beobachteten Merkmalsausprägungen zufallsabhängig sind, können aus den Stichprobenergebnissen keine Punkt-Aussagen, sondern lediglich Bandbreiten-Aussagen über die Befragungsgesamtheit getroffen werden.[55] Die berechneten Bandbreiten geben den Spielraum an, in denen die arithmetischen Mittel der Befragungsgesamtheit mit einer *a priori* festgelegten Wahrscheinlichkeit liegen. Die jeweilige Bandbreite eines arithmetischen Mittels der Befragungsgesamtheit wird mithilfe eines Konfidenzintervalls[56] bestimmt, indem vom bekannten arithmetischen Mittel der Stichprobe (x_i) auf das unbekannte arithmetische Mittel der Befragungsgesamtheit (μ_i) geschlossen wird.[57] Hierfür ist der geforderte Sicherheitsgrad für die zu treffenden Aussagen anzugeben, z. B. 95 %.[58] Die Unsicherheit der Schätzung des arithmetischen Mittels der Befragungsgesamtheit beträgt somit 5 % (α-Fehler).[59] Dies bedeutet, dass das gesuchte arithmetische Mittel der Befragungsgesamtheit mit einer Wahrscheinlichkeit von 95 % ($1-\alpha$) innerhalb des berechneten Konfidenzintervalls liegt.[60] Damit die einzelnen Konfidenzintervalle verschiedener Stichproben miteinander verglichen werden können, müssen die einzelnen Konfidenzintervalle normiert

54 Zum Repräsentationsschluss vgl. LEFFSON, U./LIPPMANN, K./BAETGE, J., Urteilsbildung bei Prüfungen, S. 33 f.; KROMREY, H., Empirische Sozialforschung, S. 266.

55 Vgl. BAETGE, J., Möglichkeiten der Objektivierung des Jahreserfolges, S. 56 f.

56 Zum Konfidenzintervall vgl. Anhang 2.

57 Vgl. BLEYMÜLLER, J./GEHLERT, G./GÜLICHER, H., Statistik, S. 95.

58 Nach SACHS/HEDDERICH wird regelmäßig bei statistischen Auswertungen ein Sicherheitsgrad von 95 % verwendet. Vgl. SACHS, L./HEDDERICH, J., Angewandte Statistik, S. 252.

59 Vgl. BAETGE, J., Sicherheit und Genauigkeit, S. 720.

60 Vgl. FAHRMEIR, L. u. a., Statistik, S. 391.

werden. Die Normierung erfolgt, indem die halbe Breite des Konfidenzintervalls ($t_{n;\,0{,}975} \cdot \sigma_{\bar{x}_i}$) durch das arithmetische Mittel der Stichprobe (x_i) dividiert wird (Vertrauensbereich).[61] Die Schätzung des arithmetischen Mittels der Befragungsgesamtheit ist dabei umso genauer, je kleiner der Vertrauensbereich (VB) ausfällt. Der Genauigkeitsgrad der Schätzung berechnet sich daher, indem das Komplement zum Vertrauensbereich gebildet wird (1-VB). Bei der vorliegenden Untersuchung ergeben sich für die befragten Kapitalmarktexperten und Wirtschaftsprüfer die folgenden Ergebnisse:[62]

- Bei den **Kapitalmarktexperten** ergibt sich bei sieben von insgesamt zwölf (Unter-)Abschnitten ein Genauigkeitsgrad von über 95 %, während der Genauigkeitsgrad bei vier (Unter-)Abschnitten zumindest mehr als 90 % beträgt. Bei einem (Unter-)Abschnitt beträgt der Genauigkeitsgrad hingegen lediglich rd. 85 %. Bei den 97 über- und untergeordneten Berichtsgegenständen kann der Genauigkeitsgrad bei 27 Berichts-gegenständen mit mehr als 95 % und bei 69 Berichtsgegenständen mit mehr als 90 % beziffert werden. Bei einem Berichtsgegenstand beträgt der Genauigkeitsgrad rd. 88 %.
- Bei den befragten **Wirtschaftsprüfern** ergeben sich durch die höhere Rücklaufquote vergleichsweise höhere Genauigkeitsgrade als bei den Kapitalmarktexperten. Bei neun (Unter-)Abschnitten liegt ein Genauigkeitsgrad von über 95 % und bei zwei (Unter-)Abschnitten ein Genauigkeitsgrad von mehr als 90 % vor. Lediglich bei einem (Unter-)Abschnitt beträgt der Genauigkeitsgrad nur rd. 87 %. Bei den 97 über- und untergeordneten Berichtsgegenständen des IFRS-Zwischenberichts ergibt sich bei 55 Berichtsgegenständen ein Genauigkeitsgrad von über 95 % und bei den restlichen 42 Berichtsgegenständen ein Genauigkeitsgrad von mindestens 90 %.

Insgesamt ist damit festzuhalten, dass die Rückschlüsse von den Stichprobenergebnissen auf die Befragungsgesamtheit bei einem Sicherheitsgrad von 95 % hinreichend genau ermittelt werden können. Durch die Befragung der Finanzanalysten, Fondsmanager und Wirtschaftsprüfer wurde die Bedeutung der Abschnitte und Unterabschnitte sowie der über- und untergeordneten Berichtsgegenstände des IFRS-Zwischenberichts objektiviert.

61 Vgl. BAETGE, J., Sicherheit und Genauigkeit, S. 720. Vgl. zudem Anhang 2.

62 Im Anhang 3 werden die Genauigkeitsgrade für jeden einzelnen Abschnitt, Unterabschnitt sowie über- und untergeordneten Berichtsgegenstand des IFRS-Zwischenberichts dargestellt.

35 Analyse der wesentlichen Befragungsergebnisse

351. Vorbemerkung

Im folgenden Abschnitt wird dargestellt, welche Bedeutung die befragten Kapitalmarktteilnehmer verschiedenen Publizitätsinstrumenten (Geschäftsbericht, Halbjahresfinanzbericht, Zwischenmitteilung der Geschäftsführung, Quartalsfinanzbericht und Ad-hoc-Mitteilung) beimessen und welche Bedeutung die Befragten der freiwilligen Prüfung respektive der prüferischen Durchsicht von Zwischenberichten zuordnen. Ebenfalls wird gezeigt, welche Bedeutung die befragten Kapitalmarktexperten und Wirtschaftsprüfer den einzelnen Abschnitten des IFRS-Zwischenberichts (IFRS-Zwischenabschluss, Zwischenlagebericht und sonstigen Angaben) zuweisen. Auf die Bedeutung der konkretisierenden Berichtsgegenstände der einzelnen Abschnitte des IFRS-Zwischenberichts wird hingegen detailliert im Kapitel 4 eingegangen. Die Ergebnisse der Befragung werden im Folgenden aggregiert, indem die Beurteilungen der beiden Gruppen jeweils zu 50 % gewichtet werden.[63] Die im IFRS-Zwischenbericht enthaltenen Informationen sollen damit sowohl die Anforderungen der Kapitalmarktexperten als auch die Anforderungen der Wirtschaftsprüfer in ihrer Funktion als Advokaten des Kapitalmarkts[64] gleichermaßen erfüllen.

Im Folgenden wird zusätzlich analysiert, bei welchen Berichtsgegenständen die befragten Kapitalmarktexperten und Wirtschaftsprüfer die Bedeutung signifikant unterschiedlich einschätzen und aus welchen Gründen die befragten Gruppen jenen Berichtsgegenständen eine signifikant unterschiedliche Bedeutung beimessen. Für die Analyse der Befragungsergebnisse wird daher ein statistisches Instrumentarium benötigt, mit dessen Hilfe darauf geschlossen werden kann, ob die befragten Gruppen den einzelnen Berichtsinhalten des IFRS-Zwischenberichts eine signifikant unterschiedliche Bedeutung beimessen. Dies wird im Folgenden mithilfe des Zweistichprobentests (Gauß- bzw. T-Test)[65] und des MANN/WHITNEY U-Tests beurteilt.[66]

---

63 Zu einer entsprechenden Vorgehensweise vgl. BRÜGGEMANN, B., Die Berichterstattung im Anhang des IFRS-Abschlusses, S. 62; PRIGGE, C., Konzernlageberichterstattung, S. 64.

64 Vgl. BAETGE, J./MATENA, S., Abschlussprüfung, S. 186.

65 Vgl. BLEYMÜLLER, J./GEHLERT, G., Statistische Formeln, S. 44; BORTZ, J., Statistik, S. 140 f.

66 Zu den statistischen Verfahren vgl. Anhang 2.

352. Bedeutung verschiedener Publizitätsinstrumente

Die befragten Kapitalmarktteilnehmer wurden gebeten, anzugeben, welche Bedeutung sie den verschiedenen Publizitätsinstrumenten eines kapitalmarktorientierten Unternehmens beimessen. Die Befragten sollten dabei die Bedeutung des Geschäftsberichts,[67] des Zwischenberichts und der Ad-hoc-Mitteilung beurteilen. Der Zwischenbericht wurde zusätzlich in seine drei Gestaltungsvarianten (Halbjahresfinanzbericht, Zwischenmitteilung der Geschäftsführung und Quartalsfinanzbericht) differenziert. Neben den im Fragebogen aufgeführten Publizitätsinstrumenten war es den Befragten zudem möglich, weitere für sie relevante Publizitätsinstrumente anzugeben und zu beurteilen:[68]

Publizitätsinstrumente	**Mittlere absolute Einschätzung der Bedeutung**			**Signifikanter Unterschied**	
	Kapitalmarkt-experten	**Wirtschafts-prüfer**	**Mittel-wert**	**Gauß-/ T-Test**	**U-Test**
1. Geschäftsbericht	4,60	4,28	4,44	**2,608 (0,010)**	**-2,605 (0,009)**
2. Zwischenbericht	4,43	3,87	4,15	**4,481 (0,001)**	**-4,479 (0,001)**
(i) Halbjahresfinanzbericht	4,36	3,97	4,17	**3,365 (0,001)**	**-3,404 (0,001)**
(ii.a) Zwischenmitteilung der Geschäftsführung nach dem 1. u. 3. Quartal	3,79	3,22	3,51	**4,030 (0,001)**	**-3,696 (0,001)**
(ii.b) Quartalsfinanzbericht	4,21	3,43	3,82	**5,759 (0,001)**	**-5,274 (0,001)**
3. Ad-hoc-Mitteilung	4,29	4,04	4,17	1,845 (0,067)	-1,913 (0,056)

Übersicht 3-6: Bedeutung verschiedener Publizitätsinstrumente

Aus der Übersicht 3-6 lässt sich entnehmen, dass die befragten Kapitalmarktteilnehmer dem **Geschäftsbericht** mit einem absoluten Wert von 4,44 eine hohe bis sehr hohe Bedeutung zuweisen und die Bedeutung des **Zwischenberichts** mit einem absoluten Wert von 4,15 als hoch einschätzen. Die Einschätzungen der Kapitalmarktteilnehmer unterscheiden sich dabei signifikant. Während die befragten Wirtschaftsprüfer sowohl dem Geschäftsbericht als auch dem Zwischenbericht eine hohe Bedeutung zuweisen, ordnen die Kapitalmarktexperten bei-

67 Zum Geschäftsbericht vgl. BAETGE, J./KIRCHHOFF, K. R., Der Geschäftsbericht; BROTTE, J., Geschäftsberichte; MEYER, C., Geschäftsbericht.

68 Für einen befragten Finanzanalysten haben ebenfalls die Mitteilungen nach § 15a WpHG zu *Directors' Dealings* eine hohe Bedeutung. Vgl. hierzu ausführlich HOWER-KNOBLOCH, C., Directors' dealings gem. § 15a WpHG, S. 62-102; OSTERLOH, F., Directors' Dealings, S. 151-203; DYMKE, B., Directors' Dealings am deutschen Kapitalmarkt, S. 450-460.

den Publizitätsinstrumenten jeweils eine hohe bis sehr hohe Bedeutung zu. Für die Anlageentscheidungen von Finanzanalysten und Fondsmanagern sind die Zwischenberichte damit annähernd so wichtig wie der jährliche Geschäftsbericht eines kapitalmarktorientierten Unternehmens.[69]

Hinsichtlich der verschiedenen Publizitätsinstrumente der Zwischenberichterstattung messen die befragten Kapitalmarktteilnehmer dem **Halbjahresfinanzbericht** mit einem absoluten Wert von 4,17 eine hohe Bedeutung bei. Die Bedeutung der **Zwischenmitteilung der Geschäftsführung** ist mit einem absoluten Wert von 3,51 hingegen lediglich als mittel bis hoch zu bezeichnen. Dies lässt sich dadurch erklären, dass nach den gesetzlichen Vorgaben die Zwischenmitteilung der Geschäftsführung weder einen Zwischenabschluss noch Informationen zur voraussichtlichen Entwicklung des berichterstattenden Unternehmens[70] enthalten muss. Finanzanalysten und Fondsmanager benötigen für die Bewertung der zu analysierenden Unternehmen – der regelmäßig Barwertkalküle zugrunde liegen – indes quantitative Angaben zur Vermögens-, Finanz- und Ertragslage sowie detaillierte zukunftsorientierte Informationen, damit sie die künftigen Cashflows der Unternehmen möglichst verlässlich prognostizieren können.[71] Daher besitzt für die Kapitalmarktexperten auch der **Quartalsfinanzbericht** – der anstelle der Zwischenmitteilung der Geschäftsführung publiziert werden kann – eine wesentlich höhere Bedeutung als die Zwischenmitteilung der Geschäftsführung. Unabhängig davon, ob eine Zwischenmitteilung der Geschäftsführung oder ein Quartalsfinanzbericht veröffentlicht wird, besitzt die Zwischenberichterstattung für die befragten Kapitalmarktexperten eine signifikant höhere Bedeutung als für die befragten Wirtschaftsprüfer.

Die Bedeutung der Ad-hoc-Mitteilung[72] wurde von den befragten Kapitalmarktteilnehmern mit einem absoluten Wert von 4,17 als hoch eingeschätzt. Die Einschätzungen der befragten Gruppen unterscheiden sich nicht signifikant. Von den befragten Fondsmanagern und

---

69 Zu ähnlichen Ergebnissen kommen ERNST/GASSEN/PELLENS und GASSEN/SCHWEDLER. Vgl. ERNST, E./GASSEN, J./PELLENS, B., Verhalten und Präferenzen deutscher Aktionäre, S. 48; GASSEN, J./SCHWEDLER, K., Fair Value and Other Measurement Concepts, S. 13.

70 Eine Analyse von 105 Zwischenmitteilungen der Geschäftsführung im Jahr 2007 ergab, dass nur rd. 40 % der Unternehmen ihre Zwischenmitteilung freiwillig um Prognoseinformationen ergänzt haben. Vgl. KAJÜTER, P./REISLOH, C., Zwischenmitteilungen nach WpHG, S. 630.

71 Vgl. BAETGE, J./HAENELT, T., Loss Absorption Approach, S. 312; KÜMMEL, J., Fair Value-Ermittlung mit Barwertkalkülen, S. 91.

72 Zu Ad-hoc-Mitteilungen vgl. CAHN, A./GÖTZ, J., Ad-hoc-Publizität und Regelberichterstattung, S. 221-226; GRUBER, M., Ad-hoc-Publizität, S. 239-252.

Finanzanalysten wird dabei die Bedeutung der Ad-hoc-Mitteilungen indes mit einem absoluten Wert von 4,29 als hoch bis sehr hoch beurteilt. Dies lässt sich damit erklären, dass Fondsmanager, die stellvertretend für die Eigenkapitalgeber in Kapitalmarktpapiere investieren, mithilfe von Ad-hoc-Mitteilungen zeitnah ihre Anlagestrategie anpassen (müssen), damit sie positiv bzw. nicht negativ an den Aktienkursreaktionen der Unternehmen partizipieren (können), welche die Ad-hoc-Mitteilungen veröffentlicht haben. Neben den Fondsmanagern sind ebenfalls für die Finanzanalysten die Ad-hoc-Mitteilungen eine wichtige Informationsquelle, damit sie ihre *Research*-Berichte unterjährig aktualisieren können („*follow-up reports*“).

353. Bedeutung der Prüfung bzw. der prüferischen Durchsicht von Zwischenberichten

Wie im vorherigen Abschnitt gezeigt wurde, sind die Zwischenberichte für die Anlageentscheidungen der Kapitalmarktexperten annähernd so wichtig, wie es der Geschäftsbericht eines kapitalmarktorientierten Unternehmens ist. Die hohe Bedeutung der Zwischenberichterstattung muss allerdings differenziert betrachtet werden, da Zwischenberichte nicht verpflichtend durch einen Wirtschaftsprüfer geprüft bzw. prüferisch durchgesehen werden müssen.[73] Deshalb wurden die Kapitalmarktteilnehmer befragt, wie groß für sie der wahrgenommene Unterschied in der Berichterstattungsqualität von geprüften Zwischenberichten im Vergleich zu ungeprüften bzw. prüferisch durchgesehenen Zwischenberichten ist:

Prüfung bzw. prüferische Durchsicht von Zwischenberichten	**Mittlere absolute Einschätzung der Bedeutung**			**Signifikanter Unterschied**	
	Kapitalmarkt-experten	**Wirtschafts-prüfer**	**Mittel-wert**	**Gauß-/T-Test**	**U-Test**
1. Geprüfter Zwischenbericht im Vergleich zum ungeprüften Zwischenbericht	3,45	4,34	**3,90**	**-5,691 (0,001)**	**-5,264 (0,001)**
2. Geprüfter Zwischenbericht im Vergleich zum prüferisch durchgesehenen Zwischenbericht	2,78	3,17	**2,98**	**2,621 (0,010)**	**-2,569 (0,010)**
3. Prüferisch durchgesehener Zwischenbericht im Vergleich zum ungeprüften Zwischenbericht	2,98	3,64	**3,31**	**-4,136 (0,001)**	**-3,910 (0,001)**

Übersicht 3-7: *Einschätzung zu den wahrgenommenen Unterschieden in der Berichterstattungsqualität von geprüften im Vergleich zu prüferisch durchgesehenen bzw. ungeprüften Zwischenberichten*

73 Vgl. zu den Vorschriften Abschn. 25.

Die befragten Kapitalmarktteilnehmer nehmen zwischen einem geprüften Zwischenbericht und einem ungeprüften Zwischenbericht – mit einem absoluten Wert von 3,90 – erwartungsgemäß einen hohen Unterschied in der Berichterstattungsqualität wahr (1). Die Einschätzungen der einzelnen befragten Gruppen unterscheiden sich dabei signifikant. Die befragten Wirtschaftsprüfer schätzen – unter anderem aufgrund ihres prüfungsspezifischen Fachwissens – den Qualitätsunterschied größer ein als die befragten Finanzanalysten und Fondsmanager.

Die Befragten nehmen zwischen einem geprüften Zwischenbericht und einem prüferisch durchgesehenen Zwischenbericht einen mittleren Unterschied in der Berichterstattungsqualität wahr (2). Der wahrgenommene Qualitätsunterschied resultiert daraus, dass *„die prüferische Durchsicht keine Abschlußprüfung [sic!], sondern eine kritische Würdigung des [Zwischen-]Abschlusses und [des Zwischen-]Lageberichts auf der Grundlage einer Plausibilitätsbeurteilung“*[74] ist. Die **prüferische Durchsicht** ist dabei vom Wirtschaftsprüfer so zu planen und durchzuführen,[75] dass bei gewissenhafter Berufsausübung mit einer gewissen Sicherheit[76] ausgeschlossen werden kann, dass der Zwischenbericht in wesentlichen Belangen nicht mit den anzuwendenden Rechnungslegungsgrundsätzen übereinstimmt (negativ formulierte Prüfungsaussage). Durch die prüferische Durchsicht wird somit nicht *„die durch eine Abschlußprüfung [sic!] erreichbare hinreichende Sicherheit für ein Prüfungsurteil mit positiver Gesamtaussage“*[77] erzielt.[78]

Gleichwohl nehmen die befragten Kapitalmarktteilnehmer zwischen einem prüferisch durchgesehenen Zwischenbericht und einem ungeprüften Zwischenbericht – mit einem absoluten Wert von 3,31 – einen mittleren bis hohen Unterschied in der Berichterstattungsqualität wahr (3). Die Einschätzungen der einzelnen befragten Gruppen unterscheiden sich signifikant. Erneut schätzen die Wirtschaftsprüfer im Vergleich zu den Finanzanalysten und Fondsmanagern den Qualitätsunterschied höher ein.[79]

74 IDW PS 900, Rn. 6 [Ergänzung durch den Verfasser].

75 Vgl. § 37w Abs. 5 WpHG.

76 *„Eine gewisse Sicherheit ist gegeben, wenn der Wirtschaftsprüfer aufgrund von erhaltenen Nachweisen davon überzeugt ist, daß [sic!] der Gegenstand der prüferischen Durchsicht im Rahmen der gegebenen Umstände plausibel ist.“* IDW PS 900, Rn. 7 [Ergänzung durch den Verfasser].

77 IDW PS 900, Rn. 5.

78 Vgl. IDW PS 900, Rn. 2 und Rn. 5.

Im Schrifttum wird besonders die mangelnde Verlässlichkeit der Zwischenberichterstattung – aufgrund der gesetzlich nicht vorgeschriebenen Prüfung bzw. prüferischen Durchsicht von Zwischenberichten – kritisiert[80] und die empirische Studie von GASSEN/SCHWEDLER kommt zu dem Ergebnis, dass die Kapitalmarktteilnehmer die Zwischenberichte als weniger verlässlich ansehen als den Jahres- bzw. Konzernabschluss des Unternehmens.[81] Kapitalmarktteilnehmer verwenden die Informationen aus den Zwischenberichten aber lediglich dann für ihre unterjährigen Anlageentscheidungen, wenn sie sich auf die Richtigkeit der veröffentlichten Informationen hinreichend verlassen können. Vor dem Hintergrund des von den befragten Kapitalmarktteilnehmern wahrgenommenen Unterschieds in der Berichtsqualität von geprüften bzw. prüferisch durchgesehenen Zwischenberichten im Vergleich zu ungeprüften Zwischenberichten (siehe Übersicht 3-7) sowie der empirischen Ergebnisse der Studie von GASSEN/SCHWEDLER ist den kapitalmarktorientierten Unternehmen zu empfehlen, freiwillig ihre Zwischenberichte einer Prüfung oder einer prüferischen Durchsicht zu unterziehen. Zwar wäre eine Prüfung entsprechend der Jahresabschlussprüfung gemäß § 317 HGB vor dem Hintergrund der empirischen Ergebnisse wünschenswert, gleichwohl sollten an freiwillige Zwischenberichtsprüfungen geringere Anforderungen gestellt werden als an obligatorische Jahresabschlussprüfungen. Dies ergibt sich sowohl aus der Zielsetzung der Zwischenberichterstattung, für einen kurzen Zeitraum (drei Monate) dem Kapitalmarkt möglichst zeitnah Informationen über das Unternehmen bereitzustellen, als auch aus den kürzeren Veröffentlichungsfristen für Zwischenberichte. So kann der Prüfungsumfang einer Zwischenberichtsprüfung nicht so tiefgehend und umfangreich sein wie bei einer Jahresabschlussprüfung. Deshalb sollten die berichterstattenden Unternehmen ihre Zwischenberichte freiwillig einer prüferischen Durchsicht unterziehen.[82] Nach dem IDW leistet eine

79 Im Kapitel 5 dieser Arbeit wird die gegenwärtige Berichterstattungsqualität von 75 zufällig aus dem DAX®, MDAX® und SDAX® ausgewählten IFRS-Zwischenberichten bestimmt. Die Ergebnisse der Analyse werden genutzt, damit die Hypothese getestet werden kann, dass mit prüferisch durchgesehenen Zwischenberichten signifikant besser zu den für den Kapitalmarkt bedeutenden Berichtsgegenständen berichtet wird als mit ungeprüften Zwischenberichten.

80 Vgl. ALVAREZ, M./WOTSCHOFSKY, S., Zwischenberichterstattung, S. 51; GRIEWEL, E., Ad hoc-Publizität und Zwischenberichterstattung, S. 348; MERKT, H./GÖTHEL, S., Quartalsberichterstattung, S. 30 f.

81 Vgl. GASSEN, J./SCHWEDLER, K., Fair Value and Other Measurement Concepts, S. 13. Vgl. auch ERNST, E./GASSEN, J./PELLENS, B., Verhalten und Präferenzen deutscher Aktionäre, S. 54 f.

82 Für eine prüferische Durchsicht sind ebenfalls das IDW (Hrsg.), Review, S. 181; MARTEN, K.-U./ QUICK, R./RUHNKE, K., Wirtschaftsprüfung, S. 684; STERL, R., Zwischenberichterstattung, S. 770; SCHINDLER, J./SCHURBOHM, A./BÖCKEM, H., Prüfung von Zwischenberichten, S. 95; ALVAREZ, M./WOTSCHOFSKY, S., Stärkung der Corporate Governance, S. 122.

prüferische Durchsicht bereits *„einen wichtigen Beitrag zur Sicherstellung der Verlässlichkeit der Halbjahresberichte im Interesse der Kapitalmarktteilnehmer“*.[83]

Durch eine freiwillige prüferische Durchsicht von Zwischenberichten würden deutsche kapitalmarktorientierte Unternehmen außerdem die höheren internationalen Anforderungen an die Zwischenberichterstattung erfüllen. In den USA und in Frankreich sind beispielsweise Zwischenberichte verpflichtend durch einen Wirtschaftsprüfer prüferisch durchzusehen.[84] Durch eine freiwillige prüferische Durchsicht können deutsche kapitalmarktorientierte Unternehmen eine mögliche Benachteiligung bei international agierenden Investoren vermeiden, da sie Zwischenberichte veröffentlichen, die hinsichtlich ihrer Verlässlichkeit mit den Zwischenberichten von beispielsweise amerikanischen oder französischen Unternehmen vergleichbar sind.

354. Bedeutung der Abschnitte des IFRS-Zwischenberichts

Der IFRS-Zwischenbericht wurde für die empirische Untersuchung in drei Abschnitte (IFRS-Zwischenabschluss, Zwischenlagebericht und sonstige Angaben) gegliedert.[85] Die mit der Befragung ermittelten prozentualen Gewichte entsprechen der jeweiligen Bedeutung des Abschnittes für die befragten Kapitalmarktteilnehmer:

Abschnitte des IFRS-Zwischenabschlusses	**Mittlere absolute Einschätzung der Bedeutung**			**Signifikanter Unterschied**	
	Kapitalmarkt-experten	**Wirtschafts-prüfer**	**Mittel-wert**	**Gauß-/ T-Test**	**U-Test**
I. IFRS-Zwischenabschluss	52,70 %	54,17 %	53,43 %	-0,672 (0,503)	-0,396 (0,692)
II. Zwischenlagebericht	31,25 %	34,30 %	32,77 %	-1,828 (0,070)	-1,530 (0,126)
III. Sonstige Angaben	16,05 %	11,53 %	13,80 %	**3,155 (0,002)**	**-2,824 (0,005)**

Übersicht 3-8: *Bedeutung der Abschnitte des IFRS-Zwischenberichts*

Der **IFRS-Zwischenabschluss** besteht gem. IAS 34.8 jeweils mindestens in verkürzter Form aus einer Bilanz, einer Gesamtergebnisrechnung, einer Eigenkapitalveränderungsrechnung, einer Kapitalflussrechnung sowie aus ausgewählten erläuternden Anhangangaben. Für die befragten Kapitalmarktteilnehmer ist der IFRS-Zwischenabschluss mit einem prozentualen

83 IDW (Hrsg.), Diskussionsentwurf eines TUG, S. 4.

84 Vgl. HEBESTREIT, G./RAHE, I., Zwischenberichterstattung, S. 119 und S. 122.

85 Vgl. hierzu Abschn. 331.

Gewicht von 53,43 % der wichtigste Bestandteil des IFRS-Zwischenberichts. Die Bedeutung des **Zwischenlageberichts** kann mit rd. 32,77 % bei insgesamt drei Abschnitten als durchschnittlich bezeichnet werden. Die durchschnittliche Bedeutung des Zwischenlageberichts lässt sich unter anderem damit erklären, dass viele Angaben, die sowohl im Anhang des IFRS-Zwischenabschlusses als auch im Zwischenlagebericht vorgenommen werden können, ausschließlich im Anhang des IFRS-Zwischenabschlusses gemacht werden, damit (potenzielle) inhaltliche Redundanzen im IFRS-Zwischenbericht vermieden werden.[86] Dennoch ist der Zwischenlagebericht für die Kapitalmarktteilnehmer ein wichtiger Bestandteil des IFRS-Zwischenberichts.[87] Der Zwischenlagebericht enthält für die Abschlussadressaten zusätzliche entscheidungsnützliche Informationen, die nicht im IFRS-Zwischenabschluss enthalten sind (bspw. zur Risikolage oder zur voraussichtlichen Entwicklung des Unternehmens).[88] Die Bedeutung eines Zwischenlageberichts für den Kapitalmarkt hat jüngst auch der IASB erkannt und Ende 2007 ein *Management-Commentary*-Projekt auf seine aktive Agenda gesetzt.[89] Denn die Lageberichterstattung ist gegenwärtig nach den Vorgaben des WpHG und des DRS 16 zu erstellen, da in der IFRS-Rechnungslegung keine mit dem Lagebericht vergleichbare Berichterstattung vorgesehen ist.[90]

Die befragten Kapitalmarktteilnehmer ordnen den **sonstigen Angaben** ein prozentuales Gewicht von 13,80 % zu. Bei den sonstigen freiwilligen Angaben handelt es sich um die Erklärung der gesetzlichen Vertreter („Bilanzeid"), die Angabe des Veröffentlichungsdatums des IFRS-Zwischenberichts, die Angabe eines Kalendariums mit *Investor-Relations*-Terminen und die Angabe von Pro-forma-Kennzahlen (z. B. das EBIT oder das EBITDA).[91]

Zwischen den befragten Finanzanalysten, Fondsmanagern und Wirtschaftsprüfern unterscheidet sich die Rangfolge der Bedeutung der einzelnen Abschnitte des IFRS-Zwischenberichts nicht. Gleichwohl gewichten die einzelnen befragten Gruppen die Abschnitte des IFRS-Zwischenberichts unterschiedlich. Die Kapitalmarktexperten messen den sonstigen Angaben eine signifikant höhere Bedeutung bei als die Wirtschaftsprüfer. Dies lässt sich da-

86 Zum Problem der inhaltlichen Redundanzen zwischen dem Anhang des IFRS-Zwischenberichts und dem Zwischenlagebericht vgl. Abschn. 332.

87 Vgl. hierzu detailliert Abschn. 43.

88 Vgl. KIRSCH, H.-J./SCHEELE, A., Prognose- und Risikoberichterstattung nach BilReG, S. 1149.

89 Vgl. IASB (Hrsg.), IASB Update December 2007, S. 1.

90 Vgl. PwC (Hrsg.), IFRS Manual of Accounting 2008, Chapter 31, Rn. 111.

91 Zu Pro-forma-Kennzahlen vgl. KÜTING, K./HEIDEN, M., Pro-forma-Kennzahlen, S. 1544-1552; HEIDEN, M., Pro-forma-Berichterstattung, S. 357-388.

mit erklären, dass Finanzanalysten und Fondsmanager mehr auf zusätzliche Informationen (bspw. Pro-forma-Kennzahlen) für ihre Unternehmensanalyse und -bewertung angewiesen sind als die befragten Wirtschaftsprüfer.

4 Entwicklung inhaltlicher Gestaltungsempfehlungen für den IFRS-Zwischenbericht

41 Vorbemerkung

Im vorherigen Kapitel wurde gezeigt, dass für die Anlageentscheidungen von Kapitalmarktteilnehmern der Zwischenbericht annähernd so wichtig ist wie der Geschäftsbericht eines kapitalmarktorientierten Unternehmens.[1] Überdies wurde dargelegt, welche Bedeutung die befragten Finanzanalysten, Fondsmanager und Wirtschaftsprüfer den einzelnen Abschnitten des Zwischenberichts (Zwischenabschluss, Zwischenlagebericht und sonstige Angaben) beimessen.[2] Im Folgenden wird detailliert untersucht, wie ein nach IFRS bilanzierendes Unternehmen bei den einzelnen Berichtsgegenständen des Zwischenabschlusses, des Zwischenlageberichts und der sonstigen Angaben jeweils eine hohe Berichterstattungsqualität erzielen kann.

Bei der Entwicklung der inhaltlichen Gestaltungsempfehlungen ist zu berücksichtigen, dass in einem IFRS-Zwischenbericht grundsätzlich keine Informationen wiederholt werden sollten, die bereits im letzten jährlichen IFRS-Abschluss und Lagebericht dargestellt wurden.[3] Stattdessen soll mit dem IFRS-Zwischenbericht der letzte jährliche IFRS-Abschluss fortgeführt, Ereignisse und Geschäftsvorfälle des Zwischenberichtszeitraums sollen erläutert sowie prognoseorientierte Informationen des letzten jährlichen Lageberichts aktualisiert werden. Bei der Zwischenberichterstattung ist dabei aus Zeit- und Kostenerwägungen der Grundsatz der Wesentlichkeit besonders zu beachten.[4] Nach dem Grundsatz der Wesentlichkeit[5] sind im IFRS-Zwischenbericht grundsätzlich keine Angaben aufzunehmen, mit denen lediglich unwesentliche Informationen des letzten jährlichen IFRS-Abschlusses bzw. Lageberichts aktualisiert oder unwesentliche Ereignisse und Geschäftsvorfälle der Zwischenberichtsperiode dargestellt werden.[6]

1 Vgl. Abschn. 352.

2 Der Begriff „IFRS-Zwischenbericht" wird in der vorliegenden Arbeit synonym für den Halbjahres- und Quartalsfinanzbericht nach IFRS verwendet (§ 37w-x WpHG).

3 Vgl. IAS 34.6 und DRS 16.34. Allerdings sind im IFRS-Zwischenbericht alle Informationen aufzunehmen, so dass der IFRS-Zwischenbericht in sich geschlossen und für die Adressaten verständlich ist. Vgl. IAS 34.25 und DRS 16.38. Vgl. hierzu auch PWC (Hrsg.), IFRS Manual of Accounting 2008, Chapter 31, Rn. 84; E&Y (Hrsg.), International GAAP 2008, S. 2668.

4 Vgl. PELLENS, B. u. a., Internationale Rechnungslegung, S. 905.

5 Vgl. hierzu auch BALLWIESER, W., Informations-GoB, S. 118.

6 Vgl. PWC (Hrsg.), IFRS Manual of Accounting 2008, Chapter 31, Rn. 96.

Die Empfehlungen zur inhaltlichen Gestaltung der einzelnen Berichtsgegenstände des IFRS-Zwischenberichts werden in drei Schritten entwickelt:

Im **ersten Schritt** wird erläutert, welche Bedeutung die befragten Kapitalmarktteilnehmer den einzelnen Berichtsgegenständen des IFRS-Zwischenberichts beimessen. Falls die befragten Gruppen die Bedeutung einzelner Berichtsgegenstände signifikant[7] anders einschätzen, werden zudem die Unterschiede näher analysiert.

Im **zweiten Schritt** wird dargestellt, welche Angaben das bilanzierende Unternehmen zu den einzelnen Berichtsgegenständen des IFRS-Zwischenberichts nach den gesetzlichen Vorschriften vorzunehmen hat. Für den IFRS-Zwischenabschluss sind die Vorgaben des IAS 34 und des IFRIC 10 heranzuziehen, während für den Zwischenlagebericht die Vorschriften des WpHG und des DRS 16 anzuwenden sind.[8]

Im **dritten Schritt** wird – aufbauend auf den Ergebnissen der empirischen Erhebung – für jeden Berichtsgegenstand untersucht, welche (freiwilligen) Angaben im IFRS-Zwischenbericht zu diesem Berichtsgegenstand veröffentlicht werden sollten, damit die Informationsbedürfnisse der Adressaten adäquat befriedigt werden. Bezugnehmend auf die jeweilige Bedeutung des Berichtsgegenstands für die befragten Kapitalmarktteilnehmer wird dabei festgelegt, wie ausführlich das Unternehmen über diesen im IFRS-Zwischenbericht berichten sollte, d. h., welche Angaben veröffentlicht und wie ausführlich die Angaben dargestellt werden sollten. Das Unternehmen sollte für eine effiziente IFRS-Zwischenberichterstattung[9] grundsätzlich umso genauere und detailliertere Informationen zu einem Berichtsgegenstand im IFRS-Zwischenbericht publizieren, je größer die Bedeutung des Berichtsgegenstands für die befragten Kapitalmarktteilnehmer ist. Die entwickelten Gestaltungsempfehlungen werden teilweise anhand von Beispielen aus publizierten IFRS-Zwischenberichten kapitalmarktorientierter Unternehmen illustriert.

Im Folgenden wird diese mehrstufige Vorgehensweise bei der Entwicklung der inhaltlichen Gestaltungsempfehlungen für

7 Bei der vorliegenden Arbeit wird ein Signifikanzniveau von $\alpha = 5\ \%$ zugrunde gelegt.

8 Vgl. Abschn. 22.

9 Durch eine effiziente Berichterstattung wird vermieden, dass aufgrund eines hohen Berichtsumfangs wesentliche neue Ereignisse und Geschäftsvorfälle verschleiert respektive Fehlinterpretationen auf Seiten der Kapitalmarktteilnehmer begünstigt werden. Ferner wird dem bilanzierenden Unternehmen eine zeitnahe und kostengünstige Zwischenberichterstattung ermöglicht. Vgl. ALVAREZ, M./ WOTSCHOFSKY, S., Zwischenberichterstattung, S. 69.

- die Berichtsgegenstände des **IFRS-Zwischenabschlusses** (Abschn. 42),
- die Berichtsgegenstände des **Zwischenlageberichts** (Abschn. 43) und
- die Berichtsgegenstände der **sonstigen Angaben** (Abschn. 44)

zugrunde gelegt.

42 IFRS-Zwischenabschluss

421. Vorbemerkung

Für die befragten Finanzanalysten, Fondsmanager und Wirtschaftsprüfer handelt es sich bei dem IFRS-Zwischenabschluss – mit einem prozentualen Gewicht von 53,43 % – um den wichtigsten Abschnitt des IFRS-Zwischenberichts. Im Folgenden ist zu klären, welche Bedeutung die Kapitalmarktteilnehmer den verschiedenen Bestandteilen des IFRS-Zwischenabschlusses beimessen. Der **IFRS-Zwischenabschluss** besteht gem. IAS 34.8 mindestens in verkürzter Form aus einer Bilanz, einer Gesamtergebnisrechnung, einer Eigenkapitalveränderungsrechnung, einer Kapitalflussrechnung sowie aus ausgewählten Anhangangaben.[10]

In der folgenden Übersicht wird gezeigt, welche Bedeutung die befragten Kapitalmarktteilnehmer den verschiedenen Bestandteilen des IFRS-Zwischenabschlusses zuordnen:

Bestandteile des IFRS-Zwischenabschlusses

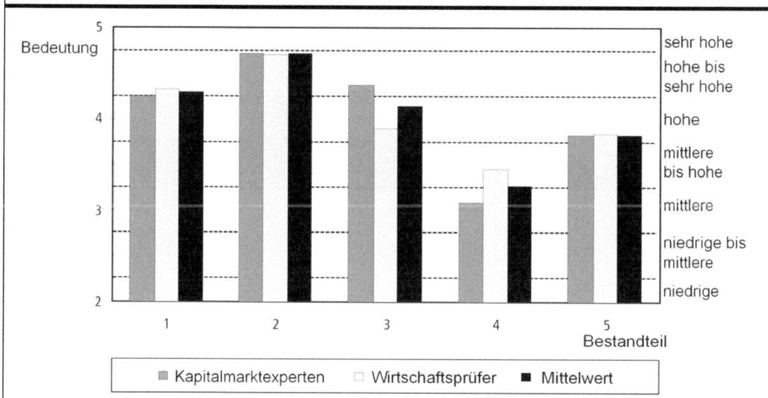

1. Bilanz	4. Eigenkapitalveränderungsrechnung
2. Gesamtergebnisrechnung	5. Anhang
3. Kapitalflussrechnung	

Übersicht 4-1: *Bedeutung der Bestandteile des IFRS-Zwischenabschlusses*

10 Zu den Vorschriften des IAS 34 vgl. Abschn. 224.2.

Aus der Übersicht 4-1 ist zu entnehmen, dass die Kapitalmarktteilnehmer den folgenden Bestandteilen des IFRS-Zwischenabschlusses im Mittel mindestens eine **hohe Bedeutung** zuweisen:

- **Bilanz** [Bestandteil 1],
- **Gesamtergebnisrechnung** [Bestandteil 2],
- **Kapitalflussrechnung** [Bestandteil 3] und
- **Anhang** [Bestandteil 5].

In den folgenden Abschnitten (422.-425.) werden diese Bestandteile des IFRS-Zwischenabschlusses detailliert untersucht. Die **Eigenkapitalveränderungsrechnung** [Bestandteil 4], welcher die befragten Kapitalmarktteilnehmer nur eine **mittlere bis hohe Bedeutung** beimessen, wird hingegen nicht ausführlich analysiert. Zur Eigenkapitalveränderungsrechnung ist Folgendes kurz anzumerken:

Die Adressaten können mittels der **Eigenkapitalveränderungsrechnung** nachvollziehen, welche Veränderungen des Eigenkapitals während der Zwischenberichtsperiode aus der Geschäftstätigkeit des Unternehmens resultierten und welche Veränderungen des Eigenkapitals aus Transaktionen mit den Anteilseignern (Dividenden, Kapitalerhöhungen bzw. -herabsetzungen) hervorgingen.[11] Da das Eigenkapital[12] eine wichtige Größe im Rahmen der finanzwirtschaftlichen Analyse des Unternehmens darstellt,[13] wird mit der Eigenkapitalveränderungsrechnung die unterjährige Analyse der Finanzstruktur des Unternehmens zweckdienlich ergänzt.

Gemäß IAS 34.8 ist im IFRS-Zwischenabschluss mindestens eine im Vergleich zum jährlichen IFRS-Abschluss verkürzte Eigenkapitalveränderungsrechnung auszuweisen.[14] Gleichwohl ergab die empirische Erhebung, dass die befragten Kapitalmarktteilnehmer der Eigenkapitalveränderungsrechnung, die analog zu der Eigenkapitalveränderungsrechnung des letzten jährlichen IFRS-Abschlusses gegliedert ist, eine höhere Bedeutung zuweisen als der

11 Zu der Besonderheit von Sachdividenden vgl. LIENAU, A./HAENELT, T., Sachdividenden an Anteilseigner, S. 171.

12 Zu den Funktionen des Eigenkapitals vgl. THIELE, S., Eigenkapital, S. 49-61.

13 Vgl. BAETGE, J./WINKELJOHANN, N./HAENELT, T., Kapitalabgrenzung nach IAS 32, S. 1522.

14 Nach IAS 34.10 hat die verkürzte Eigenkapitalveränderungsrechnung mindestens die Überschriften und Zwischensummen der Eigenkapitalveränderungsrechnung des letzten jährlichen IFRS-Abschlusses zu enthalten.

verkürzten Eigenkapitalveränderungsrechnung nach IAS 34.8.[15] Aus diesem Grund sollte das bilanzierende Unternehmen die Eigenkapitalveränderungsrechnung des IFRS-Zwischenabschlusses wie die des letzten jährlichen IFRS-Abschlusses gliedern.

Von allen Bestandteilen des IFRS-Zwischenabschlusses weisen die Befragten der Eigenkapitalveränderungsrechnung zwar die geringste Bedeutung zu. Gleichwohl kann die inhaltliche Qualität des IFRS-Zwischenabschlusses auch verbessert werden, wenn das Unternehmen (freiwillige) Angaben zur Eigenkapitalveränderungsrechnung veröffentlicht. Für eine effiziente IFRS-Zwischenberichterstattung ist dabei allerdings über die für den Kapitalmarkt weniger bedeutenden Bestandteile des IFRS-Zwischenberichts nicht so ausführlich zu berichten wie über die wichtigeren Bestandteile. Im Anhang des IFRS-Zwischenabschlusses sind im Kontext der Eigenkapitalveränderungsrechnung indes mindestens die Angaben zu Emissionen, zu Rückkäufen und zu Rückzahlungen von Eigenkapitaltiteln[16] sowie zu gezahlten Dividenden zu machen (IAS 34.16(e)-(f)). Ferner sind im Anhang die retrospektiven Änderungen von Bilanzierungs- und Bewertungsmethoden (IAS 34.16(a)) sowie die retrospek-tiven Korrekturen von Fehlern (IAS 34.16(c) i. V. m. IAS 34.17(g)) anzugeben und zu beschreiben.

In den folgenden Abschnitten (422.-425.) werden die Bestandteile des IFRS-Zwischenabschlusses näher analysiert, denen die befragten Kapitalmarktteilnehmer mindestens eine hohe Bedeutung zuweisen.

422. Bilanz des IFRS-Zwischenabschlusses

422.1 Bedeutung für die Kapitalmarktteilnehmer

Die befragten Kapitalmarktteilnehmer messen der Bilanz des IFRS-Zwischenabschlusses übereinstimmend eine hohe bis sehr hohe Bedeutung bei:

Bestandteil des IFRS-Zwischenabschlusses	**Mittlere absolute Einschätzung der Bedeutung**			**Signifikanter Unterschied**	
	Kapitalmarkt-experten	**Wirtschafts-prüfer**	**Mittel-wert**	**Gauß-/ T-Test**	**U-Test**
1. Bilanz	4,25	4,32	4,29	-0,564 (0,574)	-0,559 (0,576)

Übersicht 4-2: *Bedeutung der Bilanz des IFRS-Zwischenabschlusses*

15 Vgl. Anhang 3.

16 Vgl. HEBESTREIT, G., in: Beck IFRS HB, § 42, Rn. 28.

Die **hohe bis sehr hohe Bedeutung der Bilanz** für die befragten Kapitalmarktteilnehmer ist darauf zurückzuführen, dass die Adressaten mithilfe der Bilanz über die unterjährige Vermögens- und Finanzlage sowie über die Fähigkeit des Unternehmens, sich an geänderte Rahmenbedingungen anzupassen,[17] informiert werden.[18] Professionelle Kapitalmarktteilnehmer wie Finanzanalysten und Fondsmanager erfassen dabei die Bilanzposten in speziellen „*Analysemodell[en] auf Basis monetärer und finanzanalytischer Kennzahlen*",[19] damit sie unterjährig die veränderte Bilanzstruktur des berichterstattenden Unternehmens analysieren und interpretieren können.[20] Die mit den Kennzahlen der Bilanzstrukturanalyse ermittelten Teilurteile bilden dabei einen wesentlichen Bestandteil des Gesamturteils über die wirtschaftliche Lage des zu analysierenden Unternehmens i. S. d. Zielsetzung der Bilanzanalyse, fundierte unterjährige Anlageentscheidungen bzw. -empfehlungen treffen zu können.

422.2 Vorgaben nach IAS 34

Der IFRS-Zwischenabschluss hat gemäß IAS 34.8 mindestens eine verkürzte Bilanz zu enthalten. Die verkürzte Bilanz ist auf einer konsolidierten Basis zu erstellen, wenn das berichterstattende Unternehmen zum Ende des letzten Geschäftsjahres einen Konzernabschluss aufgestellt hat (IAS 34.14).[21] Gemäß IAS 34.10 hat die verkürzte Bilanz mindestens die Überschriften und Zwischensummen zu enthalten, die in der Bilanz des letzten jährlichen IFRS-Abschlusses ausgewiesen wurden. Für eine zwischenbetriebliche Vergleichbarkeit sollten in der Bilanz des IFRS-Zwischenabschlusses allerdings mindestens die Posten dargestellt werden, die gemäß IAS 1.54 in der jährlichen IFRS-Bilanz auszuweisen sind.[22] Die verkürzte Bilanz ist nach IAS 34.10 detaillierter zu gliedern, wenn andernfalls den Adressaten ein irreführendes Bild von der unterjährigen Vermögens- und Finanzlage des Unternehmens vermittelt wird. Neben der Bilanz der aktuellen Zwischenberichtsperiode ist im IFRS-Zwi-

17 Denn von der Vermögens- und Finanzstruktur des Unternehmens ist abhängig, wie flexibel sich das Unternehmen an Beschäftigungs- und Strukturänderungen anpassen kann. Vgl. GRÄFER, H., Bilanzanalyse, S. 124 f.

18 Vgl. FEDERSPIELER, C., Zwischenberichtspublizität in Europa, S. 183.

19 Vgl. DVFA (Hrsg.), Grundsätze für effektive Finanzkommunikation, S. 3 [Ergänzung durch den Verfasser].

20 Vgl. DVFA (Hrsg.), Grundsätze für Finanz-Research, S. 4.

21 Vgl. KPMG (Hrsg.), Insights into IFRS, Rn. 5.9.10.40.

22 Vgl. BAETGE, J./BRUNS, C./ROLVERING, A./HAENELT, T., in: Baetge u. a., Rechnungslegung nach IFRS, IAS 34, Rn. 19; PWC (Hrsg.), IFRS Manual of Accounting 2008, Chapter 31, Rn. 86; HEBESTREIT, G., in: Beck IFRS HB, § 42, Rn. 18.

schenabschluss die Bilanz zum Ende des letzten Geschäftsjahres offenzulegen (IAS 34.20(a)).

422.3 Gestaltungsempfehlungen

422.31 Vorbemerkung

Die befragten Kapitalmarktexperten und Wirtschaftsprüfer weisen den konkretisierenden Berichtsgegenständen zur Bilanz die folgende Bedeutung zu:

1. Bilanz	Mittlere absolute Einschätzung der Bedeutung			Signifikanter Unterschied	
	Kapitalmarkt-experten	Wirtschafts-prüfer	Mittel-wert	Gauß-/ T-Test	U-Test
A. Bilanz zum Zwischenberichtsstichtag und zum Vorjahresstichtag Alternative 1: Ausführliche Bilanz (Gliederung wie im jähr. IFRS-Abschluss)	4,11	4,02	4,07	0,643 (0,521)	-0,603 (0,547)
Alternative 2: Verkürzte Bilanz (Aggregierte Gliederung im Vergleich zum jähr. IFRS-Abschluss)	3,06	3,20	3,13	-0,892 (0,374)	-1,022 (0,307)
B. Erläuterungen zur Bilanz	3,85	3,87	3,86	-0,117 (0,907)	-0,088 (0,930)

Übersicht 4-3: Bedeutung der konkretisierenden Berichtsgegenstände zur Bilanz

Aus der Übersicht 4-3 lässt sich entnehmen, dass die befragten Kapitalmarktteilnehmer der **ausführlichen Bilanz**, d. h. der Bilanz, die wie die Bilanz des letzten jährlichen IFRS-Abschlusses gegliedert ist, mit einem absoluten Wert von 4,07 eine **hohe Bedeutung** zuordnen. Der verkürzten Bilanz weisen die Befragten hingegen lediglich eine mittlere Bedeutung zu.

Die Bilanz kann vom berichterstattenden Unternehmen nicht nur im IFRS-Zwischenabschluss dargestellt werden, sondern vom Unternehmen können die Posten der Bilanz, die sich im Vergleich zum letzten Bilanzstichtag wesentlich geändert haben, zusätzlich erläutert werden. Die befragten Kapitalmarktteilnehmer schätzen die **Bedeutung der Erläuterungen** zur Bilanz mit einem absoluten Wert von 3,86 als **hoch** ein. In diesem Zusammenhang ist zu klären, ob die Kapitalmarktteilnehmer, die eine verkürzte Bilanz bevorzugen, den freiwilligen Erläuterungen zur Bilanz eine (signifikant) höhere Bedeutung beimessen als die Kapitalmarktteilnehmer, die eine ausführliche Bilanz präferieren. In diesem Fall würden jene Kapitalmarktteilnehmer, die im Rahmen der IFRS-Zwischenberichterstattung eine verkürzte Bilanz vorziehen, ausführlichere Erläuterungen zur Bilanz verlangen, damit ihnen für ihre Unternehmensanalyse und -bewertung durch die aggregierten Bilanzposten keine entscheidungsnützlichen Informationen über die Vermögens- und Finanzlage des Unternehmens fehlen. Zwar messen die Befragten, die eine verkürzte Bilanz bevorzugen, den Erläuterungen zur Bilanz mit einem absoluten Wert von 4,06 eine höhere Bedeutung bei als die befragten Kapitalmarktexperten und Wirtschaftsprüfer, die eine ausführliche Bilanz präferieren (3,79).[23] Indes kann mit dem Zweistichprobentest gezeigt werden,[24] dass unabhängig davon, ob eine ausführliche oder eine verkürzte Bilanz vom Unternehmen publiziert wird, die befragten Kapitalmarktteilnehmer die Bedeutung der freiwilligen Erläuterungen zur Bilanz nicht signifikant unterschiedlich einschätzen.[25] Beide befragten Gruppen schätzen die Bedeutung der zusätzlichen Erläuterungen zur Bilanz übereinstimmend als hoch ein.

422.32 Gliederung der Bilanz

Die befragten Finanzanalysten, Fondsmanager und Wirtschaftsprüfer messen der **ausführlichen Bilanz im IFRS-Zwischenabschluss**, d. h. derjenigen, die wie die Bilanz des letzten jährlichen IFRS-Abschlusses gegliedert ist, die höchste Bedeutung bei. Die befragten Kapitalmarktteilnehmer bevorzugen die ausführliche Bilanz,[26] damit sie detailliert die Veränderungen der Vermögens- und Finanzlage des Unternehmens – welche sich seit dem letzten Bilanzstichtag ergeben haben – nachvollziehen und beurteilen können. Die hohe Bedeutung lässt sich zudem darauf zurückführen, dass die Finanzanalysten und institutionellen Investoren die Bilanzposten der zu analysierenden Unternehmen in ihren Analysemodellen[27] mit einem durch das jeweilige Modell vorgegebenen Eingabeschema erfassen.[28] Bei einer verkürzten Bilanz besteht indes die Gefahr, dass durch die aggregierten Bilanzposten das Eingabeschema nicht vollständig ausgefüllt werden kann.[29] Dadurch können bei der Kennzahlenbildung u. U. die notwendigen Saldierungen und Umgliederungen von Bilanzposten nicht

23 Vgl. hierzu Anhang 4.

24 Zu den statistischen Methoden vgl. Anhang 2.

25 Die Ergebnisse des Zweistichprobentests finden sich im Anhang 4.

26 Vgl. hierzu auch CFA (Hrsg.), A Comprehensive Business Reporting Model, S. 21, nach dem *„all balance sheet itims should be disaggregated"*.

27 Mit dem Analysemodell *„Financial Statement Analysis Package"* (FSAP) wird dem Nutzer ermöglicht, eine Bilanzanalyse, eine Prognoserechnung und eine Unternehmensbewertung durchzuführen. Vgl. STICKNEY, C. P./BROWN, P. R./WAHLEN, J. M., Financial Reporting, S. 1111-1115.

28 Vgl. HÜLS, D., Früherkennung insolvenzgefährdeter Unternehmen, S. 307.

zweckdienlich durchgeführt werden, weil die dafür notwendigen Informationen nicht separat in der Bilanz des IFRS-Zwischenabschlusses ausgewiesen wurden und damit nicht im Analysemodell erfasst werden konnten.[30] Finanzanalysten und Fondsmanager fordern daher grundsätzlich von kapitalmarktorientierten Unternehmen *„Konsistenz und Kontinuität"*[31] im Rahmen ihrer Finanzberichterstattung ein.

422.33 Erläuterungen zur Bilanz

Die befragten Finanzanalysten, Fondsmanager und Wirtschaftsprüfer messen den **Erläuterungen zur Bilanz** eine hohe Bedeutung bei. Die Bilanz sollte vom berichterstattenden Unternehmen daher nicht nur im IFRS-Zwischenbericht dargestellt werden, sondern die Bilanzposten, die sich während der Zwischenberichtsperiode wesentlich in ihrer Höhe oder in ihrer Zusammensetzung verändert haben, sollten zusätzlich vom Unternehmen erläutert werden.[32]

Im IFRS-Zwischenabschluss sollten vor allem jene Bilanzposten im Anhang erläutert werden, die sich seit dem letzten Bilanzstichtag wesentlich geändert haben und bei denen die Kapitalmarktteilnehmer den erläuternden Anhangangaben zusätzlich eine hohe Bedeutung beimessen. BRÜGGEMANN ermittelte im Rahmen einer Befragung professioneller Kapitalmarktteilnehmer im Jahr 2006, welche Bedeutung die Befragten den erläuternden Anhangangaben zu den einzelnen Bilanzposten im jährlichen IFRS-Abschluss beimessen. Die befragten Kapitalmarktteilnehmer ordneten den Anhangangaben zu folgenden Bilanzposten eine hohe Bedeutung zu:[33]

- Geschäfts- und Firmenwert,
- erworbene und selbst erstellte immaterielle Vermögenswerte,[34]

29 Die Aussagefähigkeit der Bilanzanalyse wird durch die Art und den Umfang der Datenerfassung wesentlich determiniert. Vgl. BAETGE, J./KIRSCH, H.-J./THIELE, S., Bilanzanalyse, S. 77-96.

30 Vgl. BAETGE, J./KIRSCH, H.-J./THIELE, S., Bilanzanalyse, S. 85.

31 DVFA (Hrsg.), Grundsätze für effektive Finanzkommunikation, S. 3. *„Eine Änderung der Strukturierung der berichteten [Daten führt dazu], dass das finanzanalytische Modell geändert werden muss."* DVFA (Hrsg.), Grundsätze für effektive Finanzkommunikation, S. 15 [Ergänzung durch den Verfasser].

32 Zur Wesentlichkeit im IFRS-Zwischenbericht vgl. BAETGE, J./BRUNS, C./ROLVERING, A./HAENELT, T., in: Baetge u. a., Rechnungslegung nach IFRS, IAS 34, Rn. 108-111.

33 Vgl. BRÜGGEMANN, B., Die Berichterstattung im Anhang des IFRS-Abschlusses, S. 149.

34 Zu beachten ist, *„that analyst coverage is significantly positively associated with intangible assets."* BARTH, M. E./KASZNIK, R./MCNICHOLS, M. F., Analyst Coverage, S. 29.

- Eigenkapital und hybride Finanzierungsformen,
- Pensionsrückstellungen und sonstige Rückstellungen sowie
- Finanzverbindlichkeiten.

Da mit einer hohen Wahrscheinlichkeit anzunehmen ist, dass die Kapitalmarktteilnehmer den erläuternden Anhangangaben zu den oben aufgeführten Bilanzposten grundsätzlich nicht nur im jährlichen IFRS-Abschluss, sondern auch im IFRS-Zwischenabschluss eine hohe Bedeutung zuweisen, wenn sich die Bilanzposten in der Zwischenberichtsperiode wesentlich in ihrer Höhe oder Zusammensetzung geändert haben, werden die diesbezüglichen Befragungsergebnisse auch für den IFRS-Zwischenabschluss zugrunde gelegt. Das berichterstattende Unternehmen sollte deshalb im IFRS-Zwischenabschluss vor allem die oben aufgeführten Bilanzposten detailliert erläutern, wenn sich deren Höhe oder Zusammensetzung wesentlich seit dem letzten jährlichen IFRS-Abschluss verändert hat. Ein gutes Beispiel für eine entsprechende Berichterstattung im Anhang des IFRS-Zwischenabschlusses liefert die E.ON AG. Im Konzernverbund der E.ON AG verringerten sich die Rückstellungen für Pensionen und ähnliche Verpflichtungen im ersten Halbjahr 2008 um 488 Mio. € auf 2.402 Mio. € (16.89 %). Die E.ON AG berichtete im Anhang des IFRS-Zwischenabschlusses über diese nicht unwesentliche Änderung der Rückstellungen für Pensionen und ähnliche Verpflichtungen wie folgt:[35]

(12) Rückstellungen für Pensionen und ähnliche Verpflichtungen

Die Pensionsrückstellungen haben sich gegenüber dem Jahresende 2007 insbesondere aufgrund versicherungsmathematischer Gewinne, die sich im Wesentlichen durch gestiegene Rechnungszinssätze ergeben haben, vermindert.

Zinssatz in %	**30.6.2008**	**31.12.2007**
Deutschland	6,25	5,50
Großbritannien	6,60	5,80
USA	7,10	6,65

Der Finanzierungsstatus, der sich als Differenz zwischen dem Anwartschaftsbarwert der leistungsorientierten Versorgungsverpflichtungen und dem Fair Value des Planvermögens ergibt, wird wie folgt auf den bilanzierten Betrag übergeleitet:

35 E.ON AG (Hrsg.), Halbjahresfinanzbericht 2008, S. 42.

Bilanzierter Betrag in Mio €	**30.6.2008**	**31.12.2007**
Anwartschaftsbarwert aller leistungsorientierten Versorgungsverpflichtungen	14.976	15.936
Fair Value des Planvermögens	-12.602	-13.056
Finanzierungsstatus	**2.374**	**2.880**
Nicht erfasster nachzuverrechnender Dienstzeitaufwand	-3	-3
Bilanzierter Betrag	**2.371**	**2.877**
ausgewiesen als betriebliche Forderungen	-31	-13
ausgewiesen als Rückstellung für Pensionen und ähnliche Verpflichtungen	2.402	2.890

Unter Berücksichtigung der periodenbezogenen Zuführungen und Pensionszahlungen sowie sich nahezu ausgleichender Währungskurseffekte beim Anwartschaftsbarwert aller leistungsorientierten Versorgungsverpflichtungen und beim Planvermögen hat sich der Finanzierungsstatus gegenüber dem Jahresende 2007 im Wesentlichen aufgrund saldierter versicherungsmathematischer Gewinne verringert. Gegenläufig wirkt die Integration der Endesa Europa/Viesgo-Aktivitäten erhöhend auf den Finanzierungsstatus.

Beispiel 4-1: *Erläuterung der Rückstellungen für Pensionen und ähnliche Verpflichtungen der E.ON AG zum 30. Juni 2008 im Halbjahresfinanzbericht*

423. Gesamtergebnisrechnung des IFRS-Zwischenabschlusses

423.1 Bedeutung für die Kapitalmarktteilnehmer

Von den befragten Kapitalmarktteilnehmern wird der Gesamtergebnisrechnung des IFRS-Zwischenabschlusses die folgende Bedeutung zugeordnet:

Bestandteil des IFRS-Zwischenabschlusses	**Mittlere absolute Einschätzung der Bedeutung**			**Signifikanter Unterschied**	
	Kapitalmarkt-experten	**Wirtschafts-prüfer**	**Mittel-wert**	**Gauß-/T-Test**	**U-Test**
2. Gesamtergebnisrechnung	4,72	4,70	4,71	0,285 (0,776)	-0,663 (0,507)

Übersicht 4-4: *Bedeutung der Gesamtergebnisrechnung des IFRS-Zwischenabschlusses*

Die befragten Kapitalmarktexperten und Wirtschaftsprüfer weisen der **Gesamtergebnisrechnung** mit einem absoluten Wert von 4,71 eine **hohe bis sehr hohe Bedeutung** zu.

Die hohe bis sehr hohe Bedeutung der Gesamtergebnisrechnung im IFRS-Zwischenabschluss ist darauf zurückzuführen, dass die Adressaten mithilfe der Gesamtergebnisrechnung über die unterjährige Ertragslage[36] des Unternehmens informiert werden.[37]

36 Mit der Gesamtergebnisrechnung wird das Periodenergebnis nach Art, Höhe und Quellen differenziert dargestellt. Vgl. hierzu auch ZÜLCH, H., Die GuV nach IFRS, S. 45.

37 Vgl. FEDERSPIELER, C., Zwischenberichtspublizität in Europa, S. 183.

423.2 Vorgaben nach IAS 34

Nach IAS 34.8 ist im IFRS-Zwischenabschluss mindestens eine verkürzte Gesamtergebnisrechnung (*condensed statement of comprehensive income*) darzustellen. In der Gesamtergebnisrechnung sind neben den Aufwendungen und Erträgen zusätzlich die vor der Verabschiedung des IAS 1 (rev. 2007) direkt im Eigenkapital erfassten Ergebnisbestandteile (die sog. sonstigen Ergebnisbestandteile) auszuweisen.[38] Das Gesamtergebnis des Unternehmens (*total comprehensive income*) ergibt sich aus dem Gewinn oder Verlust (*profit or loss*) und dem sonstigen Ergebnis (*other comprehensive income* (OCI)).[39]

In der verkürzten Gesamtergebnisrechnung im IFRS-Zwischenabschluss kann das Gesamtergebnis wahlweise in einem Rechenwerk (*single statement approach*) oder in zwei Rechenwerken (*two statement approach*) dargestellt werden (IAS 34.8 i. V. m. IAS 1.81). Wird im jährlichen IFRS-Abschluss der *two statement approach* angewendet, so ist im Rahmen der Zwischenberichterstattung ebenfalls diese Darstellungsvariante zu wählen (IAS 34.8A).

Im IFRS-Zwischenabschluss ist eine verkürzte konsolidierte Gesamtergebnisrechnung offenzulegen, sofern das Unternehmen zuletzt einen IFRS-Konzernabschluss erstellt hat (IAS 34.14). Nach IAS 34.10 hat die verkürzte Gesamtergebnisrechnung mindestens die Überschriften und Zwischensummen zu enthalten, die in der Gesamtergebnisrechnung des letzten jährlichen IFRS-Abschlusses ausgewiesen wurden. Für eine zwischenbetriebliche Vergleichbarkeit sollte die Gliederung der verkürzten Gesamtergebnisrechnung mindestens die Posten umfassen, die gemäß IAS 1.81-83 in der Gesamtergebnisrechnung des jährlichen IFRS-Abschlusses auszuweisen sind.[40] Die verkürzte Gesamtergebnisrechnung ist allerdings detaillierter zu gliedern, wenn andernfalls ein verfälschter Einblick über die Ertragslage der Gesellschaft vermittelt wird (IAS 34.10). In einem IFRS-Zwischenabschluss sind eine verkürzte Gesamtergebnisrechnung für die aktuelle Zwischenberichtsperiode sowie eine kumulierte Gesamtergebnisrechnung für das laufende Geschäftsjahr darzustellen. Diesen sind je-

38 Um ein vollständiges Bild der Ertragslage zu erhalten, ist es nicht mehr notwendig, die GuV zusammen mit den in der Eigenkapitalveränderungsrechnung erfassten ergebnisneutralen Aufwendungen und Erträgen zu interpretieren. Zudem wird mit der Gesamtergebnisrechnung sichergestellt, dass das OCI *„vom Abschlussadressaten bei der Unternehmensanalyse nicht übersehen wird“*. ZÜLCH, H./ FISCHER, D./ERDMANN, M.-K., Neuerungen IAS 1, S. 966.

39 Vgl. PELLENS, B. u. a., Internationale Rechnungslegung, S. 168-170.

40 Vgl. BAETGE, J./BRUNS, C./ROLVERING, A./HAENELT, T., in: Baetge u. a., Rechnungslegung nach IFRS, IAS 34, Rn. 28.

weils die Gesamtergebnisrechnungen der entsprechenden Vorjahreszeiträume gegenüberzustellen (IAS 34.20(b)).

Unterhalb der verkürzten Gesamtergebnisrechnungen sind ferner das unverwässerte **Ergebnis je Aktie** (*earnings per share*) und das verwässerte Ergebnis je Aktie (*diluted earnings per share*) offenzulegen (IAS 34.11). Wenn das Unternehmen in den verkürzten Gesamtergebnisrechnungen das Gesamtergebnis in zwei Rechenwerken (*two statement approach*) darstellt (IAS 34.8 i. V. m. IAS 1.81), ist das (un-)verwässerte Ergebnis je Aktie unterhalb des Rechenwerks anzugeben, in dem die Aufwendungen und Erträge erfasst werden, d. h. unterhalb des *income statement* (IAS 34.11A).

423.3 Gestaltungsempfehlungen

423.31 Vorbemerkung

Die befragten Kapitalmarktteilnehmer schätzen die Bedeutung der konkretisierenden Berichtsgegenstände zur Gesamtergebnisrechnung jeweils wie folgt ein:

2. Gesamtergebnisrechnung	**Mittlere absolute Einschätzung der Bedeutung**			**Signifikanter Unterschied**	
	Kapitalmarkt-experten	**Wirtschafts-prüfer**	**Mittel-wert**	**Gauß-/ T-Test**	**U-Test**
A. Gesamtergebnisrechnung für das Quartal und das Vorjahresquartal Alternative 1: Ausführliche Gesamtergebnisrechnung (Gliederung wie im jähr. IFRS-Abschluss)	4,37	4,04	4,21	**2,390 (0,018)**	**-2,271 (0,023)**
Alternative 2: Verkürzte Gesamtergebnisrechnung (Aggregierte Gliederung im Vergleich zum jähr. IFRS-Abschluss)	3,19	3,27	3,23	-0,446 (0,656)	-0,600 (0,549)
B. Kumulierte Gesamtergebnisrechnung seit Beginn des Geschäftsjahres	3,87	4,06	3,97	-1,359 (0,176)	-1,050 (0,294)
C. Erläuterungen zur Gesamtergebnisrechnung	4,13	4,06	4,10	0,567 (0,572)	-0,788 (0,431)
D. Ergebnis je Aktie	3,97	3,22	3,60	**5,269 (0,001)**	**-4,869 (0,001)**
D.1 Angabe des (un-)verwässerten Ergebnisses je Aktie	3,93	3,24	3,59	**4,671 (0,001)**	**-4,418 (0,001)**
D.2 Erläuterungen der zur Berechnung des Ergebnisses je Aktie verwendeten Beträge	3,81	3,17	3,49	**4,341 (0,001)**	**-4,066 (0,001)**

Übersicht 4-5: Bedeutung der konkretisierenden Berichtsgegenstände zur Gesamtergebnisrechnung

Die befragten Kapitalmarktexperten und Wirtschaftsprüfer weisen der **ausführlichen Gesamtergebnisrechnung für das aktuelle Quartal,**[41] d. h. der Gesamtergebnisrechnung, die wie die des letzten jährlichen IFRS-Abschlusses gegliedert ist, mit einem absoluten Wert von 4,21 eine **hohe Bedeutung** zu. Hierbei schätzen die befragten Finanzanalysten und Fondsmanager die Bedeutung signifikant höher ein als die befragten Wirtschaftsprüfer. Im Gegensatz zur ausführlichen Gesamtergebnisrechnung messen die befragten Kapitalmarktteilnehmer der verkürzten Gesamtergebnisrechnung für das aktuelle Quartal lediglich eine mittlere Bedeutung bei.

Ferner weisen die Kapitalmarktteilnehmer den **freiwilligen Erläuterungen zur Gesamtergebnisrechnung** mit einem absoluten Wert von 4,10 eine hohe Bedeutung zu. Die Einschätzungen der befragten Kapitalmarktexperten und Wirtschaftsprüfer unterscheiden sich dabei kaum. Die Kapitalmarktteilnehmer messen – unabhängig davon, ob sie eine ausführliche oder eine verkürzte Gesamtergebnisrechnung bevorzugen – den freiwilligen Erläuterungen zur Gesamtergebnisrechnung eine nahezu identische Bedeutung bei.[42] Dies zeigt, dass die befragten Kapitalmarktteilnehmer die unterjährige Ertragslage des berichterstattenden Unternehmens nicht nur anhand der Gesamtergebnisrechnung selbst analysieren (können), sondern zusätzliche Angaben zu den Posten der Gesamtergebnisrechnung benötigen, damit sie sich ein umfassendes Bild von der unterjährigen Ertragslage des Unternehmens verschaffen können.

Unterhalb der Gesamtergebnisrechnung ist zusätzlich das (un-)verwässerte **Ergebnis je Aktie** ((*diluted*) *Earnings Per Share* (EPS)) darzustellen. Die Befragten weisen den Angaben und Erläuterungen zum (un-)verwässerten Ergebnis je Aktie eine mittlere bis hohe Bedeutung zu. Für die Finanzanalysten und institutionellen Anleger hat das Ergebnis je Aktie dabei eine signifikant höhere Bedeutung als für die befragten Wirtschaftsprüfer.[43] Dies lässt sich dadurch erklären, dass die Kapitalmarktexperten basierend auf dem im IFRS-Zwischenabschluss publizierten EPS in einem ersten Schritt mithilfe von weiteren publizierten Unternehmensinformationen und makroökonomischen Daten das jährliche EPS des berichter-

41 Da die verschiedenen abzubildenden Zeiträume bei der Gesamtergebnisrechnung regelmäßig spaltenweise nebeneinander dargestellt werden, hat die kumulierte Gesamtergebnisrechnung die gleiche Gliederungstiefe wie die Gesamtergebnisrechnung für das aktuelle Quartal.

42 Vgl. Anhang 4.

43 Vgl. auch SHARPE, W./ALEXANDER, G./BAILEY, J., Investments, S. 534; ARNOLD, J./MOIZER, P., Investment Analysts, S. 203.

stattenden Unternehmens schätzen. In einem zweiten Schritt wird mit dem geschätzten jähr-lichen EPS zuzüglich der branchendurchschnittlichen *Price-Earnings-Ratio*[44] der künftige Aktienkurs des bilanzierenden Unternehmens prognostiziert und darauf aufbauend werden unterjährige Anlageempfehlungen gegeben bzw. Anlageentscheidungen getroffen.[45]

423.32 Gliederung der Gesamtergebnisrechnung

Die befragten Kapitalmarktteilnehmer messen der ausführlichen Gesamtergebnisrechnung im Vergleich zur verkürzten Gesamtergebnisrechnung eine höhere Bedeutung bei. Die Adressaten bevorzugen im Rahmen der Zwischenberichterstattung somit die Gliederung der Gesamtergebnisrechnung des jährlichen IFRS-Abschlusses, damit sie die Ertragslage des bilanzierenden Unternehmens im Zeitablauf besser vergleichen können. Dem berichterstattenden Unternehmen ist daher zu empfehlen, die im IFRS-Zwischenabschluss dargestellte Gesamtergebnisrechnung wie die Gesamtergebnisrechnung des letzten jährlichen IFRS-Abschlusses zu gliedern.[46]

In diesem Zusammenhang wird in IAS 34 allerdings nicht geregelt, wie im IFRS-Zwischenabschluss die *reclassification adjustments* anzugeben sind, d. h. die Umgliederungsbeträge von zunächst im OCI erfassten Ergebnisbestandteilen in die entsprechenden Aufwands- und Ertragsposten der Gesamtergebnisrechnung. Im jährlichen IFRS-Abschluss sind die *reclassification adjustments* für jede Komponente des OCI[47] entweder in der Gesamtergebnisrechnung oder im Anhang separat darzustellen (IAS 1.94).

Nach BISCHOF/MOLZAHN sind die Adressaten an einer ausführlichen Darstellung der *reclassification adjustments* interessiert, damit sie die zeitlich verzögerten Auswirkungen der zunächst im sonstigen Ergebnis erfassten Ergebnisbestandteile auf den Gewinn oder Verlust erkennen und interpretieren können.[48] Aus diesem Grund sollten auch im Rahmen der

44 Die *Price-Earnings-Ratio* ergibt sich, indem der Börsenkurs der Aktie durch das Ergebnis je Aktie dividiert wird. Vgl. COENENBERG, A. G., Jahresabschluss und Jahresabschlussanalyse, S. 1086

45 Vgl. PELLENS, B. u. a., IFRS-Bilanzierung verstärkt Gewinnentwicklung, S. 143.

46 Ebenso HEUSER, P./THEILE, C., IFRS-Handbuch, Rn. 4818.

47 Beispielsweise sind die im *other comprehensive income* erfassten Wertänderungen von *Available-for-Sale*-Finanzinstrumenten in den Gewinn oder Verlust umzugliedern, wenn die *Available-for-Sale*-Finanzinstrumente unterjährig verkauft wurden. Vgl. IAS 39.55(b).

48 Vgl. BISCHOF, S./MOLZAHN, S., IAS 1, S. 176.

Zwischenberichterstattung die wesentlichen *reclassification adjustments* in der Gesamtergebnisrechnung oder im Anhang des IFRS-Zwischenberichts separat angegeben werden.

423.33 Erläuterungen der Gesamtergebnisrechnung

Die hohe Bedeutung der Erläuterungen zur Gesamtergebnisrechnung zeigt, dass die befragten Kapitalmarktteilnehmer die unterjährige Ertragslage des berichterstattenden Unternehmens nicht nur anhand der Gesamtergebnisrechnung selbst analysieren. Offensichtlich reichen die Informationen der Gesamtergebnisrechnung – unabhängig von der Gliederung derselben – nicht aus, damit die Kapitalmarktteilnehmer ein umfassendes Bild von der unterjährigen Ertragslage des zu analysierenden Unternehmens erhalten. Die Kapitalmarktteilnehmer benötigen daher zusätzliche Angaben[49] zu den Posten der Gesamtergebnisrechnung, damit sie sich ein tiefer gehendes Bild von der unterjährigen Ertragslage des Unternehmens verschaffen sowie das Jahresergebnis und die erwartete Dividende besser prognostizieren können.

Da die künftigen Erfolge des Unternehmens nur sinnvoll prognostiziert werden können, wenn das Ergebnis der Zwischenberichtsperiode um die nicht nachhaltigen Ergebnisbestandteile bereinigt worden ist,[50] sind die Adressaten daran interessiert, dass die nicht nachhaltigen Ergebnisbestandteile vom Unternehmen berichtet werden.[51] Aus der bilanzanalytischen Perspektive zählen zu den nicht nachhaltigen Ergebnisbestandteilen vor allem *„ungewöhnliche, einmalige oder periodenfremde“*[52] Erträge und Aufwendungen (sog. Sondereinflüsse). Aus der Gesamtergebnisrechnung sind die Sondereinflüsse allerdings nicht unmittelbar erkennbar. Denn zum einen werden in der Gesamtergebnisrechnung aggregierte Posten ausgewiesen wie die „sonstigen betrieblichen Erträge“ (*other income*) und die „sonstigen betrieblichen Aufwendungen“ (*other expenses*), in denen regelmäßig auch nicht nachhaltige Ergebnisbestandteile erfasst sind.[53] Zum anderen ist es gemäß IAS 1.87 unter-

49 Die vorgeschriebenen Anhangangaben nach IAS 34.16 werden im Abschn. 425. untersucht.

50 Vgl. DAMODARAN, A., Corporate Finance, S. 91.

51 Vgl. KÜTING, K./WEBER, C.-P., Die Bilanzanalyse, S. 252; ZÜLCH, H., Die GuV nach IFRS, S. 299.

52 BAETGE, J./KIRSCH, H.-J./THIELE, S., Bilanzanalyse, S. 118.

53 Vgl. BRÜGGEMANN, B., Die Berichterstattung im Anhang des IFRS-Abschlusses, S. 128 f.; COENENBERG, A. G./DEFFNER, M./SCHULTZE, W., Erfolgsspaltung, S. 438 und S. 443. Zu den sonstigen betrieblichen Erträgen und Aufwendungen im IFRS-Zwischenbericht vgl. BAETGE, J./BRUNS, C./ROLVERING, A./HAENELT, T., in: Baetge u. a., Rechnungslegung nach IFRS, IAS 34, Rn. 169-176.

sagt, zwischen Aufwendungen und Erträgen der gewöhnlichen Geschäftstätigkeit und außerordentlichen Aufwendungen und Erträgen zu differenzieren.[54]

Dem berichterstattenden Unternehmen ist daher grundsätzlich zu empfehlen, die wesentlichen Posten der Gesamtergebnisrechnung freiwillig im Anhang des IFRS-Zwischenabschlusses aufzugliedern.[55] Dabei sollten die in den einzelnen Posten enthaltenen Sondereinflüsse offengelegt und erläutert werden.[56] Indem die wesentlichen Posten der Gesamtergebnisrechnung genau aufgegliedert werden, gewinnen die Adressaten an Gewissheit, dass das berichterstattende Unternehmen tatsächlich alle wesentlichen Sondereinflüsse angegeben hat. Ferner wird den Adressaten dadurch ermöglicht, die „*Posten der [Gesamtergebnisrechnung nicht] ungeteilt im Hinblick auf ihre Nachhaltigkeit beurteilen*"[57] zu müssen.

Bei der erfolgswirtschaftlichen Analyse der unterjährigen Ertragslage ist zusätzlich zu beachten, dass saisonal bedingte oder über das Geschäftsjahr ungleich verteilte Aufwendungen und Erträge in der Zwischenberichtsperiode zu vereinnahmen sind, in der die entsprechenden Erträge bzw. Aufwendungen nach dem *matching principle* angefallen sind.[58] Damit ergibt sich in der IFRS-Zwischenberichterstattung – im Vergleich zum jährlichen IFRS-Abschluss – eine höhere Ergebnisvolatilität und die Adressaten können nicht ohne zusätzliche erläuternde Anhangangaben das Ergebnis der Zwischenberichtsperiode auf das Jahresergebnis extrapolieren. Daher sollten ebenfalls wesentliche saisonal bedingte oder ungleich im Geschäftsjahr verteilte Aufwendungen und Erträge vom berichterstattenden Unternehmen im IFRS-Zwischenbericht angegeben und erläutert werden.

Ein signifikanter Bestandteil des Gesamtergebnisses resultiert regelmäßig aus den sonstigen Ergebnisbestandteilen.[59] Von den Adressaten werden bei der Analyse der Gesamtergebnisrechnung die sonstigen Ergebnisbestandteile häufig als Indikatoren für den künftigen Gewinn bzw. Verlust des berichterstattenden Unternehmens herangezogen.[60] Ferner werden

54 Vgl. ZÜLCH, H., Die GuV nach IFRS, S. 204. KÜTING/WEBER sprechen von einer „*rudimentären Erfolgsspaltung*". Vgl. KÜTING, K./WEBER, C.-P., Die Bilanzanalyse, S. 250.

55 Zur Begründung einer disaggregierten Darstellung vgl. WAGENHOFER, A., Accounting and Economics, S. 16; BAETGE, J./BALLWIESER, W., Bilanzpolitischer Spielraum, S. 215.

56 Eine Aufstellung, welche Sondereinflüsse nach Ansicht von Finanzanalysten offengelegt werden sollten, findet sich bei BARTH, N. u. a., Ermittlung wertorientierter Ergebnisse, S. 423 f.

57 BAETGE, J./KIRSCH, H.-J./THIELE, S., Bilanzanalyse, S. 336.

58 Vgl. Abschn. 232.1.

59 Zu der Bedeutung von sonstigen Erfolgsbestandteilen vgl. PELLENS, B./BRANDT, E./NEUHAUS, S., Ergebnisneutrale Erfolgsbestandteile, S. 466; BERNDT, T./JENNY, G., Gewinn oder nicht Gewinn?, S. 2179; LACHNIT, L./MÜLLER, S., Other Comprehensive Income, S. 1645.

die sonstigen Ergebnisbestandteile bei der unterjährigen Analyse der Ertragslage einbezogen, damit die Auswirkungen von bestimmten ausgeübten Wahlrechten auf den Gewinn oder Verlust korrigiert werden können und dadurch die unterjährige Ertragslage von verschiedenen Unternehmen vergleichbarer wird.[61] Aufgrund der hohen Bedeutung der sonstigen Ergebnisbestandteile bei der Analyse der unterjährigen Ertragslage sollte das berichterstattende Unternehmen auch im Anhang des IFRS-Zwischenabschlusses die wesentlichen sonstigen Ergebnisbestandteile aufführen und erläutern.

423.34 Ergebnis je Aktie

Im IFRS-Zwischenabschluss ist unterhalb der Gesamtergebnisrechnung das (un-)verwässerte Ergebnis je Aktie ((*diluted*) *Earnings Per Share* (EPS)) anzugeben (IAS 34.11). Von den befragten Kapitalmarktteilnehmern wird der Angabe des (un-)verwässerten Ergebnisses je Aktie eine mittlere bis hohe Bedeutung zugerechnet. Da die Kapitalmarktteilnehmer die EPS-Kennzahlen grundsätzlich selbst mithilfe des IFRS-Zwischenabschlusses ermitteln können, lässt sich die mittlere bis hohe Bedeutung der EPS-Kennzahlen darauf zurückführen, dass den Kapitalmarktteilnehmern unnötige Rechenoperationen erspart bleiben, wenn die Kennzahlen im IFRS-Zwischenabschluss veröffentlicht werden.

Mit IAS 34 wird – im Gegensatz zum jährlichen IFRS-Abschluss[62] – nicht verlangt, dass das (un-)verwässerte Ergebnis je Aktie separat für fortgeführte und aufgegebene[63] Geschäftsbereiche im IFRS-Zwischenabschluss angegeben werden muss.[64] Die Adressaten sind allerdings daran interessiert zu erfahren, welcher potenzielle Einfluss auf das Ergebnis je Aktie daraus resultiert,[65] wenn bestimmte Geschäftsbereiche durch einen einmaligen Vorgang

60 Beispielsweise stellen die Wertänderungen aus der Marktbewertung von *Available-for-Sale*-Finanzinstrumenten zum Zwischenberichtsstichtag (IAS 39.55(b)) aus Sicht des Bilanzanalytikers aufgedeckte stille Reserven bzw. stille Lasten dar. Vgl. auch BRECHT, A., Die erfolgswirtschaftliche Analyse, S. 276-280; OSTMEIER, V., Das Informationspotenzial, S. 185; COENENBERG, A. G./ DEFFNER, M./SCHULTZE, W., Erfolgsspaltung, S. 442.

61 Beispielsweise können die versicherungsmathematischen Gewinne/Verluste aus Leistungen an Arbeitnehmer sowohl komplett im sonstigen Ergebnis erfasst als auch ergebniswirksam vereinnahmt oder über künftige Perioden gemäß dem *corridor approach* verteilt werden (IAS 19.92-95). Vgl. BAETGE, J./HAENELT, T., Pensionsrückstellungen, S. 2414 f. Zu den Wahlrechten und Ermessensspielräumen im Rahmen der Bilanzpolitik vgl. WAGENHOFER, A./EWERT, R., Externe Unternehmensrechnung, S. 239-243.

62 Vgl. IAS 33.68.

63 Zu aufgegebenen Geschäftsbereichen vgl. POERSCHKE, K., Die Bilanzierung von zur Veräußerung gehaltenem Vermögen, S. 44-56; ZÜLCH, H./LIENAU, A., IFRS 5, S. 392.

64 Vgl. HOFFMANN, W.-D., in: Haufe IFRS-Kommentar, § 36, Rn. 10.

(Verkauf, Stilllegung etc.) aus ihrer Zweckbestimmung herausgelöst werden (sollen) und damit künftig nicht mehr zum Unternehmenserfolg beitragen können (könnten).[66] Daher sollte im IFRS-Zwischenabschluss freiwillig das Ergebnis je Aktie vom berichterstattenden Unternehmen separat für fortgeführte und aufgegebene Geschäftsbereiche veröffentlicht werden.[67] Dadurch können die Kapitalmarktteilnehmer die nachhaltige Ertragslage des Unternehmens besser beurteilen und verschiedene Unternehmen leichter miteinander vergleichen. Entsprechend geht die TUI AG in ihrem Zwischenbericht vor:[68]

€	Q2 2008	Q2 2007[2)] angepasst	H1 2008	H1 2007[2)] angepasst
Unverwässertes Ergebnis je Aktie[3)]	**- 0,24**	**+ 0,19**	**- 0,93**	**- 0,28**
aus fortzuführenden Geschäftsbereichen	- 0,85	+ 0,21	- 1,49	- 0,67
aus aufgegebenem Geschäftsbereich	+ 0,61	- 0,02	+ 0,56	+ 0,39
Verwässertes Ergebnis je Aktie[3)]	**- 0,24**	**+ 0,20**	**- 0,93**	**- 0,28**
aus fortzuführenden Geschäftsbereichen	- 0,85	+ 0,21	- 1,49	- 0,67
aus aufgegebenem Geschäftsbereich	+ 0,61	- 0,01	+ 0,56	+ 0,39

[...]

2) Infolge des im Geschäftsjahr 2007 ausgeübten Wahlrechts zur Aktivierung von Fremdkapitalkosten nach IAS 23 reduzierten sich die Zinsaufwendungen im Vergleichszeitraum des Vorjahres um 4,3 Mio. €. Gleichzeitig erhöhten sich die Umsatzkosten sowie der Steueraufwand um 0,2 Mio. € bzw. 0,1 Mio. € und die Sonstigen Erträge verminderten sich um 4,0 Mio. €. Das Ergebnis aus dem aufgegebenen Geschäftsbereich erhöhte sich insgesamt um 3,5 Mio. €.

3) Zur Berechnung des Ergebnisses je Aktie entsprechend den Regelungen des IAS 33.12 wird die Dividende auf das Hybridkapital mit ihrem Betrag nach Steuern vom Anteil der Aktionäre der TUI AG am Konzernergebnis in Abzug gebracht, da das Hybridkapital Eigenkapital darstellt, aber keinen Anteil der Aktionäre der TUI AG verkörpert.

Beispiel 4-2: *Angabe des Ergebnisses je Aktie der TUI AG im Halbjahresbericht 2008*

Aus dem Beispiel 4-2 geht hervor, dass die TUI AG neben der Differenzierung des Ergebnisses je Aktie in fortgeführte und aufgegebene Geschäftsbereiche zusätzlich die Berechnung des Ergebnisses je Aktie erläutert. Im Rahmen der Zwischenberichterstattung sollte das Unternehmen indes nicht erläutern, wie das Ergebnis je Aktie allgemein nach IAS 33 („Ergebnis je Aktie") zu berechnen ist.[69] Das Unternehmen sollte ausschließlich die unternehmensspezifischen Besonderheiten bei der Ermittlung des Ergebnisses je Aktie darstellen – wie die TUI AG mit dem Hybridkapital –, damit die Adressaten die Berechnung des Ergebnisses je

65 Vgl. WOLFF, P./ROBINSON, T., in: Beck IFRS HB, § 28, Rn. 1.

66 Vgl. BÖCKING, H.-J./KIEFER, M., in: Baetge u. a., Rechnungslegung nach IFRS, IFRS 5, Rn. 1.

67 *„Although not required explicitly by IAS 34, earnings per share for continuing operations may be material to an understanding of the interim period, in which case it would be disclosed in condensed interim financial statements."* KPMG (Hrsg.), Insights into IFRS, Rn. 5.9.50.10.

68 TUI AG (Hrsg.), Halbjahresfinanzbericht 2008, S. 26.

Aktie adäquat nachvollziehen können. Die TUI AG versäumt es allerdings, die Dividende auf das Hybridkapital[70] an dieser Stelle des IFRS-Zwischenberichts zu quantifizieren. Mit der genauen Höhe der Dividende auf das Hybridkapital hätten die Adressaten direkt beurteilen können, wie die Höhe des Ergebnisses je Aktie der Zwischenberichtsperiode durch die Dividende auf das Hybridkapital beeinflusst wurde. Dem bilanzierenden Unternehmen ist daher grundsätzlich zu empfehlen, im Anhang des IFRS-Zwischenberichts eine tabellarische Darstellung zur Berechnung der EPS aufzunehmen, aus der die Adressaten die quantitativen Größen direkt entnehmen und zugleich den konkreten Rechenweg nachvollziehen können.[71]

424. Kapitalflussrechnung des IFRS-Zwischenabschlusses

424.1 Bedeutung für die Kapitalmarktteilnehmer

Von den befragten Finanzanalysten, Fondsmanagern und Wirtschaftsprüfern wird der Kapitalflussrechnung des IFRS-Zwischenabschlusses die folgende Bedeutung beigemessen:

Bestandteil des IFRS-Zwischenabschlusses	Mittlere absolute Einschätzung der Bedeutung			Signifikanter Unterschied	
	Kapitalmarkt-experten	Wirtschafts-prüfer	Mittel-wert	Gauß-/T-Test	U-Test
3. Kapitalflussrechnung	4,37	3,90	4,14	**3,508 (0,001)**	**-3,351 (0,001)**

Übersicht 4-6: Bedeutung der Kapitalflussrechnung des IFRS-Zwischenabschlusses

Die **hohe Bedeutung**, welche die Befragten der **Kapitalflussrechnung** des IFRS-Zwischenabschlusses beimessen, ist darauf zurückzuführen, dass mit der Kapitalflussrechnung detaillierte zahlungsstromorientierte Informationen über die unterjährige Finanzlage des Unternehmens gegeben werden, die der IFRS-Zwischenbilanz oder der Gesamtergebnisrechnung

69 Gemäß dem *framework* richtet sich die IFRS-Rechnungslegung an Adressaten mit angemessenen Bilanzierungskenntnissen (F.25). Aus diesem Grund ist davon auszugehen, dass den Adressaten die Regelungen des IAS 33 bekannt sind. Wenn daher die Bilanzierungsregeln im IFRS-Zwischenbericht dargestellt werden, resultiert aufgrund des höheren Berichtsumfangs für die Adressaten ein unnötiger Mehraufwand. Vgl. hierzu auch HIRST, E./HOPKINS, P., Comprehensive Income Reporting, S. 47 f.

70 Zu der Bilanzierung von Hybridkapital im IFRS-Abschluss vgl. ausführlich KÜTING, K./ERDMANN, M.-K./DÜRR, U., Mezzanine-Kapital nach IFRS Teil 1 und Teil 2, S. 941-948 und S. 997-1002.

71 Wie bspw. im IFRS-Zwischenbericht der BAYER AG. Vgl. BAYER AG (Hrsg.), Halbjahresfinanzbericht 2008, S. 41.

nicht zu entnehmen sind.[72] Die Adressaten werden mithilfe der Kapitalflussrechnung darüber informiert, wie das berichterstattende Unternehmen aus der laufenden Geschäftstätigkeit Finanzmittel erwirtschaftet hat und welche zahlungswirksamen Investitions- und Finanzierungsmaßnahmen in der Zwischenberichtsperiode getätigt wurden.[73] Damit können die Adressaten die Fähigkeit des bilanzierenden Unternehmens besser beurteilen, künftig finanzielle Überschüsse zu erwirtschaften (dynamischer Aspekt) sowie seine Zahlungsverpflichtungen zu erfüllen und Dividenden an die Anteilseigner zu leisten (statischer Aspekt).[74] Den Finanzanalysten und Fondsmanagern werden mit der Kapitalflussrechnung damit für die Bewertungen der zu analysierenden Unternehmen – denen regelmäßig Barwertkalküle (DCF-Methoden) zugrunde liegen –[75] detaillierte Informationen bereitgestellt, anhand derer die Kapitalmarktexperten die künftigen Cashflows[76] des Unternehmens (besser) schätzen können.[77] Deshalb weisen die befragten Kapitalmarktexperten der Kapitalflussrechnung auch eine signifikant höhere Bedeutung zu als die befragten Wirtschaftsprüfer.

424.2 Vorgaben nach IAS 34

Ein verkürzter IFRS-Zwischenabschluss enthält nach IAS 34.8 alle Bestandteile des jährlichen IFRS-Abschlusses in komprimierter Form. Deshalb ist im IFRS-Zwischenabschluss auch eine verkürzte Kapitalflussrechnung (*condensed statement of cash flows*) auszuweisen.[78] Eine solche verkürzte Kapitalflussrechnung hat die Überschriften und die Zwischensummen zu enthalten, die in der Kapitalflussrechnung des letzten jährlichen IFRS-Abschlusses ausgewiesen wurden (IAS 34.10). Wenn das bilanzierende Unternehmen einen Konzernabschluss

72 Mit der Kapitalflussrechnung wird ein Bild der Finanzlage vermittelt, welches nicht durch Bilanzierungs- und Bewertungsvorschriften beeinflusst wird bzw. werden kann. Vgl. SCHEFFLER, E., Die vernachlässigte Kapitalflussrechnung, S. 2045. „*Cash is real; profits are anything, within reason, that management wants them to be.*" HOWELL, R. A., Fixing Financial Reporting, S. 40.

73 Vgl. BUSSE VON COLBE, W., Kapitalflussrechnung, Sp. 1074.

74 Vgl. KÄFER, K., Kapitalflussrechnung, S. 31. Wie die Kapitalflussrechnung im Rahmen der Bilanzanalyse genutzt werden kann, vgl. bei COENENBERG, A. G., Kapitalflussrechnung als Instrument der Bilanzanalyse, S. 313-320.

75 Einen Überblick über die DCF-Methoden geben DRUKARCZYK, J./SCHÜLER, A., Unternehmensbewertung, S. 138-147. Nach der empirischen Studie von FRIEDRICH werden DCF-Verfahren von Finanzanalysten am häufigsten verwendet. Vgl. FRIEDRICH, N., Analysten, S. 229.

76 Nach einer Studie von MAROUS/UŽÍK/WENDLING ist der Cashflow die wichtigste quantitative Größe für Finanzanalysten. Vgl. MAROUS, P./UŽÍK, M./WENDLING, M., Faktoren bei Aktieninvestitionen, S. 132.

77 Vgl. COENENBERG, A. G., Kapitalflussrechnung als Instrument der Bilanzanalyse, S. 319.

78 Vgl. ausführlich zur Kapitalflussrechnung COENENBERG, A. G., Jahresabschluss und Jahresabschlussanalyse, S. 743-838.

erstellt, ist ebenfalls der IFRS-Zwischenabschluss und damit auch die verkürzte Kapitalflussrechnung auf konsolidierter Basis zu erstellen. Im IFRS-Normenwerk sind die Vorgaben zur Kapitalflussrechnung in IAS 7 („Kapitalflussrechnung") geregelt. Bezugnehmend auf IAS 7.10 sind in der verkürzten Kapitalflussrechnung mindestens die Zahlungsmittelzu- und -abflüsse aus (1) der laufenden Geschäftstätigkeit, (2) aus der Investitionstätigkeit und (3) aus der Finanzierungstätigkeit darzustellen sowie die Finanzmittelbestände zu Beginn und zum Ende der Periode einschließlich der wechselkurs- und konsolidierungskreisbedingten Änderungen anzugeben.[79] Im IFRS-Zwischenabschluss ist die verkürzte Kapitalflussrechnung allerdings immer dann detaillierter darzustellen, wenn andernfalls ein irreführender Eindruck von der Finanzlage des Unternehmens vermittelt wird (IAS 34.10). Gemäß IAS 34.20(d) ist in einem verkürzten IFRS-Zwischenabschluss eine verkürzte Kapitalflussrechnung vom Beginn des aktuellen Geschäftsjahres an bis zum Zwischenberichtsstichtag auszuweisen. Der verkürzten Kapitalflussrechnung ist eine verkürzte Kapitalflussrechnung für den entsprechenden Vorjahreszeitraum gegenüberzustellen.

424.3 Gestaltungsempfehlungen

424.31 Vorbemerkung

Die Befragten weisen den konkretisierenden Berichtsgegenständen der Kapitalflussrechnung jeweils die folgende Bedeutung zu:

3. Kapitalflussrechnung	**Mittlere absolute Einschätzung der Bedeutung**			**Signifikanter Unterschied**	
	Kapitalmarkt-experten	**Wirtschafts-prüfer**	**Mittel-wert**	**Gauß-/ T-Test**	**U-Test**
A. Kumulierte Kapitalflussrechnung seit Beginn des Geschäftsjahres Alternative 1: Ausführliche Kapitalflussrechnung (Gliederung wie im jähr. IFRS-Abschluss)	4,15	3,77	3,96	**2,606 (0,010)**	**-2,600 (0,009)**
Alternative 2: Verkürzte Kapitalflussrechnung (Aggregierte Gliederung im Vergleich zum jähr. IFRS-Abschluss)	3,08	3,27	3,18	-1,263 (0,209)	-1,281 (0,200)
B. Kapitalflussrechnung für das betreffende Quartal	3,83	3,32	3,58	**3,074 (0,003)**	**-3,070 (0,002)**
C. Erläuterungen zur Kapitalflussrechnung	3,86	3,61	3,74	1,618 (0,108)	-1,350 (0,177)

Übersicht 4-7: *Bedeutung der konkretisierenden Berichtsgegenstände zur Kapitalflussrechnung*

79 Vgl. HEBESTREIT, G., in: Beck IFRS HB, § 42, Rn. 20.

Der Übersicht 4-7 ist zu entnehmen, dass die Kapitalmarktteilnehmer der **kumulierten Kapitalflussrechnung**, die wie die Kapitalflussrechnung des letzten jährlichen IFRS-Abschlusses gegliedert ist, mit einem absoluten Wert von 3,96 eine **hohe Bedeutung** zuweisen. Der verkürzten kumulierten Kapitalflussrechnung messen die Befragten hingegen nur eine mittlere Bedeutung bei. Die Bedeutung der **Kapitalflussrechnung für das aktuelle Quartal** schätzen die Kapitalmarktteilnehmer hingegen als **mittel bis hoch** ein.[80]

Im IFRS-Zwischenbericht kann vom berichterstattenden Unternehmen die Kapitalflussrechnung nicht nur dargestellt, sondern die Zahlungsströme, die sich im Vergleich zum Vorjahreszeitraum wesentlich geändert haben, können zusätzlich im IFRS-Zwischenbericht erläutert werden. Die befragten Gruppen ordnen den **Erläuterungen zur Kapitalflussrechnung** mit einem absoluten Wert von 3,74 eine **mittlere bis hohe Bedeutung** zu. Die befragten Kapitalmarktteilnehmer, die eine ausführlich gegliederte Kapitalflussrechnung präferieren, weisen zwar den Erläuterungen zur Kapitalflussrechnung eine höhere Bedeutung zu als die befragten Kapitalmarktteilnehmer, die eine verkürzte Kapitalflussrechnung vorziehen. Die Einschätzungen der befragten Kapitalmarktteilnehmer unterscheiden sich allerdings nicht signifikant.[81]

424.32 Gliederung der Kapitalflussrechnung

Die befragten Gruppen messen der ausführlichen Kapitalflussrechnung im IFRS-Zwischenbericht eine höhere Bedeutung bei als der verkürzten Kapitalflussrechnung. Die Adressaten bevorzugen die ausführliche Kapitalflussrechnung, d. h. diejenige, die wie die des letzten jährlichen IFRS-Abschlusses gegliedert ist, damit sie zum einen die Zahlungsströme der Gesellschaft im Zeitablauf direkt vergleichen können und zum anderen damit sie aus der Kapitalflussrechnung die wesentlichen Zahlungsmittelzu- und -abflüsse aus der laufenden Geschäftstätigkeit, der Investitionstätigkeit und der Finanzierungstätigkeit unmittelbar erkennen können. Dies ist mit einer verkürzten Kapitalflussrechnung – mit der zwar die Mindestanforderungen des IAS 34.8 erfüllt werden –[82] nur eingeschränkt möglich, wie mit dem Beispiel 4-3 gezeigt werden kann:[83]

80 Da die verschiedenen abzubildenden Zeiträume bei der Kapitalflussrechnung i. d. R. spaltenweise nebeneinander dargestellt werden, hat die Kapitalflussrechnung für das aktuelle Quartal die gleiche Gliederungstiefe wie die kumulierte Kapitalflussrechnung.

81 Vgl. Anhang 4.

82 Vgl. HEUSER, P./THEILE, C., IFRS-Handbuch, Rn. 4822.

Kapitalflussrechnung für den Zeitraum vom 1. Januar bis 30. Juni 2008		
Alle Angaben in T€	**1. Halbjahr 2008**	**1. Halbjahr 2007***
Cashflow aus der laufenden Geschäftstätigkeit	83.833	35.637
Cashflow aus der Investitionstätigkeit	- 28.913	- 7.267
Cashflow aus der Finanzierungstätigkeit	- 60.448	- 40.009
ZAHLUNGSWIRKSAME VERÄNDERUNGEN DES FINANZMITTELBESTANDES	**- 5.528**	**- 11.639**
Wechselkursbedingte Veränderungen des Finanzmittelbestandes	–	- 7
Finanzmittelbestand am Ende der Periode	31.648	71.643
* Vorjahreswerte angepasst. Die Anpassungen sind in Anhangangabe 3 erläutert.		

Beispiel 4-3: *Kapitalflussrechnung der MLP AG im Halbjahresfinanzbericht 2008*

Der verkürzten Kapitalflussrechnung der MLP AG für das erste Halbjahr 2008 kann zwar entnommen werden, dass – wie im Vorjahreszeitraum – nicht genügend Cashflows aus der laufenden Geschäftstätigkeit erwirtschaftet werden konnten, wie Finanzmittel für die Investitions- und Finanzierungstätigkeit benötigt wurden. Indes können die Adressaten aus der verkürzten Kapitalflussrechnung weder die Gründe für die erneut negative Veränderung des Finanzmittelbestandes noch die Ursachen für den erheblichen Anstieg der (negativen) Cashflows aus der laufenden Geschäftstätigkeit, aus der Investitionstätigkeit und aus der Finanzierungstätigkeit erkennen. Damit werden mit der Kapitalflussrechnung der MLP AG den Adressaten nicht ausreichend entscheidungsnützliche Informationen über die unterjährige Finanzlage des Unternehmens vermittelt. Die Adressaten sind aber gerade an detaillierten Informationen über die Ursachen von stark veränderten Cashflows interessiert, damit sie die (künftige) Innenfinanzierungskraft des Unternehmens angemessen beurteilen können.[84]

Zwar könnten die Adressaten mithilfe der indirekten Methode[85] und der anderen Bestandteile des IFRS-Zwischenabschlusses selbstständig eine ausführliche Kapitalflussrechnung erstellen,[86] indes erspart den Adressaten die Offenlegung der ausführlichen Kapitalflussrechnung im IFRS-Zwischenabschluss einen erheblichen Erstellungsaufwand. Das würde der Zwecksetzung der IFRS-Zwischenberichterstattung entsprechen, den Adressaten während

83 MLP AG (Hrsg.), Halbjahresfinanzbericht 2008, S. 21.

84 *„Von großer Bedeutung für die Abschätzung der künftigen Entwicklungen eines Unternehmens [...] sind die Informationen über die Finanzmittelzuflüsse und -abflüsse aus dem Bereich der laufenden Geschäftstätigkeit. Dieser erste Bereich der Ursachenrechnung informiert den Bilanzanalytiker über die Innenfinanzierungskraft des Unternehmens.“* BAETGE, J./KIRSCH, H.-J./THIELE, S., Bilanzanalyse, S. 288.

85 Vgl. KIRSCH, H., Jahresabschlussanalyse nach IFRS, S. 113 f.

des Geschäftsjahres *zeitnah* entscheidungsnützliche Informationen über die unterjährige Finanzlage bereitzustellen.

Nach IAS 34.20(d) ist in einem IFRS-Zwischenabschluss lediglich eine kumulierte Kapitalflussrechnung vom Beginn des aktuellen Geschäftsjahres bis zum Zwischenberichtsstichtag auszuweisen. Gleichwohl messen die befragten Kapitalmarktteilnehmer einer zusätzlichen Kapitalflussrechnung für das aktuelle Quartal eine mittlere bis hohe Bedeutung bei. Daher ist dem berichterstattenden Unternehmen zu empfehlen, im IFRS-Zwischenbericht neben der kumulierten Kapitalflussrechnung freiwillig eine Kapitalflussrechnung für das aktuelle Quartal auszuweisen. Für Unternehmen, die quartalsweise einen IFRS-Zwischenabschluss publizieren, resultiert hieraus kein wesentlicher Mehraufwand im Rahmen der unterjährigen Berichterstattung. Denn die Kapitalflussrechnung für das aktuelle Quartal stellt lediglich die Differenz aus der kumulierten Kapitalflussrechnung des aktuellen und des vorherigen IFRS-Quartalsabschlusses dar.

424.33 Erläuterungen zur Kapitalflussrechnung

Nach SCHEFFLER gehört zu *„einer zeitgemäßen Finanzkommunikation im Rahmen der Rechnungslegung [..] eine aussagekräftige Erläuterung der Kapitalflussrechnung.“*[87] Auch die befragten Kapitalmarktteilnehmer messen den Erläuterungen zur Kapitalflussrechnung im IFRS-Zwischenbericht eine hohe Bedeutung bei. Vor dem Hintergrund der hohen Bedeutung für den Kapitalmarkt ist dem bilanzierenden Unternehmen zu empfehlen, auch die Kapitalflussrechnung im IFRS-Zwischenbericht zu erläutern.

Bezugnehmend auf die Zwecksetzung der IFRS-Zwischenberichterstattung, wonach mit dem IFRS-Zwischenbericht der letzte jährliche IFRS-Abschluss[88] zu aktualisieren ist (IAS 34.6), sollten im Anhang des IFRS-Zwischenberichts lediglich die Angaben des jährlichen IFRS-Abschlusses gemacht werden, die sich seit dem letzten Bilanzstichtag wesentlich geändert haben (bspw. die Zusammensetzung des Finanzmittelfonds (IAS 7.45) oder der

86 Mithilfe der indirekten Methode können die externen Adressaten indes lediglich geschätzte Cashflow-Größen ermitteln, da die Posten der Gesamtergebnisrechnung regelmäßig sowohl zahlungswirksame als auch zahlungsunwirksame Aufwendungen und Erträge enthalten. Vgl. SIENER, F., Cash-Flow, S. 63.

87 SCHEFFLER, E., Kapitalflussrechnung, S. 300 [Ergänzung durch den Verfasser].

88 Vgl. zu den Anhangangaben WYSOCKI, K. V., in: Baetge u. a., Rechnungslegung nach IFRS, IAS 7, Rn. 141-152.

Anteil jener Zahlungsmitteln, der für das Unternehmen nicht frei verfügbar ist (IAS 7.48)). Vom berichterstattenden Unternehmen sollten darüber hinaus folgende Angaben im Anhang offengelegt werden:

- Netto-Cashflows aufgegebener Geschäftsbereiche (IFRS 5.33(c)),[89]
- Netto-Cashflows für die einzelnen Segmente,[90]
- Wesentliche nicht zahlungswirksame Investitions- und Finanzierungsvorgänge[91] und
- Zahlungsmittelzu- oder -abflüsse aus dem Erwerb oder Verkauf von Tochterunternehmen und Geschäftseinheiten (IAS 7.40).

Da die Adressaten besonders an Informationen interessiert sind, mit denen sie die künftige Cashflow-Entwicklung des Unternehmens im laufenden Geschäftsjahr beurteilen können,[92] sollten im IFRS-Zwischenbericht zusätzlich die wesentlichen ungewöhnlichen oder einmaligen Zahlungsströme sowie die wesentlichen über das Geschäftsjahr ungleich verteilten Zahlungsströme (Auszahlung von Tantiemen oder Dividenden) vom berichterstattenden Unternehmen erläutert werden.

425. Anhangangaben des IFRS-Zwischenabschlusses

425.1 Vorbemerkung

Die befragten Kapitalmarktexperten weisen dem Anhang des IFRS-Zwischenabschlusses durchschnittlich eine hohe Bedeutung zu. Damit im Folgenden der Anhang des IFRS-Zwischenabschlusses[93] detailliert untersucht werden kann, ist dieser in zwölf konkretisierende Berichtsgegenstände untergliedert worden:[94]

89 Vgl. LÜDENBACH, N., in: Haufe IFRS-Kommentar, § 29, Rn. 40.

90 Hierbei handelt es sich um eine freiwillige Angabe. Der Netto-Cashflow ist nicht verpflichtend nach IFRS 8 offenzulegen. Vgl. BRÜGGMANN, B., Die Berichterstattung im Anhang des IFRS-Abschlusses, S. 255 f.

91 „*Information about significant noncash operating, investing, and financing transactions is also important.*" CFA (Hrsg.), A Comprehensive Business Reporting Model, S. 24.

92 Vgl. SCHEFFLER, E., Kapitalflussrechnung, S. 300; SCHEFFLER, E., Die vernachlässigte Kapitalflussrechnung, S. 2048.

93 Zu den Anhangangaben nach IAS 34.16 vgl. PEEMÖLLER, V. H., in: Wiley-Kommentar, Abschn. 19, Rn. 19.

94 Zu der Entwicklung der konkretisierenden Berichtsgegenstände für den Anhang des IFRS-Zwischenberichts vgl. Abschn. 332.

Anhangangaben im IFRS-Zwischenabschluss

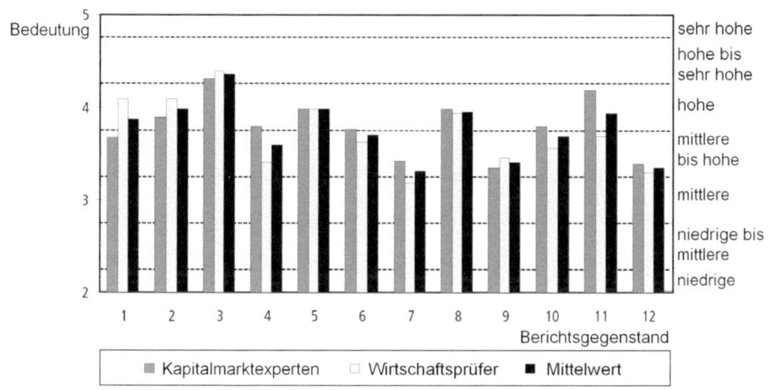

1. Angaben zu den angewandten Bilanzierungs- und Bewertungsmethoden sowie zu den unterjährigen Abgrenzungsregeln
2. Angaben zu Schätzungen
3. Angaben zu ungewöhnlichen Sachverhalten
4. Angaben zu den sonstigen finanziellen Verpflichtungen
5. Angaben zum veränderten Konsolidierungskreis
6. Angaben zu den zur Veräußerung gehaltenen langfristigen Vermögenswerten und aufgegebenen Geschäftsbereichen
7. Angaben zu Eventualschulden oder Eventualforderungen
8. Angaben zu wesentlichen Ereignissen nach dem Ende der Zwischenberichtsperiode
9. Angaben zu Geschäften mit nahestehenden Unternehmen und Personen
10. Angaben zu saisonalen und konjunkturellen Einflüssen
11. Segmentangaben
12. Angaben zum IFRIC 10 („Zwischenberichterstattung und Wertminderung")

Übersicht 4-8: *Bedeutung der konkretisierenden Berichtsgegenstände für den Anhang des IFRS-Zwischenabschlusses*

Aus der Übersicht 4-8 geht hervor, dass die befragten Kapitalmarktteilnehmer sechs Berichtsgegenständen des Anhangs mindestens eine **hohe Bedeutung** beimessen:

- Angaben zu den angewandten **Bilanzierungs- und Bewertungsmethoden** sowie zu den unterjährigen Abgrenzungsregeln [Berichtsgegenstand 1],
- Angaben zu **Schätzungen** [Berichtsgegenstand 2],
- Angaben zu **ungewöhnlichen Sachverhalten** [Berichtsgegenstand 3],
- Angaben **zum veränderten Konsolidierungskreis** [Berichtsgegenstand 5],
- Angaben zu **wesentlichen Ereignissen nach dem Ende der Zwischenberichtsperiode** [Berichtsgegenstand 8] und
- **Segmentangaben** [Berichtsgegenstand 11].

In den Abschnitten 425.2-425.7 werden diese Berichtsgegenstände näher untersucht. Diejenigen Berichtsgegenstände, denen die Befragten **keine hohe Bedeutung** beimessen, werden hingegen nicht detailliert analysiert. Zu diesen Berichtsgegenständen ist Folgendes anzumerken:

- **Angaben zu den sonstigen finanziellen Verpflichtungen** [Berichtsgegenstand 4]

  Bei den Angaben zu den sonstigen finanziellen Verpflichtungen[95] handelt es sich um keine Berichtspflicht nach IAS 34.16, sondern um eine handelsrechtliche Anhangangabe gemäß § 285 Satz 1 Nr. 3 HGB.[96] Diese Anhangangabe wurde bei der empirischen Erhebung zusätzlich abgefragt, da die Kapitalmarktexperten, mit denen ein erster Entwurf des Fragebogens diskutiert wurde,[97] diese für wichtig erachtet hatten. Die befragten Kapitalmarktteilnehmer schätzen die Bedeutung dieses Berichtsgegenstands durchschnittlich als mittel bis hoch ein. Die Einschätzungen der befragten Gruppen unterscheiden sich hierbei allerdings signifikant. Denn die befragten Kapitalmarktexperten weisen – analog zu den Kapitalmarktexperten, mit denen der Entwurf des Fragebogens diskutiert wurde – den Angaben zu den sonstigen finanziellen Verpflichtungen eine hohe und damit eine signifikant höhere Bedeutung zu als die befragten Wirtschaftsprüfer.[98] Die hohe Bedeutung dieses Berichtsgegenstands für die befragten Kapitalmarktexperten lässt sich darauf zurückführen, dass sie mithilfe der Angaben zu den sonstigen finanziellen Verpflichtungen die künftige Finanzlage[99] des Unternehmens besser beurteilen können,[100] da die Höhe und der zeitliche Anfall wesentlicher künftiger Zahlungsverpflichtungen des berichterstattenden Unternehmens im Anhang des IFRS-Zwischenabschlusses offengelegt werden.

  Aufgrund der Bedeutung des Berichtsgegenstands für die Finanzanalysten und Fondsmanager sollte das nach IFRS bilanzierende Unternehmen im Anhang des IFRS-Zwischenabschlusses freiwillig den Gesamtbetrag der sonstigen finanziellen Verpflichtungen

---

95 Zu möglichen sonstigen finanziellen Verpflichtungen vgl. SABI DES IDW (Hrsg.), Darstellung der Finanzlage, S. 671.

96 Vgl. ELLROTT, H., in: Beck Bilanzkomm., § 285, Rn. 21-68; OSER, P./HOLZWARTH, M., in: HdR-E, § 284-288, Rn. 159-179; ADS, § 285 HGB, Rn. 28; FEY, G., Grundsätze ordnungsmäßiger Bilanzierung für Haftungsverhältnisse, S. 217-219.

97 Vgl. hierzu Abschn. 33.

98 Vgl. Anhang 3.

99 Zur Finanzlage vgl. SELCHERT, W., Sonstige finanzielle Verpflichtungen, S. 545.

100 Vgl. IDW (Hrsg.), WP-Handbuch 2006, Bd. I, Abschn. F, Rn. 660 und Rn. 669.

angeben und die wesentlichen Änderungen seit dem letzten Bilanzstichtag erläutern. Des Weiteren sollte das berichterstattende Unternehmen den Gesamtbetrag der sonstigen finanziellen Verpflichtungen nach Art und Restlaufzeiten untergliedern. Falls im Anhang des letzten jährlichen IFRS-Abschlusses die entsprechenden Angaben zu den sonstigen freiwilligen Verpflichtungen gemacht wurden, sind im Anhang des IFRS-Zwischenberichts ausschließlich die Änderungen, die sich während der Zwischenberichtsperiode bei den sonstigen finanziellen Verpflichtungen ereignet haben, zu beschreiben.

- **Angaben zu den zur Veräußerung gehaltenen langfristigen Vermögenswerten und aufgegebenen Geschäftsbereichen** [Berichtsgegenstand 6]

  Die befragten Kapitalmarktteilnehmer messen den Angaben zu den zur Veräußerung gehaltenen langfristigen Vermögenswerten und aufgegebenen Geschäftsbereichen mit einem absoluten Wert von 3,70 annähernd eine hohe Bedeutung zu. Das berichterstattende Unternehmen sollte die folgenden Angaben[101] im Anhang des IFRS-Zwischenabschlusses offenlegen, wenn ein langfristiger Vermögenswert oder eine Veräußerungsgruppe – und damit ebenfalls ein aufgegebener Geschäftsbereich –[102] während der Zwischenberichtsperiode als zur Veräußerung gehalten klassifiziert wurde (IFRS 5.41):[103]

  (1) Der langfristige Vermögenswert oder die Veräußerungsgruppe sollte beschrieben werden.

  (2) Der Sachverhalt und die Umstände der geplanten Veräußerung sowie die Art und Weise und der Zeitpunkt der geplanten Veräußerung sollten dargestellt werden.

  (3) Die Wertänderung aus der Bewertung eines zur Veräußerung gehaltenen Vermögenswerts bzw. aus der Gesamtbewertung einer zur Veräußerung gehaltenen Gruppe von Vermögenswerten sollte angegeben werden.[104]

---

101 Vgl. KPMG (Hrsg.), Insights into IFRS, Rn. 5.9.60.70; BÖCKING, H.-J./KIEFER, M., in: Baetge u. a., Rechnungslegung nach IFRS, IFRS 5, Rn. 141 i. V. m. Rn. 98 und Rn. 109.

102 „*Da faktisch [...] ein aufgegebener Geschäftsbereich zugleich die Kriterien einer Veräußerungsgruppe erfüllen wird, sind insoweit für aufgegebene Geschäftsbereiche auch die für Veräußerungsgruppen geltenden [Vorschriften] einschlägig.*“ WOLLMERT, P./OSER, P./BISCHOF, S., IFRS 5, S. 773 [Ergänzung durch den Verfasser].

103 Ein Beispiel, wie im IFRS-Zwischenbericht hierzu berichtet werden kann, findet sich bei POERSCHKE, K., Die Bilanzierung von zur Veräußerung gehaltenem Vermögen, S. 163.

104 Langfristige Vermögenswerte, die als zur Veräußerung gehalten klassifiziert werden, sind zum niedrigeren Wert aus Buchwert und beizulegendem Zeitwert abzüglich Veräußerungskosten anzusetzen (IFRS 5.15). Vgl. ZÜLCH, H./LIENAU, A., Bilanzierung nach IFRS 5, S. 444.

(4) Das Segment, in dem der langfristige Vermögenswert oder die Veräußerungsgruppe ausgewiesen wird, sollte genannt werden.

Werden ein langfristiger Vermögenswert oder eine Veräußerungsgruppe, die im letzten IFRS-(Zwischen-)Abschluss als „zur Veräußerung gehalten" ausgewiesen wurden, während der aktuellen Zwischenberichtsperiode reklassifiziert, sollte ebenfalls im Anhang des IFRS-Zwischenabschlusses über die Gründe und über die bilanziellen Auswirkungen der Reklassifizierung berichtet werden.

Neben den Angaben zu der Veränderung des Bilanzpostens „Zur Veräußerung gehaltene langfristige Vermögenswerte und aufgegebene Geschäftsbereiche" sollte im Anhang des IFRS-Zwischenabschlusses ferner das Ergebnis aus den aufgegebenen Geschäftsbereichen, welches in der Gesamtergebnisrechnung separat ausgewiesen wird, in die folgenden Bestandteile untergliedert werden (IFRS 5.33(b)):[105]

(1) Erlöse, Aufwendungen und Ergebnis vor Steuern des aufgegebenen Geschäftsbereichs,

(2) Gewinn oder Verlust, der bei der Bewertung der Vermögenswerte und Schulden des aufgegebenen Geschäftsbereichs zu deren beizulegenden Zeitwerten abzüglich Veräußerungskosten angefallen ist, bzw. Gewinn oder Verlust, der bei der Veräußerung des aufgegebenen Geschäftsbereichs erzielt worden ist, und

(3) Ertragsteueraufwand, der auf das Ergebnis des aufgegebenen Geschäftsbereichs und auf das Bewertungsergebnis bzw. das Veräußerungsergebnis entfällt.

Den Adressaten wird mit diesen Anhangangaben ermöglicht,[106] bereits während des laufenden Geschäftsjahres einzuschätzen, welcher potenzielle Einfluss auf die (nachhaltige) Ertragskraft des Unternehmens daraus resultiert, dass bestimmte langfristige Vermögenswerte oder Geschäftsbereiche durch einen einmaligen Vorgang (Verkauf, Stilllegung etc.) aus ihrer Zweckbestimmung herausgelöst wurden (werden sollen) und damit künftig nicht mehr zum Unternehmenserfolg beitragen können (könnten).[107]

---

105 So auch BÖCKING, H.-J./KIEFER, M., in: Baetge u. a., Rechnungslegung nach IFRS, IFRS 5, Rn. 141 i. V. m. Rn. 109.

106 Im jährlichen IFRS-Abschluss sind indes weitergehende Anhangangaben empfehlenswert. Vgl. hierzu BRÜGGEMANN, B., Die Berichterstattung im Anhang des IFRS-Abschlusses, S. 139.

107 Vgl. ZÜLCH, H./LIENAU, A., Bilanzierung nach IFRS 5, S. 451; KÜTING, K./WIRTH, J., Discontinued Operations, S. 728; WOLLMERT, P./OSER, P./BISCHOF, S., IFRS 5, S. 755. Zu einer Gestaltungsempfehlung vgl. POERSCHKE, K., Die Bilanzierung von zur Veräußerung gehaltenem Vermögen, S. 167-170.

- **Angaben zu den Eventualschulden und Eventualforderungen** [Berichtsgegenstand 7]

  Nach IAS 34.16(j) ist im Anhang des IFRS-Zwischenabschlusses darüber zu berichten, wenn sich die Eventualschulden und Eventualforderungen[108] seit dem letzten Bilanzstichtag wesentlich geändert haben. Die befragten Kapitalmarktteilnehmer schätzen die Bedeutung dieses Berichtsgegenstands mit einem absoluten Wert von 3,31 gerade noch als mittel bis hoch ein. Von allen Berichtsgegenständen des Anhangs eines IFRS-Zwischenberichts weisen die befragten Gruppen der Angabe nach IAS 34.16(j) zwar die geringste Bedeutung zu,[109] gleichwohl wird die inhaltliche Qualität des IFRS-Zwischenberichts auch verbessert, wenn das Unternehmen freiwillige Angaben über die für den Kapitalmarkt weniger relevanten Berichtsgegenstände veröffentlicht. Für eine effiziente IFRS-Zwischenberichterstattung ist allerdings über die für den Kapitalmarkt weniger bedeutenden Berichtsgegenstände nicht so umfangreich zu berichten wie über die wichtigeren Berichtsgegenstände.

  Die Adressaten können übersichtlich über die veränderten Eventualschulden und Eventualforderungen im IFRS-Zwischenabschluss informiert werden, wenn das berichterstattende Unternehmen die verschiedenen Arten von Eventualschulden und Eventualforderungen mit ihrer jeweiligen Höhe[110] tabellarisch darstellt.[111] Das Unternehmen sollte allerdings freiwillig auch die Ursachen für die wesentlich veränderten Eventualschulden und Eventualforderungen im Anhang des IFRS-Zwischenberichts nennen und dabei zugleich angeben, ob die Eventualschulden und Eventualforderungen unterjährig vom Unternehmen fortgeschrieben oder anhand von externen Gutachtern (z. B. von Rechtsanwälten) neu bewertet wurden (IAS 34, Anhang C.6).[112]

108 Zur Bilanzierung von Eventualschulden und Eventualforderungen vgl. HACHMEISTER, D., Verbindlichkeiten nach IFRS, S. 199-205; BRÜCKS, M./DUHR, A., Bilanzierung von Contingent Assets und Contingent Liabilities, S. 243-251.

109 Zur Bedeutung von *contingent assets* und *contingent liabilities* vgl. STICKNEY, C. P./BROWN, P. R./WAHLEN, J. M., Financial Reporting, S. 526-528.

110 Zwar ist bei einer Eventualschuld die Wahrscheinlichkeit deutlich geringer als bei einer bilanzierten Rückstellung, dass es künftig zu einem Abfluss von finanziellen Ressourcen kommt, dennoch ist es für die Adressaten grundsätzlich wichtig, über potenzielle Ressourcenabflüsse im Anhang des IFRS-Zwischenabschlusses informiert zu werden. Vgl. CFA (Hrsg.), A Comprehensive Business Reporting Model, S. 51.

111 Vgl. BRÜGGEMANN, B., Die Berichterstattung im Anhang des IFRS-Abschlusses, S. 267.

112 Vgl. BAETGE, J./BRUNS, C./ROLVERING, A./HAENELT, T., in: Baetge u. a., Rechnungslegung nach IFRS, IAS 34, Rn. 74.

- **Angaben zu Geschäften mit nahestehenden Unternehmen und Personen** [Berichtsgegenstand 9]

  Nach § 37w Abs. 4 Satz 2 WpHG haben Inlandsemittenten von Aktien die wesentlichen Geschäfte mit nahestehenden Unternehmen und Personen anzugeben.[113] Mit § 11 TranspRLDV wird die wertpapierhandelsrechtliche Vorgabe wie folgt konkretisiert:[114]

  - Geschäfte mit nahestehenden Unternehmen und Personen, die während der Zwischenberichtsperiode stattgefunden haben, sind anzugeben, wenn die Geschäfte einen wesentlichen Einfluss auf die wirtschaftliche Lage des berichterstattenden Unternehmens hatten (§ 11 Abs. 1 Nr. 1 TranspRLDV).
  - Geschäfte mit nahestehenden Unternehmen und Personen sind anzugeben, wenn über sie im letzten jährlichen IFRS-Abschluss berichtet wurde und sich die Art oder der Umfang dieser Geschäfte während der Zwischenberichtsperiode verändert hat und dadurch ggf. die wirtschaftliche Lage des berichterstattenden Unternehmens wesentlich beeinflusst wurde (§ 11 Abs. 1 Nr. 2 TranspRLDV).

  Das berichterstattende Unternehmen sollte dabei zusätzlich angeben, um welche Art es sich bei den Geschäften mit nahestehenden Unternehmen und Personen handelt (z. B. Sach-, Dienstleistungs-, Miet- oder Leasingerträge)[115] und in welchem Umfang diese Geschäfte während der aktuellen Zwischenberichtsperiode durchgeführt wurden. Überdies sollten die Adressaten darüber informiert werden, ob und wieweit sich die Geschäfte mit nahestehenden Unternehmen und Personen – mangels wirtschaftlicher Interessengegensätze – von Geschäften zwischen unabhängigen Geschäftspartnern unterscheiden, d. h., ob die Geschäfte mit nahestehenden Unternehmen und Personen zu marktüblichen Konditionen durchgeführt wurden (*arm's length transactions*) oder nicht.[116]

113 Zur Definition von Geschäften mit nahestehenden Unternehmen und Personen vgl. IAS 24.9-11. Zum IAS 24 vgl. GATTUNG, A., Berichterstattung über Beziehungen zu nahestehenden Unternehmen und Personen; KÜTING, K./SEEL, C., Die Berichterstattung über Beziehungen zu related parties, S. 227-235. Zu den geplanten Änderungen durch ED IAS 24 vgl. BÖMELBURG, P./LANDGRAF, C./LUCE, K., ED IAS 24, S. 243-250.

114 Unternehmen, die gesetzlich nicht zur konsolidierten Berichterstattung verpflichtet sind, müssen mindestens die wesentlichen Geschäfte mit nahestehenden Unternehmen und Personen angeben, die zu marktunüblichen Bedingungen abgeschlossen wurden. Vgl. ausführlich § 11 Abs. 2 TranspRLDV.

115 Gleichartige Geschäfte können zu einem Posten zusammengefasst werden.

- **Angaben zu saisonalen und konjunkturellen Einflüssen** [Berichtsgegenstand 10]

  Gemäß IAS 34.16(b) hat das berichterstattende Unternehmen im Anhang des IFRS-Zwischenabschlusses die saisonalen und konjunkturellen Einflüsse auf die Geschäftstätigkeit innerhalb der Zwischenberichtsperiode zu erläutern. Die befragten Kapitalmarktteilnehmer schätzen die Bedeutung der Anhangangaben nach IAS 34.16(b) mit einem absoluten Wert von 3,68 annähernd als hoch ein. Die annähernd hohe Bedeutung lässt sich darauf zurückführen, dass den Adressaten mit den erläuternden Angaben zu den saisonalen und konjunkturellen Einflüssen ermöglicht wird, besser die mit dem IFRS-Zwischenabschluss dargestellte Vermögens-, Finanz- und Ertragslage des Unternehmens zu beurteilen sowie das Jahresergebnis und die erwarteten Dividenden zu prognostizieren.

  Im Anhang des IFRS-Zwischenabschlusses können die saisonalen und konjunkturellen Einflüsse vom berichterstattenden Unternehmen verbal beschrieben und zusätzlich mithilfe von quantitativen Angaben erläutert werden. Während die befragten Kapitalmarktexperten und Wirtschaftsprüfer den verbalen Erläuterungen eine mittlere bis hohe Bedeutung zuweisen, schätzen die Befragten die Bedeutung der quantitativen Angaben zu den saisonalen und konjunkturellen Einflüssen als hoch ein.[117] Die hohe Bedeutung lässt sich darauf zurückführen, dass im IFRS-Zwischenabschluss die saisonal bedingten Aufwendungen und Erträge in der Zwischenberichtsperiode vollständig ergebniswirksam zu erfassen sind, in der die entsprechenden Erträge und Aufwendungen wirtschaftlich angefallen sind (IAS 34.37).[118] Die Adressaten könnten somit nicht unmittelbar das Ergebnis der Zwischenberichtsperiode auf das Geschäftsjahr extrapolieren. Mithilfe der quantitativen Angaben wird den Adressaten allerdings ermöglicht, die mit dem IFRS-Zwischenabschluss dargestellte Vermögens-, Finanz- und Ertragslage um saisonal bedingte Einflüsse zu bereinigen und das Jahresergebnis und die erwartete Dividende des berichterstattenden Unternehmens besser zu prognostizieren.

---

116 Voraussetzung dieser Anhangangabe gem. IAS 24.21 ist, dass der Bilanzierende die *arm's length transactions* auch belegen kann. Vgl. WEBER, C.-P., in: Wiley-Kommentar, Abschn. 23, Rn. 36 f.; kritisch KÜTING, K./SEEL, C., Die Berichterstattung über Beziehungen zu related parties, S. 234.

117 Die Finanzanalysten und Fondsmanager messen diesem Berichtsgegenstand eine signifikant höhere Bedeutung bei als die befragten Wirtschaftsprüfer. Vgl. Anhang 3.

118 Vgl. HEBESTREIT, G., in: Beck IFRS HB, § 42, Rn. 45. Vgl. ausführlich Abschn. 232.1.

Nach IAS 34.21 wird einem Unternehmen, dessen Geschäftstätigkeit starken saisonabhängigen Schwankungen unterliegt,[119] zusätzlich empfohlen, Rechenwerke zu veröffentlichen, mit denen jeweils die letzten zwölf Monate bis zum aktuellen Zwischenberichtsstichtag und der entsprechende Vergleichszeitraum abgebildet werden (sog. Zwölfmonatsrechnungen).[120] Der Vorteil von Zwölfmonatsrechnungen besteht darin, dass durch den zwölfmonatigen Berichtszeitraum alle Jahreszeiten erfasst werden und somit die aktuelle wirtschaftliche Lage des Unternehmens unabhängig von saisonalen Einflüssen dargestellt wird.[121] Die befragten Finanzanalysten, Fondsmanager und Wirtschaftsprüfer weisen den Zwölfmonatsrechnungen mit einem absoluten Wert von 2,98 allerdings lediglich eine mittlere Bedeutung zu.[122] Die mittlere Bedeutung lässt sich vermutlich darauf zurückführen, dass die Informationsbedürfnisse der Kapitalmarktteilnehmer im Wesentlichen bereits durch die Anhangangaben zu den saisonalen und konjunkturellen Einflüssen nach IAS 34.16(b) befriedigt werden können, so dass die Befragten den Zwölfmonatsrechnungen keinen hohen zusätzlichen Nutzen mehr beimessen.

- **Angaben zum IFRIC 10 („Zwischenberichterstattung und Wertminderung“)** [Berichtsgegenstand 12]

  Gemäß IAS 34.28 hat ein Unternehmen in seinem Zwischenabschluss die gleichen Bilanzierungs- und Bewertungsmethoden wie im jährlichen IFRS-Abschluss anzuwenden (IAS 34.28 Satz 1). Dabei darf die Häufigkeit der Berichterstattung eines Unternehmens (jährlich, halb- oder vierteljährlich) nicht die Höhe des Periodenergebnisses beeinflussen (IAS 34.28 Satz 2). Wie im Abschnitt 224.3 gezeigt wurde, widersprechen sich die beiden in IAS 34.28 kodifizierten Grundsätze im Zusammenhang mit den Regelungen des IFRS-Normenwerkes zur Wertaufholung von bestimmten Vermögenswerten.[123] Bezugnehmend auf diesen Widerspruch in IAS 34.28 wird in IFRIC 10 vorgegeben, dass ein unterjährig erfasster Wertminderungsaufwand für bestimmte Vermögens-

119 Zu Branchen mit saisonalen Geschäftsverläufen zählen u. a. die Getränkeindustrie, die Düngemittelindustrie, die Pflanzenschutzindustrie sowie Touristik- und Energieversorgungsunternehmen. Vgl. KÖSTER, H., Grundsätze ordnungsmäßiger Zwischenberichterstattung, S. 62.

120 Beispielsweise kann im Halbjahresfinanzbericht 2008 zusätzlich eine Gesamtergebnisrechnung für den Zeitraum 1. Juli 2007 bis 30. Juni 2008 veröffentlicht werden. Vgl. hierzu PWC (Hrsg.), IFRS Manual of Accounting 2008, Chapter 31, Rn. 122.

121 Vgl. EPSTEIN, B. J./JERMAKOWICZ, E. K., IFRS 2008: Interpretation and Application, S. 752.

122 Vgl. Anhang 3.

werte nicht rückgängig gemacht werden darf (IFRIC 10.8). Im Ergebnis werden im IFRS-Zwischenbericht somit die gleichen Bilanzierungs- und Bewertungsmethoden wie im jährlichen IFRS-Abschluss angewendet, indes kann die Häufigkeit der Berichterstattung eines Unternehmens (jährlich, halb- oder vierteljährlich) die Höhe des Periodenergebnisses beeinflussen und damit die zwischenbetriebliche Vergleichbarkeit beeinträchtigen.[124] Im IFRS-Zwischenabschluss sind keine Angaben zum IFRIC 10 offenzulegen.

Die befragten Kapitalmarktexperten und Wirtschaftsprüfer messen den freiwilligen Angaben zum IFRIC 10 eine mittlere bis hohe Bedeutung bei. Dem berichterstattenden Unternehmen ist zu empfehlen, freiwillig im Anhang des IFRS-Zwischenabschlusses kurz darüber zu berichten, ob in der Zwischenberichtsperiode IFRIC 10 angewendet wurde. Wenn IFRIC 10 anzuwenden war, sollte das Unternehmen im Anhang angeben, bei welchen finanziellen Vermögenswerten der Wertminderungsaufwand nach den Vorgaben des IFRIC 10 nicht wieder zurückgenommen werden durfte. Des Weiteren sollten die Auswirkungen des nicht zurückgenommenen Wertminderungsaufwands auf das Ergebnis der Zwischenberichtsperiode quantifiziert werden.[125] Mit den freiwilligen Angaben zum IFRIC 10 können die Adressaten das Periodenergebnis des berichterstattenden Unternehmens besser mit den Ergebnissen anderer Unternehmen vergleichen.

Im Folgenden werden die Berichtsgegenstände, welchen die befragten Kapitalmarktteilnehmer mindestens eine hohe Bedeutung zuweisen, detailliert analysiert.

123 Hierbei handelt es sich um einen zuvor abgeschriebenen Geschäfts- oder Firmenwert (IAS 36.124), um ein zuvor abgeschriebenes Eigenkapitalinstrument, das als „zur Veräußerung gehalten" eingestuft wurde (IAS 39.69), sowie um einen zuvor abgeschriebenen finanziellen Vermögenswert, welcher zu Anschaffungskosten bilanziert wird (IAS 39.66).

124 Vgl. ein Beispiel bei ZÜLCH, H./FISCHER, D., Wertminderungen im Rahmen der Zwischenberichterstattung, S. 175 f.

125 Vgl. weitergehend BAETGE, J./BRUNS, C./ROLVERING, A./HAENELT, T., in: Baetge u. a., Rechnungslegung nach IFRS, IAS 34, Rn. 168(e).

425.2 Angaben zu den angewandten Bilanzierungs- und Bewertungsmethoden sowie zu den unterjährigen Abgrenzungsregeln

425.21 Bedeutung für die Kapitalmarktteilnehmer

Die befragten Kapitalmarktexperten und Wirtschaftsprüfer weisen den **Angaben zu den angewandten Bilanzierungs- und Bewertungsmethoden sowie zu den unterjährigen Abgrenzungsregeln** eine **hohe Bedeutung** zu:

Berichtsgegenstand im Anhang des IFRS-Zwischenabschlusses	Mittlere absolute Einschätzung der Bedeutung			Signifikanter Unterschied	
	Kapitalmarkt-experten	Wirtschafts-prüfer	Mittel-wert	Gauß-/ T-Test	U-Test
1. Angaben zu den angewandten Bilanzierungs- und Bewertungsmethoden sowie zu den unterjährigen Abgrenzungsregeln	3,67	4,09	3,88	**-3,218 (0,002)**	**-3,343 (0,001)**

Übersicht 4-9: Bedeutung der Angaben zu den angewandten Bilanzierungs- und Bewertungsmethoden sowie zu den unterjährigen Abgrenzungsregeln

Die hohe Bedeutung der Anhangangaben ist damit zu erklären, dass die Adressaten die Transformationsregeln kennen müssen, nach denen die ökonomischen Sachverhalte in den IFRS-Zwischenabschluss überführt wurden,[126] damit sie die mit dem IFRS-Zwischenabschluss dargestellte Vermögens-, Finanz- und Ertragslage angemessen verstehen und beurteilen können.[127]

Die Adressaten sind in diesem Zusammenhang vor allem daran interessiert zu erfahren, wie das berichterstattende Unternehmen die im IFRS-Normenwerk bestehenden Bilanzierungs- und Bewertungswahlrechte ausgeübt hat. Denn abhängig davon, wie ein Wahlrecht ausgeübt wurde, wird ein und derselbe ökonomische Sachverhalt u. U. erheblich abweichend in den Rechenwerken des IFRS-Zwischenabschlusses abgebildet, wodurch die zwischenbetriebliche Vergleichbarkeit der Abschlussinformationen negativ beeinflusst werden kann.[128] Ferner wird in einigen Fällen die Verlässlichkeit der Abschlussinformationen durch Bewertungswahlrechte determiniert;[129] beispielsweise wenn Vermögenswerte entweder zu fortge-

126 Vgl. BAETGE, J./BALLWIESER, W., Bilanzpolitischer Spielraum, S. 215; BRÜGGEMANN, B., Die Berichterstattung im Anhang des IFRS-Abschlusses, S. 80. Zu der Bedeutung der Anhangangaben vgl. auch HOPE, O.-K., Accounting Policy Disclosures, S. 314.

127 Zu den Zwecken der Zwischenberichterstattung vgl. Abschn. 23.

128 *„Such alternatives, however, can and have led to widely different recognition and measurement outcomes for the same economic event.“* CFA (Hrsg.), A Comprehensive Business Reporting Model, S. 42.

führten Anschaffungs- bzw. Herstellungskosten oder zum *fair value* bewertet werden können.[130]

Die hohe Bedeutung dieses Berichtsgegenstands lässt sich zusätzlich darauf zurückführen, dass das berichterstattende Unternehmen im Zusammenhang mit den Angaben zu den angewandten Bilanzierungs- und Bewertungsmethoden (Rechnungslegungsmethoden) darzustellen hat, welche *„Ermessensentscheidungen – mit Ausnahme solcher, bei denen Schätzungen einfließen [...] – das Management bei der Anwendung der Rechnungslegungsmethoden getroffen hat und welche Ermessensentscheidungen die Beträge im Abschluss am wesentlichsten beeinflussen.*“[131] Denn mit dem IFRS-Normenwerk werden dem Management vielfältige Ermessensspielräume gewährt,[132] bspw. bei der Segmentabgrenzung (IFRS 8),[133] dem Ansatz selbst erstellter immaterieller Vermögenswerte (IAS 38)[134] oder bei der Zuordnung von Finanzinstrumenten in die verschiedenen Kategorien des IAS 39.[135] Die Adressaten sind auf Informationen zu den Ermessensentscheidungen angewiesen, damit sie beurteilen können, ob (und wie) das Management die bestehenden Ermessensspielräume bilanzpolitisch genutzt hat.[136]

Die befragten Wirtschaftsprüfer messen dem vorliegenden Berichtsgegenstand eine signifikant höhere Bedeutung bei als die befragten Kapitalmarktexperten, da sie ein persönliches Interesse daran haben, dass die Adressaten darüber informiert werden, wie das Management die Ermessensentscheidungen getroffen hat. Denn wenn im Anhang des IFRS-Zwischenabschlusses (ausführlich) über die ausgeübten Wahlrechte und Ermessensentscheidungen be-

---

129 Zum inhärenten Spannungsverhältnis von Relevanz und Verlässlichkeit vgl. BAETGE, J., Möglichkeiten der Objektivierung des Jahreserfolges, S. 169 f.; BAETGE, J./LIENAU, A., Fair Value, S. 318.

130 Vgl. BRÜGGEMANN, B., Die Berichterstattung im Anhang des IFRS-Abschlusses, S. 82. Beispielsweise bei der Bewertung von *investment properties* gem. IAS 40.30 oder bei der Bewertung von Sachanlagevermögen nach IAS 16.29.

131 IAS 1.122. Veränderte Schätzungen sind im Rahmen der unterjährigen Berichterstattung gem. IAS 34.16(d) separat anzugeben. Vgl. hierzu Abschn. 425.3. Zu der Berichterstattung über Ermessensspielräume vgl. KIRSCH, H., Berichterstattung nach IAS 1, S. 136-141.

132 Vgl. KÜTING, K., Bilanzanalyse und Bilanzpolitik, S. 2757-2759. Zu einer ausführlichen Aufzählung von Ermessensspielräumen im IFRS-Normenwerk vgl. WAGENHOFER, A., Internationale Rechnungslegungsstandards, S. 558-560; BAETGE, J./MARESCH, D./SCHULZ, R., Zur (Un-)Möglichkeit des Zeitvergleichs von Kennzahlen, S. 417-422.

133 Vgl. BAETGE, J./HAENELT, T., Segmentberichterstattung nach IFRS 8, S. 48 f.

134 Vgl. KEITZ, I. V., Immaterielle Güter, S. 190; BAETGE, J./MARESCH, D./SCHULZ, R., Zur (Un-)Möglichkeit des Zeitvergleichs von Kennzahlen, S. 418.

135 Vgl. NIEMEYER, K., Bilanzierung von Finanzinstrumenten nach IAS, S. 71-91.

136 Kritisch zu der Bedeutung der Anhangangaben TANSKI, J. S., Bilanzpolitik, S. 143.

richtet wird, sinkt das Risiko für den Wirtschaftsprüfer – falls er einen IFRS-Zwischenbericht geprüft oder prüferisch durchgesehen hat –, rückwirkend u. U. für einen verfälschten Eindruck von der tatsächlichen wirtschaftlichen Lage des Unternehmens verantwortlich gemacht zu werden und so in einen Haftungsfall verwickelt zu werden oder Reputation zu verlieren.[137] Die vom berichterstattenden Unternehmen vorzunehmenden Anhangangaben halten das bilanzierende Unternehmen tendenziell eher davon ab, die bestehenden Ermessensspielräume bei den Bilanzierungs- und Bewertungsmethoden einseitig auszuüben.

425.22 Vorgaben nach IAS 34

Gemäß IAS 34.16(a) ist im Anhang des IFRS-Zwischenabschlusses eine Erklärung darüber abzugeben, ob die gleichen Bilanzierungs- und Bewertungsmethoden im Zwischenabschluss angewendet wurden wie im letzten jährlichen IFRS-Abschluss. Falls das berichterstattende Unternehmen seine Bilanzierungs- und Bewertungsmethoden während der Zwischenberichtsperiode geändert hat, so muss das Unternehmen im Anhang des IFRS-Zwischenberichts die Art und die Auswirkung der Änderungen beschreiben.

Die Angaben, welche das berichterstattende Unternehmen im jährlichen IFRS-Abschluss zu den angewandten Bilanzierungs- und Bewertungsmethoden offenzulegen hat,[138] sind gemäß IAS 34.18 nicht verpflichtend zu beachten, wenn ein verkürzter und kein vollständiger IFRS-Zwischenabschluss erstellt wird.[139]

425.23 Gestaltungsempfehlungen

425.231. Angaben zu den angewandten Bilanzierungs- und Bewertungsmethoden

Die befragten Kapitalmarktexperten und Wirtschaftsprüfer weisen den konkretisierenden Berichtsgegenständen zu den angewandten Bilanzierungs- und Bewertungsmethoden jeweils die folgende Bedeutung zu:

137 Zur Haftung und Reputation von Wirtschaftsprüfern vgl. BIGUS, J., Reputation und Wirtschaftsprüferhaftung, S. 22-41; WAGENHOFER, A./EWERT, R., Externe Unternehmensrechnung, S. 471-474. Vgl. in diesem Zusammenhang auch KRISHNAN, G., Auditor, S. 2.

138 Zu den Berichtsempfehlungen für die Angaben zu den angewandten Bilanzierungs- und Bewertungsmethoden im jährlichen IFRS-Abschluss vgl. BRÜGGEMANN, B., Die Berichterstattung im Anhang des IFRS-Abschlusses, S. 84-90.

139 Vgl. BAETGE, J./BRUNS, C./ROLVERING, A./HAENELT, T., in: Baetge u. a., Rechnungslegung nach IFRS, IAS 34, Rn. 50.

1. Angaben zu den angewandten Bilanzierungs- und Bewertungsmethoden sowie zu den unterjährigen Abgrenzungsregeln	**Mittlere absolute Einschätzung der Bedeutung**			**Signifikanter Unterschied**	
	Kapitalmarkt-experten	**Wirtschafts-prüfer**	**Mittel-wert**	**Gauß-/ T-Test**	**U-Test**
A. Angaben zu den angewandten Bilanzierungs- und Bewertungsmethoden	3,73	3,95	3,84	-1,618 (0,108)	-1,821 (0,069)
Alternative 1: Angabe, dass die Bilanzierungs- und Bewertungsmethoden beibehalten wurden	3,45	3,55	3,50	-0,555 (0,580)	-0,771 (0,441)
Alternative 2: (i) Angabe und Begründung, von welchen Bilanzierungs- und Bewertungsmethoden bei welchen Posten abgewichen wurde	4,16	4,22	4,19	-0,497 (0,620)	-0,941 (0,347)
(ii) Angabe der betragsmäßigen Auswirkungen der Änderungen von Bilanzierungs- und Bewertungsmethoden auf die Abschlussposten der Berichtsperiode und auf das (un-)verwässerte Ergebnis je Aktie	3,97	4,14	4,06	-1,217 (0,226)	-1,239 (0,215)
(iii) Angabe, dass die Abschlussposten der vorherigen Berichtsperiode(n) (nicht) angepasst wurden	3,81	3,81	3,81	-0,210 (0,984)	-0,056 (0,955)

Übersicht 4-10: *Bedeutung der Angaben zu den angewandten Bilanzierungs- und Bewertungsmethoden*

Die befragten Kapitalmarktexperten und Wirtschaftsprüfer messen den **Angaben zu den angewandten Bilanzierungs- und Bewertungsmethoden** mit einem absoluten Wert von 3,84 insgesamt eine **hohe Bedeutung** zu. Für die Entwicklung von Gestaltungsempfehlungen ist im Folgenden zu differenzieren, ob vom Unternehmen die Bilanzierungs- und Bewertungsmethoden unterjährig geändert wurden oder nicht.

Falls vom Unternehmen die Bilanzierungs- und Bewertungsmethoden während der Zwischenberichtsperiode **nicht geändert** wurden, messen die Befragten einer entsprechenden Erklärung im Anhang des IFRS-Zwischenabschlusses – mit einem absoluten Wert von 3,50 – eine **mittlere bis hohe Bedeutung** bei. Die lediglich mittlere bis hohe Bedeutung lässt sich dadurch erklären, dass die befragten Kapitalmarktteilnehmer über diesen – sehr wohl bedeutenden –[140] Sachverhalt nicht umfangreich im Anhang informiert werden möchten.

140 Die Erklärung ist für die Kapitalmarktteilnehmer bedeutend, da sie in diesem Fall die von den angewandten Bilanzierungs- und Bewertungsmethoden abhängigen bilanzanalytischen Anpassungen, die beim letzten jährlichen IFRS-Abschluss durchgeführt wurden, unverändert beim IFRS-Zwischenabschluss vornehmen können. Vgl. im Allgemeinen BAETGE, J./KIRSCH, H.-J./THIELE, S., Bilanzanalyse, S. 80; KÜTING, K./WEBER, C.-P., Die Bilanzanalyse, S. 80 f.

Vielmehr bevorzugen sie – wie im Beispiel 4-4 bei der BASF SE – eine kurze Erklärung.[141] Dies ist darauf zurückzuführen, dass professionelle Abschlussadressaten, wie die befragten Finanzanalysten, Fondsmanager und Wirtschaftsprüfer, die vom Unternehmen angewandten Bilanzierungs- und Bewertungsmethoden bereits durch die Anhangangaben des letzten jährlichen IFRS-Abschlusses[142] kennen. Werden daher die unveränderten Bilanzierungs- und Bewertungsmethoden im Anhang des IFRS-Zwischenabschlusses erneut beschrieben, erhalten die Kapitalmarktteilnehmer keine neuen entscheidungsnützlichen Informationen. Durch den höheren Berichtsumfang resultiert vielmehr ein unnötiger Mehr-Aufwand bei der Lektüre des IFRS-Zwischenberichts.[143]

> Der Konzernabschluss der BASF-Gruppe zum 31. Dezember 2007 wurde nach den am Abschlussstichtag gültigen International Financial Reporting Standards (IFRS) aufgestellt. Im vorliegenden Zwischenabschluss zum 30. Juni 2008 wurden die Bilanzierungs- und Bewertungsmethoden unverändert fortgeführt.
>
> → Den BASF-Bericht 2007 mit dem Konzernabschluss der BASF-Gruppe zum 31. Dezember 2007 finden Sie im Internet unter: corporate.basf.com/bericht

Beispiel 4-4: *Erklärung über die angewandten Bilanzierungs- und Bewertungsmethoden im Halbjahresfinanzbericht 2008 der BASF SE*

Die Qualität der Berichterstattung ließe sich im Beispiel der BASF SE allerdings noch verbessern, indem das Unternehmen auf die konkreten Passagen des Anhangs des jährlichen IFRS-Abschlusses verwiesen hätte, in denen die angewandten Bilanzierungs- und Bewertungsmethoden erläutert werden.[144]

Nach IAS 8.13 sind die Bilanzierungs- und Bewertungsmethoden grundsätzlich stetig anzuwenden, damit die Adressaten aufeinanderfolgende IFRS-Zwischenabschlüsse vergleichen und eine veränderte Vermögens-, Finanz- und Ertragslage des berichterstattenden Unternehmens erkennen können. Durch den Grundsatz der Bewertungsstetigkeit[145] soll verhindert werden, dass die mit dem IFRS-Zwischenabschluss dargestellte wirtschaftliche Lage nur durch den bloßen Wechsel der Bilanzierungs- und Bewertungsmethoden verändert werden

141 Vgl. BASF SE (Hrsg.), Halbjahresfinanzbericht 2008, S. 23.

142 Die Anhangangaben, welche das Unternehmen zu den angewandten Bilanzierungs- und Bewertungsmethoden im jährlichen IFRS-Abschluss zu machen hat, ergeben sich grundsätzlich aus IAS 1.117-124. Vgl. hierzu HAYN, S., in: Wiley-Kommentar, Abschn. 2, Rn. 105-111.

143 Zu dem Analyse-Aufwand eines umfangreichen Anhangs vgl. auch HIRST, D./HOPKINS, P., Comprehensive Income Reporting, S. 47 f.

144 Darüber hinaus können die angewandten Bilanzierungs- und Bewertungsmethoden in einem *accounting manual* detailliert dargestellt und erläutert werden. Vgl. hierzu BRÜGGEMANN, B., Die Berichterstattung im Anhang des IFRS-Abschlusses, S. 89.

145 Zum Grundsatz der Bewertungsstetigkeit vgl. auch BAETGE, J. u. a., in: Baetge u. a., Rechnungslegung nach IFRS, Rn. 138-143.

kann, ohne dass sich die zugrunde liegenden ökonomischen Sachverhalte geändert haben.[146] Daher dürfen Bilanzierungs- und Bewertungsmethoden nach IAS 8.14 lediglich dann geändert werden, wenn dies vom IASB verlangt wird oder wenn durch neue Bilanzierungs- und Bewertungsmethoden ein verbesserter Einblick in die unterjährige Vermögens-, Finanz- und Ertragslage des Unternehmens vermittelt wird.[147]

Dem Management wird allerdings bei der Frage, ob durch die geänderten Bilanzierungs- und Bewertungsmethoden ein besserer Einblick in die unterjährige Vermögens-, Finanz- und Ertragslage ermöglicht wird oder nicht, ein erheblicher Ermessensspielraum vom IASB gewährt.[148] Falls daher **vom Unternehmen die Bilanzierungs- und Bewertungsmethoden unterjährig geändert** werden, möchten die Adressaten vor allem erfahren, ob die damit verbundenen Ermessensspielräume vom Management bilanzpolitisch motiviert genutzt wurden. Im Rahmen der empirischen Erhebung schätzen die befragten Kapitalmarktteilnehmer die **Bedeutung** derjenigen **Anhangangaben** als **hoch** ein, mit denen sie über die geänderten Bilanzierungs- und Bewertungsmethoden informiert werden. Sie wollen die Gründe erfahren, warum das Management die im IFRS-Normenwerk bestehenden Wahlrechte im Vergleich zum letzten jährlichen IFRS-Abschluss anders ausübt oder einen neuen Standard bereits während des laufenden Geschäftsjahres vorzeitig anwendet.[149] Die hohe Bedeutung resultiert daraus, dass die Adressaten mithilfe der Angaben in die Lage versetzt werden, bestimmte Ermessensentscheidungen des Managements besser zu verstehen und *„risikoadjustiert in [ihr] eigenes Entscheidungskalkül einzubauen.“*[150]

Damit die Adressaten allerdings zusätzlich beurteilen können, wie sich der IFRS-Zwischenabschluss durch die geänderten Bilanzierungs- und Bewertungsmethoden verändert hat, sollte das berichterstattende Unternehmen auch die Anpassungsbeträge für die betroffenen Abschlussposten und für das (un-)verwässerte Ergebnis je Aktie im Anhang des IFRS-Zwi-

146 Vgl. BAETGE, J./KIRSCH, H.-J./THIELE, S., Bilanzen, S. 120.

147 Vgl. hierzu bereits BAETGE, J., Möglichkeiten der Objektivierung des Jahreserfolges, S. 44.

148 Vgl. PELLENS, B. u. a., Internationale Rechnungslegung, S. 820.

149 Vgl. BAETGE, J./BRUNS, C./ROLVERING, A./HAENELT, T., in: Baetge u. a., Rechnungslegung nach IFRS, IAS 34, Rn. 106.

150 KÜTING, K./WOHLGEMUTH, F., Schätzungsunsicherheiten, S. 461 [Ergänzung durch den Verfasser]. *„With sufficient disclosure, investors can make their own assessments about these assumptions and judgments so that, when necessary, they can make changes to reported amounts that better reflect their own expectations.“* CFA (Hrsg.), A Comprehensive Business Reporting Model, S. 42.

schenabschlusses angeben.[151] Die befragten Gruppen weisen auch diesem konkretisierenden Berichtsgegenstand mit einem Wert von 4,06 eine hohe Bedeutung zu.[152]

Die WACKER CONSTRUCTIONS EQUIPMENT AG macht zu den geänderten Bilanzierungs- und Bewertungsmethoden im Anhang ihres IFRS-Zwischenberichts beispielsweise die folgenden Angaben:[153]

> Es werden im Zwischenabschluss grundsätzlich die gleichen Bilanzierungs-, Bewertungs- und Berechnungsmethoden wie im Konzernabschluss des Geschäftsjahres 2007 beibehalten. Einige produzierende Gesellschaften des Wacker Neuson Konzerns sind dazu übergegangen, interne Berichtsstrukturen aufzubauen, die eine Dokumentation, Erfassung und damit eine Abgrenzung von Forschungs- zu Entwicklungskosten ermöglichen. Damit schaffen die Gesellschaften den Nachweis über die Voraussetzungen gemäß IAS 38.57 zur Aktivierung von Entwicklungskosten. Die Abschreibungen derartig aktivierter Entwicklungskosten belaufen sich auf 6 Jahre für in 2008 aktivierte Vermögenswerte. In Vorjahren aktivierte Entwicklungskosten werden über 4 bis 5 Jahre abgeschrieben, die Abschreibungen erfolgen linear. Durch die Erfüllung der Voraussetzungen zur Aktivierung von Entwicklungskosten wurden rund 1,9 Mio. EUR angesetzt.

Beispiel 4-5: *Angaben zu den geänderten Bilanzierungs- und Bewertungsmethoden im Halbjahresfinanzbericht 2008 der WACKER CONSTRUCTIONS EQUIPMENT AG*

Die Adressaten werden im Beispiel 4-5 allerdings nicht darüber informiert, warum das Management der WACKER CONSTRUCTIONS EQUIPMENT AG davon ausgeht, dass durch die Aktivierung der Entwicklungskosten ein besserer Einblick in die Vermögens-, Finanz- und Ertragslage des Unternehmens vermittelt wird. Ferner erhalten die Adressaten keine Informationen darüber, welcher Teil der aktivierten Entwicklungskosten in Höhe von rund 1,9 Mio. Euro im Geschäftsjahr 2008 und welcher Teil in den vorherigen Geschäftsjahren retrograd angesetzt wurde sowie wie hoch die Aktivierungsquote[154] der Entwicklungskosten in den einzelnen Jahren war. Da die Aktivierung von Entwicklungskosten im IFRS-(Zwischen-)Abschluss zusätzlich mit erheblichen Ermessensspielräumen für den Bilanzierenden verbunden ist,[155] wäre es für die Adressaten zudem hilfreich gewesen, wenn das Unternehmen mit einer projektbezogenen Berichterstattung die Abgrenzung der Entwicklungs- und Forschungskosten dargestellt hätte und zudem erläutert hätte, ob die vom IASB in

151 Vgl. hierzu auch IAS 8.29(c).

152 Eine hohe Bedeutung der Angaben zu den geänderten Bilanzierungs- und Bewertungsmethoden sieht auch die DVFA (Hrsg.), Grundsätze für effektive Finanzkommunikation, S. 12.

153 WACKER CONSTRUCTION EQUIPMENT AG (Hrsg.), Halbjahresfinanzbericht 2008, S. 23.

154 Die Aktivierungsquote ist definiert als: $\frac{\text{Aktivierte Entwicklungskosten}}{(\text{Entwicklungskosten} + \text{Forschungsausgaben})}$.

155 Vgl. ZIESEMER, S., Rechnungslegungspolitik, S. 63 und S. 66-71; SCHILDBACH, T., Der Erfolg im Rahmen der internationalen Rechnungslegung, S. 319.

IAS 38.57 verlangten Kriterien zur Aktivierung von Entwicklungskosten erfüllt sind oder nicht.[156] Diese erläuternden Angaben sind vor allem für den Teil der Entwicklungskosten hilfreich, der nicht aktiviert worden ist.[157]

Wie im vorstehenden Beispiel bereits gezeigt wurde, ist nach IAS 34.43(a) der aktuelle IFRS-Zwischenabschluss einschließlich der in diesem Zwischenabschluss angegebenen Vergleichszahlen für frühere Zwischenberichtsperioden so zu ändern, als seien die neuen Bilanzierungs- und Bewertungsmethoden von jeher angewendet worden (retrospektive Anpassung). Ist der Anpassungsbetrag für die vorangegangenen Geschäftsjahre indes nicht verlässlich bestimmbar, weil die Daten nicht (mehr) zur Verfügung stehen oder nur mit einem unverhältnismäßig hohen Aufwand beschafft werden können,[158] so sind die Abschlusszahlen prinzipiell vom Beginn des laufenden Geschäftsjahres an anzupassen (IAS 34.43(b) i. V. m. IAS 34.44).[159] Mit dieser Vorgabe wird zwar gewährleistet, dass innerhalb des laufenden Geschäftsjahres nur eine einzige Bilanzierungs- und Bewertungsmethode auf eine bestimmte Gruppe von Geschäftsvorfällen angewendet wird, indes können die Adressaten im IFRS-Zwischenabschluss die aktuelle Berichtsperiode nicht mit der Vorjahresperiode vergleichen. Falls die neuen Bilanzierungs- und Bewertungsmethoden nicht retrospektiv angewendet werden konnten, sollte das Unternehmen im Anhang darauf hinweisen und die Gründe darstellen, warum die Vergleichsperioden im IFRS-Zwischenabschluss nicht angepasst werden konnten. Die befragten Kapitalmarktteilnehmer schätzen die Bedeutung dieser Angabe mit einem absoluten Wert von 3,81 als hoch ein. Die hohe Bedeutung lässt sich darauf zurückführen, dass die Adressaten ohne eine entsprechende Angabe nicht beurteilen können, ob sie die im IFRS-Zwischenbericht dargestellten Berichtsperioden miteinander vergleichen können oder nicht.[160]

---

156 Zu den Aktivierungskriterien vgl. PELLENS, B. u. a., Internationale Rechnungslegung, S. 289.

157 Vgl. BRÜGGEMANN, B., Die Berichterstattung im Anhang des IFRS-Abschlusses, S. 194. Allgemein zur positiven Wirkung von besseren Berichtsangaben auf die Qualität von Analystenprognosen vgl. BYARD, D./SHAW, K., Corporate Disclosure Quality, S. 355.

158 Vgl. hierzu ZÜLCH, H./WILLMS, J., Abschlussänderungen, S. 130; BLAUM, U./HOLZWARTH, J., in: Baetge u. a., Rechnungslegung nach IFRS, IAS 8, Rn. 103-107.

159 Vgl. HEBESTREIT, G., in: Beck IFRS HB, § 42, Rn. 81.

160 Zur gegenwärtigen Berichterstattung konstatieren BAETGE/MARESCH/SCHULZ allerdings: „*Ob und wieweit es externen Analysten gelingen kann, die für Zeitvergleiche notwendige konsistente Datenbasis zu ermitteln, ist indes mehr als fraglich, weil zumeist die dafür erforderlichen Anhangangaben fehlen.*" BAETGE, J./MARESCH, D./SCHULZ, R., Zur (Un-)Möglichkeit des Zeitvergleichs von Kennzahlen, S. 421.

425.232. Angaben zu den unterjährigen Abgrenzungsregeln

Die befragten Kapitalmarktexperten und Wirtschaftsprüfer messen den freiwilligen **Anhangangaben zu den unterjährigen Abgrenzungsregeln** mit einem absoluten Wert von 3,66 eine **mittlere bis hohe Bedeutung** bei:

1. Angaben zu den angewandten Bilanzierungs- und Bewertungsmethoden sowie zu den unterjährigen Abgrenzungsregeln	**Mittlere absolute Einschätzung der Bedeutung**			**Signifikanter Unterschied**	
	Kapitalmarktexperten	**Wirtschaftsprüfer**	**Mittelwert**	**Gauß-/ T-Test**	**U-Test**
B. Angaben zu den unterjährigen Abgrenzungsregeln	3,56	3,76	3,66	-1,332 (0,185)	-1,461 (0,144)

***Übersicht 4-11:** Bedeutung der Angaben zu den unterjährigen Abgrenzungsregeln*

Die Befragten weisen diesem Berichtsgegenstand lediglich eine mittlere bis hohe Bedeutung zu, da der IFRS-Zwischenabschluss im Wesentlichen nach den Bilanzierungs- und Bewertungsmethoden zu erstellen ist, die auch für den jährlichen IFRS-Abschluss gelten.[161] Mit IAS 34 werden **nur einzelne unterjährige Abgrenzungsregeln**, wie zu den Mengenrabatten und ähnlichen Preisänderungen, zum Arbeitgeberanteil an den Sozialversicherungsabgaben und zum Ertragsteueraufwand vorgegeben (IAS 34, Anhang B).[162]

Von den genannten unterjährigen Abgrenzungsregeln wird in der Praxis regelmäßig der Vorschrift zur Ermittlung des Ertragsteuersatzes eine hohe Bedeutung zukommen. Das berichterstattende Unternehmen sollte daher mindestens den geschätzten Ertragsteuersatz im Anhang des IFRS-Zwischenabschlusses freiwillig erläutern.[163] Bei der MAN AG findet sich hierzu allerdings nur folgende Ausführung:[164]

> **Ertragsteuern**
> Der laufende Ertragsteueraufwand in den Zwischenabschlüssen wird auf Grundlage der erwarteten Ertragsteuerquote für das Gesamtjahr ermittelt.

***Beispiel 4-6:** Angabe zu der Ermittlung der Ertragsteuern im Halbjahresfinanzbericht 2008 der MAN AG*

161 Vgl. bereits Abschn. 232.1.

162 Vgl. PWC (Hrsg.), IFRS Manual of Accounting 2008, Chapter 31, Rn. 188; BAETGE, J./ BRUNS, C./ROLVERING, A./HAENELT, T., in: Baetge u. a., Rechnungslegung nach IFRS, IAS 34, Rn. 153; LÜDENBACH, N., Mengen- und Preiskomponenten, S. 57; ALVAREZ, M., Unterjährige Erfolgsermittlung nach IFRS, S. 222; HOFFMANN, W.-D., in: Haufe IFRS-Kommentar, § 37, Rn. 23.

163 Im Gegensatz zum IFRS-Zwischenabschluss ist im wertpapierhandelsrechtlichen Zwischenabschluss nach DRS 16.26 verpflichtend die *„gewählte Vorgehensweise zur Ermittlung der Ertragsteuern [...] im verkürzten Anhang zu beschreiben."*

164 MAN AG (Hrsg.), Halbjahresfinanzbericht 2008, S. 23.

Dem Anhang des IFRS-Zwischenabschlusses der MAN AG lässt sich damit nur entnehmen, dass die zwischenberichtsspezifischen Regelungen des IAS 34.30(c) angewendet wurden. Den Adressaten werden mit der Angabe allerdings keine konkreten Informationen vermittelt, wie der Ertragsteuersatz geschätzt wurde. Damit die Informationsbedürfnisse der Adressaten adäquat befriedigt werden, ist dem berichterstattenden Unternehmen zu empfehlen, die folgenden Informationen im Anhang des IFRS-Zwischenabschlusses offenzulegen:

- Der geschätzte durchschnittliche jährliche Ertragsteuersatz, ggf. differenziert nach wesentlichen Ertragsteuerarten und Ländern, in denen bedeutende Tochterunternehmen tätig sind, sollte angegeben werden (IAS 34, Anhang B.14).[165]
- Wesentliche Änderungen des geschätzten Ertragsteuersatzes sollten beschrieben werden.[166]
- Besondere steuerliche Sachverhalte (bspw. ein Verlustvortrag, für den kein aktiver latenter Steueranspruch bilanziert wurde (IAS 34, Anhang B.22), oder Veräußerung einer wesentlichen Beteiligung[167]) sollten genannt werden.
- Das Unternehmen sollte ferner darstellen, wie verabschiedete Steuergesetzesänderungen, die erst zu Beginn des nächsten Geschäftsjahres in Kraft treten, bei der unterjährigen Berechnung der latenten Steuern berücksichtigt wurden.[168]

425.3 Angaben zu Schätzungen

425.31 Bedeutung für die Kapitalmarktteilnehmer

Die befragten Kapitalmarktteilnehmer messen den Anhangangaben zu den Schätzungen im IFRS-Zwischenabschluss die folgende Bedeutung bei:

165 Vgl. LOITZ, R., Quartalsberichterstattung für Ertragsteuern nach IFRS (Teil 2), S. 441 und S. 442 f.

166 Vgl. KPMG (Hrsg.), Insights into IFRS, Rn. 5.90.60.70. „*In der Praxis ist zu beobachten, dass höhere Schwankungen in der Steuerquote häufig zu einer größeren Anzahl von Fragen durch Externe (Analysten, Banken) und Interne (Aufsichtsrat, Vorstand usw.) führen.*“ LOITZ, R., Quartalsberichterstattung für Ertragsteuern nach IFRS (Teil 1), S. 388.

167 Vgl. BAETGE, J./BRUNS, C./ROLVERING, A./HAENELT, T., in: Baetge u. a., Rechnungslegung nach IFRS, IAS 34, Rn. 153.

168 Mit IAS 34 wird dieser Sachverhalt nicht explizit geregelt. Zu den möglichen Methoden und den daraus resultierenden Anhangangaben im IFRS-Zwischenabschluss vgl. LOITZ, R., Erfassung von Steuersatzänderungen nach IAS 34, S. 2051 f.

Berichtsgegenstand im Anhang des IFRS-Zwischenabschlusses	Mittlere absolute Einschätzung der Bedeutung			Signifikanter Unterschied	
	Kapitalmarkt-experten	Wirtschafts-prüfer	Mittel-wert	Gauß-/ T-Test	U-Test
2. Angaben zu Schätzungen	3,89	4,09	3,99	-1,471 (0,144)	-1,303 (0,193)

Übersicht 4-12: Bedeutung der Angaben zu Schätzungen

Aus der Übersicht 4-12 geht hervor, dass die befragten Kapitalmarktexperten und Wirtschaftsprüfer den **Angaben zu Schätzungen** mit einem absoluten Wert von 3,99 eine **hohe Bedeutung** zuweisen.

Schätzungen sind unumgänglich, wenn ein IFRS-Zwischenabschluss erstellt wird (IAS 8.33). Aufgrund der mit der Geschäftstätigkeit verbundenen Unsicherheiten können viele Posten des IFRS-Zwischenabschlusses nicht präzise bewertet, sondern müssen vom Bilanzierenden geschätzt werden (IAS 8.32). Zu schätzen sind etwa die Höhe der Wertberichtigung von Vermögenswerten, die Höhe von Rückstellungen, die Nutzungsdauern von abnutzbaren Vermögenswerten oder der *fair value* von Vermögenswerten, für die kein aktiver Markt vorliegt und die zum *fair value* bewertet werden.[169] Bei der bilanziellen Abbildung dieser Sachverhalte spiegeln sich dabei stets die subjektiven Erwartungen des Managements über die künftige Entwicklung des Unternehmens wider.[170]

Die befragten Kapitalmarktteilnehmer weisen den Angaben zu Schätzungen eine hohe Bedeutung zu, da sie ein großes Interesse haben, zu erfahren, ob die Schätzungen vom Management bilanzpolitisch vorgenommen wurden oder nicht.[171] Überdies hat der Berichtsgegenstand für die Befragten eine hohe Bedeutung, da vom bilanzierenden Unternehmen für den IFRS-Zwischenbericht aus Zeit- und Kostenerwägungen regelmäßig mehr Schätzungen vorgenommen werden (müssen) als bei der Erstellung des jährlichen IFRS-Abschlusses (IAS 34.41).[172]

169 Der *fair value* ergibt sich häufig *„nicht aus Marktbeobachtungen, sondern aus der Anwendung verschiedener Schätzverfahren."* WAGENHOFER, A., Fair Value-Bewertung, S. 37.

170 Vgl. auch KÜTING, K., Bilanzanalyse und Bilanzpolitik, S. 2758.

171 *„Research [...] has highlighted that management may be motivated to choose accounting estimates that affect the carrying amount of assets or liabilities as a means of managing earnings."* Zitiert nach TEITLER, E., Schätzungsunsicherheiten, S. 180.

172 Vgl. PWC (Hrsg.), IFRS Manual of Accounting 2008, Chapter 31, Rn. 64.

425.32 Vorgaben nach IAS 34

Das berichterstattende Unternehmen hat im Anhang des IFRS-Zwischenabschlusses darüber zu berichten, wenn es Schätzungen von Beträgen geändert hat, die in früheren Zwischenberichtsperioden dargestellt wurden, und die geänderten Schätzungen einen wesentlichen Einfluss auf die aktuelle Zwischenberichtsperiode hatten. In diesem Fall sind vom bilanzierenden Unternehmen die Art und der Umfang der Schätzungsänderungen im Anhang des IFRS-Zwischenabschlusses anzugeben (IAS 34.16(d)).[173]

Die Angaben, welche das berichterstattende Unternehmen im jährlichen IFRS-Abschluss zu den Schätzungsunsicherheiten (*estimation uncertainty*) zu machen hat (IAS 1.125-133),[174] sind gemäß IAS 34.18 nicht verpflichtend im verkürzten IFRS-Zwischenabschluss vorzunehmen. Der IASB geht grundsätzlich davon aus, dass den Adressaten die Informationen des letzten jährlichen IFRS-Abschlusses vorliegen (IAS 34.6).

425.33 Gestaltungsempfehlungen

425.331. Angabe von wesentlich geänderten Schätzungen

Das berichterstattende Unternehmen sollte über die **unveränderten Schätzungen** im IFRS-Zwischenabschluss – analog zu den unveränderten Bilanzierungs- und Bewertungsmethoden –[175] **nicht ausführlich im Anhang berichten**. Denn werden die unveränderten Schätzungen im Anhang des IFRS-Zwischenabschlusses erneut beschrieben, erhalten die Kapitalmarktteilnehmer keine neuen entscheidungsnützlichen Informationen. Eine umfassende Berichterstattung zu diesen Sachverhalten würde zudem einer effizienten Zwischenberichterstattung entgegenstehen und bei den Adressaten nur unnötigen Mehr-Aufwand bei der Analyse des IFRS-Zwischenberichts verursachen.[176]

Wenn sich während der Zwischenberichtsperiode allerdings **Schätzungen wesentlich geändert** haben, messen die befragten Finanzanalysten, Fondsmanager und Wirtschaftsprüfer

173 Vgl. E&Y (Hrsg.), International GAAP 2008, S. 2655 und S. 2657 f.

174 Vgl. WAGENHOFER, A., Internationale Rechnungslegungsstandards, S. 469 f.

175 Vgl. hierzu Abschn. 425.231.

176 Im Anhang des IFRS-Zwischenabschlusses kann (sollte) freiwillig angegeben werden, dass sich die wesentlichen Schätzungen seit dem letzten jährlichen IFRS-Abschluss nicht verändert haben. Überdies kann (sollte) hinsichtlich der Darstellung der unveränderten Schätzungen auf den Anhang des letzten jährlichen IFRS-Abschlusses verwiesen werden.

den zugehörigen **Angaben** im Anhang des IFRS-Zwischenberichts eine **hohe Bedeutung** bei:

2. Angaben zu Schätzungen	**Mittlere absolute Einschätzung der Bedeutung**			**Signifikanter Unterschied**	
	Kapitalmarkt-experten	**Wirtschafts-prüfer**	**Mittel-wert**	**Gauß-/ T-Test**	**U-Test**
A. Angabe von wesentlich geänderten Schätzungen	4,02	4,14	4,08	-0,962 (0,338)	-0,896 (0,370)
A.1 Angabe und Begründung, welche Schätzungen geändert wurden	3,98	4,05	4,02	-0,458 (0,648)	-0,330 (0,741)
A.2 Angabe, auf welche Abschlussposten sich die Änderung erstreckt	3,95	4,03	3,99	-0,510 (0,611)	-0,418 (0,676)
A.3 Angabe von quantitativen Größen	4,00	3,99	4,00	0,091 (0,927)	-0,041 (0,967)

Übersicht 4-13: *Bedeutung der Angaben zu wesentlich geänderten Schätzungen*

Da sich das Vertrauen der Adressaten in die Glaubwürdigkeit der vom Unternehmen vorgenommenen Schätzungen verringert, wenn sich wesentliche Schätzungen *ex post* als falsch erweisen, sollte das berichterstattende Unternehmen nicht nur die angepassten Schätzungen im Anhang nennen, sondern zusätzlich auch begründen, warum die Schätzungen in der aktuellen Zwischenberichtsperiode angepasst werden mussten. In diesem Zusammenhang sollte das Unternehmen auch erläutern, warum die von den Schätzungen betroffenen Sachverhalte in der Vergangenheit anders beurteilt wurden. Das berichterstattende Unternehmen sollte ferner zu den revidierten Schätzungen die geänderten (zukunftsbezogenen) Annahmen und Schätzungsunsicherheiten angeben,[177] welche künftig zu einer wesentlichen Anpassung der Buchwerte der von den Schätzungen betroffenen Vermögenswerte und Schulden führen könnten.[178] Für Vermögenswerte und Schulden, die mit einer hohen Schätzungsunsicherheit verbunden sind, sollte das Unternehmen jeweils Bandbreiten im Anhang des IFRS-Zwischenabschlusses offenlegen.[179]

Gemäß IAS 34.35 sind die Auswirkungen von Schätzungsänderungen – im Gegensatz zu den Auswirkungen geänderter Bilanzierungs- und Bewertungsmethoden – ergebniswirksam

177 Im Zusammenhang mit einem *fair value*, der nicht mittels eines Marktpreises bestimmt werden kann, konstatiert KÜTING: „*Da die Parameter, auf denen der veröffentlichte Buchwert basiert, grundsätzlich nicht berichts- oder erläuterungspflichtig sind, bleibt dem [Abschlussadressaten] die genaue Festlegung auf den gewählten Bewertungsansatz verborgen.*" KÜTING, K., Bilanzanalyse und Bilanzpolitik, S. 2759 [Ergänzung durch den Verfasser].

178 Vgl. hierzu die Vorgaben für den Anhang des jährlichen IFRS-Abschlusses in IAS 1.125.

179 Vgl. hierzu bereits BAETGE, J., Möglichkeiten der Objektivierung des Jahreserfolges, S. 119.

im aktuellen Zwischenabschluss zu erfassen. Frühere Zwischenabschlüsse werden nicht rückwirkend korrigiert. Erweisen sich daher die in den vorherigen Zwischenberichtsperioden geschätzten Werte als falsch, wird das Ergebnis der aktuellen Zwischenberichtsperiode – durch die notwendigen Schätzungsanpassungen – unter Umständen erheblich verzerrt. Die Kapitalmarktteilnehmer sind daher auf zusätzliche quantitative Angaben zu den Auswirkungen der vorgenommenen Schätzungsänderungen angewiesen, damit sie die ausgewiesenen Abschlussinformationen zeitlich miteinander vergleichen und das Ergebnis der Zwischenberichtsperiode für die Prognose des Jahresergebnisses heranziehen können.[180]

425.332. Angaben zu den zusätzlich vorgenommenen Schätzungen

Neben den Angaben zu den wesentlich geänderten Schätzungen messen die befragten Kapitalmarktteilnehmer ebenfalls – wenngleich mit einem niedrigeren absoluten Wert von 3,76 – den **Angaben zu den zusätzlich vorgenommenen Schätzungen** im IFRS-Zwischenabschluss eine **hohe Bedeutung** bei:

2. Angaben zu Schätzungen	Mittlere absolute Einschätzung der Bedeutung			Signifikanter Unterschied	
	Kapitalmarkt-experten	Wirtschafts-prüfer	Mittel-wert	Gauß-/ T-Test	U-Test
B. Angabe der für den Zwischenbericht zusätzlich vorgenommenen Schätzungen	3,72	3,79	3,76	-0,483 (0,630)	-0,437 (0,662)

Übersicht 4-14: *Bedeutung der Angaben zu den zusätzlich vorgenommenen Schätzungen*

Die hohe Bedeutung des Berichtsgegenstands resultiert daraus, dass regelmäßig bei wesentlichen Posten des IFRS-Zwischenabschlusses, bspw. bei Vorräten, bestimmten Rückstellungen oder bei neubewerteten Gegenständen des Anlagevermögens[181] – im Vergleich zum jährlichen IFRS-Abschluss – zusätzliche Schätzungen vorgenommen werden.

Nach IAS 34 sind keine Angaben zu den zusätzlich vorgenommenen Schätzungen im Anhang des IFRS-Zwischenberichts offenzulegen. Die Adressaten können daher nicht erkennen, ob beispielsweise die Bewertungen bestimmter Rückstellungen[182] oder *investment properties*[183] analog zum jährlichen IFRS-Abschluss anhand von externen Gutachten vorge-

180 Vgl. hierzu BAETGE, J./MARESCH, D./SCHULZ, R., Zur (Un-)Möglichkeit des Zeitvergleichs von Kennzahlen, S. 421.

181 Zu einer empirischen Untersuchung vgl. MÜLLER, S./WOBBE, C./REINKE, J., Empirische Analyse der Bilanzierung des Sachanlagevermögens, S. 633 und S. 637.

182 Vgl. HEBESTREIT, G., in: Beck IFRS HB, § 42, Rn. 60 und Rn. 63.

nommen wurden oder die Abschlussposten unternehmensintern fortgeschrieben respektive neu bewertet wurden.[184] Abschlussposten, die mithilfe von externen Gutachten bewertet werden, sind für die Adressaten allerdings grundsätzlich verlässlicher, da dem bilanzierenden Unternehmen geringere Gestaltungsspielräume gewährt werden, als wenn die Vermögenswerte unternehmensintern fortgeschrieben bzw. neu bewertet werden. Falls daher zum Beispiel wesentliche Rückstellungen oder zum *fair value* bewertete Vermögenswerte – abweichend zum jährlichen IFRS-Abschluss – nicht anhand von externen Gutachten bewertet werden, sollte das Unternehmen dies im Anhang des IFRS-Zwischenabschlusses angeben. Dabei sollte zudem aufgeführt werden, welche Bewertungsmethode das Unternehmen verwendet hat sowie welche Annahmen und Schätzungsunsicherheiten[185] der unterjährigen Bewertung zugrunde liegen.[186] Hierbei ist zu beachten, dass die Adressaten besonders daran interessiert sind, dass die Angaben zu den Schätzungsunsicherheiten über eine rein qualitative Beschreibung hinausgehen.[187] Für Sachverhalte, die eine hohe Bewertungsunsicherheit aufweisen, ist dem bilanzierenden Unternehmen ferner zu empfehlen, die bestehenden Bewertungsunsicherheiten mittels Bandbreiten[188] oder Sensitivitätsanalysen zu erläutern.

183 *„Eine Analyse der Jahresabschlüsse 2007 von 18 börsennotierten Immobiliengesellschaften [...] zeigt, dass sich die Bewertung der Investment Properties durch externe Dritte zum Jahresabschlussstichtag [...] durchgesetzt hat.“* HEINTGES, S./BOGGEL, A./WULBRAND, H., Immobilienvermögen, S. 2041.

184 *„Deutlich weniger Unternehmen lassen [...] zum ersten (15,4 %) und dritten (23,1 %) Quartalsstichtag eine externe Bewertung vornehmen.“* HEINTGES, S./BOGGEL, A./WULBRAND, H., Immobilienvermögen, S. 2041. So auch KPMG *„In our experience, external valuers are not used at interim reporting dates“*. KPMG (Hrsg.), Insights into IFRS, Rn. 5.9.140.10.

185 *„In general, the lower the reliability of an amount in the financial statements, the greater is the need for the financial statements to explain the basis on which the amount was arrived at, including the principal assumptions used, the reasons those assumptions were selected, and the impact that changes in those assumptions would have on the financial statements.“* ERNST & YOUNG (Hrsg.), How fair is fair value?, S. 3 [Hervorhebungen durch den Verfasser].

186 Ähnlich auch KPMG (Hrsg.), Insights into IFRS, Rn. 5.90.60.70.

187 Vgl. TEITLER, E., Schätzungsunsicherheiten, S. 181. Allerdings halten HOFFMANN/LÜDENBACH fest: *„So gut wie nie wird [...] über die quantitativen Folgen dieses Schätzungsermessens – also die Ausmaße des Schätzungsspielraums – berichtet.“* HOFFMANN, W.-D./LÜDENBACH, N., Ermessenspielräume, S. 1965.

188 Damit keine zu großen Bandbreiten offengelegt werden, sollten Extremwerte eliminiert und eine 95 % *„kumulative Glaubwürdigkeit“* sollte bei der Bestimmung der Bandbreiten zugrunde gelegt werden. Vgl. BAETGE, J., Möglichkeiten der Objektivierung des Jahreserfolges, S. 119.

425.4 Angaben zu ungewöhnlichen Sachverhalten

425.41 Bedeutung für die Kapitalmarktteilnehmer

Die befragten Kapitalmarktexperten und Wirtschaftsprüfer messen den Angaben zu den ungewöhnlichen Sachverhalten übereinstimmend eine hohe bis sehr hohe Bedeutung bei:

Berichtsgegenstand im Anhang des IFRS-Zwischenabschlusses	**Mittlere absolute Einschätzung der Bedeutung**			**Signifikanter Unterschied**	
	Kapitalmarkt-experten	**Wirtschafts-prüfer**	**Mittel-wert**	**Gauß-/ T-Test**	**U-Test**
3. Angaben zu ungewöhnlichen Sachverhalten	4,32	4,39	4,36	-0,635 (0,526)	-0,433 (0,665)

Übersicht 4-15: Bedeutung der Angaben zu den ungewöhnlichen Sachverhalten

Die hohe bis sehr hohe Bedeutung dieses Berichtsgegenstands resultiert zum einen daraus, dass unter dem unbestimmten Rechtsbegriff[189] *„ungewöhnliche Sachverhalte"* diverse rechnungslegungsspezifische Bilanzierungs- und Bewertungsvorgänge subsumiert werden können,[190] wie die[191]

- Außerplanmäßigen Abschreibungen oder Zuschreibungen von Vermögenswerten (vgl. u. a. IAS 36.59, IAS 36.110 oder IAS 2.28),
- Berichtigung von Fehlern (IAS 8.42),[192]
- Wertberichtigung von Forderungen (IAS 39.63)[193] oder
- Bildung oder Auflösung von Rückstellungen (IAS 37.14 bzw. IAS 37.59).[194]

Zum anderen ist die hohe bis sehr hohe Bedeutung darauf zurückzuführen, dass ungewöhnliche Sachverhalte *ex definitione* die unterjährige Vermögens-, Finanz- oder Ertragslage des

189 Mit unbestimmten Rechtsbegriffen soll die Kodifizierung einer *„Vielzahl ausführlicher und konkreter Einzelregelungen"* vermieden werden. Vgl. KÜTING, K., Bilanzanalyse und Bilanzpolitik, S. 2757. Die Alternative zu unbestimmten Rechtsbegriffen bestünde darin, *„umfangreiche und komplizierte dennoch wohl kaum klärende Erläuterungen"* zu verwenden. Vgl. LEFFSON, U., Wesentlich, S. 434.

190 Bei der empirischen Erhebung wurden den Befragten ebenfalls Beispiele zu ungewöhnlichen Sachverhalten genannt, so dass die Kapitalmarktteilnehmer ein annähernd gleiches Verständnis bzgl. *„ungewöhnlicher Sachverhalte"* bei ihrer Bewertung zugrunde gelegt haben. Vgl. Anhang 1.

191 Weitere Beispiele finden sich bei PWC (Hrsg.), Manual of Accounting 2008, Chapter 31, Rn. 101, HEBESTREIT, G., in: Beck IFRS HB, § 42, Rn. 26; BAETGE, J./BRUNS, C./ROLVERING, A./ HAENELT, T., in: Baetge u. a., Rechnungslegung nach IFRS, IAS 34, Rn. 58.

192 Vgl. KÜTING, K. u. a., Der Fehlerbegriff in IAS 8, S. 1-20.

193 Vgl. COENENBERG, A. G., Jahresabschluss und Jahresabschlussanalyse, S. 248.

194 Unter ungewöhnlichen Sachverhalten könnten zudem aufgegebene Geschäftsbereiche oder Geschäfte mit nahestehenden Unternehmen und Personen subsumiert werden. Vgl. Abschn. 425.1.

berichterstattenden Unternehmens abnormal beeinflussen (IAS 34.16(c)). Aus diesem Grund sind die Adressaten grundsätzlich an detaillierten Informationen über derartige Sachverhalte interessiert, damit sie die mit dem IFRS-Zwischenabschluss dargestellte wirtschaftliche Lage adäquat beurteilen und die Fähigkeit des Unternehmens besser einschätzen können, künftig Gewinne und Cashflows zu erwirtschaften.

425.42 Vorgaben nach IAS 34

Im Anhang des IFRS-Zwischenabschlusses sind die Sachverhalte zu beschreiben, die „*Vermögenswerte, Schulden, Eigenkapital, Ergebnis oder Cashflows beeinflussen, und die auf Grund ihrer Art, ihres Ausmaßes oder ihrer Häufigkeit ungewöhnlich sind*“ (IAS 34.16(c)). Ungewöhnliche Sachverhalte sind im IFRS-Zwischenabschluss allerdings nur dann berichtspflichtig, wenn der jeweilige Sachverhalt die Vermögens-, Finanz- oder Ertragslage des berichterstattenden Unternehmens auch wesentlich beeinflusst hat (IAS 34.16).

425.43 Gestaltungsempfehlungen

Aufgrund der heterogenen Sachverhalte, die unter dem unbestimmten Rechtsbegriff „*ungewöhnlich*“ subsumiert werden können, sind Gestaltungsempfehlungen für die IFRS-Zwischenberichterstattung kaum pauschal entwickelbar. Die Gestaltungsempfehlungen müssten vielmehr unternehmensspezifisch für jeden einzelnen ungewöhnlichen Sachverhalt separat hergeleitet werden. Das berichterstattende Unternehmen kann indes – unabhängig vom konkreten ungewöhnlichen Sachverhalt – grundsätzlich neben dessen Art auch dessen betragsmäßige Auswirkung auf die Posten des IFRS-Zwischenabschlusses angeben. Die befragten Kapitalmarktteilnehmer ordnen diesen konkretisierenden Anhangangaben die folgende Bedeutung zu:

3. Angaben zu ungewöhnlichen Sachverhalten	**Mittlere absolute Einschätzung der Bedeutung**			**Signifikanter Unterschied**	
	Kapitalmarkt-experten	**Wirtschafts-prüfer**	**Mittel-wert**	**Gauß-/ T-Test**	**U-Test**
A. Angabe der Art der ungewöhnlichen Sachverhalte	4,21	4,29	4,25	-0,614 (0,540)	-0,666 (0,505)
B. Angabe der betragsmäßigen Auswirkungen der ungewöhnlichen Sachverhalte auf die Posten des Zwischenabschlusses	4,19	4,27	4,23	-0,604 (0,547)	-0,671 (0,502)

Übersicht 4-16: *Bedeutung der konkretisierenden Anhangangaben zu den ungewöhnlichen Sachverhalten*

Zunächst ist zu konstatieren, dass dem Management erhebliche Ermessensspielräume gewährt werden, wenn es entscheidet, ob ein Sachverhalt aufgrund seiner Art, seines Ausmaßes oder seiner Häufigkeit *ungewöhnlich* ist (IAS 34.16(c)). Gleiches gilt auch, wenn das Management festlegt, ob der als ungewöhnlich klassifizierte Sachverhalt die unterjährige Vermögens-, Finanz- und Ertragslage *wesentlich* beeinflusst hat (IAS 34.16). Infolge dieser Ermessensspielräume wird nicht zwangsläufig gewährleistet, dass die Adressaten im Anhang des IFRS-Zwischenabschlusses angemessen über ungewöhnliche Sachverhalte informiert werden. Dem berichterstattenden Unternehmen ist allerdings – aufgrund der hohen bis sehr hohen Bedeutung des Berichtsgegenstands für die Befragten – zu empfehlen, im Anhang des IFRS-Zwischenabschlusses möglichst umfassend über (etwaige) ungewöhnliche Sachverhalte zu berichten.

Exemplarisch für einen ungewöhnlichen Sachverhalt kann die retrograde Berichtigung von Fehlern genannt werden. In diesem Zusammenhang ist anzumerken, dass die Zahl der retrograden Fehlerkorrekturen – u. a. wegen der steigenden Komplexität der internationalen Rechnungslegung –[195] in den letzten Jahren stetig zugenommen hat.[196] Wenn ein wesentlicher Bilanzierungsfehler den Adressaten bekannt wird, verringert sich grundsätzlich das Vertrauen der Adressaten in die vom Unternehmen veröffentlichten Abschlusszahlen.[197] Damit der Vertrauensverlust bei den Anlegern weitestgehend verhindert wird, sollte das berichterstattende Unternehmen im Anhang des IFRS-Zwischenabschlusses nicht nur die Art des Fehlers nennen, sondern es sollte zudem freiwillig erläutern, wie der Fehler in der Vergangenheit entstanden ist. Überdies sollte das Unternehmen für jeden vom Fehler betroffenen Abschlussposten angeben, in welcher Höhe der Posten korrigiert werden musste. Wie in der Übersicht 4-16 gezeigt wurde, messen die befragten Kapitalmarktteilnehmer diesen Anhangangaben eine hohe bzw. eine hohe bis sehr hohe Bedeutung bei.

195 Vgl. DPR (Hrsg.), Tätigkeitsbericht 2007, S. 19.

196 Vgl. DPR (Hrsg.), Tätigkeitsbericht 2007, S. 5. Ebenfalls konnte in amerikanischen Studien gezeigt werden, dass in den letzten Jahren die retrograde Fehlerkorrektur überproportional anstieg. Nach der Studie des GOVERNMENT ACCOUNTABILITY OFFICE (GAO) stieg im Zeitraum 2002 bis 2005 der Anteil der Abschlüsse, die durch eine retrograde Fehlerkorrektur berichtigt werden mussten, von 3,7 % auf 6,8 % an. Vgl. GAO (Hrsg.), Financial Restatements, S. 12 f.; mit ähnlichem Ergebnis SCHOLZ, S., Financial Restatements, S. 2.

197 Die Aktienkurse der berichterstattenden Unternehmen geben infolge einer Fehlerkorrektur häufig erheblich nach. Vgl. GAO (Hrsg.), Financial Restatements, S. 23-27; ERCHINGER, H./ MELCHER, W., Fehler in der internationalen Rechnungslegung, S. 617 f.

425.5 Angaben zum veränderten Konsolidierungskreis

425.51 Bedeutung für die Kapitalmarktteilnehmer

Die befragten Kapitalmarktteilnehmer weisen den **Angaben zum veränderten Konsolidierungskreis** eine **hohe Bedeutung** zu:

Berichtsgegenstand im Anhang des IFRS-Zwischenabschlusses	Mittlere absolute Einschätzung der Bedeutung			Signifikanter Unterschied	
	Kapitalmarkt-experten	Wirtschafts-prüfer	Mittel-wert	Gauß-/ T-Test	U-Test
5. Angaben zum veränderten Konsolidierungskreis	3,98	3,99	3,99	-0,025 (0,980)	-0,317 (0,751)

Übersicht 4-17: Bedeutung der Angaben zum veränderten Konsolidierungskreis

Im Rahmen der Konzernrechnungslegung nach IFRS wird die sog. Stufenkonzeption verfolgt.[198] Dabei bildet das Mutterunternehmen den Mittelpunkt eines Systems konzentrischer Kreise, in denen der Grad der Einflussnahme des Mutterunternehmens nach außen abnimmt.[199] Unterjährige Veränderungen in der Konzernstruktur können somit verschiedene Stufen des Konsolidierungskreises betreffen. Abhängig von der betroffenen Stufe des Konsolidierungskreises – und damit von der anzuwendenden Konsolidierungsmethode[200] – sowie von der Art der Veränderung (Unternehmenszusammenschluss, Veräußerung von Unternehmensanteilen, konzerninterne Umstrukturierung[201] etc.) wird der konsolidierte IFRS-Zwischenabschluss unterschiedlich beeinflusst. Da zusätzlich die Abschlussposten aller konsolidierten Unternehmen aggregiert im IFRS-Konzernzwischenabschluss ausgewiesen werden, können die Adressaten nicht unmittelbar aus den Rechenwerken erkennen, wie sich der veränderte Konsolidierungskreis auf die mit dem IFRS-Konzernzwischenabschluss dargestellte Vermögens-, Finanz- und Ertragslage ausgewirkt hat. Die Adressaten sind somit auf eine zusätzliche Berichterstattung zum veränderten Konsolidierungskreis außerhalb der Rechenwerke angewiesen und weisen daher den entsprechenden Anhangangaben eine hohe Bedeutung zu. Denn lediglich mit einer angemessenen Berichterstattung über die veränderte

198 Zur Stufenkonzeption vgl. BAETGE, J./KIRSCH, H.-J./THIELE, S., Konzernbilanzen, S. 125; PELLENS, B. u. a., Internationale Rechnungslegung, S. 752-754.

199 Vgl. BAETGE, J./HAYN, S./STRÖHER, T., in: Baetge u. a., Rechnungslegung nach IFRS, IAS 27, Rn. 111-114.

200 Zu den Konsolidierungsmethoden nach IFRS vgl. BAETGE, J./KIRSCH, H.-J./THIELE, S., Konzernbilanzen; SCHILDBACH, T., Konzernabschluss; KÜTING, K./WEBER, C.-P., Konzernabschluss.

201 Vgl. ausführlich STRÖHER, T., Die Bilanzierung von Unternehmenszusammenschlüssen unter Common Control nach IFRS.

Konzernstruktur können die Kapitalmarktteilnehmer die mit dem IFRS-Konzernzwischenabschluss dargestellte wirtschaftliche Lage des veränderten Konzernverbunds angemessen beurteilen und die künftige wirtschaftliche Lage – einschließlich des Jahresergebnisses und der erwarteten Dividenden – besser prognostizieren.

425.52 Vorgaben nach IAS 34

Nach IAS 34.16(i) ist über die Auswirkung von Änderungen in der Zusammensetzung eines Unternehmens während der Zwischenberichtsperiode, einschließlich Unternehmenszusammenschlüssen und den Erwerb oder die Veräußerung von Tochterunternehmen[202] zu berichten. Bei unterjährigen Unternehmenszusammenschlüssen hat das berichterstattende Unternehmen sämtliche Angaben im Anhang des IFRS-Zwischenabschlusses offenzulegen, die gemäß IFRS 3 („Unternehmenszusammenschlüsse") für den jährlichen IFRS-Abschluss vorgeschrieben werden (IAS 34.16(i) i. V. m. IFRS 3.59-63).[203] Im Rahmen der IFRS-Zwischenberichterstattung sind somit äußerst umfangreiche Angaben[204] zu *business combinations* zu machen, welche den Adressaten dabei helfen sollen, die Art und die finanziellen Auswirkungen der erfolgten Unternehmenszusammenschlüsse beurteilen zu können.[205]

425.53 Gestaltungsempfehlungen

Die befragten Kapitalmarktexperten und Wirtschaftsprüfer messen den konkretisierenden Anhangangaben zu einem veränderten Konsolidierungskreis übereinstimmend eine hohe Bedeutung zu:

202 Vgl. IAS 34.16(i).

203 Vom IASB wurde durch die Verabschiedung des IFRS 3 im Januar 2008 die unterjährige Berichterstattung zu *business combinations* wesentlich ausgeweitet. Vgl. bereits Abschn. 11.

204 Vgl. PELLENS, B. u. a., Internationale Rechnungslegung, S. 738.

205 Die Angabepflichten gem. IFRS 3.59-63 werden in IFRS 3.B64-B67 konkretisiert. Auf eine Auflistung der äußerst umfangreichen Anhangangaben wird an dieser Stelle verzichtet. Vgl. hierzu LÜDENBACH, N., in: Haufe IFRS-Kommentar, § 31, Rn. 186.

5. Angaben zum veränderten Konsolidierungskreis	**Mittlere absolute Einschätzung der Bedeutung**			**Signifikanter Unterschied**	
	Kapitalmarkt-experten	**Wirtschafts-prüfer**	**Mittel-wert**	**Gauß-/ T-Test**	**U-Test**
A. Angabe, welche Unternehmen erstmals (nicht mehr) in den Konsolidierungskreis einbezogen wurden	3,97	4,00	3,99	-0,221 (0,825)	-0,053 (0,958)
B. Betragsangabe, wie sich dadurch wesentliche Konzernabschlussposten verändert haben	4,00	3,87	3,94	0,944 (0,347)	-1,259 (0,208)
C. Angaben zu Unternehmenszusammenschlüssen	4,11	4,10	4,11	0,079 (0,937)	-0,315 (0,753)
D. Angaben zur Veränderung des nicht bilanzierten Konzernvermögens	3,79	3,90	3,85	-0,643 (0,522)	-0,361 (0,718)

Übersicht 4-18: *Bedeutung der konkretisierenden Anhangangaben zum veränderten Konsolidierungskreis*

Die Adressaten möchten zunächst im Anhang des konsolidierten IFRS-Zwischenabschlusses erfahren, welche **Unternehmen erstmals (nicht mehr) in den Konsolidierungskreis** des berichterstattenden Mutterunternehmens **einbezogen** wurden. Für die während der Zwischenberichtsperiode erst- bzw. endkonsolidierten Unternehmen sollte das berichterstattende Mutterunternehmen jeweils den Namen der Gesellschaft, die erworbene bzw. veräußerte Beteiligungsquote (ggf. zuzüglich der abweichenden Stimmrechtsquote), den dafür entrichteten bzw. erhaltenen Kaufpreis und den Erst- bzw. Endkonsolidierungszeitpunkt angeben. Die Angaben sollten für wesentliche Tochterunternehmen (*subsidiaries*), Gemeinschaftsunternehmen (*jointly controlled entities*) und assoziierte Unternehmen (*associates*) offengelegt werden.[206] Die HEIDELBERGCEMENT AG hat beispielsweise im IFRS-Zwischenbericht für die Zugänge bei den vollkonsolidierten Unternehmen im ersten Halbjahr des Geschäftsjahres 2008 folgende tabellarische Darstellung veröffentlicht:[207]

206 Bei einer Übergangskonsolidierung sollten ebenfalls die aufgeführten Anhangangaben offengelegt werden. Vgl. hierzu MILLA, A./BUTOLLO, B., Übergangskonsolidierung nach IFRS, S. 81-90; MILLA, A./BUTOLLO, B., Sonderfälle der Übergangskonsolidierung nach IFRS, S. 173-181.

207 HEIDELBERGCEMENT AG (Hrsg.), Halbjahresfinanzbericht 2008, S. 14.

Veränderungen des Konsolidierungskreises

Zugänge

Zugänge zum Konsolidierungskreis im Vergleich zum 31. Dezember 2007 ergaben sich in den Konzerngebieten Europa und Asien-Australien-Afrika und werden in der nachfolgenden Tabelle dargestellt.

Zugänge bei den vollkonsolidierten Unternehmen Land / Firma	Sitz	%	Anschaffungs-kosten Mio EUR	Vorläufiger Goodwill Mio EUR	Einbezogen seit
Belgien					
Amix SA	Villers-le-Bouillet	100,0	6,6	4,7	1. Jan.
Georgien					
Kartuli Tsementi LLC	Tbilisi	51,0	2,2	1,1	1. Jan.
Kasachstan					
Baykaz Beton LLP	Almaty	75,0	1,5	3,1	1. Jan.
Bektaz Group LLP	Almaty	75,0	1,0	0,3	1. Jan.
CaspiCement LLP	Shetpe	75,5	5,6	6,1	1. Jan.
Russland					
TulaCement LLC	Novogurovsky	100,0	3,9	0,4	1. Jan.
Kaliningrad Cement OOO	Kaliningrad	74,9	1,3		1. Jan.
Ukraine					
LLC KSL	Bushevo	100,0	5,2	5,4	1. Jan.
LLC Kryvbas Beton	Kyiv	100,0	7,2	2,0	1. Jan.

Beispiel 4-7: *Tabellarische Darstellung der Zugänge bei den vollkonsolidierten Unternehmen im Halbjahresfinanzbericht 2008 der HEIDELBERGCEMENT AG*

Des Weiteren sollte das berichterstattende Mutterunternehmen darstellen, wie sich die **wesentlichen Abschlussposten** des IFRS-Konzernzwischenabschlusses **durch die erst- bzw. endkonsolidierten Unternehmen verändert haben**. Denn die Abschlussdaten der in den IFRS-Konzernzwischenabschluss einbezogenen Unternehmen werden in den Rechenwerken des konsolidierten IFRS-Zwischenabschlusses aggregiert ausgewiesen, so dass die Adressaten nicht unmittelbar erkennen können, wie sich der veränderte Konsolidierungskreis auf die wirtschaftliche Lage des berichterstattenden Mutterunternehmens ausgewirkt hat.[208] Durch die entsprechenden Anhangangaben können die Adressaten die Abschlussposten des konsolidierten IFRS-Zwischenabschlusses um die Effekte des veränderten Konsolidierungskreises korrigieren und erkennen, wie sich die unterjährige Vermögens-, Finanz- und Ertragslage ohne die veränderte Konzernstruktur entwickelt hätte. In diesem Zusammenhang sind die Adressaten besonders daran interessiert zu erfahren, wie sich die veränderte Konzernstruktur auf das Periodenergebnis ausgewirkt hat, da aus dem in der Gesamtergebnisrechnung ausgewiesenen Periodenergebnis grundsätzlich nicht hervorgeht, zu welchen Teilen das Perioden-

208 In den vorherigen IFRS-Zwischenabschlüssen sind die Vermögenswerte und Schulden von endkonsolidierten Unternehmen in gesonderten Bilanzposten auszuweisen, wenn sie nach IFRS 5 als zur Veräußerung gehalten klassifiziert wurden. Vgl. WOLLMERT, P./OSER, P./BISCHOF, S., IFRS 5, S. 770-772.

ergebnis auf die während der Zwischenberichtsperiode erst-[209] bzw. endkonsolidierten[210] Unternehmen entfällt. Durch die entsprechenden Angaben können die Adressaten die Performance des berichterstattenden Mutterunternehmens in der aktuellen Zwischenberichtsperiode besser mit der Performance in der vorherigen Zwischenberichtsperiode vergleichen. Des Weiteren dient das offengelegte anteilige Periodenergebnis der erst- bzw. endkonsolidierten Unternehmen den Adressaten auch als Indikator für die künftig hinzukommenden bzw. wegfallenden Erfolgsbeiträge. Damit wird den Adressaten ebenfalls eine bessere Prognose des Jahresergebnisses und der erwarteten Dividende ermöglicht.

Die befragten Kapitalmarktteilnehmer messen den Anhangangaben zu **Unternehmenszusammenschlüssen** eine hohe Bedeutung bei. Dies lässt sich darauf zurückführen, dass bei der Übernahme eines Unternehmens vom Erwerber regelmäßig ein Kaufpreis gezahlt wird, der den Buchwert des Reinvermögens,[211] welchen das erworbene Unternehmen vor seiner Übernahme ausgewiesen hat, deutlich übersteigt.[212] Die Adressaten erhalten aus den Rechenwerken des konsolidierten IFRS-Zwischenabschlusses aber keine Anhaltspunkte darüber, ob der entrichtete Kaufpreis gerechtfertigt war. Des Weiteren können die Adressaten anhand der Rechenwerke des konsolidierten IFRS-Zwischenabschlusses nicht erkennen, ob und wieweit das berichterstattende Mutterunternehmen den entrichteten Kaufpreis im Rahmen der Kaufpreisallokation[213] bilanzpolitisch motiviert auf die einzelnen übernommenen Vermögenswerte und Schulden verteilt hat.[214] Bei der Kaufpreisallokation wird dem berichterstattenden Mutterunternehmen vor allem bei der Neubewertung[215] der übernommenen Vermögenswerte und Schulden ein erheblicher Ermessensspielraum gewährt,[216] da für

209 Im Anhang des IFRS-Zwischenabschlusses sind der Umsatz und das Ergebnis eines erworbenen Unternehmens sowohl für die komplette Zwischenberichtsperiode als auch für den Zeitraum zwischen dem Erwerbszeitpunkt und dem Zwischenbilanzstichtag anzugeben, wenn die Angaben nicht unpraktikabel (*impracticable*) sind (IAS 34.16(i) i. V. m. IFRS 3.B64(q)).

210 Wenn endkonsolidierte Unternehmen nach IFRS 5 als aufgegebene Geschäftsbereiche zu klassifizieren sind, ist die Summe von deren Periodenergebnissen separat in der Gesamtergebnisrechnung auszuweisen (IFRS 5.33(a)). Vgl. POERSCHKE, K., Die Bilanzierung von zur Veräußerung gehaltenem Vermögen, S. 157.

211 Zu den Motiven für den Erwerb von Unternehmen vgl. HENDLER, M., Abbildung des Erwerbs und der Veräußerung von Anteilen an Tochterunternehmen, S. 56 f.

212 Zu einem möglichen negativen Unterschiedsbetrag vgl. WIRTH, J., Firmenwertbilanzierung nach IFRS, S. 174-176; QIN, S., Bilanzierung des Excess nach IFRS 3. Auf den Sonderfall des *Excess* wird im Folgenden nicht eingegangen.

213 Zur Kaufpreisallokation bei *business combinations* vgl. SCHULTZE, W./KAFADAR, K./THIERICKE, S., Die Kaufpreisallokation, S. 1348-1354; HEIDEMANN, C., Kaufpreisallokation.

214 Vgl. BRÜGGEMANN, B., Die Berichterstattung im Anhang des IFRS-Abschlusses, S. 110.

215 Einen Überblick gibt LÜDENBACH, N., in: Haufe IFRS-Kommentar, § 31, Rn. 60.

viele Vermögenswerte und Schulden keine objektivierten Marktpreise vorliegen, sondern die beizulegenden Zeitwerte mittels DCF-Kalkülen bestimmt werden müssen.[217] Dadurch kann das Management allerdings mittelbar die in den künftigen IFRS-Zwischenabschlüssen dargestellte erfolgswirtschaftliche Lage bilanzpolitisch beeinflussen.[218] Denn der auf die nicht planmäßig abzuschreibenden Vermögenswerte und auf den Geschäfts- oder Firmenwert entfallende Teil des Kaufpreises belastet die Ergebnisse in den folgenden Berichtsperioden nicht durch planmäßige Abschreibungen, sondern lediglich dann, wenn sich beim *impairment test*[219] ein Wertminderungsbedarf ergibt. Das Management, welches an einem möglichst hohen künftigen Periodenergebnis interessiert ist, wird im Rahmen der Kaufpreisallokation somit versuchen, sowohl einen möglichst hohen Betrag an nicht planmäßig abzuschreibenden Vermögenswerten als auch einen möglichst hohen Geschäfts- oder Firmenwert zu identifizieren und auszuweisen.[220] Ferner besitzt das Management in den Folgeperioden – durch den im Rahmen der Kaufpreisallokation ermittelten Geschäfts- oder Firmenwert – weitere bilanzpolitische Möglichkeiten. Denn bei dem einmal jährlich durchzuführenden *impairment test* für den Geschäfts- oder Firmenwert bestehen umfangreiche Ermessensspielräume,[221] die vom Management – bspw. bei einem *big bath accounting* – genutzt werden können.[222]

Da im Rahmen der Kaufpreisallokation im Wesentlichen mit der Neubewertung der übernommenen Vermögenswerte und Schulden die Ausgangsbasis für die Bilanzpolitik der folgenden Berichtsperioden vom Management determiniert werden kann, sollten die Adressaten die Verlässlichkeit der im Rahmen der Kaufpreisallokation ermittelten beizulegenden

216 Zusätzlich sind Eventualschulden, die auf einer gegenwärtigen Verpflichtung beruhen, anzusetzen (IFRS 3.22-23). Vgl. hierzu HACHMEISTER, D., Neuregelung IFRS 3, S. 118.

217 Vgl. PFAFF, D./KUKULE, W., Fair Value, S. 546 f.; THIELE, S., Zeitbewertung, S. 638 f.

218 Vgl. HEIDEMANN, C., Kaufpreisallokation, S. 16 f.

219 Zum Werthaltigkeitstest von Geschäfts- oder Firmenwerten vgl. WIRTH, J., Firmenwertbilanzierung nach IFRS, S. 198-224.

220 Vgl. RICHTER, M., Goodwill, S. 18.

221 HOMMEL hält zu der vergleichbaren US-GAAP-Regelung fest: *„Die [...] Ermessensspielräume sind so groß, dass die Manager den Gewinnausweis durch die Modellierung von Goodwillabschreibungen beinahe beliebig steuern können."* HOMMEL, M., Goodwillbilanzierung, S. 1949. Vgl. hierzu auch KIRSCH, H.-J./KOELEN, P./TINZ, O., Impairment only approach, S. 88; LIENAU, A./ZÜLCH, H., Die Ermittlung des value in use, S. 319.

222 Zur Möglichkeit eines *big bath* durch den *impairment test* des Geschäfts- oder Firmenwerts vgl. HITZ, J.-M./KUHNER, C., Derivativer Goodwill, S. 285; JORDAN, C. E./CLARK, S. J., Big bath earnings management, S. 68; JORDAN, C. E./CLARK, S. J., Using goodwill impairment to accomplish big bath earnings management, S. 86.

Zeitwerte mithilfe der offengelegten Informationen im Anhang des konsolidierten IFRS-Zwischenabschlusses beurteilen können. Damit die Adressaten die im Rahmen der Kaufpreisallokation ermittelten beizulegenden Zeitwerte beurteilen können, sollte das berichterstattende Mutterunternehmen im Anhang erläutern, anhand welcher Verfahren[223] und auf Basis welcher Annahmen die beizulegenden Zeitwerte der übernommenen Vermögenswerte und Schulden ermittelt worden sind.[224] Ferner sollte das berichterstattende Mutterunternehmen beschreiben, auf welche Einflussfaktoren wesentliche Differenzen zwischen den Buchwerten der Vermögenswerte und Schulden des erworbenen Unternehmens vor dem Unternehmenszusammenschluss und den neu bewerteten beizulegenden Zeitwerten der Vermögenswerte und Schulden im Erwerbszeitpunkt zurückzuführen sind.[225]

Durch die Neubewertung im Rahmen der Kaufpreisallokation kann die Lücke zwischen dem Kaufpreis und dem bilanziellen Reinvermögen des übernommenen Unternehmens in der Regel nur teilweise geschlossen werden.[226] Die verbleibende Differenz wird als Geschäfts- oder Firmenwert im konsolidierten IFRS-Zwischenabschluss ausgewiesen.[227] Damit die Adressaten unterjährig angemessen beurteilen können, ob die Höhe des Kaufpreises gerechtfertigt ist – obwohl dem Kaufpreis teilweise keine identifizierbaren Vermögenswerte gegenüberstehen –,[228] sind die Adressaten daran interessiert, dass das berichterstattende Mutterunternehmen möglichst ausführlich erläutert, auf welche Faktoren der Geschäfts- oder Firmenwert zurückzuführen ist (IAS 34.16(i) i. V. m. IFRS 3.B64(e)). Zwar kann die mit der Kaufpreisallokation verbundene Unsicherheit auf Seiten der Adressaten grundsätzlich nicht vollständig durch die Berichterstattung im Anhang des IFRS-Zwischenabschlusses ausgeräumt werden. Indes sollte das berichterstattende Mutterunternehmen – aufgrund der hohen Bedeutung, welche die befragten Kapitalmarktteilnehmer den Anhangangaben zu *business combinations* beimessen – möglichst ausführlich im Anhang des IFRS-Zwischenabschlusses zu Unternehmenszusammenschlüssen berichten. Diese Ansicht teilt auch das IASB, da seit der Novellierung des IFRS 3 (rev. 2008) im IFRS-Zwischenabschluss sämtli-

223 Vgl. LÜDENBACH, N., in: Haufe IFRS-Kommentar, § 31, Rn. 60-70.

224 Vgl. hierzu auch HEIDEMANN, C., Kaufpreisallokation, S. 213-227.

225 Vgl. BRÜGGEMANN, B., Die Berichterstattung im Anhang des IFRS-Abschlusses, S. 115 f.

226 Zu der Höhe von in der Praxis ausgewiesenen Geschäfts- oder Firmenwerten vgl. KÜTING, K., Geschäfts- oder Firmenwert, S. 2762.

227 Nach IFRS 3 (rev. 2008) ist dem berichterstattenden Unternehmen auch erlaubt, den auf die Minderheiten entfallenden Geschäfts- oder Firmenwert zu aktivieren (sog. *full goodwill method*). Vgl. hierzu KÜTING, K./WEBER, C.-P./WIRTH, J., Goodwillbilanzierung, S. 139-152.

228 Vgl. BRÜGGEMANN, B., Die Berichterstattung im Anhang des IFRS-Abschlusses, S. 117.

che Anhangangaben des IFRS 3 zu machen sind (IAS 34.16(i)), die auch in einem jährlichen IFRS-Abschluss vorzunehmen sind.

In einen konsolidierten IFRS-Zwischenabschluss sind alle Unternehmen einzubeziehen, bei denen das berichterstattende Mutterunternehmen nach dem *Control*-Konzept einen beherrschenden Einfluss ausüben kann. Das *Control*-Konzept wird in IAS 27 definiert und für die Konsolidierung von **Zweckgesellschaften** (*special purpose entities*) durch SIC-12 konkretisiert.[229] Obgleich das *Control*-Konzept durch SIC-12 für Zweckgesellschaften konkretisiert wurde, verbleiben nach der gegenwärtigen *Control*-Konzeption in der IFRS-Rechnungslegung erhebliche Ermessensspielräume,[230] die dem berichterstattenden Mutterunternehmen ermöglichen, Zweckgesellschaften so zu gestalten, dass diese nach IAS 27 i. V. m. SIC-12 nicht in den Konsolidierungskreis einzubeziehen sind.[231] In der Praxis werden Zweckgesellschaften häufig bei langfristigen Leasingverhältnissen,[232] bei der Verbriefung von Vermögenswerten im Rahmen von *Asset-Backed-Securities*-Transaktionen,[233] bei der Auslagerung von Forschungs- und Entwicklungsaktivitäten sowie bei Projektfinanzierungen eingesetzt.[234] Da mithilfe von Zweckgesellschaften bestimmte Vermögenswerte und Schulden nicht im konsolidierten IFRS-Zwischenabschluss gezeigt werden müssen,[235] verbessern sich durch die geringere Bilanzsumme *ceteris paribus* wichtige Kennzahlen, die im Rahmen der unterjährigen Bilanzanalyse genutzt werden, wie die Gesamtrentabilität oder der *Return On Investment* (ROI).[236] Das Unternehmen versucht mithilfe von nicht konsolidierten Zweck-

229 Zum *Control*-Konzept vgl. BAETGE, J./HAYN, S./STRÖHER, T., in: Baetge u. a., Rechnungslegung nach IFRS, IAS 27, Rn. 31-64. Im Zusammenhang mit Zweckgesellschaften vgl. LÜDENBACH, N., in: Haufe IFRS-Kommentar, § 32, Rn. 59-86.

230 Vgl. STRECKENBACH, J. I., Bilanzierung von Zweckgesellschaften im Konzern, S. 155; KUSTNER, C., Special Purpose Entities, S. 308 und S. 314.

231 Deshalb plant der IASB, die *Control*-Definition im Rahmen des *Consolidation*-Projekts zu ändern, damit die gegenwärtigen Ermessensspielräume hinsichtlich der Konsolidierung von Zweckgesellschaften beseitigt bzw. wesentlich eingeschränkt werden. Vgl. im Internet http://www.iasb.org/Current+Projects/IASB+Projects/Consolidation.htm.

232 Vgl. KÜTING, K./GATTUNG, A., Zweckgesellschaften, S. 398.

233 Zur bilanziellen Abbildung von *Asset-Backed-Securities*-Transaktionen vgl. ausführlich STRUFFERT, R., Asset Backed Securities-Transaktionen.

234 Vgl. MELCHER, W./PENTER, V., Konsolidierung von Objektgesellschaften, S. 513.

235 Vgl. SOROOSH, J./CIESIELSKI, J. T., Accounting for Special Purpose Entities, S. 30. Zur bilanzpolitisch motivierten Sachverhaltsgestaltung durch Zweckgesellschaften vgl. auch BAETGE, J./KIRSCH, H.-J./THIELE, S., Bilanzanalyse, S. 157 und S. 159.

236 Vgl. SICKMANN, E., Variable Interest Entities, S. 2.

gesellschaften häufig, ein besseres *Rating* zu erzielen und günstigere Refinanzierungsmöglichkeiten am Kapitalmarkt zu erhalten.[237]

Die befragten Kapitalmarktteilnehmer messen den Angaben zu den nicht konsolidierten Zweckgesellschaften mit einem absoluten Wert von 3,85 eine hohe Bedeutung zu. Die hohe Bedeutung lässt sich darauf zurückführen, dass die Adressaten lediglich mithilfe von Anhangangaben nachvollziehen können, ob und wieweit die mit dem konsolidierten IFRS-Zwischenabschluss dargestellte wirtschaftliche Lage durch nicht konsolidierte Zweckgesellschaften beeinflusst wurde. Zwar sind weder nach IAS 27 und SIC-12 noch nach IAS 34 spezielle Anhangangaben zu Zweckgesellschaften vorgeschrieben.[238] Indes sind nach IAS 34.16 alle Sachverhalte im Anhang des konsolidierten IFRS-Zwischenabschlusses anzugeben, *„die für ein Verständnis der aktuellen Zwischenberichtsperiode wesentlich sind.“* Deshalb sollte im Anhang des konsolidierten IFRS-Zwischenabschlusses – wie im Beispiel 4-8 bei der THYSSENKRUPP AG –[239] zu nicht konsolidierungspflichtigen Zweckgesellschaften berichtet werden:

„Special Purpose Entities“

ThyssenKrupp hat eine Anlage zur Produktion von Koks gemietet. Die Anwendung der Interpretation SIC 12 „Consolidation – Special Purpose Entities“ auf die Betreibergesellschaft dieser Anlage hat ergeben, dass diese eine „Special Purpose Entity“ im Sinne der Interpretation ist, für die eine Konsolidierungspflicht besteht. Die Vollkonsolidierung dieser Gesellschaft hat jedoch nur geringe Auswirkungen auf die Vermögens-, Finanz- und Ertragslage des Konzerns. Hingegen führte die Überprüfung der Eigentümergesellschaft, die ebenfalls eine „Special Purpose Entity“ im Sinne der Interpretation ist, zu dem Ergebnis, dass der Konzern diese Gesellschaft nicht beherrscht. Die Gesellschaft ist somit nicht in den Konsolidierungskreis des Konzerns einzubeziehen. Die Verpflichtungen des Konzerns im Rahmen des Miet- und Abnahmevertrages werden im Konzernabschluss weiterhin als künftige Mindestmietzahlungen aus „operating lease“ unter den sonstigen finanziellen Verpflichtungen berücksichtigt und werden im aktuellen Geschäftsjahr ca. 62 Mio € betragen. Das maximale Verlustrisiko des Konzerns aus dieser Anlage beläuft sich auf ca. 45 Mio € und resultiert aus der im Wesentlichen durch Dritte übernommenen Restwertgarantie für die Anlage zum Ende des Miet- bzw. Abnahmevertrages.

Beispiel 4-8: *Angabe zu special purpose entities im Halbjahresfinanzbericht 2007/2008 der THYSSENKRUPP AG*

Mithilfe der Anhangangaben sollten die Adressaten über die Art, den Umfang und die mit den Geschäften verbundenen Risiken[240] informiert werden, damit sie die Auswirkungen der Geschäfte mit den nicht konsolidierungspflichtigen Zweckgesellschaften auf die Vermögens-, Finanz- und Ertragslage des Mutterunternehmens adäquat beurteilen können.

237 Vgl. SCHRUFF, W./ROTHENBURGER, M., Konsolidierung von special purpose entities, S. 755.

238 Vgl. KÖHLER, A. G./STRAUCH, B., Special Purpose Entities, S. 191 f.

239 THYSSENKRUPP AG (Hrsg.), Halbjahresfinanzbericht 2007/2008, S. 37.

425.6 Angaben zu wesentlichen Ereignissen nach dem Ende der Zwischenberichtsperiode

425.61 Bedeutung für die Kapitalmarktteilnehmer

Die befragten Kapitalmarktexperten und Wirtschaftsprüfer weisen den **Anhangangaben zu den wesentlichen Ereignissen nach dem Ende der Zwischenberichtsperiode** übereinstimmend eine **hohe Bedeutung** zu:

Berichtsgegenstand im Anhang des IFRS-Zwischenabschlusses	Mittlere absolute Einschätzung der Bedeutung			Signifikanter Unterschied	
	Kapitalmarkt-experten	Wirtschafts-prüfer	Mittel-wert	Gauß-/ T-Test	U-Test
8. Angaben zu wesentlichen Ereignissen nach dem Ende der Zwischenberichtsperiode	3,98	3,94	3,96	0,358 (0,721)	-0,103 (0,918)

Übersicht 4-19: Bedeutung der Angaben zu wesentlichen Ereignissen nach dem Ende der Zwischenberichtsperiode

Im Zeitraum zwischen dem Abschlussstichtag und der Veröffentlichung des IFRS-Zwischenberichts können wesentliche Ereignisse stattfinden (bspw. ein Unternehmenszusammenschluss[241], die Aufgabe eines Geschäftsbereichs oder eine Rechtsstreitigkeit), die aufgrund des Stichtagsprinzips nicht im IFRS-Zwischenabschluss des berichterstattenden Unternehmens berücksichtigt werden (können). Die hohe Bedeutung, welche die befragten Kapitalmarktteilnehmer diesem Berichtsgegenstand beimessen, lässt sich darauf zurückführen, dass die künftige Entwicklung der Gesellschaft im laufenden Geschäftsjahr – einschließlich des Jahresergebnisses und der Dividende – schwieriger prognostiziert werden kann, wenn die Adressaten nicht (angemessen) über wesentliche Ereignisse nach dem Ende der Zwischenberichtsperiode informiert werden.[242]

240 Falls das berichterstattende Mutterunternehmen den Zweckgesellschaften bspw. Garantien oder Bürgschaften gewährt hat, sind die daraus resultierenden Eventualschulden gemäß IAS 34.16(j) im Anhang des IFRS-Zwischenabschlusses anzugeben, wenn sich die Eventualschulden wesentlich während der Zwischenberichtsperiode verändert haben. Vgl. Abschn. 425.1.

241 Zu den Anhangangaben im Zusammenhang mit Unternehmenszusammenschlüssen siehe IAS 34.16(i) i. V. m. IFRS 3.59(b) und IFRS 3.60. Vgl. hierzu Abschn. 425.5.

242 Zu der Bedeutung derartiger Angaben vgl. auch PRIGGE, C., Konzernlageberichterstattung, S. 166-169; BAETGE, J./KIRSCH, H.-J./THIELE, S., Bilanzen, S. 814.

425.62 Vorgaben nach IAS 34

Das bilanzierende Unternehmen hat bei der Erstellung des IFRS-Zwischenabschlusses alle Informationen zu berücksichtigen, die bis zur Freigabe des IFRS-Zwischenabschlusses zur Veröffentlichung bekannt werden. Hierbei sind Informationen zu unterscheiden, die sich auf Sachverhalte vor dem Abschlussstichtag beziehen (sog. **wertaufhellende Informationen**), und Informationen, die sich auf Sachverhalte beziehen, die sich erst nach dem Abschlussstichtag ereignet haben (sog. **wertbegründende Informationen**).

Im IFRS-Zwischenbericht sind wertaufhellende Informationen zu berücksichtigen, indem die Abschlussposten und die entsprechenden Anhangangaben des IFRS-Zwischenabschlusses angepasst werden.[243] Wertbegründende Informationen sind hingegen – entsprechend dem Stichtagsprinzip[244] – ausschließlich im Anhang des IFRS-Zwischenabschlusses offenzulegen. Im IAS 34.16(h) heißt es hierzu, dass „*wesentliche Ereignisse nach Ende der Zwischenberichtsperiode, die nicht im Abschluss der Zwischenberichtsperiode widergespiegelt worden sind*", im Anhang des IFRS-Zwischenberichts anzugeben sind.

425.63 Gestaltungsempfehlungen

Die befragten Kapitalmarktteilnehmer messen den konkretisierenden Anhangangaben zu diesem Berichtsgegenstand die jeweils folgende Bedeutung bei:

8. Angaben zu wesentlichen Ereignissen nach dem Ende der Zwischenberichtsperiode	**Mittlere absolute Einschätzung der Bedeutung**			**Signifikanter Unterschied**	
	Kapitalmarkt-experten	**Wirtschafts-prüfer**	**Mittel-wert**	**Gauß-/ T-Test**	**U-Test**
A. Angaben zu Vorgängen von besonderer Bedeutung nach dem Zwischenberichts-stichtag	3,97	3,92	3,95	0,326 (0,745)	-0,025 (0,980)
B. Auswirkungen der Vorgänge von besonderer Bedeutung nach dem Zwischenberichtsstichtag auf die Vermögens-, Finanz- und Ertragslage des Unternehmens	4,00	3,83	3,92	1,165 (0,246)	-0,951 (0,342)

Übersicht 4-20: *Bedeutung der konkretisierenden Anhangangaben zu wesentlichen Ereignissen nach dem Ende der Zwischenberichtsperiode*

243 Vgl. hierzu die Regelungen zum jährlichen IFRS-Abschluss nach IAS 10.8 und IAS 10.19. Vgl. auch MOXTER, A., Wertaufhellungsverständnis nach IFRS, S. 2563 f.

244 Vgl. BISCHOF, S./DOLECZIK, G., in: Baetge u. a., Rechnungslegung nach IFRS, IAS 10, Rn. 17.

Im Anhang des IFRS-Zwischenabschlusses sollten nicht nur – wie nach IAS 34.16(h) gefordert – die *„wesentlichen Ereignisse nach Ende der Zwischenberichtsperiode, die nicht im Abschluss der Zwischenberichtsperiode widergespiegelt worden sind“*, genannt werden, sondern das berichterstattende Unternehmen sollte zudem im Anhang des IFRS-Zwischenabschlusses angeben, wie sich die Ereignisse voraussichtlich auf die Vermögens-, Finanz- und Ertragslage auswirken werden. Für die befragten Kapitalmarktteilnehmer besitzen solche Informationen eine hohe Bedeutung. Für den Fall, dass keine wesentlichen Ereignisse nach dem Ende der Zwischenberichtsperiode eingetreten sind, sollte das berichterstattende Unternehmen durch einen Fehlbericht darauf hinweisen. Andernfalls können die Adressaten lediglich vermuten, dass zwischen dem Abschlussstichtag und dem Zeitpunkt der Freigabe des IFRS-Zwischenabschlusses zur Veröffentlichung keine wesentlichen Ereignisse eingetreten sind.

Abschließend ist darauf hinzuweisen, dass nach den wertpapierhandelsrechtlichen Vorgaben und den Regelungen des DRS 16 keine wertbegründenden Informationen im Zwischenlagebericht –[245] im Gegensatz zum Konzernlagebericht nach § 315 Abs. 2 Nr. 1 HGB – angegeben werden müssen. Für eine effiziente Zwischenberichterstattung[246] ist dem berichterstattenden Unternehmen zu empfehlen, die wertbegründenden Informationen, die im Anhang des IFRS-Zwischenabschlusses angegeben wurden, nicht im Zwischenlagebericht zu wiederholen.[247] Damit die Adressaten allerdings an der gleichen Stelle des IFRS-Zwischenberichts auf wesentliche Ereignisse nach dem Ende der Berichtsperiode hingewiesen werden, sollte das berichterstattende Unternehmen im Zwischenlagebericht auf die entsprechenden Anhangangaben verweisen.

425.7 Segmentangaben

425.71 Bedeutung für die Kapitalmarktteilnehmer

Die befragten Kapitalmarktexperten und Wirtschaftsprüfer ordnen den Segmentangaben die folgende Bedeutung zu:

245 Sofern das Unternehmen nicht bereits im Konzernlagebericht hinsichtlich der wertbegründenden Ereignisse auf den Anhang des jährlichen IFRS-Abschlusses verwiesen hat. Vgl. PRIGGE, C., Konzernlageberichterstattung, S. 83-87 und S. 163.

246 Vgl. BAETGE, J./BRÜGGEMANN, B./HAENELT, T., Erweiterte Offenlegungspflichten, S. 1888.

247 Dadurch werden unnötige inhaltliche Redundanzen im Rahmen der Zwischenberichterstattung vermieden.

Berichtsgegenstand im Anhang des IFRS-Zwischenabschlusses	Mittlere absolute Einschätzung der Bedeutung			Signifikanter Unterschied	
	Kapitalmarkt-experten	Wirtschafts-prüfer	Mittel-wert	Gauß-/ T-Test	U-Test
11. Segmentangaben	4,19	3,68	3,94	**3,952 (0,001)**	**-3,936 (0,001)**

Übersicht 4-21: Bedeutung der Segmentangaben

Im Folgenden ist zu klären, warum die befragten Kapitalmarktteilnehmer den **Segmentangaben** eine **hohe Bedeutung** beimessen und warum die befragten Kapitalmarktexperten die Bedeutung der Segmentangaben signifikant höher einschätzen als die befragten Wirtschaftsprüfer.

Unternehmen sind regelmäßig nicht ausschließlich in einer Branche oder auf einem regionalen Markt tätig. Sie diversifizieren[248] ihre Geschäftsaktivitäten sowohl hinsichtlich der Art der produzierten Güter und Dienstleistungen als auch nach geografischen Regionen, in denen sie ihre Güter und Dienstleistungen produzieren bzw. anbieten.[249] Die einzelnen Geschäftsbereiche eines diversifizierten Unternehmens sind dabei häufig sehr unterschiedlichen Chancen und Risiken ausgesetzt, die durch die Verschiedenartigkeit der Produkte und Dienstleistungen[250] sowie abweichenden länderspezifischen Rahmenbedingungen[251] determiniert werden.

Die befragten Kapitalmarktteilnehmer messen den Segmentangaben im Anhang des IFRS-Zwischenabschlusses im Mittel eine hohe Bedeutung bei,[252] da sie lediglich mithilfe von segmentorientierten Informationen über die unterschiedlichen Geschäftsbereiche mit ihren heterogenen Chancen und Risiken informiert werden und dadurch einen detaillierteren Einblick in die Vermögens-, Finanz- und Ertragslage des berichterstattenden Unternehmens erhalten. Denn in den Rechenwerken des IFRS-Zwischenabschlusses werden die Daten der einzelnen Geschäftsbereiche aggregiert auf Ebene des Gesamtunternehmens ausgewiesen, wodurch sich die positiven und negativen Entwicklungen der einzelnen Geschäftsbereiche

248 Der Begriff Diversifikation wird nicht einheitlich verwendet. Zu einem Überblick vgl. ARBEITSKREIS „DIVERSIFIZIERUNG" DER SCHMALENBACH-GESELLSCHAFT FÜR BETRIEBSWIRTSCHAFTSLEHRE E. V. (Hrsg.), Diversifizierungsprojekte, S. 293-301.

249 Vgl. ORDELHEIDE, D./STUBENRATH, M., Segmentberichterstattung, S. 381.

250 Vgl. BAETGE, J./KIRSCH, H.-J./THIELE, S., Bilanzanalyse, S. 431.

251 Vgl. ORDELHEIDE, D./STUBENRATH, M., Segmentberichterstattung, S. 383.

252 Vgl. HALLER, A., in: Baetge u. a., Rechnungslegung nach IFRS, IFRS 8, Rn. 2.

nivellieren; Die Kapitalmarktteilnehmer erkennen derartige Kompensationseffekte lediglich mit segmentorientierten Informationen.[253]

Die befragten Kapitalmarktexperten messen den Segmentangaben eine signifikant höhere Bedeutung bei, da sie mithilfe der segmentorientierten Informationen die künftigen Gewinne und Cashflows des berichterstattenden Unternehmens besser prognostizieren können.[254] So konnte bspw. in den Kapitalmarktstudien von SILHAN, von BALDWIN, von AHADIAT und von HUSSAIN ein signifikant positiver Einfluss von segmentorientierten Informationen auf die Güte der Ergebnisprognosen nachgewiesen werden.[255] Nach der internationalen Vereinigung von Finanzanalysten, der ASSOCIATION FOR INVESTMENT MANAGEMENT AND RESEARCH (AIMR), sind gerade *„disaggregated financial data [...] vital, essential, fundamental, indispensable, and integral to the investment analysis process.“*[256]

425.72 Vorgaben nach IAS 34

Vom IASB wurde mit der Verabschiedung des IFRS 8 („Geschäftssegmente“) die unterjährige Segmentberichterstattung für Geschäftsjahre, die nach dem 31. Dezember 2008 beginnen, wesentlich erweitert.[257] Nach IAS 34.16(g) sind im Anhang des IFRS-Zwischenabschlusses die folgenden Segmentangaben offenzulegen, wenn das berichterstattende Unternehmen im jährlichen IFRS-Abschluss zur Segmentberichterstattung verpflichtet ist:[258]

- Angabe der Umsätze mit externen Kunden (externe Segmentumsätze),[259]
- Angabe der Umsätze mit anderen Segmenten (Intersegmentumsätze),[260]

---

253 Vgl. KIRSCH, H., Segmentbezogene Jahresabschlussanalyse, S. 61.

254 Vgl. GROTTKE, M./KRAMMER, S., IFRS 8, S. 670; FINK, C./ULBRICH, P., Segmentberichterstattung nach ED 8, S. 234. In den Modellen von Finanzanalysten werden grundsätzlich segmentorientierte Informationen erfasst. Vgl. DVFA (Hrsg.), Grundsätze für effektive Finanzkommunikation, S. 3 und S. 14.

255 Vgl. SILHAN, P. A., The Effects of Segmenting Quarterly Sales and Margins on Extrapolative Forecasts of Conglomerate Earnings, S. 347; BALDWIN, B. A., Segment Earnings Disclosure and the Ability of Security Analysts to Forecast EPS, S. 376; AHADIAT, N., Segment Disclosure and the Predictive Ability of the Earnings Date, S. 357; HUSSAIN, S., The Impact of Segment Definition on the Accuracy of Analysts' Earnings Forecasts, S. 155.

256 AIMR (Hrsg.), Financial Reporting, S. 59.

257 Mit der Verabschiedung des IFRS 8 wurde die unterjährige Segmentberichterstattung deutlich erweitert. Vgl. BAETGE, J./HAENELT, T., Segmentberichterstattung nach IFRS 8, S. 43; BEINE, F./NARDMANN, H., in: Wiley Kommentar, Abschn. 20, Rn. 124. Zuvor mussten nur die Segmentumsätze und -ergebnisse für das primäre Berichtsformat, das entweder produktbezogen oder geografisch zu gliedern war nach IAS 14 („Segmentberichterstattung“) angegeben werden.

258 Vgl. IAS 34.16(g) i. V. m. IFRS 8.2.

- Angabe des Segmentergebnisses,
- Angabe des Segmentvermögens, wenn sich das Segmentvermögen während der Zwischenberichtsperiode wesentlich verändert hat,
- Erläuterung zur Segmentabgrenzung, wenn die Segmente im Vergleich zum letzten jährlichen IFRS-Abschluss anders abgegrenzt wurden,
- Erläuterung zur Berechnung des Segmentergebnisses, wenn das Segmentergebnis im Vergleich zum letzten jährlichen IFRS-Abschluss anders berechnet wurde und
- Überleitung des Gesamtbetrags der Segmentergebnisse auf das Unternehmensergebnis vor Steuern und aufgegebene Geschäftsbereiche.

Im Anhang des IFRS-Zwischenabschlusses sind die oben aufgeführten Segmentangaben für den Zeitraum von Beginn des Geschäftsjahres an bis zum Ende der aktuellen Zwischenberichtsperiode kumuliert darzustellen, sofern die Segmentangaben nicht unwesentlich sind oder bereits an einer anderen Stelle im IFRS-Zwischenbericht veröffentlicht werden (IAS 34.16).

425.73 Gestaltungsempfehlungen

Die befragten Kapitalmarktteilnehmer messen den Segmentangaben im Anhang des IFRS-Zwischenabschlusses die folgende Bedeutung bei:

11. Segmentangaben	**Mittlere absolute Einschätzung der Bedeutung**			**Signifikanter Unterschied**	
	Kapitalmarkt-experten	**Wirtschafts-prüfer**	**Mittel-wert**	**Gauß-/ T-Test**	**U-Test**
A. Segmentangaben zum Zwischenberichts- und Vorjahreszeitraum	4,27	3,62	3,95	**5,060 (0,001)**	**-4,874 (0,001)**
A.1 Externe Segmentumsätze und Intersegmentumsätze	4,15	3,62	3,89	**3,730 (0,001)**	**-3,805 (0,001)**
A.2 Segmentergebnis	4,31	3,69	4,00	**4,578 (0,001)**	**-4,521 (0,001)**
A.3 Angaben zu Veränderungen des Segmentvermögens und der Segmentschulden	3,61	3,27	3,44	**2,363 (0,019)**	**-2,070 (0,038)**

259 Die externen Segmentumsätze sind nur dann anzugeben, wenn die Umsätze entweder Bestandteil des Segmentergebnisses sind, das vom Hauptentscheidungsträger des Unternehmens überwacht wird, oder wenn die Segmentumsätze ihm regelmäßig mitgeteilt werden. Vgl. IAS 34.16(g)(i).

260 Die Ausführungen in der vorherigen Fußnote gelten analog für Intersegmentumsätze. Vgl. IAS 34.16(g)(ii).

11. Segmentangaben (Forts.)	**Mittlere absolute Einschätzung der Bedeutung**			**Signifikanter Unterschied**	
	Kapitalmarkt-experten	**Wirtschafts-prüfer**	**Mittel-wert**	**Gauß-/ T-Test**	**U-Test**
B. Überleitung der Segmentergebnisse zum Unternehmensergebnis	3,97	3,49	3,73	**3,011 (0,003)**	**-3,098 (0,002)**
C. Angaben zu der veränderten Bewertung des Segmentergebnisses	3,68	3,28	3,48	**2,564 (0,011)**	**-2,343 (0,019)**
D. Angaben zu Veränderungen in der Segmentabgrenzung	3,79	3,43	3,61	**2,137 (0,034)**	**-2,159 (0,031)**

Übersicht 4-22: *Bedeutung der konkretisierenden Segmentangaben*

Die befragten Kapitalmarktteilnehmer weisen den **Segmentumsätzen** eine hohe Bedeutung zu.[261] Die Segmentumsätze sind nach IAS 34.16(g) immer dann im Anhang des IFRS-Zwischenabschlusses offenzulegen, wenn sie Bestandteil des Segmentergebnisses sind, welches vom Hauptentscheidungsträger des Unternehmens überwacht wird, oder wenn die Segmentumsätze dem Hauptentscheidungsträger regelmäßig anderweitig mitgeteilt werden. Aufgrund der hohen Bedeutung, welche die Adressaten den Segmentumsätzen beimessen, ist dem berichterstattenden Unternehmen zu empfehlen – unabhängig davon, ob eine Angabepflicht nach IAS 34.16(g) besteht –, die Segmentumsätze im IFRS-Zwischenbericht anzugeben und nach externen und intersegmentären Umsätzen aufzugliedern.[262] Für die Adressaten stellen die Segmentumsätze eine wichtige Erfolgsgröße dar, weil sie im Vergleich zum Segmentergebnis nur in einem geringeren Maße vom berichterstattenden Unternehmen bilanzpolitisch beeinflussbar sind.[263]

Das **Segmentergebnis**[264] ist gleichwohl diejenige Angabe, welcher die befragten Kapitalmarktexperten und Wirtschaftsprüfer die höchste Bedeutung beimessen. Im Zusammen-

261 Zur Bedeutung der Angabe von Segmentumsätzen vgl. PELLENS, B./TOMASZEWSKI, C., Rechnungslegungswechsel, S. 205.

262 KAJÜTER/BARTH konnten bei einer Analyse von 104 Unternehmen, die im Jahr 2007 im HDAX® gelistet waren, feststellen, dass lediglich rd. 60 % der Unternehmen ihre intersegmentären Umsätze angeben. Vgl. KAJÜTER, P./BARTH, D., Segmentberichterstattung, S. 430.

263 Bei empirischen Kapitalmarktstudien konnte gezeigt werden, dass segmentierte Umsatzerlöse im Vergleich zu segmentierten Gewinnen signifikant zu besseren Gewinnprognosen beitragen. Vgl. PELLENS, B./TOMASZEWSKI, C., Rechnungslegungswechsel, S. 205, m. w. N. Zur Segmentanalyse vgl. KIRSCH, H., Segmentbezogene Jahresabschlussanalyse, S. 61-67; COENENBERG, A. G., Segmentberichterstattung und Bilanzanalyse, S. 195-212.

264 Durch die Anwendung des *management approach* kann bspw. auch das Ergebnis vor Abschreibungen, Zinsen und Steuern (EBITDA) oder das Ergebnis vor Zinsen und Steuern (EBIT) als Segmentergebnis nach IAS 34.16(g)(iii) ausgewiesen werden. Vgl. HALLER, A., in: Baetge u. a., Rechnungslegung nach IFRS, IFRS 8, Rn. 85.

hang mit dem Segmentergebnis möchten die Adressaten besonders erfahren, wie sich das Segmentergebnis zusammensetzt und in welcher Höhe nicht nachhaltige Erfolgsbestandteile und saisonal bedingte bzw. über das Geschäftsjahr ungleich verteilte Aufwendungen (z. B. Großreparaturen) und Erträge (z. B. Dividenden) im Segmentergebnis enthalten sind. Nach IAS 34.16(g)(iii) ist allerdings nur das Segmentergebnis im Anhang des IFRS-Zwischenabschlusses anzugeben. Die Adressaten sind daher auf zusätzliche Angaben zum Segmentergebnis angewiesen, damit sie dies um die nicht nachhaltigen bzw. saisonal bedingten Erfolgsbestandteile korrigieren und besser auf das Geschäftsjahr extrapolieren können. Dem berichterstattenden Unternehmen ist daher zu empfehlen, die wesentlichen Aufwands- und Ertragsposten im Anhang des IFRS-Zwischenabschlusses offenzulegen[265] und zusätzlich über die Art und Höhe von wesentlichen nicht nachhaltigen Erfolgsbestandteilen und saisonal bedingten bzw. über das Geschäftsjahr ungleich verteilten Aufwendungen und Erträgen zu berichten.

Im Anhang des IFRS-Zwischenabschlusses ist zusätzlich das **Segmentvermögen** auszuweisen, wenn sich das Segmentvermögen seit dem letzten jährlichen IFRS-Abschluss wesentlich verändert hat (IAS 34.16(g)(iv)). Für die **Segmentschulden** besteht nach IAS 34.16(g) hingegen keine analoge Angabepflicht.[266] Das berichterstattende Unternehmen sollte allerdings ebenfalls die Segmentschulden (freiwillig) im Anhang des IFRS-Zwischenabschlusses offenlegen, wenn sich die Höhe oder Zusammensetzung der Segmentschulden wesentlich während der Zwischenberichtsperiode verändert hat. Damit die Adressaten die unterjährig veränderte Vermögens- bzw. Finanzlage angemessen nachvollziehen können, sollte das berichterstattende Unternehmen zudem die betroffenen Vermögenswerte (Sachanlagevermögen, Finanzanlagen, Vorräte etc.) bzw. Schulden (Rückstellungen, Finanzverbindlichkeiten etc.) angeben und jeweils erläutern, warum die Posten sich in der Zwischenberichtsperiode wesentlich verändert haben.

Nach IAS 34.16(g)(v) sind im Anhang des IFRS-Zwischenabschlusses sowohl die **Änderungen in der Segmentabgrenzung** als auch die **Änderungen in der Bewertung des Segmen-**

265 Bei der Angabe sollte sich das berichterstattende Unternehmen daran orientieren, welche Aufwands- und Ertragsposten des Segments im letzten jährlichen IFRS-Abschluss anzugeben waren (IFRS 8.23). Vgl. FINK, C./ULBRICH, P., IFRS 8, S. 983.

266 Nach IFRS 8.23 sind im jährlichen IFRS-Abschluss die Segmentschulden anzugeben, wenn sie dem Hauptentscheidungsträger regelmäßig berichtet werden. Im *Exposure Draft* zum IFRS 8 war zunächst indes nicht vorgesehen, dass die Segmentschulden im jährlichen IFRS-Abschluss angegeben werden müssen. Vgl. ALVAREZ, M./BÜTTNER, M., Segmentberichterstattung, S. 314.

tergebnisses zu beschreiben, die vom berichterstattenden Unternehmen während der Zwischenberichtsperiode vorgenommen wurden. Da nach dem *management approach* die Segmente entsprechend dem internen Berichtssystem abzugrenzen sind und das Segmentergebnis nach den im internen Rechnungswesen angewandten Bewertungsmethoden zu ermitteln ist,[267] werden dem berichterstattenden Unternehmen erhebliche Ermessensspielräume bei der Segmentberichterstattung gewährt,[268] so dass die Verlässlichkeit von geänderten Segmentdaten nicht zwangsläufig gewährleistet ist.[269] Damit die Adressaten die Verlässlichkeit von geänderten Segmentdaten beurteilen können, ist dem berichterstattenden Unternehmen zu empfehlen, möglichst ausführlich die unterjährigen Änderungen bei der Segmentabgrenzung bzw. bei der Bewertung des Segmentergebnisses zu beschreiben (IAS 34.16(g)(v)). Dabei sollten auch die Gründe dargelegt werden,[270] warum die Segmentabgrenzung bzw. die Bewertung des Segmentergebnisses unterjährig geändert wurde und wie sich die Änderung auf die Zusammensetzung der Segmente bzw. die Höhe des Segmentergebnisses ausgewirkt hat.

Im Anhang des IFRS-Zwischenabschlusses ist ferner die Summe der **Segmentergebnisse** auf das Gesamtergebnis **überzuleiten**. Nach IAS 34.16(g)(vi) sind dabei die wesentlichen Überleitungsposten[271] zu beschreiben. Die befragten Finanzanalysten und Fondsmanager weisen der Überleitungsrechnung eine hohe Bedeutung zu, da sie lediglich mithilfe der Überleitungsrechnung die Auswirkungen des *management approach*[272] auf die Höhe der Segmentergebnisse (bspw. die Berücksichtigung kalkulatorischer Größen oder die Verwendung inflationsbereinigter Werte) nachvollziehen können.[273] Falls das berichterstattende Unternehmen im Anhang des IFRS-Zwischenabschlusses zusätzlich das Segmentvermögen bzw. die Segmentschulden offenlegt, sollte das berichterstattende Unternehmen neben der Summe

267 Vgl. hierzu WENK, M. O./JAGOSCH, C., Konzeptionelle Neugestaltung der Segmentberichterstattung, S. 661.

268 Vgl. BAETGE, J./HAENELT, T., Segmentberichterstattung nach IFRS 8, S. 47; GROTTKE, M./ KRAMMER, S., IFRS 8, S. 675 und S. 679.

269 Vgl. BAETGE, J./KIRSCH, H.-J./THIELE, S., Konzernbilanzen, S. 581.

270 Nach den Grundsätzen effektiver Finanzkommunikation der DVFA sollten *„einmal definierte Segmente [...] nur in begründeten Ausnahmefällen verändert"* werden. DVFA (Hrsg.), Grundsätze für effektive Finanzkommunikation, S. 15.

271 Vgl. HALLER, A., in: Baetge u. a., Rechnungslegung nach IFRS, IFRS 8, Rn. 109.

272 Nach IFRS 8.25 ist das Segmentergebnis nach den im internen Rechnungswesen angewandten Bewertungsmethoden zu ermitteln.

273 Vgl. BAETGE, J./HAENELT, T., Segmentberichterstattung nach IFRS 8, S. 46.

der Segmentergebnisse auch das Segmentvermögen und die Segmentschulden freiwillig auf die konsolidierten Werte des IFRS-Zwischenabschlusses überleiten.[274]

43 Zwischenlagebericht

431. Vorbemerkung

Der Halbjahres- bzw. Quartalsfinanzbericht nach IFRS besteht neben einem IFRS-Zwischenabschluss zusätzlich aus einem Zwischenlagebericht. Damit im Folgenden der Zwischenlagebericht detailliert untersucht werden kann, ist dieser in vier Teilberichte („Geschäfts- und Rahmenbedingungen", „Ertrags-, Finanz- und Vermögenslage", „Risikobericht" und „Prognosebericht") unterteilt worden.[275] Mit der folgenden Übersicht wird gezeigt, welche Bedeutung die befragten Kapitalmarktexperten und Wirtschaftsprüfer den einzelnen Teilberichten des Zwischenlageberichts zuweisen:

Teilberichte des Zwischenlageberichts

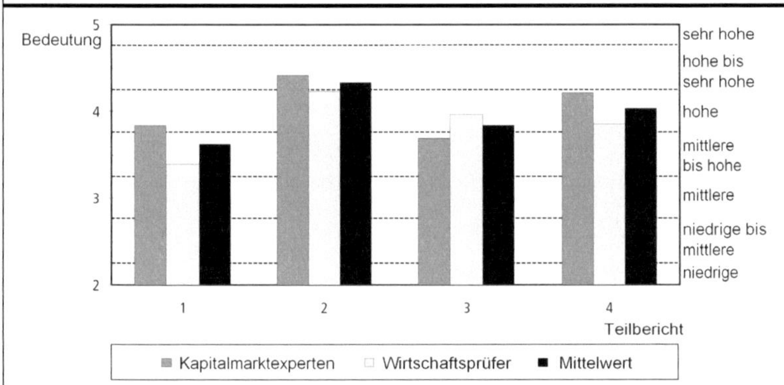

1. Geschäfts- und Rahmenbedingungen	3. Risikobericht
2. Ertrags-, Finanz- und Vermögenslage	4. Prognosebericht

***Übersicht 4-23:** Bedeutung der Teilberichte des Zwischenlageberichts*

Aus der Übersicht 4-23 ist zu entnehmen, dass die befragten Kapitalmarktteilnehmer den Angaben zu den folgenden Teilberichten des Zwischenlageberichts mindestens eine **hohe Bedeutung** beimessen:

274 Im jährlichen IFRS-Abschluss sind das Segmentvermögen und die Segmentschulden ebenfalls auf die konsolidierten Werte des IFRS-Abschlusses überzuleiten. Vgl. IFRS 8.28.

275 Vgl. Abschn. 331.

- **Ertrags-, Finanz- und Vermögenslage** [Teilbericht 2],
- **Risikobericht** [Teilbericht 3] und
- **Prognosebericht** [Teilbericht 4].

In den folgenden Abschnitten (432.-434.) wird näher untersucht, wie das berichterstattende Unternehmen bei diesen Teilberichten jeweils eine hohe Berichterstattungsqualität erzielen kann. Eine detaillierte Analyse des Teilberichts „**Geschäfts- und Rahmenbedingungen**" [Teilbericht 1], dem die Befragten eine **mittlere bis hohe Bedeutung** beimessen, wird hingegen nicht durchgeführt. Zu diesem Teilbericht ist Folgendes anzumerken:

Der Teilbericht „**Geschäfts- und Rahmenbedingungen**" kann nicht unmittelbar aus § 37w Abs. 4 WpHG hergeleitet werden, sondern er ergibt sich aus der Gliederungsempfehlung in DRS 16.39 i. V. m. DRS 15.93. Nach DRS 16.39 wird dem berichterstattenden Unternehmen empfohlen, sich bei der Gliederung des Zwischenlageberichts an der Gliederung des letzten Konzernlageberichts zu orientieren, wobei der Konzernlagebericht nach DRS 15.93 unter anderem den Teilbericht „Geschäfts- und Rahmenbedingungen" als Gliederungspunkt enthalten sollte. In DRS 16 wird dabei nicht auf die inhaltlichen Vorgaben des DRS 15 zum Teilbericht „Geschäfts- und Rahmenbedingungen" verwiesen. Dies ist zweckadäquat, da mit dem Zwischenlagebericht grundsätzlich keine Informationen wiederholt werden sollten, die bereits im letzten Konzernlagebericht dargestellt wurden (bspw. zur Konzernstruktur oder zum Unternehmenssteuerungssystem).[276] Im Entwurf zum DRS 16 heißt es hierzu, dass *„im Gegensatz zur Lageberichterstattung nach DRS 15 im Zwischenlagebericht [...] auf die umfassende Darstellung von 'Geschäft[s-] und Rahmenbedingungen' [...] verzichtet werden kann. Stattdessen ist darüber nur insoweit zu berichten, wie sich Veränderungen im Vergleich zum vorherigen Konzernlagebericht ergeben haben."*[277] Im Zwischenlagebericht sollte daher – bezugnehmend auf die Aufgabe des Zwischenlageberichts, den letzten jährlichen Lagebericht zu aktualisieren –[278] vor allem darüber berichtet werden, ob und wieweit sich während der Zwischenberichtsperiode die Geschäftstätigkeit des berichterstattenden Unternehmens und die wirtschaftlichen Rahmenbedingungen verändert haben. Den Adressaten dienen die aktualisierten Informationen zur Geschäftstätigkeit und zu den wirtschaftli-

276 Dadurch wird vermieden, dass aufgrund eines hohen Berichtsumfangs wesentliche neue Ereignisse und Geschäftsvorfälle verschleiert respektive Fehlinterpretationen auf Seiten der Kapitalmarktteilnehmer begünstigt werden.

277 E-DRS 21.A33 [Ergänzung durch den Verfasser]. Der E-DRS 21 war der Entwurf zum DRS 16.

278 Zu den Zwecken und Aufgaben des Zwischenlageberichts vgl. Abschn. 232.2.

chen Rahmenbedingungen als Ausgangsbasis für ihre unterjährige Analyse des Geschäftsverlaufs und der wirtschaftlichen Lage des berichterstattenden Unternehmens. Potenzielle externe und interne Ereignisse, die zu wesentlichen Veränderungen bei der Geschäftstätigkeit und den wirtschaftlichen Rahmenbedingungen führen können, werden in DRS 16.41 aufgeführt. Dem berichterstattenden Unternehmen ist zu empfehlen, die Ereignisse und die daraus resultierenden Änderungen in der Unternehmensstruktur, der Geschäftstätigkeit oder den wirtschaftlichen Rahmenbedingungen (bspw. ein verändertes Produktportfolio oder ein modifiziertes Unternehmenssteuerungssystem) entsprechend den inhaltlichen Vorgaben des DRS 15.36-44 im Zwischenlagebericht darzustellen.[279]

Im Folgenden werden der Teilbericht „Ertrags-, Finanz- und Vermögenslage“ (Abschn. 432.), der Risikobericht (Abschn. 433.) und der Prognosebericht (Abschn. 434.) des Zwischenlageberichts näher untersucht.

432. Teilbericht „Ertrags-, Finanz- und Vermögenslage“

432.1 Bedeutung für die Kapitalmarktteilnehmer

Die befragten Kapitalmarktteilnehmer weisen dem **Teilbericht „Ertrags-, Finanz- und Vermögenslage“** eine **hohe bis sehr hohe Bedeutung** zu:

Teilbericht des Zwischenlageberichts	Mittlere absolute Einschätzung der Bedeutung			Signifikanter Unterschied	
	Kapitalmarkt-experten	Wirtschafts-prüfer	Mittel-wert	Gauß-/ T-Test	U-Test
2. Ertrags-, Finanz- und Vermögenslage	4,41	4,23	4,32	1,553 (0,123)	-1,724 (0,085)

***Übersicht 4-24:** Bedeutung des Teilberichts „Ertrags-, Finanz- und Vermögenslage“*

Die hohe bis sehr hohe Bedeutung des Teilberichts „Ertrags-, Finanz- und Vermögenslage“ zeigt,[280] dass die befragten Kapitalmarktteilnehmer die unterjährige wirtschaftliche Lage des berichterstattenden Unternehmens nicht nur anhand des IFRS-Zwischenabschlusses selbst analysieren. Offensichtlich reichen die mit den Rechenwerken und dem Anhang des IFRS-Zwischenabschlusses vermittelten Informationen nicht aus, damit die Kapitalmarktteilneh-

279 Vgl. hierzu PRIGGE, C., Konzernlageberichterstattung, S. 92-130.

280 Auch PRIGGE kommt bei seiner empirischen Untersuchung des Konzernlageberichts zu dem Ergebnis, dass der Teilbericht „Ertrags-, Finanz- und Vermögenslage“ der wichtigste Teilbericht des Konzernlageberichts ist. Vgl. PRIGGE, C., Konzernlageberichterstattung, S. 232.

mer ein umfassendes Bild von der Ertrags-, Finanz- und Vermögenslage des zu analysierenden Unternehmens erhalten. Die Kapitalmarktteilnehmer benötigen daher zusätzliche Informationen zur wirtschaftlichen Lage des berichterstattenden Unternehmens, damit sie sich ein umfassendes Bild von der unterjährigen Ertrags-, Finanz- und Vermögenslage des Unternehmens verschaffen sowie das Jahresergebnis und die erwartete Dividende besser prognostizieren können.

432.2 Vorgaben nach WpHG und DRS 16

Nach § 37w Abs. 4 WpHG sind im Zwischenlagebericht *„mindestens die wichtigen Ereignisse des Berichtszeitraums [...] und ihre Auswirkungen auf den verkürzten Abschluss anzugeben“*.[281] Im Wertpapierhandelsgesetz wird der Begriff *„wichtige Ereignisse“* nicht näher erläutert.[282]

Mit DRS 16 werden die wertpapierhandelsrechtlichen Vorgaben zum Zwischenlagebericht konkretisiert. Nach DRS 16.35(a) sind die wichtigen Ereignisse und deren Auswirkungen auf die Ertrags-, Finanz- und Vermögenslage nicht nur *„anzugeben“*, sondern *„darzustellen“*[283]. Durch die Darstellung der wichtigen Ereignisse und ihrer Auswirkungen auf die Ertrags-, Finanz- und Vermögenslage sollen die Adressaten darüber informiert werden, wie sich die Geschäftstätigkeit des berichterstattenden Unternehmens unterjährig entwickelt bzw. verändert hat (DRS 16.40). Damit die Adressaten die *„Nachhaltigkeit der Veränderungen der Ertrags-, Finanz- und Vermögenslage“*[284] beurteilen können, ist im Zwischenlagebericht besonders auf ungewöhnliche, nicht wiederkehrende Ereignisse und saisonale Einflüsse einzugehen (DRS 16.42). Falls das berichterstattende Unternehmen Quartalsfinanzberichte erstellt, kann die Ertrags-, Finanz- und Vermögenslage im Zwischenlagebericht wahlweise für den kumulierten Zeitraum seit Beginn des Geschäftsjahres oder für das aktuelle Quartal dargestellt werden (DRS 16.58).

281 Die gesetzlichen Regelungen zum Zwischenlagebericht des Halbjahresfinanzberichts sind in § 37w Abs. 4 WpHG kodifiziert. Für den Zwischenlagebericht des Quartalsfinanzberichts wird in § 37x Abs. 3 WpHG auf die gesetzlichen Vorschriften zum Halbjahresfinanzbericht in § 37w Abs. 4 WpHG verwiesen.

282 Vgl. STRIEDER, T./AMMEDICK, O., Der Zwischenlagebericht, S. 1370.

283 Zum Begriff *„Darstellung“* vgl. DRS 16.10.

284 E-DRS 21.A41.

Mit DRS 16 wird klargestellt, dass wichtige Ereignisse sowohl im Umfeld als auch innerhalb des berichterstattenden Unternehmens auftreten können. In DRS 16.41 werden einige Beispiele zu potenziell wichtigen internen und externen Ereignissen aufgeführt:

Potenziell wichtige interne und externe Ereignisse nach DRS 16.41	
Externe Ereignisse	
– Änderung der politischen und rechtlichen Rahmenbedingungen	– Änderungen von Preisen und Konditionen auf den Beschaffungs- und Absatzmärkten
– Änderungen in der konjunkturellen Entwicklung	– Durchbruch neuer Technologien
– Änderungen von Wechselkursen und Zinsen	– Änderung der Wettbewerbssituation
Interne Ereignisse	
– Umstrukturierungs- und Rationalisierungsmaßnahmen	– Abschluss oder Beendigung von Kooperationsvereinbarungen und Verträgen
– Finanzierungsmaßnahmen und der Einsatz außerbilanzieller Finanzinstrumente	– Änderungen der Forschungs- und Entwicklungsaktivitäten
– Inbetriebnahme und Stilllegung von Produktionsanlagen oder Standorten	– Änderungen der Beschaffungs- und Vorratspolitik
– Unternehmenskäufe und -verkäufe	– Wechsel in der Unternehmensleitung
– Veränderung von Rechtsstreitigkeiten	– Einführung neuer Produkte
– Änderungen im Investitionsprogramm	– Änderungen von Kreditlinien
– Dividendenzahlungen	– Erschließung neuer Märkte

Übersicht 4-25: *Potenziell wichtige interne und externe Ereignisse nach DRS 16.41*

432.3 Gestaltungsempfehlungen

Die befragten Kapitalmarktteilnehmer weisen den konkretisierenden Berichtsgegenständen des Teilberichts „Ertrags-, Finanz- und Vermögenslage" die folgende Bedeutung zu:

2. Ertrags-, Finanz- und Vermögenslage	Mittlere absolute Einschätzung der Bedeutung			Signifikanter Unterschied	
	Kapitalmarkt-experten	Wirtschafts-prüfer	Mittel-wert	Gauß-/ T-Test	U-Test
A. Ertragslage	4,51	4,48	4,50	0,252 (0,801)	-0,910 (0,363)
B. Finanzlage	4,29	4,10	4,20	1,460 (0,147)	-1,556 (0,120)
C. Vermögenslage	3,93	3,94	3,94	-0,033 (0,974)	-0,055 (0,956)

Übersicht 4-26: *Bedeutung der konkretisierenden Berichtsgegenstände des Teilberichts zur „Ertrags-, Finanz- und Vermögenslage"*

Der Übersicht 4-26 ist zu entnehmen, dass die Befragten der Ertragslage die höchste Bedeutung von den drei wirtschaftlichen Teillagen beimessen. Dabei schätzen die befragten Kapitalmarktteilnehmer die **Bedeutung der Ertragslage** mit einem absoluten Wert von 4,50 als **hoch bis sehr hoch** ein. Der Finanz- und Vermögenslage ordnen die Befragten jeweils eine hohe Bedeutung zu, wobei der Finanzlage mit einem absoluten Wert von 4,20 eine etwas höhere Bedeutung zukommt als der Vermögenslage mit einem absoluten Wert von 3,94.

Die Ergebnisse der empirischen Erhebung korrespondieren mit der international vorherrschenden Auffassung, dass für die Kapitalmarktteilnehmer die Ertragslage die bedeutendste der drei wirtschaftlichen Teillagen ist.[285] Deshalb wurde die Reihenfolge der Nennung der drei wirtschaftlichen Teillagen in DRS 16 auch im Vergleich zu § 264 Abs. 2 HGB geändert.[286]

Aufgrund der hohen bis sehr hohen Bedeutung des Teilberichts „Ertrags-, Finanz- und Vermögenslage“ für die befragten Kapitalmarktteilnehmer ist dem berichterstattenden Unternehmen zu empfehlen – unabhängig davon, ob wichtige Ereignisse während der Zwischenberichtsperiode die wirtschaftliche Lage des Unternehmens beeinflusst haben –, im Zwischenlagebericht den unterjährigen Geschäftsverlauf sowie die Ertrags-, Finanz- und Vermögenslage darzustellen.[287] Dabei sollten die drei wirtschaftlichen Teillagen im Zwischenlagebericht allerdings nicht so detailliert wie im letzten jährlichen Lagebericht beschrieben werden, da nach DRS 16.37 im Rahmen der Zwischenlageberichterstattung der Grundsatz der Wesentlichkeit stärker betont wird als bei der jährlichen Lageberichterstattung und die Adressaten mit dem Zwischenlagebericht zeitnah mit den wichtigsten Informationen zur wirtschaftlichen Lage des berichterstattenden Unternehmens versorgt werden sollen. Falls während der Zwischenberichtsperiode wichtige Ereignisse die wirtschaftliche Lage des berichterstattenden Unternehmens beeinflusst haben, ist im Zwischenlagebericht entsprechend den Vorgaben des § 37w Abs. 4 WpHG und des DRS 16.40-42 besonders auf die wichtigen Ereignisse und ihre Auswirkungen auf die Ertrags-, Finanz- und Vermögenslage einzugehen.

Dem berichterstattenden Unternehmen ist zu empfehlen, zu den drei wirtschaftlichen Teillagen die folgenden Angaben im Zwischenlagebericht zu veröffentlichen:

285 Vgl. E-DRS 20.C27. Bei dem E-DRS 20 handelt es sich um den Entwurf des DRS 15.

286 Die Reihenfolge der Nennung der drei wirtschaftlichen Teillagen wurde ebenfalls schon in DRS 15.45 im Vergleich zu § 264 Abs. 2 HGB geändert.

287 Die gesetzlich vorgeschriebene sachliche Subsidiarität der Zwischenlageberichterstattung ist bezugnehmend auf die empirischen Ergebnisse als zu restriktiv anzusehen. Zu der sachlichen Subsidiarität vgl. Abschn. 232.2.

- **Ertragslage** [Berichtsgegenstand 1]

Für die Kapitalmarktteilnehmer ist das Periodenergebnis der wichtigste Indikator für den Erfolg des berichterstattenden Unternehmens.[288] KERKHOFF/DIEHM bezeichnen das Periodenergebnis daher auch als *„magic number"*[289] und nach PELLENS/BRANDT/NEUHAUS steht das *„Periodenergebnis [...] im Mittelpunkt der Finanzmarktkommunikation"*[290]. Aufgrund der hohen bis sehr hohen Bedeutung für die befragten Kapitalmarktteilnehmer sollte das berichterstattende Unternehmen im Zwischenlagebericht ausführlich darstellen, wie sich das **Periodenergebnis** im laufenden Geschäftsjahr entwickelt hat. Dabei sollte die Ergebnisstruktur erläutert[291] und auf die bei der Erfolgsspaltung[292] ermittelten Erfolgsquellen „Betriebsergebnis", „Finanzergebnis" und „Steuerergebnis" eingegangen werden. Da im Anhang des IFRS-Zwischenabschlusses die Segmentergebnisse offenzulegen sind,[293] sollten im Zwischenlagebericht ebenfalls die Ergebnisse der einzelnen Segmente beschrieben werden.[294]

Im Zwischenlagebericht sollte die **Entwicklung des Umsatzes** so dargestellt werden, dass für die Adressaten die wesentlichen Einflussfaktoren, wie die Preis- und Mengeneinflüsse, erkennbar werden. Falls während der Zwischenberichtsperiode neue Produkte oder Dienstleistungen eingeführt wurden, sollte im Zwischenlagebericht ebenfalls darauf eingegangen werden, wie die neuen Produkte oder Dienstleistungen die Umsatzentwicklung beeinflusst haben (DRS 16.41). Die Umsatzentwicklung und die Aufgliederung der Umsatzeffekte sollten im Zwischenlagebericht nicht nur verbal dargestellt,

288 Bei der Analyse des Periodenergebnisses *„untersucht der externe Bilanzanalytiker, [...] wie das Unternehmen das Ziel 'Geld verdienen' erreicht hat und ob die Zielerreichung für ihn zufrieden stellend ist."* BAETGE, J./KIRSCH, H.-J./THIELE, S., Bilanzanalyse, S. 335. Zu der Bedeutung der Quartalsergebnisse vgl. auch ARNOLD, J./MOIZER, P./NOREEN, E., Methods of Analysts, S. 9.

289 KERKOFF, G./DIEHM, S., Performance Reporting, S. 344.

290 PELLENS, B./BRANDT, E./NEUHAUS, S., Ergebnisneutrale Erfolgsbestandteile, S. 451.

291 Analog hierzu DRS 15.50.

292 Zur Erfolgsquellenanalyse vgl. KIRSCH, H., Jahresabschlussanalyse nach IFRS, S. 130-155; HOLLMANN, S., Reporting Performance, S. 166-184.

293 Vgl. Abschn. 425.7.

294 *„Aus Sicht des Analysten wäre [...] eine [...] segmentbezogene Ergebnisaufspaltung sehr wünschenswert, da erst hierdurch ein sinnvoller Betriebsvergleich von diversifizierten Unternehmen ermöglicht wird."* FINK, C./KECK, B., Lageberichterstattung, S. 1087. Zur erfolgswirtschaftlichen Segmentanalyse vgl. KIRSCH, H., Segmentbezogene Jahresabschlussanalyse, S. 63; ALVAREZ, M., Unternehmensanalyse, S. 652-654.

sondern zusätzlich auch – wie im Beispiel 4-9 bei der LANXESS AG –[295] anhand von Grafiken oder Tabellen veranschaulicht werden.[296]

Umsatzeffekte		
in %	**Q2/2008**	**HJ/2008**
Preis	7,3	5,6
Menge	6,7	5,5
Währung	-5,8	-5,4
Portfolio	-6,0	-9,7
	2,2	**-4,0**

Beispiel 4-9: *Angabe der Umsatzeffekte im Halbjahresfinanzbericht 2008 der LANXESS AG*

Dabei sollten wesentliche Änderungen im Vergleich zur Zwischenberichtsperiode des Vorjahres erläutert und begründet werden.[297] Dem berichterstattenden Unternehmen wurde im Abschnitt 425.73 empfohlen, die Segmentumsätze – unabhängig davon, ob sie nach IAS 34.16 ausgewiesen werden müssen –[298] im Anhang des IFRS-Zwischenabschlusses zu veröffentlichen. Bezugnehmend auf die im Anhang veröffentlichten Segmentumsätze sollte im Zwischenlagebericht dargestellt werden, wie sich die Segmentumsätze im laufenden Geschäftsjahr entwickelt haben.

Das berichterstattende Unternehmen sollte im Zwischenlagebericht zusätzlich angeben, wie sich die **Auftragslage** während der Zwischenberichtsperiode mit ihren wesentlichen Einflussfaktoren[299] entwickelt hat. Unternehmen mit langfristiger Auftragsfertigung[300] sollten zusätzlich den Auftragsbestand, die Auftragseingänge und die Auftragsreichweite

295 LANXESS AG (Hrsg.), Halbjahresfinanzbericht 2008, S. 6.

296 ROLVERING konnte mit ihrer empirischen Erhebung zeigen, dass die Kapitalmarktteilnehmer ergänzenden Grafiken und Tabellen im Zwischenlagebericht eine hohe Bedeutung beimessen. Vgl. ROLVERING, A., Zwischenberichterstattung, S. 124.

297 Im Zusammenhang mit der Konzernlageberichterstattung vgl. PRIGGE, C., Konzernlageberichterstattung, S. 134.

298 Die Segmentumsätze sind nur dann anzugeben, wenn die Umsätze entweder Bestandteil des Segmentergebnisses sind, das vom Hauptentscheidungsträger des Unternehmens überwacht wird, oder wenn die externen Segmentumsätze dem Hauptentscheidungsträger regelmäßig mitgeteilt werden. Vgl. IAS 34.16(g)(i)-(ii). Vgl. hierzu Abschn. 425.7.

299 Hierzu zählen die Preis- und Mengeneinflüsse sowie die Einflüsse durch neue Produkte und Dienstleistungen. Vgl. DRS 16.41(m).

300 Zur langfristigen Auftragsfertigung nach IFRS vgl. POTTGIESSER, G./VELTE, P./WEBER, S., Die langfristige Auftragsfertigung nach IAS 11, S. 310-318. Zur geplanten Interpretation des IFRIC zur Ertragsrealisierung bei langfristiger Auftragsfertigung vgl. HAENELT, T./LIENAU, A., Percentage of Completion Method, S. 133-135.

im Zwischenlagebericht offenlegen.[301] Mithilfe der Angaben zur aktuellen Auftragslage können die Adressaten die künftige Entwicklung der Ertragslage des Unternehmens besser beurteilen.

Da die Adressaten die künftigen Erfolge des Unternehmens nur angemessen prognostizieren können, wenn das Ergebnis der Zwischenberichtsperiode um die nicht nachhaltigen Ergebnisbestandteile bereinigt worden ist, sind die Adressaten daran interessiert, dass die nicht nachhaltigen Ergebnisbestandteile[302] vom Unternehmen berichtet werden.[303] Denn aus der Gesamtergebnisrechnung sind die nicht nachhaltigen Ergebnisbestandteile nicht unmittelbar erkennbar.[304] Das berichterstattende Unternehmen sollte daher im Zwischenlagebericht die wesentlichen **nicht nachhaltigen Erfolgsbestandteile** angeben und erläutern. Nach DRS 16.42 ist im Zwischenlagebericht ebenfalls darauf einzugehen, ob und wieweit saisonale Einflüsse die Ertragslage beeinflusst haben. Da nach IAS 34.16(b) die Saisoneinflüsse allerdings auch im Anhang des IFRS-Zwischenabschlusses darzustellen sind, sollte im Zwischenlagebericht lediglich auf die entsprechenden Angaben im Anhang verwiesen werden, damit unnötige inhaltliche Redundanzen im IFRS-Zwischenbericht vermieden werden.

- **Finanzlage** [Berichtsgegenstand 2]

  Im Zwischenlagebericht sollte die **Kapitalstruktur** des Unternehmens anhand der wesentlichen internen und externen Finanzierungsquellen dargestellt sowie mithilfe von Relationen erläutert werden, die aus dem IFRS-Zwischenabschluss herzuleiten sind.[305] Dabei sollten besonders die Veränderungen der Kapitalstruktur, die sich seit dem Bilanzstichtag ergeben haben, beschrieben werden. Falls im Anhang des Zwischenabschlusses die Segmentschulden ausgewiesen werden,[306] sollten die Angaben zur Kapitalstruktur zusätzlich auf Ebene der einzelnen Segmente offengelegt werden. Des Weiteren sollte das berichterstattende Unternehmen im Zwischenlagebericht darstellen, ob und

301 Im Zusammenhang mit dem Konzernlagebericht vgl. DRS 15.55.

302 Aus der bilanzanalytischen Perspektive zählen zu den nicht nachhaltigen Ergebnisbestandteilen vor allem *„ungewöhnliche, einmalige oder periodenfremde"* Erträge und Aufwendungen. Vgl. BAETGE, J./KIRSCH, H.-J./THIELE, S., Bilanzanalyse, S. 125.

303 Vgl. KÜTING, K./WEBER, C.-P., Die Bilanzanalyse, S. 252.

304 Vgl. Abschn. 423.33.

305 Zu Relationen hinsichtlich der Kapitalstruktur vgl. BAETGE, J./KIRSCH, H.-J./THIELE, S., Bilanzanalyse, S. 228-253; KÜTING, K./WEBER, C.-P., Die Bilanzanalyse, S. 133-145.

306 Vgl. Abschn. 425.73.

wieweit sich die Fälligkeits-, Währungs- und Zinsstruktur oder andere wesentliche Konditionen von Verbindlichkeiten und Rückstellungen im laufenden Geschäftsjahr verändert haben (DRS 16.41).[307] Die wesentlichen Finanzierungsmaßnahmen (bspw. Emission von Aktien, Genussscheinen oder Anleihen), die während der Zwischenberichtsperiode durchgeführt wurden, sollten ebenfalls im IFRS-Zwischenbericht beschrieben werden (DRS 16.41).[308] Falls im Anhang des IFRS-Zwischenabschlusses die Finanzierungsmaßnahmen bereits ausführlich dargestellt wurden (IAS 34.16(e)), sollte im Zwischenlagebericht lediglich auf den Anhang des IFRS-Zwischenabschlusses verwiesen werden.

Das berichterstattende Unternehmen sollte im Zwischenlagebericht ferner den Umfang und den Zweck der während der Zwischenberichtsperiode getätigten **Investitionen** beschreiben. Dabei sollte auch auf die Investitionsvorhaben eingegangen werden, die im letzten jährlichen Lagebericht beschrieben und während der Zwischenberichtsperiode abgeschlossen, geändert oder abgebrochen wurden.[309] In diesem Zusammenhang sind segmentbezogene Informationen wünschenswert.[310]

Neben den Angaben zur Kapitalstruktur und zu den getätigten Investitionen sollte im Zwischenlagebericht die Entwicklung der **Liquidität** während der Zwischenberichtsperiode und die Liquiditätssituation am Ende der Zwischenberichtsperiode dargestellt werden. Dabei bietet sich an, bezugnehmend auf die im IFRS-Zwischenabschluss ausgewiesene Kapitalflussrechnung,[311] die Cashflows aus laufender Geschäftstätigkeit, aus Investitionstätigkeit und aus Finanzierungstätigkeit getrennt voneinander zu erläutern.[312] Vor dem Hintergrund der hohen Bedeutung der Cashflow-Größen im Rahmen der Unternehmensanalyse und -bewertung wäre es zudem wünschenswert, wenn das berichterstattende Unternehmen segmentbezogene Cashflow-Größen im Zwischenlagebe-

307 Im Konzernlagebericht ist auch über unveränderte Fälligkeits-, Währungs- und Zinsstrukturen sowie über andere unveränderte wesentliche Konditionen von Verbindlichkeiten zu berichten. Vgl. DRS 15.62.

308 Vgl. DRS 16.41. Da gemäß IAS 34.16(e) die Angaben zu Emissionen, Rückkäufen und Rückzahlungen von Schuldverschreibungen oder Eigenkapitaltiteln im Anhang offenzulegen sind, sollte im Zwischenlagebericht auf die Anhangangaben nach IAS 34.16(e) verwiesen werden.

309 Vgl. DRS 16.41.

310 Vgl. hierzu beispielsweise DEUTSCHE POST AG (Hrsg.), Halbjahresfinanzbericht 2008, S. 15 f.

311 Vgl. Abschn. 424.

312 Zur Analyse der Kapitalflussrechnung vgl. COENENBERG, A. G., Kapitalflussrechnung als Instrument der Bilanzanalyse, S. 311-320.

richt ausweisen und erläutern würde. Da die Adressaten auch an Informationen interessiert sind, mit denen sie die künftigen Cashflows im laufenden Geschäftsjahr prognostizieren können, sollten im Zwischenlagebericht auch wesentliche ungewöhnliche oder einmalige Zahlungsströme sowie wesentliche über das Geschäftsjahr ungleich verteilte Zahlungsströme (bspw. erhaltene oder gezahlte Dividenden) angegeben werden (DRS 16.42). Ferner sollte über absehbare bzw. eingetretene Liquiditätsengpässe sowie die Maßnahmen zu deren Behebung im Zwischenlagebericht berichtet werden.

Zu den **Grundsätzen und Zielen des Finanzmanagements** sollte im Zwischenlagebericht lediglich dann berichtet werden, wenn die Grundsätze und Ziele, die im letzten jährlichen Lagebericht dargestellt wurden (DRS 15.61), vom berichterstattenden Unternehmen während der Zwischenberichtsperiode wesentlich geändert wurden. Ebenfalls sind die nach DRS 15.67 für den Konzernlagebericht geforderten Angaben zu **außerbilanziellen Finanzierungsinstrumenten** (*Asset-Backed-Securities*-Transaktionen, *Sale-and-Lease-Back*-Transaktionen oder Haftungsverhältnissen gegenüber nicht konsolidierten Zweckgesellschaften[313])[314] lediglich dann offenzulegen, wenn sich der Zweck oder die wirtschaftliche Substanz der außerbilanziellen Finanzierungsinstrumente geändert hat respektive wenn zusätzliche außerbilanzielle Finanzierungsinstrumente vom berichterstattenden Unternehmen während der Zwischenberichtsperiode eingesetzt wurden (DRS 16.40 i. V. m. DRS 16.41).

- **Vermögenslage** [Berichtsgegenstand 3]

  Die Kapitalmarktteilnehmer sind daran interessiert zu erfahren, welche Vermögensarten (Sachanlagevermögen, Finanzanlagen, Vorräte etc.) mit dem eingesetzten Kapital finanziert werden und wie lange das Vermögen im Unternehmen gebunden ist.[315] Im Zwischenlagebericht sollten daher die Änderungen in der Höhe und Zusammensetzung der **Vermögensstruktur** erläutert[316] und mithilfe von Kennzahlen veranschaulicht werden.[317] Falls im Anhang des Zwischenabschlusses die Segmentvermögen ausgewiesen

313 Zu Zweckgesellschaften vgl. SCHRUFF, W./ROTHENBURGER, M., Konsolidierung von special purpose entities, S. 755-765; KÜTING, K./GATTUNG, A., Zweckgesellschaften, S. 397-408. Vgl. zudem Abschn. 425.5.

314 Vgl. DRS 15.68.

315 Vgl. BAETGE, J./KIRSCH, H.-J./THIELE, S., Bilanzanalyse, S. 191.

316 Denn die Vermögenslage hat von den drei wirtschaftlichen Teillagen die geringste Bedeutung für die befragten Kapitalmarktteilnehmer.

werden,[318] sollte die Vermögensstruktur auch auf Ebene der einzelnen Segmente im Zwischenlagebericht dargestellt werden.

Im Zwischenlagebericht sind die für die Vermögenslage des Unternehmens bedeutenden **außerbilanziellen Finanzierungsinstrumente** zu beschreiben, wenn die außerbilanziellen Finanzierungsinstrumente, die im letzten jährlichen Lagebericht erläutert wurden, wesentlich umstrukturiert wurden oder vom berichterstattenden Unternehmen zusätzliche außerbilanzielle Finanzierungsinstrumente während der Zwischenberichtsperiode eingesetzt wurden (DRS 16.40 i. V. m. DRS 16.41). Ferner sollte im Zwischenlagebericht über die Veränderungen des **nicht bilanzierten Vermögens** berichtet werden, wenn geleaste, gemietete oder selbst geschaffene, nicht aktivierte Vermögenswerte[319] für die wirtschaftliche Lage des berichterstattenden Unternehmens bedeutend sind.[320]

433. Risikobericht

433.1 Bedeutung für die Kapitalmarktteilnehmer

Die befragten Kapitalmarktexperten und Wirtschaftsprüfer weisen dem Risikobericht die folgende Bedeutung zu:

Teilbericht des Zwischenlageberichts	Mittlere absolute Einschätzung der Bedeutung			Signifikanter Unterschied	
	Kapitalmarkt-experten	Wirtschafts-prüfer	Mittel-wert	Gauß-/ T-Test	U-Test
3. Risikobericht	3,69	3,97	3,83	**-2,120 (0,036)**	**-2,192 (0,028)**

Übersicht 4-27: Bedeutung des Risikoberichts

Die befragten Kapitalmarktteilnehmer messen dem **Risikobericht**[321] eine **hohe Bedeutung** bei, da ihnen mit dem Risikobericht zusätzliche entscheidungsnützliche Informationen zur

317 Zu möglichen Kennzahlen im Zusammenhang mit der Vermögensstruktur vgl. KÜTING, K./ WEBER, C.-P., Die Bilanzanalyse, S. 121-133.

318 Vgl. Abschn. 425.73.

319 Zu den Ansatzkriterien nach IAS 38 vgl. PELLENS, B. u. a., Internationale Rechnungslegung, S. 288-290.

320 Vgl. PRIGGE, C., Konzernlageberichterstattung, S. 153 f.

321 Zum Risikobericht vgl. BAETGE, J./LINSSEN, T., Risiken der künftigen Entwicklung, S. 16-29; KAJÜTER, P., Risikoberichterstattung, S. 105-111; LANGE, K. W., Risikoberichterstattung, S. 227; WEBER, C.-P., Risikoberichterstattung, S. 140-144.

wirtschaftlichen Lage[322] und zur voraussichtlichen Entwicklung des berichterstattenden Unternehmens vermittelt werden, die einem IFRS-Zwischenabschluss nicht (unmittelbar) zu entnehmen sind.[323] Mit dem Risikobericht wird der IFRS-Zwischenabschluss sachlich sowie zeitlich ergänzt.[324]

Die befragten Wirtschaftsprüfer ordnen dabei dem Risikobericht eine signifikant höhere Bedeutung zu als die befragten Kapitalmarktexperten, da sie ein persönliches Interesse daran haben, dass die Adressaten ausführlich über die Risikolage des berichterstattenden Unternehmens informiert werden. Denn wenn im Zwischenlagebericht ausführlich die Risikolage dargestellt wird, sinkt für einen Wirtschaftsprüfer die Gefahr – falls der IFRS-Zwischenbericht von ihm geprüft oder prüferisch durchgesehen wurde –,[325] rückwirkend für eine unzureichende Beschreibung der Risikolage im Zwischenlagebericht verantwortlich gemacht zu werden und dadurch in einen Haftungsfall verwickelt zu werden oder einen Reputationsverlust zu erleiden.

433.2 Vorgaben nach WpHG und DRS 16

Im Gegensatz zu den wertpapierhandelsrechtlichen Vorschriften zum Teilbericht „Ertrags-, Finanz- und Vermögenslage" müssen die Vorgaben des WpHG zum Risikobericht differenziert für den Halbjahres- und Quartalsfinanzbericht betrachtet werden.

Nach § 37w Abs. 4 WpHG sind im Zwischenlagebericht des Halbjahresfinanzberichts *„die wesentlichen Chancen und Risiken für die dem Berichtszeitraum folgenden sechs Monate des Geschäftsjahrs"* zu beschreiben, d. h. bis zum Ende des laufenden Geschäftsjahres. Diese Vorgabe ist auch beim Zwischenlagebericht eines Quartalsfinanzberichts zugrunde zu legen, da in § 37x Abs. 3 WpHG auf § 37w Abs. 4 WpHG verwiesen wird. Aufgrund des Gesetzeswortlautes *„folgenden sechs Monate des Geschäftsjahrs"* sind im Zwischenlagebericht des *ersten* Quartalsfinanzberichts allerdings *nicht* die Chancen und Risiken für die letzten drei Monate des laufenden Geschäftsjahres zu beschreiben. Durch DRS 16 wird diese wertpapierhandelsrechtliche Vorgabe allerdings zweckadäquat erweitert, indem nach DRS 16.46 und DRS 16.57 sowohl im Halbjahresfinanzbericht als auch im Quartalsfinanzbericht stets die

322 Die Risiken stellen *„einen integralen Bestandteil der wirtschaftlichen Lage eines Unternehmens"* dar. BAETGE, J./LINSSEN, T., Risiken der künftigen Entwicklung, S. 16.

323 Vgl. BAETGE, J./HAENELT, T., Konzernlageberichterstattung im IFRS-Abschluss, S. 126.

324 Zum Zweck und den Aufgaben des Zwischenlageberichts vgl. Abschn. 232.2.

325 Zur Prüfung bzw. prüferischen Durchsicht von Zwischenberichten vgl. Abschn. 25.

Chancen und Risiken der verbleibenden Monate des laufenden Geschäftsjahres zu beschreiben sind. Nach DRS 16.46 ist es zulässig, wenn das berichterstattende Unternehmen dabei lediglich auf die im letzten **jährlichen Lagebericht** beschriebenen Chancen und Risiken **verweist**[326] und im **Zwischenlagebericht** jene **Chancen und Risiken darstellt**,[327] die sich während der Zwischenberichtsperiode **wesentlich verändert haben**.[328] Dies schließt nach DRS 16.47 neue und weggefallene Chancen und Risiken mit ein. Im Zwischenlagebericht dürfen dabei – analog zum jährlichen Lagebericht –[329] die Chancen und Risiken nicht gegeneinander aufgerechnet werden (DRS 16.48). Ferner ist im Zwischenlagebericht besonders auf **bestandsgefährdende Risiken** einzugehen.[330] Ein Verweis auf den letzten jährlichen Lagebericht ist bei bestandsgefährdenden Risiken nicht zulässig (DRS 16.49).

Nach DRS 16.39 wird dem berichterstattenden Unternehmen empfohlen, sich bei der Gliederung des Zwischenlageberichts an der Gliederung des letzten jährlichen Lageberichts zu orientieren.[331] Im Zwischenlagebericht sollte daher – analog zum jährlichen Lagebericht – die Chancenberichterstattung getrennt von der Risikoberichterstattung im Prognosebericht erfolgen (DRS 5.32 i. V. m. DRS 5.5). Im Folgenden werden zunächst inhaltliche Gestaltungsempfehlungen für die Risikoberichterstattung entwickelt. Anschließend wird anhand der empirischen Ergebnisse im Abschnitt 434. zum Prognosebericht geklärt, ob und wieweit die im Folgenden zu entwickelnden Gestaltungsempfehlungen für die Risikoberichterstattung bei der Chancenberichterstattung zugrunde gelegt werden sollten.

433.3 Gestaltungsempfehlungen

Die befragten Kapitalmarktexperten und Wirtschaftsprüfer schätzen die Bedeutung der konkretisierenden Berichtsgegenstände zum Risikobericht als hoch ein:

326 Eine *„erneute Beschreibung aller bestehenden Chancen und Risiken ist somit nicht erforderlich."* E-DRS 21.A45.

327 Vgl. HEBESTREIT, G./RAHE, I., Zwischenberichterstattung, S. 115.

328 Durch die Konkretisierung der wertpapierhandelsrechtlichen Vorgaben akzentuiert der DSR die Aufgabe des Zwischenlageberichts, den letzten Konzernlagebericht zu aktualisieren. Vgl. E-DRS 21.A44. Zu den Zwecken und Aufgaben des Zwischenlageberichts vgl. Abschn. 232.2.

329 Vgl. DRS 5.26.

330 Diese *„Informationen [sind] für die Investoren von besonderer Bedeutung."* E-DRS 21.A47 [Ergänzung durch den Verfasser].

331 Nach DRS 16.39 wäre zwar alternativ auch ein „Chancen- und Risikenbericht" zulässig. Indes ist ein „Chancen- und Risikenbericht" vor dem Hintergrund des Grundsatzes der Vergleichbarkeit abzulehnen, da sonst der Konzernlagebericht und der Zwischenlagebericht unterschiedlich gegliedert wären. Vgl. DRS 15.23 i. V. m. DRS 16.37.

3. Risikobericht	Mittlere absolute Einschätzung der Bedeutung			Signifikanter Unterschied	
	Kapitalmarkt-experten	Wirtschafts-prüfer	Mittel-wert	Gauß-/ T-Test	U-Test
A. Beschreibung der veränderten Risiken	3,71	3,90	3,81	-1,422 (0,157)	-1,512 (0,130)
B. Beschreibung der bestandsgefährdenden Risiken	3,90	4,37	4,14	**-3,392 (0,001)**	**-3,326 (0,001)**

Übersicht 4-28: *Bedeutung der konkretisierenden Berichtsgegenstände des Risikoberichts*

Der Übersicht 4-28 ist zu entnehmen, dass die befragten Wirtschaftsprüfer der Beschreibung der bestandsgefährdenden Risiken eine signifikant höhere Bedeutung beimessen als die befragten Finanzanalysten und Fondsmanager. Durch die Einschätzung der Befragten zu den konkretisierenden Berichtsgegenständen des Risikoberichts lässt sich die Begründung im Abschnitt 433.1 – warum die Wirtschaftsprüfer dem Risikobericht eine signifikant höhere Bedeutung beimessen als die befragten Kapitalmarktexperten – dahingehend konkretisieren, dass nach Meinung der Wirtschaftsprüfer die Adressaten besonders über bestandsgefährdende Risiken im Zwischenlagebericht informiert werden sollten.

Mit dem Zwischenlagebericht sollten die Adressaten grundsätzlich über alle **wesentlichen Risiken** informiert werden, die sich während des laufenden Geschäftsjahres bis zum Aufstellungszeitpunkt des Zwischenlageberichts **geändert** haben (DRS 16.46). Da im jährlichen Lagebericht regelmäßig die Risiken der voraussichtlichen Entwicklung für die kommenden zwei Geschäftsjahre dargestellt werden,[332] ist dem berichterstattenden Unternehmen zu empfehlen, nicht nur – wie nach § 37w Abs. 4 WpHG bzw. DRS 16.46 vorgeschrieben – die veränderten Risiken der voraussichtlichen Entwicklung für die verbleibenden Monate des laufenden Geschäftsjahres, sondern auch die für das nächste Geschäftsjahr zu beschreiben.[333] Dabei sollte das berichterstattende Unternehmen für die veränderten Risiken möglichst die folgenden Informationen offenlegen:[334]

- Erläuterung der Art des veränderten Risikos,

332 Vgl. DRS 5.24.

333 Damit wird die gesetzlich vorgesehene zeitliche Subsidiarität des Zwischenlageberichts eingeschränkt. Zu einer ausführlichen Begründung vgl. Abschn. 434.3 zum Prognosebericht.

334 Im Zusammenhang mit dem Konzernlagebericht vgl. PRIGGE, C., Konzernlageberichterstattung, S. 179. Vgl. auch BAETGE, J./SCHULZE, D., Objektivierung der Lageberichterstattung, S. 943.

- Angabe der Eintrittswahrscheinlichkeit und der betragsmäßigen Auswirkung des veränderten Risikos,
- Angabe der für die Berechnung der quantitativen Angaben verwendeten Modelle und Darstellung der zugrunde gelegten Annahmen,
- Erläuterungen der Maßnahmen zur Kompensierung respektive Beherrschung des veränderten Risikos,
- Beschreibung der Veränderung des Risikos im Vergleich zum letzten Konzernlagebericht und
- Erläuterung der Auswirkungen auf die wirtschaftliche Lage des berichterstattenden Unternehmens bei Eintritt des veränderten Risikos.[335]

Ferner sollte im Risikobericht angegeben werden, ob und wieweit die veränderten Risiken bereits im IFRS-Zwischenabschluss durch eine Rückstellung oder durch eine Eventualverbindlichkeit[336] berücksichtigt wurden.[337] Falls sich während der Zwischenberichtsperiode die Risikolage des berichterstattenden Unternehmens nicht wesentlich geändert hat, sollte im Risikobericht mit einem Fehlbericht darauf hingewiesen werden.

Die **unveränderten Risiken** müssen nach DRS 16 nicht erneut im Risikobericht beschrieben werden. Gemäß DRS 16.46 ist es zulässig, im Zwischenlagebericht auf den letzten **jährlichen Lagebericht** zu **verweisen**, in dem die unveränderten Risiken bereits dargestellt wurden.

7. Risikobericht

Risiken gemäß § 91 (2) Aktiengesetz, die den Fortbestand des Symrise-Konzerns gefährden könnten, sind derzeit nicht erkennbar. Eine detaillierte Darstellung der Risiken sowie eine Beschreibung des Risikomanagementsystems des Unternehmens finden sich in dem Geschäftsbericht des Unternehmens für 2007 auf den Seiten 77–80. Die dort getroffenen Aussagen gelten unverändert.

Beispiel 4-10: *Verweis auf den Risikobericht des letzten Konzernlageberichts im Halbjahresfinanzbericht 2008 der SYMRISE AG*

Das berichterstattende Unternehmen sollte – so wie die SYMRISE AG im Beispiel 4-10 –[338] dabei die unveränderten Risiken nicht noch einmal im Zwischenlagebericht beschreiben, sondern im Zwischenlagebericht auf den letzten jährlichen Lagebericht verweisen, in dem

335 Vgl. DÖRNER, D./BISCHOF, S., Risikoberichterstattung, S. 448.

336 Vgl. Abschn. 425.1.

337 Bezugnehmend auf DRS 5.22 vgl. WEBER, C.-P., Risikoberichterstattung, S. 142.

338 SYMRISE AG (Hrsg.), Halbjahresfinanzbericht 2008, S. 11.

die unveränderten Risiken bereits dargestellt wurden. Denn werden die unveränderten Risiken erneut im Zwischenlagebericht beschrieben, erhalten die Kapitalmarktteilnehmer dadurch keine *neuen* entscheidungsnützlichen Informationen über die wirtschaftliche Lage des berichterstattenden Unternehmens. Durch den höheren Berichtsumfang resultiert für die Adressaten vielmehr ein unnötiger Mehr-Aufwand die veränderten Risiken im Zwischenlagebericht zu identifizieren.

Nach DRS 16.49 ist im Zwischenlagebericht auf **bestandsgefährdende Risiken**[339] besonders einzugehen. Ein Verweis auf den letzten jährlichen Lagebericht ist diesbezüglich nicht zulässig. Falls bestandsgefährdende Risiken, die im letzten jährlichen Lagebericht beschrieben wurden, unverändert fortbestehen, hat das berichterstattende Unternehmen die entsprechenden Angaben aus dem letzten jährlichen Lagebericht vollständig im Zwischenlagebericht zu wiederholen. Das Unternehmen sollte dabei zusätzlich darauf hinweisen, dass sich die bestandsgefährdenden Risiken seit dem letzten Bilanzstichtag nicht wesentlich verändert haben. Wenn sich die bestandsgefährdenden Risiken während der Zwischenberichtsperiode wesentlich verändert haben respektive neue bestandsgefährdende Risiken im Berichtszeitraum identifiziert wurden,[340] sollten diese nach den Vorgaben des DRS 5 detailliert im Zwischenlagebericht beschrieben und die aus ihnen resultierenden Konsequenzen erläutert werden (DRS 5.18). Damit die Adressaten möglichst genaue und aussagekräftige Informationen erhalten, sollten die (veränderten) bestandsgefährdenden Risiken nicht nur verbal dargestellt, sondern möglichst auch im Zwischenlagebericht quantifiziert werden. Hierfür ist es notwendig, die Eintrittswahrscheinlichkeit des bestandsgefährdenden Risikos sowie das Ausmaß des Risikoeintritts zu ermitteln und anzugeben.[341] Falls für das berichterstattende Unternehmen keine bestandsgefährdenden Risiken bestehen, sollte durch einen Fehlbericht im Zwischenlagebericht darauf hingewiesen werden (siehe Beispiel 4-10).[342]

339 Bestandsgefährdende Risiken lassen sich mit mathematisch-statistischen Bilanzbonitäts-Tests prüfen. Mit deren Hilfe kann auch das Fortbestandsrisiko als Insolvenzwahrscheinlichkeit angegeben werden. Vgl. BAETGE, J./SCHULZE, D., Objektivierung der Lageberichterstattung, S. 945.

340 Bei geänderten bzw. neuen bestandsgefährdenden Risiken ist zu prüfen, ob durch sie nachhaltig die Fortführungsprämisse nach F.23 verletzt wird.

341 Vgl. DRS 5.20.

342 Vgl. KAJÜTER, P., DRS 5, S. 207; BAETGE, J./SCHULZE, D., Objektivierung der Lageberichterstattung, S. 942.

434. Prognosebericht

434.1 Bedeutung für die Kapitalmarktteilnehmer

Die befragten Kapitalmarktteilnehmer weisen dem **Prognosebericht** eine **hohe Bedeutung** zu, wobei die befragten Kapitalmarktexperten die Bedeutung signifikant höher einschätzen als die befragten Wirtschaftsprüfer:

Teilbericht des Zwischenlageberichts	Mittlere absolute Einschätzung der Bedeutung			Signifikanter Unterschied	
	Kapitalmarkt-experten	Wirtschafts-prüfer	Mittel-wert	Gauß-/ T-Test	U-Test
4. Prognosebericht	4,21	3,85	4,03	**2,769 (0,006)**	**-2,768 (0,006)**

***Übersicht 4-29:** Bedeutung des Prognoseberichts*

Die Befragten messen dem Prognosebericht eine hohe Bedeutung bei, da ihnen mit dem Prognosebericht entscheidungsnützliche Informationen zu der voraussichtlichen Entwicklung des berichterstattenden Unternehmens vermittelt werden, die einem IFRS-Zwischenabschluss nicht zu entnehmen sind.[343] Durch die zusätzlichen entscheidungsnützlichen Informationen werden die Kapitalmarktteilnehmer bei der Prognose des Jahresergebnisses und der erwarteten Dividende unterstützt.[344]

Die befragten Kapitalmarktexperten messen dem Prognosebericht dabei eine signifikant höhere Bedeutung bei als die befragten Wirtschaftsprüfer, da die Finanzanalysten und Fondsmanager für die Bewertungen der zu analysierenden Unternehmen – denen regelmäßig Barwertkalküle (DCF-Verfahren) zugrunde liegen –[345] auf detaillierte zukunftsbezogene Informationen angewiesen sind, damit sie die künftigen Cashflows der zu analysierenden Unternehmen besser schätzen können.[346]

434.2 Vorgaben nach WpHG und DRS 16

Nach § 37w Abs. 4 **WpHG** müssen im Zwischenlagebericht neben den Chancen und Risiken der voraussichtlichen Entwicklung der Gesellschaft in den verbleibenden Monaten des

343 Vgl. BAETGE, J./HAENELT, T., Konzernlageberichterstattung im IFRS-Abschluss, S. 126; KIRSCH, H.-J./SCHEELE, A., Prognose- und Risikoberichterstattung nach BilReG, S. 1149.

344 Vgl. KÖSTER, H., Grundsätze ordnungsmäßiger Zwischenberichterstattung, S. 213. Vgl. in diesem Zusammenhang auch BOTOSAN, C. A., Disclosure Level, S. 346 f.

345 Vgl. FRIEDRICH, N., Analysten, S. 229.

346 Vgl. PRIGGE, C., Konzernlageberichterstattung, S. 73.

Geschäftsjahres **keine darüber hinausgehenden zukunftsorientierten Informationen** offengelegt werden.

In diesem Zusammenhang werden die wertpapierhandelsrechtlichen Vorgaben allerdings durch DRS 16 erweitert.[347] Denn nach **DRS 16.43** ist im Zwischenlagebericht darüber zu berichten, wenn sich die im letzten jährlichen Lagebericht abgegebenen **Prognosen** und sonstigen Aussagen zur voraussichtlichen Entwicklung **für das laufende Geschäftsjahr wesentlich verändert** haben. Dabei ist es nach DRS 16.44 ausreichend, über die für die Beurteilung der voraussichtlichen Entwicklung aus Sicht der Unternehmensleitung[348] wesentlichen Prognosen und sonstigen Aussagen zu berichten.[349] Falls die Unternehmensleitung keine neuen Erkenntnisse besitzt, dass sich die im letzten jährlichen Lagebericht abgegebenen Prognosen und sonstigen Aussagen zur voraussichtlichen Entwicklung für das laufende Geschäftsjahr wesentlich verändert haben, ist diese Tatsache im Zwischenlagebericht anzugeben (DRS 16.45).

Im DRS 16.36 wird dem berichterstattenden Unternehmen zusätzlich empfohlen, die zukunftsorientierten Aussagen zu aktualisieren, die im letzten jährlichen Lagebericht offengelegt wurden und über das laufende Geschäftsjahr hinausgehen. Im Zwischenlagebericht sollte nach DRS 16.36 auf das jeweilige Ereignis hingewiesen und die Richtung der Veränderung angegeben werden.

434.3 Gestaltungsempfehlungen

Die befragten Kapitalmarktexperten und Wirtschaftsprüfer weisen den konkretisierenden Berichtsgegenständen zum Prognosebericht jeweils die folgende Bedeutung zu:

347 Vgl. ROSSBACH, C., DRS 16, S. 12.

348 Dies entspricht dem Grundsatz der Informationsvermittlung aus Sicht der Unternehmensleitung (DRS 16.37 i. V. m. DRS 15.28). Zu den Grundsätzen ordnungsmäßiger (Konzern-)Lageberichterstattung vgl. BAETGE, J./FISCHER, T. R./PASKERT, D., Lagebericht, S. 16-27; BAETGE, J./KIRSCH, H.-J./THIELE, S., Bilanzen, S. 787-791.

349 Da die Unternehmensleitung i. d. R. den präzisesten Informationsstand über das Unternehmen besitzt, gilt die Managementperspektive als besonders entscheidungsnützlich für die Adressaten. Das Management besitzt allerdings einen erheblichen Gestaltungsspielraum und damit Möglichkeiten für eine eigennützige Darstellung der Prognosen im Zwischenlagebericht. Vgl. BAETGE, J./HAENELT, T., Konzernlageberichterstattung im IFRS-Abschluss, S. 115.

4. Prognosebericht	Mittlere absolute Einschätzung der Bedeutung			Signifikanter Unterschied	
	Kapitalmarkt-experten	**Wirtschafts-prüfer**	**Mittel-wert**	**Gauß-/T-Test**	**U-Test**
A. Künftige Geschäfts- und Rahmenbedingungen	3,97	3,47	3,72	**4,159 (0,001)**	**-3,857 (0,001)**
B. Künftige Ertragslage	4,49	4,05	4,27	**3,508 (0,001)**	**-3,936 (0,001)**
C. Künftige Finanzlage	4,29	3,82	4,06	**3,627 (0,001)**	**-3,636 (0,001)**
D. Chancen	3,86	3,61	3,74	**2,048 (0,043)**	-1,932 (0,053)

Übersicht 4-30: Bedeutung der konkretisierenden Berichtsgegenstände des Prognoseberichts

Der Übersicht 4-30 ist zu entnehmen, dass die befragten Kapitalmarktteilnehmer die Bedeutung der Informationen zur künftigen Ertragslage als hoch bis sehr hoch einschätzen. Die Informationen zur künftigen Finanzlage besitzen für die Befragten eine hohe Bedeutung. Demgegenüber weisen die befragten Kapitalmarktexperten und Wirtschaftsprüfer den Angaben sowohl zu den Chancen als auch zur künftigen Geschäftstätigkeit und zu den wirtschaftlichen Rahmenbedingungen jeweils eine mittlere bis hohe Bedeutung zu. Die Einschätzungen der befragten Kapitalmarktexperten und Wirtschaftsprüfer unterscheiden sich dabei signifikant.[350] Dies lässt sich darauf zurückführen, dass die Finanzanalysten und Fondsmanager für die Bewertungen der zu analysierenden Unternehmen – denen häufig Barwertkalküle zugrunde liegen – auf detaillierte zukunftsorientierte Informationen angewiesen sind, damit sie die künftigen Zahlungsströme der Unternehmen besser schätzen können.

Im Folgenden werden zunächst die Regelungen des DRS 16 untersucht, ob und wieweit die Kapitalmarktteilnehmer durch die Vorgaben des DRS 16.43-45 zweckadäquat mit dem Zwischenlagebericht über die voraussichtliche Entwicklung des berichterstattenden Unternehmens informiert werden. Darauf aufbauend wird geklärt, welche Informationen zu den vier konkretisierenden Berichtsgegenständen im Prognosebericht offengelegt werden sollten.

Vor dem Hintergrund der hohen Bedeutung des Prognoseberichts für die befragten Kapitalmarktteilnehmer ist es zu begrüßen, dass die wertpapierhandelsrechtlichen Vorschriften zum Zwischenlagebericht durch DRS 16 ergänzt werden und bestimmte Prognosen und sonstige

350 Lediglich nach dem U-Test liegt kein signifikanter Unterschied beim Berichtsgegenstand „Chancen" vor, da der p-Wert um 0,03 % über dem zugrunde gelegten Signifikanzniveau von 5 % liegt.

Aussagen zur voraussichtlichen Entwicklung, die im letzten jährlichen Lagebericht abgegeben wurden, unterjährig zu aktualisieren sind.[351] Zwar bleiben die Vorgaben des DRS 16.43-45 hinter den Regelungen des § 55 BörsZulV a. F. zurück,[352] welche bei der Zwischenberichterstattung vor in Kraft treten des TUG anzuwenden waren. Mit § 55 BörsZulV a. F. wurde gefordert, dass sich *„die Erläuterungen [im Zwischenbericht] auch auf die Aussichten des Emittenten für das laufende Geschäftsjahr zu erstrecken“*[353] haben. Hingegen wird in DRS 16 lediglich verlangt, dass über **Prognosen** und sonstige Aussage zur voraussichtlichen Entwicklung im laufenden Geschäftsjahr zu berichten ist, wenn diese sich **wesentlich geändert** haben.[354] Gleichwohl sind die Regelungen des DRS 16 den Vorschriften des § 55 BörsZulV a. F. nach der hier vertretenen Auffassung vorzuziehen. Denn werden die unveränderten Prognosen und sonstigen Aussagen zur voraussichtlichen Entwicklung des Unternehmens im Zwischenlagebericht erneut beschrieben, erhalten die Kapitalmarktteilnehmer dadurch keine *neuen* entscheidungsnützlichen Informationen. Durch den höheren Berichtsumfang resultiert für die Adressaten vielmehr ein zusätzlicher Aufwand, die veränderten Prognosen im Zwischenlagebericht zu identifizieren.

Daher ist es zweckmäßig, dass nach DRS 16.43 im Zwischenlagebericht nur dann über die im letzten jährlichen Lagebericht abgegebenen Prognosen und sonstigen Aussagen zur voraussichtlichen Entwicklung für das laufende Geschäftsjahr zu berichten ist, wenn diese sich während der Zwischenberichtsperiode wesentlich verändert haben. Dem berichterstattenden Unternehmen ist dabei allerdings zu empfehlen, die veränderten Prognosen und sonstigen Aussagen ausführlich im Zwischenlagebericht zu erläutern und zu begründen, warum sie sich seit dem letzten jährlichen Lagebericht wesentlich geändert haben. Aufgrund der hohen Bedeutung des Prognoseberichts für die Kapitalmarktteilnehmer ist es zudem wünschenswert, wenn die veränderten Prognosen in einer Bandbreite quantifiziert werden, obgleich dies nach DRS 16 weder vorgeschrieben noch empfohlen wird.[355]

351 So auch die Mehrheit der Stellungnahmen zum E-DRS 21. Vgl. GEFIU (Hrsg.), Stellungnahme E-DRS 21, S. 4 f.; ZENTRALER KREDITAUSSCHUSS (Hrsg.), Stellungnahme E-DRS 21, S. 6; CONTROLLER VEREIN E. V. (Hrsg.), Stellungnahme E-DRS 21, S. 2; HANNOVER RÜCKVERSICHERUNG AG (Hrsg.), Stellungnahme E-DRS 21, S. 3.

352 Zum § 55 BörsZulV vgl. KÖSTER, H., Grundsätze ordnungsmäßiger Zwischenberichterstattung, S. 213-215; DAHL, G., Zwischenberichterstattung börsennotierter Unternehmen, S. 245-249.

353 § 55 BörsZulV a. F. [Ergänzung durch den Verfasser].

354 Vgl. DRS 16.35(b).

Falls sich die **Prognosen** und sonstigen Aussagen zur voraussichtlichen Entwicklung für das laufende Geschäftsjahr **nicht wesentlich verändert** haben, ist hierfür ein **Fehlbericht** im Zwischenlagebericht anzugeben (DRS 16.45). Das berichterstattende Unternehmen sollte mit dem Fehlbericht zugleich auf den letzten jährlichen Lagebericht verweisen, wo die unveränderten Prognosen dargestellt werden.[356]

Mit DRS 16.36 wird dem berichterstattenden Unternehmen empfohlen, die **zukunftsorientierten Aussagen** zu aktualisieren, die im letzten jährlichen Lagebericht offengelegt wurden und **über das laufende Geschäftsjahr hinausgehen**.[357] Dabei sollte auf das jeweilige Ereignis hingewiesen und die Richtung der Veränderung angegeben werden. Der DSR relativiert mit dieser Empfehlung selbst den in DRS 16.37 festgelegten „*Grundsatz [...] der Beschränkung des Prognosezeitraums auf die verbleibenden Monate des Geschäftsjahrs*" und damit die zeitliche Subsidiarität des Zwischenlageberichts gegenüber dem jährlichen Lagebericht.[358] Die Ausdehnung des Prognosehorizonts über das laufende Geschäftsjahr hinaus ist indes zu befürworten, da eine „*Beschränkung des Prognosezeitraumes auf die verbleibenden Monate des Geschäftsjahres [...] kritisch im Hinblick auf die 'Entscheidungsnützlichkeit' von Informationen zu sehen [ist]. Es ist zweifelhaft, ob ein Investor nur den Prognosezeitraum bis Ende des Geschäftsjahres für seine Entscheidungen zugrunde legt.*"[359] Dies wird besonders deutlich, wenn im dritten Quartalsfinanzbericht keine zukunftsorientierten Angaben aktualisiert werden, die über das laufende Geschäftsjahr hinausreichen. Denn wenn der dritte Quartalsfinanzbericht erst am letzten Tag des vorgeschriebenen Aufstellungszeitraums publiziert wird, würde der Prognosezeitraum für das laufende Geschäftsjahr lediglich noch die kommenden sechs Wochen betragen.[360] In diesem Fall erhalten die Adressaten erst mit dem nächsten jährlichen Lagebericht aktuelle Prognosen für das kommende Geschäftsjahr, wobei dieser erst bis zu vier Monate nach dem Ende des Geschäftsjahres zusammen mit dem jährlichen

355 Bei der Konzernlageberichterstattung wird nach DRS 15.120 dem berichterstattenden Unternehmen empfohlen, die wesentlichen Einflussfaktoren der Ertrags- und Finanzlage für das folgende Geschäftsjahr zu quantifizieren.

356 Zur Gestaltung des Verweises vgl. Abschn. 433.3.

357 Der Prognosezeitraum des Konzernlageberichts beträgt nach DRS 15.07 mindestens zwei Jahre. Im Schrifttum wird ebenfalls ein Prognosezeitraum von zwei Jahren favorisiert. Vgl. BAETGE, J./ FISCHER, T. R./PASKERT, D., Lagebericht, S. 43 f.; SAHNER, F./KAMMERS, H., Der Lagebericht, S. 2313; KRAWITZ, N., Der Lagebericht und seine Prüfung, S. 9.

358 Vgl. Abschn. 232.2.

359 BAFIN (Hrsg.), Stellungnahme E-DRS 21, S. 3 f. [Ergänzung durch den Verfasser].

360 Zu den Veröffentlichungsfristen vgl. Abschn. 24.

IFRS-Abschluss erstellt und veröffentlicht werden muss (§ 290 Abs. 1 Satz 2 HGB).[361] Dem berichterstattenden Unternehmen ist daher zu empfehlen,[362] die zukunftsorientierten Aussagen zu aktualisieren, die im letzten jährlichen Lagebericht offengelegt wurden und über das laufende Geschäftsjahr hinausgehen.[363] Dabei ist es wünschenswert, wenn neben den verbalen Darstellungen auch quantitative Angaben zu den zukunftsorientierten Aussagen gemacht werden. Aufgrund der abnehmenden Prognosesicherheit mit zunehmendem Zeithorizont sollten zukunftsorientierte Aussagen, die über das laufende Geschäftsjahr hinausgehen, allerdings im Zwischenlagebericht getrennt von den Prognosen und sonstigen Aussagen zur voraussichtlichen Entwicklung für das laufende Geschäftsjahr dargestellt werden.

Aufbauend auf den vorstehenden Ausführungen, ist dem berichterstattenden Unternehmen zu empfehlen, zu den konkretisierenden Berichtsgegenständen des Prognoseberichts besonders folgende Informationen zu veröffentlichen:

- **Künftige Geschäfts- und Rahmenbedingungen** [Berichtsgegenstand A]

  Die Adressaten können anhand aktueller Informationen zu den künftigen **gesamtwirtschaftlichen und branchenspezifischen Rahmenbedingungen** besser beurteilen, welche nicht von der Unternehmensleitung beeinflussbaren wirtschaftlichen Entwicklungen sich in Zukunft auf die Lage des berichterstattenden Unternehmens auswirken können. Deshalb ist dem berichterstattenden Unternehmen zu empfehlen, im Zwischenlagebericht die Informationen zu den künftigen wirtschaftlichen Rahmenbedingungen zu aktualisieren, die im letzten jährlichen Lagebericht dargestellt wurden (DRS 15.88). In diesem Zusammenhang sollten der erwartete Konjunkturverlauf, absehbare gesellschaftspolitische Ereignisse und die voraussichtlichen Wechselkursentwicklungen im Zwischenlagebericht beschrieben werden. Ferner sollten im Zwischenlagebericht die er-

361 Zu der gleichen Veröffentlichungsfrist bei der FRANKFURTER WERTPAPIERBÖRSE vgl. DEUTSCHE BÖRSE AG (Hrsg.), Börsenordnung, § 65 Abs. 2.

362 Gleichwohl konstatieren KAJÜTER/BARTH/MEYER: *„Der Beschränkung des Prognosehorizonts auf die verbleibenden Monate des Geschäftsjahres folgen [im Jahr 2007] 76 % der [HDAX-]Unternehmen.“* KAJÜTER, P./BARTH, D./MEYER, J., Zwischenlageberichterstattung, S. 467 [Ergänzungen durch den Verfasser].

363 Vgl. ZENTRALER KREDITAUSSCHUSS (Hrsg.), Stellungnahme E-DRS 21, S. 5; BAFIN (Hrsg.), Stellungnahme E-DRS 21, S. 3 f. Kritisch zur Regelung des DRS 16.36 unter anderem CONTROLLER VEREIN E. V. (Hrsg.), Stellungnahme E-DRS 21, S. 2; BASF AG (Hrsg.), Stellungnahme E-DRS 21, S. 2; GEFIU (Hrsg.), Stellungnahme E-DRS 21, S. 4; HANNOVER RÜCKVERSICHERUNG AG (Hrsg.), Stellungnahme E-DRS 21, S. 2.

warteten branchenspezifischen Konjunkturverläufe für alle Geschäftsbereiche angegeben werden.

Im Zwischenlagebericht sollten ebenfalls Informationen zur **künftigen Ausrichtung der Geschäftstätigkeit** des berichterstattenden Unternehmens offengelegt werden, falls die Unternehmensleitung während der Zwischenberichtsperiode beschlossen hat, die Geschäftstätigkeit zu ändern.[364] Mit dem Zwischenlagebericht sollte den Adressaten verdeutlicht werden, warum die Geschäftspolitik geändert werden soll und wie sich dadurch die künftige wirtschaftliche Entwicklung des Unternehmens ändern wird bzw. ändern könnte.

Damit sich die Adressaten ein besseres Bild von den künftigen Marktchancen und -risiken des berichterstattenden Unternehmens verschaffen können, sollten im Zwischenlagebericht auch die Informationen zur künftigen Entwicklung der Absatzmärkte,[365] zu den geplanten Produkten und Dienstleistungen sowie zu den künftigen Forschungs- und Entwicklungsaktivitäten[366] aktualisiert werden.

- **Künftige Ertragslage** [Berichtsgegenstand B]

Da die befragten Kapitalmarktteilnehmer den Informationen zur künftigen Ertragslage die höchste Bedeutung von den konkretisierenden Berichtsgegenständen des Prognoseberichts beimessen, ist dem berichterstattenden Unternehmen zu empfehlen, die aktualisierte **Ergebnisprognose** detailliert im Zwischenlagebericht zu beschreiben und – wenn möglich – auf Ebene der einzelnen Segmente zu erläutern. Die Ergebnisprognose sollte dabei möglichst in einer Bandbreite – wie im Beispiel 4-11 bei der DEUTSCHEN POST AG –[367] quantifiziert werden.[368]

364 Im Zusammenhang mit dem Konzernlagebericht vgl. DRS 15.84.

365 Vgl. PRIGGE, C., Konzernlageberichterstattung, S. 196.

366 Vgl. KUHN, W., Forschung und Entwicklung, S. 491-496.

367 DEUTSCHE POST AG (Hrsg.), Halbjahresfinanzbericht 2008, S. 22.

368 So ergeben sich negative Aktienrenditen regelmäßig aus fehlenden Ergebnisprognosen. Vgl. PECHTL, H., Prognosebericht, S. 156.

Ergebnisausblick vor Einmaleffekten		
Mrd €	**2008**	**2009**
Ergebnis der betrieblichen Tätigkeit (EBIT)		
BRIEF	~1,95	1,7 bis 1,9
EXPRESS	~0,4	0,75 bis 0,95
FORWARDING/FREIGHT	~0,5	0,55 bis 0,6
SUPPLY CHAIN/CIS	~0,5	0,5 bis 0,55
FINANZ DIENSTLEISTUNGEN	~1,2	min. 1,3
Corporate Center/Andere	~–0,5	~–0,45
Konzern	**~4,1**	**~4,7**
Ergebnis vor Steuern (EBT)	**~3,1**	**~3,8**
Ergebnis je Aktie (€)	**1,65 bis 1,69**	**2,05 bis 2,15**
Basierend auf Aktienanzahl (Mio Stück)	1.209	1.211

Beispiel 4-11: Ergebnisausblick vor Einmaleffekten im Halbjahresfinanzbericht 2008 der DEUTSCHEN POST AG

Falls die erwartete Ergebnisentwicklung nicht quantifiziert werden kann, sollte im Prognosebericht zumindest eine komparative Angabe gemacht werden. Da für die künftige Ergebnisentwicklung des berichterstattenden Unternehmens die **erwartete Umsatzentwicklung** ein wesentlicher Einflussfaktor ist,[369] sollte im Zwischenlagebericht ebenfalls die erwartete Umsatzentwicklung aktualisiert und quantifiziert werden. Dabei sind segmentorientierte Informationen wünschenswert. Da die künftige Entwicklung des berichterstattenden Unternehmens neben der erwarteten Umsatzentwicklung auch davon abhängt, wie sich **andere wesentliche Posten der Gesamtergebnisrechnung** entwickeln werden, sollte im Zwischenlagebericht auch erläutert werden, ob und wieweit sich andere wesentliche Posten der Gesamtergebnisrechnung voraussichtlich anders entwickeln werden als im letzten jährlichen Lagebericht prognostiziert wurde (bspw. ein höherer Materialaufwand aufgrund steigender Rohstoffkosten).[370]

- **Künftige Finanzlage** [Berichtsgegenstand C]

Dem berichterstattenden Unternehmen ist zu empfehlen, das **geplante Investitionsvolumen für den Prognosezeitraum** anzugeben und dabei zu erläutern, welche geplanten Investitionsmaßnahmen, die im letzten jährlichen Lagebericht beschrieben wurden, nicht weiter verfolgt werden bzw. zusätzlich im Prognosezeitraum realisiert werden sol-

369 Vgl. KRUMBHOLZ, M., Die Qualität publizierter Lageberichte, S. 149.

370 Im Zusammenhang mit der Konzernlageberichterstattung vgl. PRIGGE, C., Konzernlageberichterstattung, S. 200-206.

len (DRS 15.84). Dabei sollte das berichterstattende Unternehmen darstellen, wie sich die geplanten Investitionsmaßnahmen auf die künftige Finanzlage des berichterstattenden Unternehmens auswirken werden. In diesem Zusammenhang sollte im Zwischenlagebericht angegeben werden, wieweit die geplanten Investitionen aus den erwarteten Cashflows der laufenden Geschäftstätigkeit finanziert werden können bzw. ob zusätzliche **Finanzierungsmaßnahmen** (Ausgabe neuer Aktien, Begebung von Anleihen oder Aufnahme von Krediten) für die geplanten Investitionen notwendig sind. Die Angaben zu den geplanten Finanzierungsmaßnahmen, die im letzten jährlichen Lagebericht offengelegt wurden, sollten im Zwischenlagebericht aktualisiert werden (geplanter Zeitpunkt der Maßnahme, erwartete Finanzierungsbeiträge, Konditionen etc.).

Im Zwischenlagebericht sollte ferner dargestellt werden, ob und wieweit sich die **Liquiditätssituation** voraussichtlich positiv oder negativ entwickeln wird. Dabei sollte vor allem darauf eingegangen werden, auf welche wesentlich veränderten bzw. neuen Einflussfaktoren die voraussichtliche Entwicklung zurückgeführt werden kann. In diesem Zusammenhang sollten zusätzlich die wesentlichen Finanzmittelabflüsse und deren Refinanzierung im Prognosezeitraum erläutert werden.[371]

- **Chancen** [Berichtsgegenstand D]

  Die befragten Kapitalmarktteilnehmer messen der **Chancenberichterstattung** im Zwischenlagebericht annähernd die gleiche Bedeutung bei wie der Risikoberichterstattung.[372] Deshalb sollte das berichterstattende Unternehmen grundsätzlich die im Abschnitt 433.3 entwickelten Gestaltungsempfehlungen zur Risikoberichterstattung auch bei der Chancenberichterstattung zugrunde legen.

371 Vgl. PRIGGE, C., Konzernlageberichterstattung, S. 206-210.

372 Vgl. hierzu Abschnitt 433.1.

44 Sonstige Angaben

In der folgenden Übersicht wird gezeigt, welche Bedeutung die befragten Kapitalmarktteilnehmer den sonstigen Angaben im IFRS-Zwischenbericht beimessen:

Sonstige Angaben

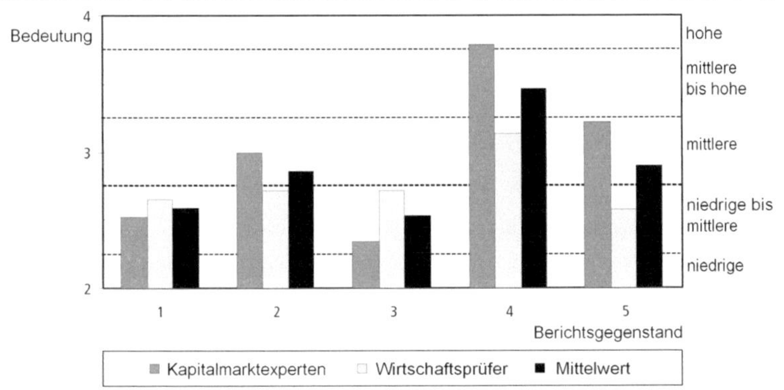

1. Versicherung der gesetzlichen Vertreter („Bilanzeid")
2. Angabe des Veröffentlichungsdatums
3. Angaben zum Aktienkurs
4. Angabe von Pro-forma-Kennzahlen
5. Kalendarium mit Veröffentlichungs- und Veranstaltungsterminen

***Übersicht 4-31:** Bedeutung der sonstigen Angaben*

Aus der Übersicht 4-31 geht hervor, dass die befragten Kapitalmarktteilnehmer ausschließlich der Angabe von Pro-forma-Kennzahlen eine mittlere bis hohe Bedeutung beimessen. Dem Veröffentlichungsdatum des IFRS-Zwischenberichts und dem Kalendarium mit Veröffentlichungs- und Veranstaltungsterminen weisen die Befragten durchschnittlich eine mittlere Bedeutung zu, während der Versicherung der gesetzlichen Vertreter („Bilanzeid") und den Angaben zum Aktienkurs nur eine niedrige bis mittlere Bedeutung zukommt.

Die geringe Bedeutung der sonstigen Angaben im IFRS-Zwischenbericht lässt sich dadurch erklären, dass bei der empirischen Erhebung ausschließlich professionelle Kapitalmarktteilnehmer befragt wurden,[373] denen bspw. die Informationen zum Veröffentlichungszeitpunkt des IFRS-Zwischenberichts, zur Aktienkursentwicklung sowie zu den Veröffentlichungs- und Veranstaltungsterminen des berichterstattenden Unternehmens bereits durch andere unternehmensexterne Quellen aufbereitetet zur Verfügung stehen.[374] Einen Nutzen aus den

373 Vgl. ausführlich Abschn. 32.

374 Vgl. HEUMANN, R., Value Reporting, S. 84.

sonstigen Angaben ziehen daher vor allem Privatanleger, denen zusätzliche Recherchen erspart bleiben.[375]

Zu den einzelnen sonstigen Angaben ist Folgendes anzumerken:

- **Versicherung der gesetzlichen Vertreter** [Berichtsgegenstand 1]

  Die Versicherung der gesetzlichen Vertreter („Bilanzeid") ist mit dem Transparenzrichtlinie-Umsetzungsgesetz (TUG)[376] in das deutsche Bilanz- und Kapitalmarktrecht eingeführt worden.[377] Der europäische Gesetzgeber reagierte mit dem Bilanzeid[378] nach US-amerikanischem Vorbild des *Sarbanes-Oxley-Act*[379] auf die europäischen Bilanzskandale der vergangenen Jahre. Mit dem Bilanzeid soll das durch die Bilanzskandale geminderte Vertrauen der Anleger in die Glaubwürdigkeit der Finanzberichterstattung kapitalmarktorientierter Unternehmen gestärkt werden.[380] Der Gesetzgeber schreibt der Versicherung der gesetzlichen Vertreter – als vertrauensbildende Maßnahme für die Glaubwürdigkeit der Finanzberichterstattung kapitalmarktorientierter Unternehmen – grundsätzlich eine Abschreckungsfunktion sowie eine *„Appell- bzw. Warnfunktion"*[381] zu.[382]

  Dem Bilanzeid wird vom Gesetzgeber eine **Abschreckungsfunktion** zugesprochen, da mit § 331 Abs. 1 Nr. 3a HGB die nicht richtige Abgabe des Bilanzeids gem. §§ 264, 289 HGB bzw. §§ 297, 315 HGB mit einer Geld- oder Freiheitsstrafe von bis zu drei Jahren geahndet werden kann. Nach dem Gesetzeswortlaut des § 331 Abs. 1 Nr. 3a HGB fällt indes nur die falsche Abgabe des Bilanzeids im Jahres- bzw. Konzernabschluss und im Jahres- bzw. Konzernlagebericht – nicht aber die falsche Abgabe des Bilanzeids im Zwischenabschluss und Zwischenlagebericht des Halbjahresfinanzberichts – in den Anwendungsbereich des § 331 Abs. 1 Nr. 3a HGB.[383] Aus diesem Grund müssen die gesetzlichen Vertreter bei einer nicht richtigen Abgabe des Bilanzeids im Halbjahresfi-

375 Nach PELLENS/HILLEBRANDT/TOMASZEWSKI besitzen diese Angaben für die Privatanleger vor allem einen *„Servicecharakter"*. Vgl. PELLENS, B./HILLEBRANDT, F./TOMASZEWSKI, C., Value Reporting, S. 182. Zu der Bedeutung bspw. der Angaben zum Aktienkurs für Privatanaleger vgl. SRI INTER-NATIONAL (Hrsg.), Investor Information Needs, S. 30 f.

376 Vgl. Art. 5 Abs. 2 lit. c TranspRL.

377 Vgl. BEIERSDORF, K./BUCHHEIM, R., Ausweitung der Publizitätspflichten, S. 1674.

378 Der Begriff *„Bilanzeid"* kommt selbst nicht im TUG vor. Allerdings findet sich der Begriff in der Gesetzesbegründung zum TUG. Vgl. BT-Drucksache 16/2498, S. 55.

379 Vgl. BT-Drucksache 16/2498, S. 55.

380 Vgl. HAHN, C., Der Bilanzeid, S. 375.

381 BMF (Hrsg.), Diskussionsentwurf zum TUG, S. 120.

382 Vgl. FLEISCHER, H., Der deutsche Bilanzeid, S. 105.

nanzbericht nicht mit einer Geld- bzw. Freiheitsstrafe rechnen. Mit § 331 Abs. 1 Nr. 3a HGB wird zudem davon abgesehen, die Nicht-Abgabe des Bilanzeids unter Strafe zu stellen. Gleichwohl stellt die verspätete bzw. die Nicht-Abgabe des Bilanzeids eine Ordnungswidrigkeit nach § 39 Abs. 2 Nr. 24-25 WpHG dar. Die Ordnungswidrigkeit kann gem. § 39 Abs. 4 WpHG mit einer Geldbuße von bis zu zweihunderttausend Euro geahndet werden.

Der Gesetzgeber schreibt dem Bilanzeid zusätzlich eine **Appell- bzw. Warnfunktion** zu, da dieser als ein *„geeignetes Mittel angesehen wird, um das Bewusstsein [der gesetzlichen Vertreter] dafür zu schärfen, dass Rechnungslegungsunterlagen richtig zu erstellen sind"*.[384] Der Appell- bzw. Warnfunktion liegt die Annahme zugrunde, dass sich die gesetzlichen Vertreter – durch die Abgabe einer schriftlichen Versicherung zum Inhalt des Halbjahresfinanzberichts – zu einer größeren Sorgfalt bei der Erstellung des Halbjahresfinanzberichts veranlasst sehen. In der Vergangenheit waren die Vorstandsmitglieder nicht verpflichtet, die Halbjahresfinanzberichte zu unterzeichnen bzw. eine Erklärung zum Inhalt des Halbjahresfinanzberichts abzugeben;[385] im Gegensatz zum Jahresabschluss, der bereits vor dem Inkrafttreten des TUG von den gesetzlichen Vertretern des Unternehmens zu unterzeichnen war (§ 245 HGB).[386] Durch den Bilanzeid müssen die Vorstandsmitglieder somit erstmals eine schriftliche Erklärung zum Inhalt des Halbjahresfinanzberichts abgeben. Daher kann dem Bilanzeid grundsätzlich eine verhaltenssteuernde Appell- bzw. Warnfunktion zugesprochen werden, da die gesetzlichen Vertreter durch die Unterschrift bei der Abgabe des Bilanzeids auf die Bedeutung einer glaubwürdigen bzw. verlässlichen unterjährigen Berichterstattung hingewiesen werden. Allerdings müssen die gesetzlichen Vertreter einen Bilanzeid lediglich im Halbjahresfinanzbericht – und nicht im Quartalsfinanzbericht bzw. in der Zwischenmitteilung der Ge-

383 In der Gesetzesbegründung zum TUG wird ebenfalls ausschließlich auf die Sanktionierung der falschen Abgabe des Bilanzeids im Rahmen der jährlichen Finanzberichterstattung eingegangen. Vgl. BT-Drucksache 16/2498, S. 55.

384 BMF (Hrsg.), Diskussionsentwurf zum TUG, S. 120 [Ergänzung durch den Verfasser].

385 Vgl. STRIEDER, T., Unterzeichnung von Zwischenberichten, S. 1999.

386 Gemäß § 245 HGB müssen die gesetzlichen Vertreter eines Unternehmens den Jahresabschluss unter Angabe des Datums unterzeichnen und damit öffentlich die Verantwortung für den Jahresabschluss übernehmen. Vgl. ELLERICH, M./SWART, S., in: HdR, § 245, Rn. 1. HÜFFER spricht in diesem Zusammenhang von einer *„Appellfunktion des Unterschriftserfordernisses"*. HÜFFER, U., in: Großkommentar zum Bilanzrecht, § 245 HGB, Rn. 1.

schäftsführer – abgeben, was der potenziellen verhaltenssteuernden Wirkung des Bilanzeids entgegenwirkt.

Die geringe Bedeutung des Bilanzeids für die befragten Kapitalmarktteilnehmer ist somit zum einen darauf zurückzuführen, dass die gesetzlichen Vertreter den Bilanzeid lediglich im Halbjahresfinanzbericht und nicht im Quartalsfinanzbericht bzw. in der Zwischenmitteilung der Geschäftsführer abgeben müssen; die potenzielle verhaltenssteuernde Wirkung des Bilanzeids wird damit bereits grundsätzlich eingeschränkt. Zum anderen ist die geringe Bedeutung des Bilanzeids dadurch zu erklären, dass die falsche Abgabe des Bilanzeids im Halbjahresfinanzbericht weder einen bilanzstrafrechtlichen Tatbestand gemäß § 331 HGB noch eine Ordnungswidrigkeit nach § 39 WpHG darstellt.[387] Lediglich die verspätete bzw. die Nicht-Abgabe des Bilanzeids verkörpert eine Ordnungswidrigkeit gem. § 39 WpHG.

- **Angabe des Veröffentlichungsdatums** [Berichtsgegenstand 2]

  Die Adressaten sollten dem IFRS-Zwischenbericht entnehmen können, zu welchem Zeitpunkt der IFRS-Zwischenbericht veröffentlicht wurde. Für die Adressaten stellt die Kenntnis des Veröffentlichungszeitpunkts eine wichtige Information für das Verständnis des IFRS-Zwischenberichts dar.[388] Denn nur auf diese Weise ist es den Adressaten möglich zu erkennen, welche Ereignisse nach dem Ende der Zwischenberichtsperiode im IFRS-Zwischenbericht berücksichtigt wurden[389] und welche Ereignisse im IFRS-Zwischenbericht nicht widergespiegelt werden. Überdies erhalten die Adressaten zusätzlich einen Hinweis darauf, welchen Stellenwert das berichterstattende Unternehmen einer zeitnäheren Kapitalmarktkommunikation zuweist. Bei der Angabe des Veröffentlichungsdatums handelt es sich um eine freiwillige Angabe, da nach IAS 34 das Veröffentlichungsdatum im IFRS-Zwischenbericht – im Gegensatz zum jährlichen IFRS-Abschluss –[390] nicht angegeben werden muss.

387 Während CHANG u. a. bei ihrer empirischen Studie eine positive Kapitalmarktreaktion auf die Abgabe des Bilanzeids feststellen, bezeichnen BHATTACHARYA/GROZNIK/HASLEM die Abgabe des Bilanzeids allerdings als *„non-event“* für den Kapitalmarkt. CHANG, H. u. a., Swearing by the Numbers, S. 22; BHATTACHARYA, U./GROZNIK, P./HASLEM, B., CEO certification, S. 611.

388 Vgl. BISCHOF, S./DOLECZIK, G., in: Baetge u. a., Rechnungslegung nach IFRS, IAS 10, Rn. 31.

389 Vgl. Abschn. 425.6.

390 Vgl. IAS 10.17.

- **Angaben zum Aktienkurs** [Berichtsgegenstand 3]

Im IFRS-Zwischenbericht sollte die **Kursentwicklung der Aktie** des berichterstattenden Unternehmens dargestellt werden.[391] Damit die Adressaten auch die langfristige Kursentwicklung erkennen können – und sich nicht durch kurzfristige Kurs-ausschläge fehlleiten lassen –, sollte das berichterstattende Unternehmen nicht nur die Entwicklung des Aktienkurses während der aktuellen Zwischenberichtsperiode angeben, sondern in einer Mehrperiodenübersicht auch die Kursentwicklung für die vergangenen drei bis fünf Jahre offenlegen.[392] Des Weiteren sollte der **Verlauf des zugehörigen Börsenindexes** (z. B. des DAX®) im IFRS-Zwischenbericht angegeben werden,[393] so dass die Adressaten die Kursentwicklung der Aktie des berichterstattenden Unternehmens ins Verhältnis zur allgemeinen Entwicklung am Aktienmarkt setzen und beurteilen können. Da mit dem Börsenindex allerdings die durchschnittliche Aktienkursentwicklung von Unternehmen aus verschiedenen Branchen dargestellt wird, sollte als weiterer Vergleichsmaßstab auch die **Entwicklung des entsprechenden Branchenindexes**[394] (z. B. des *DAXsector All Automobile*)[395] im IFRS-Zwischenbericht angegeben werden.[396]

Neben der Entwicklung des Aktienkurses sollte das berichterstattende Unternehmen auch die **Volatilität der Kursentwicklung** im IFRS-Zwischenbericht offenlegen,[397] indem für die dargestellten Zeiträume sowohl der Höchst-, Tiefst- und Schlusskurs als auch der gleitende Durchschnittskurs aufgeführt wird.[398] Darüber hinaus können vom berichterstattenden Unternehmen **weitere kapitalmarktorientierte Informationen** im IFRS-Zwischenbericht angegeben werden, wie die Börsenkapitalisierung[399], das Kurs-

391 Zur Bedeutung der Aktienkursentwicklung für Finanzanalysten vgl. MAROUS, P./UŽÍK, M./ WENDLING, M., Faktoren bei Aktieninvestitionen, S. 132.

392 In der Praxis wird allerdings überwiegend nur die Kursentwicklung während der aktuellen Zwischenberichtsperiode dargestellt. Vgl. für viele GILDEMEISTER AG (Hrsg.), Halbjahresfinanzbericht 2008, S. 13; E.ON AG (Hrsg.), Halbjahresfinanzbericht 2008, S. 5; DAIMLER AG (Hrsg.), Halbjahres-finanzbericht 2008, S. 5.

393 Vgl. BAETGE, J./NOELLE, J., Shareholder-Value-Reporting, S. 176.

394 Vgl. PELLENS, B./HILLEBRANDT, F./TOMASZEWSKI, C., Value Reporting, S. 183.

395 Zu den „*Daxsector All*-Indizes“ vgl. im Internet http://www.deutsche-boerse.com.

396 Die RWE AG stellt bspw. neben dem Kursverlauf des „*DAX-30*“ auch den des “*Dow Jones STOXX Utilities*“ im Zwischenbericht dar. Vgl. RWE AG (Hrsg.), Halbjahresfinanzbericht 2008, S. 2.

397 Vgl. BAETGE, J./NOELLE, J., Shareholder-Value-Reporting, S. 176.

398 Vgl. PRIGGE, C., Konzernlageberichterstattung, S. 126.

399 Vgl. AKEU (Hrsg.), Grundsätze für das Value Reporting, S. 2338.

Gewinn-Verhältnis[400] oder auch das Kurs-Cashflow-Verhältnis[401], anhand derer die Adressaten die Performance des Unternehmens zusätzlich beurteilen können.

- **Angabe von Pro-forma-Kennzahlen** [Berichtsgegenstand 4]

Die kapitalmarktorientierten Unternehmen sind in den vergangenen Jahren verstärkt dazu übergegangen sog. Pro-forma-Kennzahlen in ihren IFRS-Zwischenberichten zu veröffentlichen.[402] Als „pro-forma" können nach HEIDEN *„solche Finanzkennzahlen charakterisiert werden, welche [...] – im Vergleich zum nach dem jeweils anzuwendenden Rechnungslegungsstandard ermittelten Nachsteuerergebnis – um einmalige, ungewöhnliche, außerbetriebliche oder nicht zahlungswirksame Aufwendungen und Erträge bereinigt werden.*"[403] Mit der Pro-forma-Berichterstattung wird das Ziel verfolgt, die zwischenbetriebliche und intertemporäre Vergleichbarkeit der mit dem IFRS-Zwischenbericht dargestellten Ertragslage zu verbessern.[404] In der Praxis haben sich in diesem Zusammenhang vor allem die *„Earnings-before"*-Kennzahlen etabliert. Zu den *„Earnings-before"*-Kennzahlen zählen unter anderem das EBT (*„Earnings Before Taxes"*), das EBIT (*„Earnings Before Interest and Taxes"*) und das EBITDA (*„Earnings Before Interest, Taxes, Depreciation, and Amortization"*).[405]

Zwar wird mit der Berichterstattung von Pro-forma-Kennzahlen das Ziel verfolgt, die zwischenbetriebliche und intertemporäre Vergleichbarkeit der mit dem IFRS-Zwischenbericht dargestellten Ertragslage zu verbessern.[406] Gleichwohl besitzt das Unter-

400 Vgl. COENENBERG, A. G., Jahresabschluss und Jahresabschlussanalyse, S. 1086 f.

401 Cashflow-basierte Kennzahlen bieten gegenüber gewinn- bzw. verlustgrößenorientierten Kennzahlen den Vorteil, dass *„sie sich weniger durch bilanzpolitische Maßnahmen und [durch] die Ausübung von Ermessenspielräumen beeinflussen lassen."* PELLENS, B. u. a., IFRS-Bilanzierung verstärkt Gewinnentwicklung, S. 142 [Ergänzung durch den Verfasser]. So auch BAETGE, J./NOELLE, J., Shareholder-Value-Reporting, S. 176.

402 Nach HITZ/JENNIGES berichten von 86 untersuchten Unternehmen, die im Jahr 2006 im HDAX® gelistet waren, rd. 84 % mindestens eine Pro-forma-Kennzahl. Vgl. HITZ, J.-M./JENNIGES, V., Publizität von Pro-forma-Ergebnisgrößen, S. 239 f. Mit ähnlichen empirischen Ergebnissen KÜTING, K./HEIDEN, M., Pro-forma-Kennzahlen, S. 1547.

403 HEIDEN, M., Pro-forma-Berichterstattung, S. 357. Ähnliche Definition auch bei HITZ, J.-M./JENNIGES, V., Publizität von Pro-forma-Ergebnisgrößen, S. 237; VOLK, G., Pro-forma-Kennzahlen, S. 129. Vgl. auch MULFORD, C. W./COMISKEY, E. E., The Financial Numbers Game, S. 88.

404 Vgl. KÜTING, K./HEIDEN, M., Pro-forma-Ergebnisse, S. 1086.

405 HEIDEN konnte in publizierten Finanzberichten 34 verschiedene *„Earnings-before"*-Kennzahlen identifizieren. Vgl. HEIDEN, M., Pro-forma-Berichterstattung, S. 358 f.

406 Vgl. KÜTING, K./HEIDEN, M., Pro-forma-Ergebnisse, S. 1086. Die Adressaten können aus der Gesamtergebnisrechnung nicht unmittelbar das nachhaltige Periodenergebnis entnehmen, welches sie für eine adäquate Prognose der künftigen Ergebnisse des berichterstattenden Unternehmens benötigen. Vgl. Abschn. 423.33.

nehmen im Rahmen der Pro-forma-Berichterstattung erhebliche Gestaltungsspielräume.[407] Die Gestaltungsspielräume ergeben sich daraus, dass die Pro-forma-Kennzahlen weder im IFRS-Normenwerk definiert werden[408] noch im Schrifttum ein einheitliches Begriffsverständnis für Pro-forma-Kennzahlen vorliegt.[409] Des Weiteren publizieren die berichterstattenden Unternehmen häufig unternehmensindividuelle Pro-forma-Kennzahlen in ihren IFRS-Zwischenberichten, wie *„EBIT vor Einmaleffekten“*[410], *„EBITDA vor Sondereinflüssen“*[411], *„EBIT bereinigt“*[412], die von den Adressaten nicht ohne Weiteres, d. h. ohne zusätzliche Angaben zu diesen Kennzahlen, angemessen nachvollzogen werden können.[413] Das Management kann diese Gestaltungsspielräume bilanzpolitisch nutzen[414] und vornehmlich negative Erfolgsbestandteile aus dem Periodenergebnis herausrechnen. In diesem Fall wird den Kapitalmarktteilnehmern die wirtschaftliche Lage des berichterstattenden Unternehmens positiver dargestellt, als sie wirklich ist (*„earnings management“*)[415]. Vor dem Hintergrund der erheblichen Gestaltungsspielräume messen die Befragten der Angabe von Pro-forma-Kennzahlen keine größere Bedeutung bei, da sie auf zusätzliche – indes zumeist fehlende – Erläuterungen zu den Pro-forma-Kennzahlen angewiesen sind, damit sie nachvollziehen können, ob und wieweit die Pro-forma-Kennzahlen bilanzpolitisch motiviert berechnet wurden.

Die befragten Finanzanalysten und Fondsmanager weisen den Pro-forma-Kennzahlen allerdings eine signifikant höhere Bedeutung zu als die befragten Wirtschaftsprüfer. Dies resultiert daraus, dass die Kapitalmarktexperten regelmäßig die vom Unternehmen publizierten Pro-forma-Kennzahlen (angepasst) in ihren *Research*-Berichten veröffentlichen und in ihre Bewertungsmodelle (Multiplikator-Verfahren)[416] einfließen lassen.[417]

---

407 Vgl. HEIDEN, M., Pro-forma-Berichterstattung, S. 361; HITZ, J.-M./JENNIGES, V., Publizität von Pro-forma-Ergebnisgrößen, S. 243.

408 Vgl. HEIDEN, M., Pro-forma-Berichterstattung, S. 360.

409 Vgl. WÖHE, G., Betriebswirtschaftslehre, S. 948 i. V. z. COENENBERG, A. G., Jahresabschluss und Jahresabschlussanalyse, S. 968.

410 DEUTSCHE POST AG (Hrsg.), Halbjahresfinanzbericht 2008, S. 1.

411 BAYER AG (Hrsg.), Halbjahresfinanzbericht 2008, S. 2.

412 DEUTSCHE TELEKOM AG (Hrsg.), Halbjahresfinanzbericht 2008, S. 2.

413 Vgl. HITZ, J.-M./JENNIGES, V., Publizität von Pro-forma-Ergebnisgrößen, S. 241.

414 *„Die Gefahr [...] liegt in der Unklarheit von Methodik und Terminologie sowie in der damit eröffneten Möglichkeit unternehmenspolitisch verzerrter Darstellung der wirtschaftlichen Lage.“* LACHNIT, L./MÜLLER, S., Probleme bei der wertorientierten Performancedarstellung von Unternehmen, S. 2559.

415 MULFORD/COMISKEY charakterisieren *earnings management* als *„active manipulation of accounting results for the purpose of creating an altered impression of business performance“*. MULFORD, C. W./COMISKEY, E. E., Financial Warnings, S. 360.

Aus diesem Grund sind die Kapitalmarktexperten besonders an einer – transparenten und ausführlichen – Pro-forma-Berichterstattung interessiert, so dass sie sich *„nicht mühsam im Anhang die Bestandteile zentraler [Pro-forma-]Kennzahlen zusammensuchen“*[418] müssen.

		H1 2008 Mio. €	Sondereinflüsse H1 2008 Mio. €	H1 2008 ohne Sondereinflüsse Mio. €
Umsatzerlöse		30 103		30 103
Umsatzkosten		(16 664)	(253)[a]	(16 411)
Bruttoergebnis vom Umsatz		**13 439**	**(253)**	**13 692**
Vertriebskosten		(7 519)	(109)[b]	(7 410)
Allgemeine Verwaltungskosten		(2 333)	(60)[b]	(2 273)
Sonstige betriebliche Erträge		1 013	484[c]	529
Sonstige betriebliche Aufwendungen		(434)	(87)[d]	(347)
Betriebsergebnis (EBIT)		**4 166**	**(25)**	**4 191**
Finanzergebnis		(1 653)	(64)[e]	(1 589)
Ergebnis vor Ertragsteuern		**2 513**	**(89)**	**2 602**
Ertragsteuern		(906)	22[f]	(928)
Überschuss		**1 607**	**(67)**	**1 674**
Anderen Gesellschaftern zuzurechnendes Ergebnis		289	(2)	291
Konzernüberschuss		1 318	(65)	1 383
Betriebsergebnis (EBIT)		4 166	(25)	4 191
Abschreibungen auf Immaterielle Vermögenswerte und Sachanlagen		(5 355)	(10)	(5 345)
EBITDA		**9 521**	**(15)**	**9 536**
EBITDA-Marge	(%)	**31,6**		**31,7**
Personalaufwand		(6 777)	(226)[g]	(6 551)
Personalaufwandsquote	(%)	22,5		21,8

Sondereinflüsse im 1. Halbjahr 2008.

a Im Wesentlichen Aufwendungen für Personalmaßnahmen im operativen Segment Breitband/Festnetz sowie für Sachrestrukturierungen im operativen Segment Geschäftskunden.

b Aufwendungen für Personalmaßnahmen, sachbezogene Restrukturierungen und Sonstiges.

c Im Wesentlichen Veräußerungsgewinn aus dem Verkauf der T-Systems Media & Broadcast im operativen Segment Geschäftskunden.

d Im Wesentlichen Kosten aus dem Verkauf von Vivento Geschäftseinheiten im operativen Segment Konzernzentrale & Shared Services sowie Aufwendungen für Personalmaßnahmen.

e Hauptsächlich Aufwendungen aus der Aufzinsung von Rückstellungen für Personalmaßnahmen.

f Steuereffekte auf die Sondereinflüsse im Vorsteuerergebnis.

g Insbesondere Aufwendungen für Abfindungen für Angestellte.

Beispiel 4-12: *Überleitungsrechnung der Pro-forma-Kennzahlen im Halbjahresfinanzbericht 2008 der DEUTSCHEN TELEKOM AG*

416 Vgl. HESS, D./LEHMANN, E./LÜDERS, E., Bewertungsrelevante Kennzahlen zur Analyse von Unternehmen, S. 144 f.; COENENBERG, A. G./SCHULTZE, W., Multiplikator-Verfahren, S. 697; ALVAREZ, M., Unternehmensanalyse, S. 661. Kritisch zu der Anwendung von Multiplikatorverfahren HEIDEN, M., Pro-forma-Berichterstattung, S. 147 f., m. w. N.

417 Vgl. DEMIRAKOS, E./STRONG, N./WALKER, M., What Valuation Models Do Analysts Use?, S. 230; PREVITS, G. J./BRICKER, R., Analysis of Sell-Side Financial Analyst Company Reports, S. 62; MAROUS, P./UŽÍK, M./WENDLING, M., Faktoren bei Aktieninvestitionen, S. 132; BEAR, STEARNS & CO. INC. (Hrsg.), Pro Forma Earnings: A Critical Perspective.

418 MIDDELMANN, U., Wertsteigerungspotenziale, S. 21 [Ergänzung durch den Verfasser].

Für eine transparente und ausführliche Pro-forma-Berichterstattung müssen die Pro-forma-Kennzahlen aus den Angaben des IFRS-Zwischenabschlusses nachprüfbar hergeleitet und die einzelnen Komponenten ausführlich erläutert werden. Damit die Adressaten die **Pro-forma-Kennzahlen** adäquat nachvollziehen können, ist dem berichterstattenden Unternehmen zu empfehlen – wie im IFRS-Zwischenbericht der DEUTSCHEN TELEKOM AG –,[419] die Pro-forma-Kennzahlen mithilfe einer tabellarischen Darstellung auf eine in der Gesamtergebnisrechnung ausgewiesene Erfolgsgröße (bspw. auf die Umsatzerlöse oder auf das Periodenergebnis) **überzuleiten**.[420]

Neben der Überleitungsrechnung[421] sollte das berichterstattende Unternehmen zusätzlich die Pro-forma-Kennzahlen ausführlich **erläutern**[422] und **begründen**, warum bestimmte Erfolgsbestandteile – vor allem bei den unternehmensindividuellen Pro-forma-Kennzahlen zusätzlich – aus dem Periodenergebnis herausgerechnet wurden. Dadurch können die Kapitalmarktteilnehmer beurteilen, ob und wieweit die Korrekturen aus ihrer Sicht gerechtfertigt sind, und gegebenenfalls die ausgewiesenen Pro-forma-Kennzahlen für ihre Unternehmensanalyse bzw. -bewertung anpassen.

- **Kalendarium mit Veröffentlichungs- und Veranstaltungsterminen** [Berichtsgegenstand 5]

  Für kapitalmarktorientierte Unternehmen ist der IFRS-Zwischenbericht nicht nur ein gesetzlich vorgeschriebenes Publizitätsinstrument, sondern zugleich ein wichtiges ***Investor-Relations*-Instrument**.[423] Im IFRS-Zwischenbericht sollten daher die Adressaten auf wesentliche *Investor-Relations*-Termine mit einem Kalender hingewiesen werden. In dem Kalender sollten unter anderem die folgenden Veröffentlichungs- und Veranstaltungstermine aufgeführt werden:[424]

---

419 DEUTSCHE TELEKOM AG (Hrsg.), Halbjahresfinanzbericht 2008, S. 78.

420 So auch JOHNSON, W. B./SCHWARTZ, W. C., Are Investors Misled by „Pro Forma" Earnings?, S. 956; HITZ, J.-M./JENNIGES, V., Publizität von Pro-forma-Ergebnisgrößen, S. 242. Ähnlich DVFA (Hrsg.), Grundsätze für effektive Finanzkommunikation, S. 13.

421 Zu den in den Fußnoten 412-414 genannten Beispielen vgl. DEUTSCHE TELEKOM AG (Hrsg.), Halbjahresfinanzbericht 2008, S. 78; BAYER AG (Hrsg.), Halbjahresfinanzbericht 2008, S. 24; DEUTSCHE POST AG (Hrsg.), Halbjahresfinanzbericht 2008, S. 7.

422 Vgl. MIDDELMANN, U., Wertsteigerungspotenziale, S. 21; CALIZ, S., Erfolgsberichterstattung, S. 126.

423 Vgl. PWC/KIRCHHOFF (Hrsg.), Kapitalmarktkommunikation in Deutschland, S. 17.

424 Vgl. DVFA (Hrsg.), Grundsätze für effektive Finanzkommunikation, S. 4 f. und S. 16; KIRCHHOFF, K. R., Grundlagen der Investor Relations, S. 49-51; WICHELS, D., Kapitalmarktkommunikation mit Finanzanalysten, S. 159.

- Veröffentlichung der nächsten drei bis vier IFRS-Zwischenberichte,
- Veröffentlichung des nächsten jährlichen IFRS-Abschlusses,
- Bilanzpressekonferenz,
- Hauptversammlung sowie
- Telefonkonferenzen, Analystentreffen und *Road Shows*.

Neben dem Kalendarium sollten für etwaige Rückfragen oder erforderliche Anmeldungsformalitäten zusätzlich die Kontaktdaten der *Investor-Relations*-Abteilung aufgeführt werden.

5 Empirische Befunde zur Qualität publizierter IFRS-Zwischenberichte

51 Vorbemerkung

In diesem Kapitel wird der Frage nachgegangen, ob und wieweit kapitalmarktorientierte Unternehmen gegenwärtig mit ihren IFRS-Zwischenberichten die Informationsbedürfnisse der Adressaten erfüllen. Damit diese Frage beantwortet werden kann, dienen die empirisch ermittelten Anforderungen des Kapitalmarkts an die IFRS-Zwischenberichterstattung (Kapitel 3) und die daraus entwickelten inhaltlichen Gestaltungsempfehlungen (Kapitel 4) als objektivierte Grundlage für die Bewertung publizierter IFRS-Zwischenberichte. Auf dieser Grundlage wird im Abschnitt 52 mithilfe der Nutzwertanalyse ein Modell zur Messung der Berichtsqualität von IFRS-Zwischenberichten entwickelt. Der Kriterienkatalog zur Qualitätsmessung des IFRS-Zwischenberichts umfasst dabei ausschließlich inhaltliche Kriterien; auf sprachliche oder gestalterische Aspekte wird nicht eingegangen. Mithilfe der objektivierten Messmethode wird anschließend die inhaltliche Qualität von 75 zufällig ausgewählten IFRS-Zwischenberichten aus dem DAX®, MDAX® und SDAX® bestimmt. Aufbauend auf den empirisch ermittelten Qualitätswerten wird gezeigt, wie hoch gegenwärtig die inhaltliche Qualität der IFRS-Zwischenberichterstattung in Deutschland ist und wieweit die Informationsbedürfnisse der Adressaten befriedigt werden. Mit den Ergebnissen werden überdies Hypothesen über vermutete Zusammenhänge zwischen unternehmensspezifischen Merkmalen und der Qualität publizierter IFRS-Zwischenberichte mithilfe des Zweistichprobentests und anhand einer multiplen linearen Regressionsanalyse geprüft.

52 Die Qualitätsmessung von publizierten IFRS-Zwischenberichten mithilfe der Nutzwertanalyse

521. Grundkonzept der Nutzwertanalyse und Übertragung auf die vorliegende Untersuchung

ZANGEMEISTER[1] definiert die **Nutzwertanalyse** als *„die Analyse einer Menge komplexer Handlungsalternativen mit dem Zweck, die Elemente dieser Menge entsprechend den Präferenzen des Entscheidungsträgers bezüglich eines multidimensionalen Zielsystems zu ordnen. Die Abbildung dieser Ordnung erfolgt durch die Angabe der Nutzwerte (Gesamtwerte) der Alternativen.“*

1 ZANGEMEISTER, C., Nutzwertanalyse in der Systemtechnik, S. 45. Zur Nutzwertanalyse vgl. BRAUN, G., Nutzwertanalyse, S. 49; ZANGEMEISTER, C./BOMSDORF, E., Nutzwertanalyse, S. 375.

Wird die vorstehende Definition auf die Untersuchung der vorliegenden Arbeit übertragen, ergibt sich, dass

- eine Menge komplexer Handlungsalternativen (die publizierten IFRS-Zwischenberichte kapitalmarktorientierter Unternehmen)
- entsprechend den Präferenzen des Entscheidungsträgers (entsprechend den Einschätzungen von Finanzanalysten, Fondsmanagern und Wirtschaftsprüfern)
- bezüglich eines multidimensionalen Zielsystems (durch Anwendung eines hierarchisch strukturierten Kriterienkatalogs)
- geordnet (bewertet)

werden sollen. Die Handlungsalternativen (IFRS-Zwischenberichte) können anschließend anhand der ermittelten Gesamt-Nutzenwerte (Gesamt-Qualitätswerte) in eine Rangfolge gebracht werden.

Bei der **Grundvariante der Nutzwertanalyse** wird der Gesamt-Nutzenwert einer Handlungsalternative j durch eine additive Verknüpfung der gewichteten Teil-Nutzenwerte der Bewertungskriterien i ermittelt:[2]

$$U_j = \sum_{i=1}^{n} u_{ij} \cdot g_i \text{, für alle } j$$

Legende:

U_j:	Gesamt-Nutzenwert der Handlungsalternative j
u_{ij}:	Teil-Nutzenwert des Bewertungskriteriums i bei der Handlungsalternative j
g_i:	Gewichtungsfaktor des Bewertungskriteriums i

Übersicht 5-1: *Grundvariante der Nutzwertanalyse*

Bezogen auf die vorliegende Untersuchung bedeutet dies, dass für die einzelnen Berichtsgegenstände des IFRS-Zwischenberichts die zugehörigen Teil-Qualitätswerte zu ermitteln sind. Die Summe aller entsprechend den Einschätzungen der befragten Kapitalmarktteilnehmer gewichteten Teil-Qualitätswerte ergibt anschließend den Gesamt-Qualitätswert des IFRS-Zwischenberichts eines Unternehmens.

2 Zu der Grundvariante der Nutzwertanalyse vgl. KÖHRMANN, C./SCHIMMELPFENG, K., Nutzwertanalyse, S. 401; GROB, H. L., Investition, S. 338; RIEDL, R., Analytischer Hierarchieprozess vs. Nutzwertanalyse, S. 114; BERNDSEN, H.-P., Publizität, S. 205.

Ausgehend vom Grundprinzip der Nutzwertanalyse, ergeben sich für die inhaltliche Bewertung publizierter IFRS-Zwischenberichte fünf Schritte, die in den folgenden Abschnitten detailliert dargestellt werden:[3]

1. Schritt: Ermittlung geeigneter Kriterien zur Bewertung von IFRS-Zwischenberichten,
2. Schritt: Gewichtung der Bewertungskriterien,
3. Schritt: Bestimmung der möglichen Ausprägungen für jedes Bewertungskriterium,
4. Schritt: Bewertung eines IFRS-Zwischenberichts anhand der Bewertungskriterien und
5. Schritt: Aggregation der Teil-Qualitätswerte zu einem Gesamt-Qualitätswert.

522. Die nutzwertanalytischen Schritte bei der Qualitätsmessung publizierter IFRS-Zwischenberichte

522.1 Kriterien zur Bewertung publizierter IFRS-Zwischenberichte

Der erste Schritt der Nutzwertanalyse besteht darin, geeignete Kriterien zu entwickeln, anhand derer die inhaltliche Qualität publizierter IFRS-Zwischenberichte gemessen werden kann.[4] Die Kriterien für die Bewertung publizierter IFRS-Zwischenberichte sind bereits im Wesentlichen im Abschnitt 33 bei der Entwicklung des Fragebogens für die Ermittlung der Anforderungen des Kapitalmarkts an die IFRS-Zwischenberichterstattung hergeleitet worden. Dabei wurden die Kriterien sowohl durch eine Auswertung der gesetzlichen Vorschriften und des Schrifttums zur IFRS-Zwischenberichterstattung als auch durch eine Diskussion mit Kapitalmarktexperten festgelegt. Der Kriterienkatalog wurde in drei Abschnitte, neun Unterabschnitte, 49 übergeordnete und 48 untergeordnete Kriterien hierarchisch gegliedert und sachlich strukturiert.

Die Kriterien, die die Kapitalmarktteilnehmer bei der Befragung bewertet haben, hätten theoretisch noch weiter untergliedert bzw. konkretisiert werden können. Zu differenzierte Kriterien hätten indes zu einem sehr umfangreichen Fragebogen geführt, mit dem die Repräsentativität der Befragungsergebnisse gefährdet worden wäre. Denn je umfangreicher der Fragebogen gestaltet ist, desto geringer ist die Wahrscheinlichkeit, dass die befragten Kapitalmarktteilnehmer sich in repräsentativer Zahl an der Umfrage beteiligen. Aus diesem Grund wurden einzelnen Kriterien des empirisch objektivierten Kriterienkatalogs – soweit

3 Vgl. NICOLAI, C., Nutzwertanalyse, S. 423; DREYER, A., Scoring-Modelle, S. 260-262; STREBEL, H., Scoring-Modelle, S. 2182-2185; ADAM, D., Planung und Entscheidung, S. 413. Zu einem Beispiel vgl. LUCAS, H. C./MOORE, J. R., Scoring Approach, S. 1-11.

4 Vgl. hierzu STREBEL, H., Scoring-Modelle, S. 2182 f.

dies für eine adäquate Bewertung der inhaltlichen Qualität publizierter IFRS-Zwischenberichte notwendig ist – weitere untergeordnete Kriterien zugeordnet. Die zusätzlichen Kriterien wurden auf Grundlage der im Kapitel 4 entwickelten inhaltlichen Gestaltungsempfehlungen festgelegt und beziehen sich ausschließlich auf den Zwischenlagebericht:

Übersicht 5-2: *Zusätzliche Kriterien des Zwischenlageberichts*

Insgesamt ergibt sich bei der vorliegenden Untersuchung damit ein hierarchisch gegliederter und sachlich strukturierter Kriterienkatalog mit drei Abschnitten, neun Unterabschnitten, 49 übergeordneten und 70 untergeordneten Kriterien.

Nachdem im ersten Schritt der Nutzwertanalyse die geeigneten Abschnitte, Unterabschnitte sowie über- und untergeordneten Kriterien entwickelt wurden, sind im zweiten Schritt der Nutzwertanalyse geeignete Gewichte für die einzelnen Bestandteile des Kriterienkatalogs zu ermitteln.

522.2 Gewichtung der Kriterien

Beim zweiten Schritt der Nutzwertanalyse sind die einzelnen Abschnitte, Unterabschnitte sowie die einzelnen über- und untergeordneten Kriterien des Kriterienkatalogs zu gewichten.[5] Dabei ist zwischen den Bestandteilen des Kriterienkatalogs zu differenzieren, die von den befragten Kapitalmarktteilnehmern bewertet wurden, und den Bestandteilen, um die der Kriterienkatalog, aufbauend auf den Befragungsergebnissen und den daraus entwickelten inhaltlichen Gestaltungsempfehlungen, ergänzt wurde.

Bei der vorliegenden Untersuchung wurden 2.117 fachkundige Finanzanalysten, Fondsmanager und Wirtschaftsprüfer zu der Bedeutung der drei Abschnitte, neun Unterabschnitte sowie zu der Bedeutung von 97 der insgesamt 119 über- und untergeordneten Kriterien des Kriterienkatalogs befragt.[6] Für die Bewertung der inhaltlichen Qualität publizierter IFRS-Zwischenberichte sind die arithmetischen Mittelwerte der Einschätzungen der befragten Kapitalmarktteilnehmer zu der Bedeutung der einzelnen Bestandteile des IFRS-Zwischenberichts in Gewichte zu transformieren. Das **Gewicht** eines abgefragten **untergeordneten Kriteriums** g_{aukc} ermittelt sich beispielsweise, indem der Quotient aus dem arithmetischen Mittel des untergeordneten Kriteriums *c* und der Summe der arithmetischen Mittelwerte aller untergeordneten Kriterien eines übergeordneten Kriteriums *k*, welches einem Unterabschnitt *u* und einem Abschnitt *a* zugeordnet ist, gebildet wird:

$$g_{aukc} = \frac{\bar{b}_{aukc}}{\sum_{c=1}^{C} \bar{b}_{aukc}}, \text{ für alle } c, \text{ wobei } \sum_{c=1}^{C} g_{aukc} = 1$$

Legende:

g_{aukc}:	Gewicht eines untergeordneten Kriteriums c eines übergeordneten Kriteriums k, welches einem Unterabschnitt u und einem Abschnitt a zugeordnet ist
$\bar{b}_{aukc}$:	Arithmetisches Mittel der Einschätzung der Befragten zur Bedeutung des untergeordneten Kriteriums c
C:	Zahl der untergeordneten Kriterien eines übergeordneten Kriteriums k

Übersicht 5-3: *Ermittlung des Gewichts eines untergeordneten Kriteriums*

Die Gewichte der übergeordneten Kriterien (g_{auk}), der Unterabschnitte (g_{au}) und der Abschnitte (g_a) sind analog zu der oben dargestellten Formel zu berechnen.

Die Gewichte der 22 untergeordneten Kriterien, die – aufbauend auf den entwickelten inhaltlichen Gestaltungsempfehlungen – zusätzlich in den Kriterienkatalog aufgenommen wurden, sind durch eine Diskussion mit Mitarbeitern des FORSCHUNGSTEAMS BAETGE der WESTFÄLISCHEN WILHELMS-UNIVERSITÄT MÜNSTER festgelegt worden (Übersicht 5-2).[7]

5 Zu diesem Schritt vgl. auch BERENS, W., Beurteilung von Heuristiken, S. 51 f.

6 Zum Rücklauf vgl. Abschn. 34.

Dadurch wurde eine individuelle und damit subjektive Gewichtung der zusätzlichen Kriterien vermieden.

Nachdem im ersten Schritt der Nutzwertanalyse die geeigneten Abschnitte, Unterabschnitte, über- und untergeordneten Kriterien ermittelt und im zweiten Schritt die zugehörigen Gewichte bestimmt worden sind, müssen im dritten Schritt die möglichen Ausprägungen der Kriterien festgelegt und bewertet werden.

522.3 Bestimmung der Ausprägungen für jedes Kriterium

522.31 Vorbemerkung

Im dritten Schritt der Nutzwertanalyse sind für die möglichen Ausprägungen der Kriterien Punktwerte auf einer Bewertungsskala festzulegen. Mit den Punktwerten wird determiniert, welchen Teil-Qualitätswert das jeweilige Kriterium zum Gesamt-Qualitätswert eines IFRS-Zwischenberichts beiträgt. Da die Kriterien der einzelnen Abschnitte (IFRS-Zwischenabschluss, Zwischenlagebericht und sonstige Angaben) des IFRS-Zwischenberichts inhaltlich sehr heterogen ausgeprägt sind, werden im Folgenden für die einzelnen Abschnitte separate Bewertungsskalen entwickelt.

522.32 Ausprägungen der Kriterien des IFRS-Zwischenabschlusses

522.321. Ausprägungen der Kriterien der Rechenwerke

Gemäß IAS 34.8 sind im IFRS-Zwischenabschluss mindestens in verkürzter Form eine Bilanz, eine Gesamtergebnisrechnung, eine Eigenkapitalveränderungsrechnung und eine Kapitalflussrechnung auszuweisen. Das berichterstattende Unternehmen kann die **Rechenwerke** im IFRS-Zwischenabschluss allerdings auch detaillierter darstellen und beispielsweise so wie die Rechenwerke im letzten jährlichen IFRS-Abschluss gliedern. Im Kriterienkatalog wurden daher für die einzelnen Rechenwerke des IFRS-Zwischenabschlusses jeweils zwei Alternativen vorgegeben. Nach der ersten Alternative wird ein Rechenwerk im IFRS-Zwischenabschluss mindestens so detailliert wie im letzten jährlichen IFRS-Abschluss dargestellt, während nach der zweiten Alternative das Rechenwerk im Vergleich zum jährlichen IFRS-

7 Bei der Festlegung der Gewichte wurde zudem berücksichtigt, dass zu einzelnen Kriterien – wie zu dem nicht bilanzierten Vermögen oder zu Unternehmenskäufen – bereits Angaben im Anhang des IFRS-Zwischenabschlusses offenzulegen sind. Die Gewichte wurden entsprechend niedriger angesetzt. Vgl. hierzu Abschn. 425.5.

Abschluss verkürzt im IFRS-Zwischenabschluss ausgewiesen wird. Die (nicht) zutreffende Alternative ist im Kriterienkatalog mit einem „Ja" („Nein") zu kennzeichnen.

Die Rechenwerke können nicht nur im IFRS-Zwischenabschluss dargestellt werden, sondern die Posten der einzelnen Rechenwerke, die sich im Vergleich zum letzten Bilanzstichtag wesentlich in ihrer Höhe oder Zusammensetzung geändert haben, können zusätzlich auch erläutert werden. Für die **Erläuterungen** der einzelnen Rechenwerke des IFRS-Zwischenabschlusses wird eine Bewertungsskala mit den Ausprägungen „keine", „schlechte", „durchschnittliche", „gute" und „sehr gute" Erläuterungen zugrunde gelegt, wobei die im Kapitel 4 entwickelten inhaltlichen Gestaltungsempfehlungen als Bewertungsmaßstab herangezogen werden. Der Ausprägung „keine" Erläuterungen wird der niedrigste Punktwert (0 %) zugeordnet. In aufsteigender Reihenfolge werden den übrigen Ausprägungen „schlechte", „mittlere", „gute" und „sehr gute" Erläuterungen die Punktwerte 25 %, 50 %, 75 % und 100 % zugewiesen.

522.322. Ausprägungen der Kriterien des Anhangs

Der IFRS-Zwischenabschluss besteht neben den Rechenwerken zusätzlich aus ausgewählten Anhangangaben (IAS 34.16).[8] Die meisten Anhangangaben sind inhaltlich sehr unterschiedlich ausgeprägt – beispielsweise die Angaben zu den angewandten Bilanzierungs- und Bewertungsmethoden[9] sowie die Angaben zum Konsolidierungskreis.[10] In der vorliegenden Arbeit wird daher darauf verzichtet, die Qualität der unterschiedlichen Anhangangaben pauschal auf einer einheitlichen Bewertungsskala zu messen. Stattdessen werden für die einzelnen Anhangangaben untergeordnete Kriterien festgelegt. Die Anhangangaben wurden im ersten Schritt der Nutzwertanalyse so lange konkretisiert, bis der Analyst mit „Ja" (100 %) bzw. „Nein" (0 %) angemessen über das Ausmaß der Berichterstattung entscheiden kann.[11]

8 Eine Übersicht zu den Regelungen des IAS 34 findet sich im Abschn. 224.

9 Vgl. IAS 34.16(a).

10 Vgl. IAS 34.16(i).

11 Vgl. hierzu auch BAETGE, J./ARMELOH, K.-H., Kriterienkatalog, S. 126.

522.33 Ausprägungen der Kriterien des Zwischenlageberichts

Die Angaben im Zwischenlagebericht lassen sich dadurch unterscheiden, dass sie verschiedene Genauigkeits- und Detaillierungsgrade aufweisen können.[12] In der vorliegenden Untersuchung wird zwischen den folgenden **Genauigkeitsgraden** unterschieden:

- **Qualitative Angabe**, wie: *„Der Umsatz der Zwischenberichtsperiode ist zufriedenstellend."*
- **Komparative Angabe**, wie: *„Der Umsatz der Zwischenberichtsperiode hat sich im Vergleich zum Vorjahr verringert."*
- **Intervallangabe**, wie: *„Der Umsatz der Zwischenberichtsperiode beträgt zwischen 9 und 11 Mio. EUR."*
- **Punktangabe**, wie: *„Der Umsatz der Zwischenberichtsperiode beträgt 10 Mio. EUR."*

Neben den vier unterschiedlichen Genauigkeitsgraden werden zusätzlich die folgenden zwei **Detaillierungsgrade** berücksichtigt:

- **Zusätzliche Darstellungen**[13] der Angaben des Zwischenlageberichts durch Aufgliederungen oder Erläuterungen, wie: *„Der Umsatz wurde zu 40 % in Deutschland und zu 60 % im Ausland erwirtschaftet."* (**Aufgliederung**)[14] oder *„Ursache für die negative Entwicklung des Umsatzes waren geringere Absatzmengen bei einem unveränderten Preisniveau."* (**Erläuterung**).[15]
- **Zusätzliche Unterstützung der Darstellungen durch Grafiken oder Tabellen**,[16] wie ein Tortendiagramm, in dem der Umsatz der Zwischenberichtsperiode nach Geschäftsbereichen segmentiert wird, oder eine tabellarische Übersicht, in der die Umsätze für die einzelnen Regionen differenziert ausgewiesen werden.

12 Vgl. KRUMBHOLZ, M., Die Qualität publizierter Lageberichte, S. 60 und S. 66 f.

13 In DRS 16.10 wird der Begriff *„Darstellung"* definiert als *„Aufbereitung eines Sachverhaltes durch Aufgliederung und/oder Erläuterung in der Weise, dass er aus sich heraus verständlich ist."*

14 In DRS 15.8 wird der Begriff *„Aufgliederung"* definiert als *„Aufzeigen der einzelnen Komponenten, aus denen sich der Berichtsgegenstand zusammensetzt. Die Aufgliederung erfolgt in der Regel quantitativ nach sachlichen Kriterien."*

15 In DRS 16.10 wird der Begriff *„Erläuterung"* definiert als *„Weitergehende Erklärung, Kommentierung und Interpretation eines Sachverhalts über die reine Darstellung hinaus. Sie dient der Information über Voraussetzungen, Ursachen oder Konsequenzen von Sachverhalten oder Maßnahmen. Erläuterungen werden in der Regel verbal gegeben."*

16 Vgl. BERENS, W./DARIUS, P./SCHMITTING, W., Graphiken in Geschäftsberichten, S. 3-5.

Zu beachten ist, dass die vier Genauigkeitsgrade einer Angabe im Zwischenlagebericht nur alternativ vorliegen können, während eine Angabe im Zwischenlagebericht grundsätzlich zusätzlich dargestellt oder mit einer grafischen bzw. tabellarischen Übersicht ergänzt werden kann.

Die Angaben im Zwischenlagebericht dienen den Adressaten lediglich dann als Entscheidungshilfe, wenn sie hinreichend genau und sicher sind.[17] Dabei ist zwischen vergangenheits- und zukunftsbezogenen Angaben zu unterscheiden. Bei **vergangenheitsbezogenen Angaben** ist grundsätzlich anzunehmen, dass es sich hierbei um hinreichend sichere Angaben handelt. Daher ist bei den vergangenheitsbezogenen Angaben lediglich zu prüfen, wie genau die Angaben im Zwischenlagebericht abgegeben wurden. Die möglichen Genauigkeitsgrade wurden bereits oben in diesem Abschnitt in aufsteigender Reihenfolge angegeben, d. h., die höchste Genauigkeit wird durch eine Punktangabe erreicht.

Bei **zukunftsbezogenen Angaben** (Prognosen) ist hingegen neben der Genauigkeit der Angaben auch deren Sicherheit zu berücksichtigen. Als Prognosesicherheit wird die Wahrscheinlichkeit verstanden, dass sich eine Prognose *ex post* als richtig erweist.[18] Die Prognosesicherheit wird mitunter durch den Genauigkeitsgrad der Angabe und den Prognosehorizont bestimmt.[19] Die Genauigkeit einer Prognose steht dabei in einem Spannungsverhältnis zu der Sicherheit derselben: Eine Punktprognose ist zwar genauer als eine Intervallprognose, allerdings ist die Wahrscheinlichkeit, dass sich eine Punktprognose *ex post* als richtig herausstellt, geringer als bei einer Intervallprognose.[20] Da lediglich vernünftig begrenzte Intervallprognosen[21] den notwendigen Ausgleich zwischen den beiden konfligierenden Anforderungen Sicherheit und Genauigkeit zulassen,[22] erhalten Intervallprognosen auf der Bewertungsskala einen höheren Punktwert als Punktprognosen (vgl. Übersicht 5-4).[23]

Außer vom Genauigkeitsgrad hängt die Prognosesicherheit auch vom Prognosehorizont ab. Eine Prognose ist nämlich umso sicherer, je kürzer der Prognosehorizont ist. Im Zwischenlagebericht sollte daher für eine zukunftsbezogene Angabe auch der zugehörige Prognosehori-

17 Vgl. BAETGE, J., Möglichkeiten der Objektivierung des Jahreserfolges, S. 168.

18 Vgl. WASSER, G., Prognosequalität, S. 45.

19 Vgl. hierzu auch KRUMBHOLZ, M., Die Qualität publizierter Lageberichte, S. 58.

20 Vgl. LEFFSON, U./BAETGE, J., Reliability, S. 207.

21 Vgl. BAETGE, J./KIRSCH, H.-J./THIELE, S., Bilanzen, S. 805.

22 Vgl. BAETGE, J./HAENELT, T., Konzernlageberichterstattung im IFRS-Abschluss, S. 117.

23 Vgl. hierzu auch AKEIÜ (Hrsg.), Prognoseprüfung, Rn. 23.

zont genannt werden. Ferner sollten die Prämissen der zukunftsbezogenen Angaben im Zwischenlagebericht aufgeführt werden. Denn die Adressaten können die Plausibilität von Prognosen nicht ohne Kenntnis der zugrunde gelegten Prämissen[24] beurteilen.[25] Bei der Bewertung der Prognosen wird mithilfe des Detaillierungsgrads erfasst, ob und wieweit der Prognosehorizont und die zugrunde gelegten Prämissen der zukunftsbezogenen Angaben im Zwischenlagebericht offengelegt wurden.

Bezugnehmend auf die vorstehenden Ausführungen wird die folgende **Bewertungsskala** für die Angaben im Zwischenlagebericht zugrunde gelegt:[26]

Genauigkeits- und Detaillierungsgrade		**Punktwerte auf der Bewertungsskala**	
		vergangenheits-bezogene Angaben	**zukunfts-bezogene Angaben**
Genauigkeit	Qualitative Angaben	10 %	10 %
	Komparative Angaben	20 %	20 %
	Punktangaben	**40 %**	30 %
	Intervallangaben	30 %	**40 %**
Detaillierung	Zusätzliche Darstellung	**30 %**	**30 %**
	Zusätzliche Grafiken/Tabellen	**30 %**	**30 %**
	Summe	**100 %**	**100 %**

Übersicht 5-4: Festlegung der Punktwerte auf der Bewertungsskala für die Genauigkeits- und Detaillierungsgrade im Zwischenlagebericht

Mit den Angaben im Zwischenlagebericht werden die Informationsbedürfnisse der Adressaten optimal erfüllt, wenn zu einem vergangenheitsbezogenen (zukunftsbezogenen) Sachverhalt eine Punktangabe (Intervallangabe) gemacht wird, die zusätzlich verbal dargestellt und mit einer Grafik oder Tabelle ergänzt wird. In diesem Fall wird das zugehörige Kriterium mit 100 % bewertet.

24 Empirische Befunde belegen, dass die Adressaten der Offenlegung von Prämissen eine hohe Bedeutung beimessen. Vgl. KAJÜTER, P., Der Lagebericht als Instrument einer kapitalmarktorientierten Rechnungslegung, S. 202.

25 Vgl. BAETGE, J./FISCHER, T. R./PASKERT, D., Lagebericht, S. 44; BRETZKE, W.-R., Inhalt und Prüfung des Lageberichtes, S. 343.

26 Vgl. hierzu auch BAETGE, J./ARMELOH, K.-H., Kriterienkatalog, S. 125 f. Die Bewertungsskala wurde bei verschiedenen empirischen Untersuchungen bestätigt. Vgl. KRUMBHOLZ, M., Die Qualität publizierter Lageberichte, S. 59-69; ROLVERING, A., Zwischenberichterstattung, S. 124-127; HEUMANN, R., Value Reporting, S. 211-215; PRIGGE, C., Konzernlageberichterstattung, S. 76-78.

522.34 Ausprägungen der Kriterien der sonstigen Angaben

Für die Kriterien des Abschnitts „Sonstige Angaben" ist ebenfalls eine differenzierte Bewertungsskala festzulegen. Bei der Bewertungsskala ist dabei zwischen Kriterien zu differenzieren, die nicht unterschiedlich ausgeprägt sein können, und Kriterien, zu denen in unterschiedlicher Art und Weise berichtet werden kann.

Bei den folgenden Kriterien ist mit einem „Ja" (100 %) oder „Nein" (0 %) darüber zu entscheiden, ob das jeweilige Kriterium bei dem zu untersuchenden IFRS-Zwischenbericht erfüllt ist oder nicht:

- Abgabe der Versicherung der gesetzlichen Vertreter („Bilanzeid") und
- Angabe des Veröffentlichungsdatums des IFRS-Zwischenberichts.

Bei den anderen Kriterien des Abschnitts „Sonstige Angaben" wird hingegen wie beim Zwischenlagebericht eine Bewertungsskala mit den Abstufungen 0 %, 10 % ... 100 % zugrunde gelegt. Dabei werden die im Kapitel 4 entwickelten inhaltlichen Gestaltungsempfehlungen als Bewertungsmaßstab herangezogen. Die folgenden Kriterien sind mit dieser Bewertungsskala zu beurteilen:[27]

- Angaben zum Aktienkurs,
- Angaben von Pro-forma-Kennzahlen und
- Kalendarium mit Veröffentlichungs- und Veranstaltungsterminen.

522.35 Besonderheiten bei der Bewertung von IFRS-Zwischenberichten

522.351. Nicht-Berichterstattung zu einem Kriterium

Im Folgenden ist zu klären, wie ein Kriterium zu bewerten ist, wenn das berichterstattende Unternehmen keine Angaben zu diesem Kriterium in seinem IFRS-Zwischenbericht macht:

- Handelt es sich um ein Kriterium, das einen Sachverhalt umfasst, der bei dem berichterstattenden Unternehmen vorliegen muss – beispielsweise die Anhangangaben zu den angewandten Bilanzierungs- und Bewertungsmethoden –, so ist das zugehörige Kriterium mit 0 % zu bewerten.
- Falls sich hingegen ein Kriterium auf einen Sachverhalt bezieht, der beim berichterstattenden Unternehmen nicht zwingend vorliegen muss – beispielsweise ein veränderter

27 Zu den inhaltlichen Gestaltungsempfehlungen vgl. Abschn. 44.

Konsolidierungskreis –, so kann das Unternehmen unter Umständen (bei einem unveränderten Konsolidierungskreis) keine Angaben zu diesem Kriterium im Anhang des IFRS-Zwischenberichts machen. Aus Sicht der Adressaten wäre es in einem solchen Fall allerdings wünschenswert, wenn das berichterstattende Unternehmen einen Fehlbericht im IFRS-Zwischenbericht abgeben würde. Denn nur mithilfe eines Fehlberichts erlangen die Adressaten im hier gewählten Beispiel die Gewissheit, dass sie die Zahlen des aktuellen konsolidierten IFRS-Zwischenabschlusses mit den Zahlen des konsolidierten Zwischenabschlusses der Vorjahresperiode vergleichen können. Nach den gesetzlichen Vorschriften sind allerdings in der Regel keine Fehlberichte im IFRS-Zwischenbericht anzugeben, wenn ein Sachverhalt beim berichterstattenden Unternehmen nicht vorliegt. Im Bewertungsmodell ist daher nach dem Grundsatz *„in dubio pro reo"* zu verfahren, d. h., zugunsten des Unternehmens wird für den Fall, dass zu einem Kriterium keine Angaben gemacht wurden, angenommen, dass der entsprechende Sachverhalt nicht vorliegt. Das Kriterium wird daher nicht mit einem „Nein" (0 %) bewertet, sondern stattdessen aus der Bewertung herausgenommen, d. h., die Bewertungsbasis wird um den Gewichtsanteil des jeweiligen fehlenden Kriteriums am Gesamtgewicht reduziert. Dadurch wird implizit das nicht bewertete Kriterium mit dem durchschnittlichen Punktwert der übrigen Kriterien bewertet.[28] Auf diese Weise wird sichergestellt, dass ein Unternehmen nicht schlechter bewertet wird, nur weil bestimmte Sachverhalte nicht vorliegen. Sollte das berichterstattende Unternehmen hingegen freiwillig einen Fehlbericht zu einem nicht vorliegenden Sachverhalt abgeben, wird das zugehörige Kriterium mit „Ja" (100 %) bewertet. Da ein Fehlbericht nicht mit dem durchschnittlichen Punktwert der anderen Kriterien, sondern mit 100 % bewertet wird, kann mit der freiwilligen Abgabe von Fehlberichten regelmäßig eine höhere inhaltliche Qualität des IFRS-Zwischenberichts erzielt werden.

522.352. Verweis im Zwischenlagebericht auf den letzten jährlichen Lagebericht

Bei der Bewertung des Zwischenlageberichts ist zu beachten, dass im Risiko- und Prognosebericht des Zwischenlageberichts auf den letzten jährlichen Lagebericht verwiesen werden kann.[29] Das berichterstattende Unternehmen muss beispielsweise im Zwischenlagebericht

28 Vgl. ARMELOH, K.-H., Die Berichterstattung im Anhang, S. 93-95. Ähnlich BÖTZEL, S., Konzernkrisen, S. 205 f.

lediglich die Chancen und Risiken beschreiben,[30] die sich während der Zwischenberichtsperiode wesentlich verändert haben.[31] Hinsichtlich der unveränderten Chancen und Risiken kann das Unternehmen auf den letzten jährlichen Lagebericht verweisen, in dem die unveränderten Chancen und Risiken bereits dargestellt wurden.[32]

Im Folgenden ist zu klären, wie beim Zwischenlagebericht ein Verweis auf den letzten jährlichen Lagebericht zu bewerten ist. Falls im Zwischenlagebericht auf den letzten jährlichen Lagebericht verwiesen wird, müssten theoretisch die Angaben des letzten jährlichen Lageberichts bewertet werden, auf die im Zwischenlagebericht verwiesen wird. Der ermittelte Punktwert für die Angaben im letzten jährlichen Lagebericht wäre dann dem Verweis im Zwischenlagebericht zuzuordnen. Diese theoretisch korrekte Bewertung kann bei der vorliegenden Untersuchung indes nicht geleistet werden. Denn für eine solche Bewertung müsste ein eigenständiger Kriterienkatalog für den jährlichen Lagebericht entwickelt und die zugehörigen Gewichte der einzelnen Kriterien müssten durch eine Befragung fachkundiger Kapitalmarktteilnehmer bestimmt werden. Bei der vorliegenden Untersuchung wird daher für die Bewertung eines **Verweises** vom Zwischenlagebericht auf den letzten jährlichen Lagebericht eine **vereinfachende Bewertungsskala** zugrunde gelegt:

Bewertungsskala für einen Verweis	**Angaben**			**Punkwert**
	1. Angabe, dass sich der Sachverhalt nicht verändert hat	2. (a) Angabe, dass auf den letzten jährlichen Lagebericht verwiesen wird	2. (b) Seitenangabe	
1. Ausprägungsmöglichkeit	X	–	–	33 %
2. Ausprägungsmöglichkeit	X	X	–	66 %
3. Ausprägungsmöglichkeit	–	X	X	66 %
4. Ausprägungsmöglichkeit	X	X	X	100 %

Übersicht 5-5: *Bewertungsskala für einen Verweis im Zwischenlagebericht*

29 RABENHORST/WIECHENS halten hierzu fest: „*Von dieser Möglichkeit des Verweises auf den letzten Konzernlagebericht machen die DAX 30-Unternehmen für die Chancen- und Risikoberichterstattung in erheblichem Umfang Gebrauch. Immerhin 27 Unternehmen verweisen hinsichtlich der Chancen- und Risikoberichterstattung auf den Konzernlagebericht*". RABENHORST, D./WIECHENS, G., Praxis der Halbjahresfinanzberichterstattung, S. 524.

30 Vgl. HEBESTREIT, G./RAHE, I., Zwischenberichterstattung, S. 115.

31 In diesem Zusammenhang wird auch von einer „*Aktualisierungsfunktion*" gesprochen. Vgl. GEFIU (Hrsg.), Stellungnahme E-DRS 21, S. 4.

32 Eine „*erneute Beschreibung aller bestehenden Chancen und Risiken ist somit nicht erforderlich*". E-DRS 21.A45.

Falls in einem Zwischenlagebericht lediglich angegeben wird, dass sich ein Sachverhalt nicht verändert hat, ohne dass konkret auf den letzten jährlichen Lagebericht verwiesen wird (1. Ausprägungsmöglichkeit), ist das zugehörige Kriterium mit einem Punktwert von 33 % zu bewerten. Wenn zusätzlich auf den letzten jährlichen Lagebericht verwiesen wird (2. Ausprägungsmöglichkeit), ist dem Kriterium der Punktwert 66 % zuzuordnen. Der Punktwert 66 % wird ebenfalls vergeben, wenn zu einem Sachverhalt zwar auf den jährlichen Lagebericht verwiesen wird und zusätzlich die konkrete Fundstelle im Zwischenlagebericht genannt wird, indes nicht angegeben wird, dass sich der Sachverhalt während des laufenden Geschäftsjahres nicht wesentlich verändert hat (3. Ausprägungsmöglichkeit).[33] Ein Kriterium wird mit 100 % bewertet, wenn beim Verweis aufgeführt wird, dass sich ein Sachverhalt während der Zwischenberichtsperiode nicht verändert hat, auf den letzten jährlichen Lagebericht verwiesen und dabei zusätzlich die konkrete Fundstelle genannt wird, wo der Sachverhalt im letzten jährlichen Lagebericht beschrieben wird (4. Ausprägungsmöglichkeit).[34]

522.4 Bewertung eines IFRS-Zwischenberichts anhand der Bewertungskriterien

Im vierten Schritt der Nutzwertanalyse ist der IFRS-Zwischenbericht eines Unternehmens zu bewerten, indem analysiert wird, welche Angaben im IFRS-Zwischenbericht zu den Kriterien auf der untersten Hierarchieebene des Kriterienkatalogs gemacht wurden. Die ermittelten Teil-Qualitätswerte werden anschließend im fünften Schritt zum Gesamt-Qualitätswert des IFRS-Zwischenberichts aggregiert.

Da bei der vorliegenden Untersuchung die IFRS-Zwischenberichte von deutschen kapitalmarktorientierten Unternehmen aus dem Geschäftsjahr 2008 bewertet werden, sind bei der Analyse der IFRS-Zwischenberichte die folgenden zwei Sachverhalte zu berücksichtigen. Zum einen müssen die Regelungen zur unterjährigen Segmentberichterstattung nach IAS 34.16(g), die sich auf die Vorschriften des IFRS 8 („Geschäftssegmente") beziehen, erst für die Geschäftsjahre, die nach dem 31. Dezember 2008 beginnen, verpflichtend angewendet werden. Die Vorschriften können im Geschäftsjahr 2008 allerdings freiwillig anstelle der Vorgaben des IAS 34.16(g), die an die Regelungen des IAS 14 („Segmentberichterstattung")

33 Vgl. DEUTSCHE EUROSHOP AG (Hrsg.), Halbjahresfinanzbericht 2008, S. 4.

34 Vgl. GERRY WEBER INTERNATIONAL AG (Hrsg.), Halbjahresfinanzbericht 2007/2008, S. 5.

anknüpfen, bei der unterjährigen Segmentberichterstattung zugrunde gelegt werden. Zum anderen war das *Endorsement*-Verfahren[35] für den novellierten IAS 1 („Darstellung des Abschlusses“) zum Untersuchungszeitpunkt noch nicht abgeschlossen,[36] so dass die in der EU ansässigen kapitalmarktorientierten Unternehmen zu diesem Zeitpunkt den IAS 1 (rev. 2007) noch nicht anwenden können.[37] Dem Kriterienkatalog liegen allerdings sowohl die Regelungen des IFRS 8 als auch die Vorschriften des IAS 1 (rev. 2007) zugrunde. Im Folgenden ist daher zu klären, ob und wieweit der mithilfe des Schrifttums zur IFRS-Zwischenberichterstattung entwickelte und durch die befragten Kapitalmarktteilnehmer objektivierte Kriterienkatalog angepasst werden muss.

Mit IFRS 8 wird bei der Segmentberichterstattung der *full management approach* zugrunde gelegt, d. h., die Segmentdaten sind nach den im internen Rechnungswesen angewandten Bewertungsmethoden zu ermitteln (IFRS 8.25).[38] Die Vorgabe des IFRS 8.25 weicht von der bisherigen Regelung nach IAS 14.44 ab, nach der die Segmentdaten nach den IFRS-Bilanzierungs- und Bewertungsmethoden zu ermitteln sind (*financial accounting approach*).[39] Aufgrund der neuen Bewertungsvorschrift nach IFRS 8.25 ist die Berechnung des Segmentergebnisses im Anhang des IFRS-Zwischenabschlusses darzustellen, wenn das Segmentergebnis im Vergleich zum letzten jährlichen IFRS-Abschluss anders ermittelt wurde (IAS 34.16(g)). Für die Unternehmen, die ihre Segmentergebnisse nach den IFRS-Bilanzierungs- und Bewertungsmethoden berechnet haben (IAS 14.44), ist diese Segmentangabe indes nicht relevant, da die Berechnung des Segmentergebnisses durch das IFRS-Normenwerk vorgegeben ist. Für diese Unternehmen ist daher der Kriterienkatalog anzupassen und das zugehörige Kriterium aus der Bewertung herauszunehmen.

Die anderen Segmentangaben, die durch die Verabschiedung des IFRS 8 zusätzlich nach IAS 34.16(g) im Anhang des IFRS-Zwischenabschlusses zu machen sind, werden aus dem Kriterienkatalog hingegen nicht herausgenommen.[40] Denn diese Segmentangaben können

35 Zum *Endorsement*-Verfahren vgl. PELLENS, B. u. a., Internationale Rechnungslegung, S. 96-100; OVERSBERG, T., Übernahme der IFRS in Europa, S. 1597-1602.

36 Der IAS 1 (rev. 2007) wurde erst am 17. Dezember 2008 in das EU-Recht übernommen. Vgl. Verordnung (EG) Nr. 1274/2008.

37 Vgl. PELLENS, B./JÖDICKE, D./JÖDICKE, R., Anwendbarkeit nicht freigegebener IFRS innerhalb der EU, S. 2507. Der novellierte IAS 1 (rev. 2007) hätte analog zum IFRS 8 freiwillig im Geschäftsjahr 2008 angewendet werden können. Vgl. IAS 1.139.

38 Vgl. KAJÜTER, P./BARTH, D., Segmentberichterstattung, S. 432.

39 Vgl. BAETGE, J./HAENELT, T., Segmentberichterstattung nach IFRS 8, S. 45.

40 Vgl. Abschn. 425.7.

grundsätzlich auch von den Unternehmen, die zum Untersuchungszeitpunkt ihre Segmentberichterstattung nach IAS 14 erstellt haben, freiwillig offengelegt werden.

Mit IAS 1 („Darstellung des Abschlusses") wird im IFRS-Normenwerk u. a. geregelt, wie die Gesamtergebnisrechnung und die Eigenkapitalveränderungsrechnung im IFRS-(Zwischen-)Abschluss darzustellen sind.[41] Mit dem novellierten IAS 1 (rev. 2007) ändern sich teilweise die Vorgaben hinsichtlich der Darstellung der einzelnen Rechenwerke im IFRS-Zwischenabschluss. Denn nach IAS 1 (rev. 2007) sind die erfolgsneutralen Ergebnisbestandteile nicht mehr in der Eigenkapitalveränderungsrechnung, sondern in der Gesamtergebnisrechnung auszuweisen. Falls daher bei einem zu untersuchenden IFRS-Zwischenbericht die erfolgsneutralen Ergebnisbestandteile im Vergleich zum letzten jährlichen IFRS-Abschluss verkürzt ausgewiesen werden, ist im Kriterienkatalog nicht die Eigenkapitalveränderungsrechnung, sondern die Gesamtergebnisrechnung als verkürzt zu bewerten. Denn dem Kriterienkatalog liegen bereits die Regelungen des IAS 1 (rev. 2007) zugrunde.

Insgesamt ist festzuhalten, dass durch die nicht verpflichtende Anwendung des IFRS 8 im Geschäftsjahr 2008 und des zum Untersuchungszeitpunkt noch nicht abgeschlossenen *Endorsement*-Verfahrens für IAS 1 (rev. 2007) geringfügige Anpassungen an den Kriterienkatalog vorzunehmen sind. Durch den geringfügig angepassten Kriterienkatalog wird sichergestellt, dass die Teil-Qualitätswerte der entsprechenden Kriterien nicht verzerrt bei der vorliegenden Untersuchung ermittelt werden.

522.5 Aggregation der Teil-Qualitätswerte zum Gesamt-Qualitätswert

Der Gesamt-Qualitätswert des IFRS-Zwischenberichts wird ermittelt, indem bei der Grundvariante der Nutzwertanalyse die gewichteten Teil-Qualitätswerte der einzelnen Bewertungskriterien addiert werden. Die Grundvariante der Nutzwertanalyse ist allerdings bei der vorliegenden Untersuchung an die hierarchische Struktur des Kriterienkatalogs anzupassen.

Die Teil-Qualitätswerte u_{jaukc} der untergeordneten Kriterien c ergeben sich aus den zugewiesenen Punktwerten bei der Bewertung des IFRS-Zwischenberichts. Der **Teil-Qualitätswert** u_{jauk} für ein **übergeordnetes Kriterium** k ermittelt sich aus der Summe der mit g_{aukc} gewichteten Teil-Qualitätswerte u_{jaukc} des übergeordneten Kriteriums:

41 Mit dem IAS 1 (rev. 2007) wurde die Phase A des *Financial-Statement-Presentation*-Konvergenzprojekts des IASB und des FASB abgeschlossen. Zum Konvergenzprojekt vgl. ZÜLCH, H./FISCHER, D., Financial Statement Presentation, S. 1765 f.

$$u_{jauk} = \sum_{c=1}^{C} g_{aukc} \cdot u_{jaukc} \text{, für alle } k$$

Legende:

u_{jauk}:	Teil-Qualitätswert beim Unternehmen j für ein übergeordnetes Kriterium k
g_{aukc}:	Gewicht eines untergeordneten Kriteriums c
u_{jaukc}:	Teil-Qualitätswert beim Unternehmen j für ein untergeordnetes Kriterium c
C:	Zahl der untergeordneten Kriterien eines übergeordneten Kriteriums k

Übersicht 5-6: *Ermittlung des Teil-Qualitätswerts eines übergeordneten Kriteriums*

Die Teil-Qualitätswerte u_{jau} für die Unterabschnitte u, die Teil-Qualitätswerte u_{ja} für die Abschnitte a und der Gesamt-Qualitätswert U_j des IFRS-Zwischenberichts vom Unternehmen j werden analog zu der oben dargestellten Formel berechnet.

In der folgenden Übersicht wird grafisch zusammengefasst, wie bei der Nutzwertanalyse die Teil-Qualitätswerte zum Gesamt-Qualitätswert aggregiert werden:

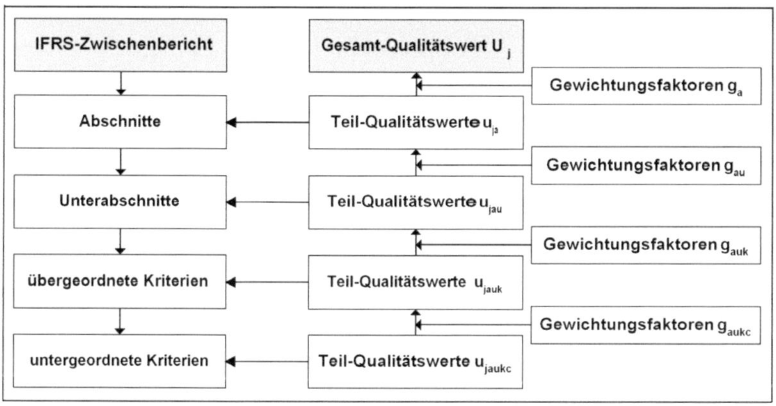

Übersicht 5-7: *Aggregation der Teil-Qualitätswerte zum Gesamt-Qualitätswert*

Nachdem alle fünf Schritte der Nutzwertanalyse dargestellt und auf die vorliegende Untersuchung übertragen wurden, ist im folgenden Abschnitt zu klären, ob und wieweit die im Schrifttum[42] geäußerten Kritikpunkte an der Grundvariante der Nutzwertanalyse für die Variante der Nutzwertanalyse zutreffen, die bei der vorliegenden Untersuchung zugrunde gelegt wird.

---

42 Vgl. ADAM, D., Planung und Entscheidung, S. 420 f.; BERENS, W., Beurteilung von Heuristiken, S. 56 f.; ZANGEMEISTER, C., Nutzwertanalyse, S. 275; MEFFERT, H./BURMANN, C./KIRCHGEORG, M., Marketing, S. 435.

523. Beurteilung der Nutzwertanalyse zur Qualitätsmessung von publizierten IFRS-Zwischenberichten

Die Nutzwertanalyse wird in der Literatur häufig aufgrund der

(1) subjektiven Wahl der Kriterien,

(2) unvollständigen Erfassung der relevanten Kriterien,

(3) fehlenden Unabhängigkeit der Kriterien,

(4) subjektiven Bewertung der unterschiedlichen Kriterienausprägungen,

(5) subjektiven Festlegung der Gewichte und

(6) Verdichtung zu einer dimensionslosen Größe (Gesamt-Nutzenwert)

kritisiert.[43]

Die vorstehenden Kritikpunkte lassen sich bei der vorliegenden Untersuchung wie folgt widerlegen bzw. relativieren:

Ad (1) Der Kritikpunkt hinsichtlich der **subjektiven Wahl der Kriterien** lässt sich dadurch entkräften, dass die einzelnen Kriterien aus den gesetzlichen Vorschriften und dem Schrifttum zur IFRS-Zwischenberichterstattung intersubjektiv nachprüfbar hergeleitet wurden. Die wesentlichen Kriterien wurden zudem mit Mitgliedern der DVFA und des FORSCHUNGSTEAMS BAETGE im Rahmen eines zweistufigen Pretests intensiv diskutiert. Ferner konnten die befragten Finanzanalysten, Fondsmanager und Wirtschaftsprüfer die eventuell subjektiv beeinflusste Wahl dieser Kriterien modifizieren, indem sie weitere Kriterien hinzufügen, vorhandene Kriterien ändern und streichen konnten. Der Kriterienkatalog wurde durch den zweistufigen Pretest und die Befragung fachkundiger Kapitalmarktteilnehmer objektiviert, d. h. intersubjektiv nachprüfbar gestaltet.[44]

Ad (2) Mithilfe der Nutzwertanalyse kann die inhaltliche Qualität publizierter IFRS-Zwischenberichte nur dann zweckmäßig ermittelt werden, wenn mit dem Kriterienkatalog alle für den Kapitalmarkt relevanten Kriterien erfasst werden. Das Kriterium der **Vollständigkeit** wurde bei der vorliegenden Untersuchung erfüllt, da der Krite-

43 Vgl. BRAUCKSCHULZE, U., Produktelimination, S. 234-236; ADAM, D., Planung und Entscheidung, S. 420 f.; WEBER, M./KRAHNEN, J./WEBER, A., Scoring-Verfahren, S. 1623-1626; STREBEL, H., Scoring-Modelle, S. 2185; GROB, H. L., Investition, S. 339 f.

44 Vgl. Abschn. 334.

rienkatalog durch eine umfassende Auswertung der gesetzlichen Regelungen und der Literatur zur Zwischenberichterstattung entwickelt wurde.[45] Ferner haben die befragten Kapitalmarktteilnehmer den Kriterienkatalog um keine zusätzlichen Kriterien ergänzt. Deshalb kann davon ausgegangen werden, dass mit der empirischen Erhebung alle für den Kapitalmarkt relevanten Kriterien erfasst wurden und damit die Qualität publizierter IFRS-Zwischenberichte adäquat mit dem Kriterienkatalog ermittelt werden kann.

Ad (3) Eine weitere Prämisse der Nutzwertanalyse besteht darin, dass die zugrunde gelegten **Kriterien unabhängig** voneinander sind.[46] Denn falls einzelne Kriterien in einem Konkurrenz- oder Komplementaritätsverhältnis zueinander stehen, kann das Problem auftreten, dass diese Kriterien nicht alleine, d. h. nicht unabhängig von den anderen Kriterien bewertet werden können.[47] Da sich Interdependenzen zwischen wirtschaftlichen Größen allerdings grundsätzlich nicht vollständig vermeiden lassen[48] und damit die Prämisse der Unabhängigkeit nur bedingt erfüllt werden kann, ist die Nutzwertanalyse im Rahmen der hier zu untersuchenden Fragestellung als ein vereinfachendes, heuristisches Verfahren zu bezeichnen.[49] Gleichwohl ist es für die komplexe Bewertung der inhaltlichen Qualität publizierter IFRS-Zwischenberichte notwendig, das *„ursprüngliche [komplexe] Problem [...] auf plausible, inhaltlich begründete Art und Weise in lösbare Unter- und Teilprobleme"*[50] zu transformieren. Hierfür ist die Nutzwertanalyse als vereinfachendes, heuristisches Verfahren geeignet.

Die Prämisse der Unabhängigkeit bezieht sich ebenfalls auf den Nutzen einzelner Kriterien. Nach der Prämisse der Nutzenunabhängigkeit[51] stiftet ein Kriterium bereits für sich isoliert einen gewissen Teil-Nutzen für die Adressaten. Bei der vorliegenden Untersuchung kann diese Prämisse als erfüllt angesehen werden. Gleichwohl ist davon auszugehen, dass die Adressaten bei ihren unterjährigen Anlageent-

45 Vgl. Abschn. 33.

46 Diese Prämisse resultiert aus der additiven Verknüpfung der Teil-Qualitätswerte. Vgl. hierzu GROB, H. L., Investition, S. 338.

47 Vgl. ADAM, D., Planung und Entscheidung, S. 414.

48 Vgl. STREBEL, H., Scoring-Modelle, S. 2185.

49 Vgl. ADAM, D., Planung und Entscheidung, S. 415.

50 BERENS, W., Beurteilung von Heuristiken, S. 17 [Ergänzung durch den Verfasser].

51 Vgl. BERENS, W., Beurteilung von Heuristiken, S. 56.

scheidungen erst dann adäquat unterstützt werden, wenn der IFRS-Zwischenbericht insgesamt eine hinreichende Mindestqualität besitzt. Dabei ist anzunehmen, dass hierfür grundsätzlich mehr als ein Kriterium erfüllt sein muss.

Ad (4) Der Kritikpunkt hinsichtlich der subjektiven Bewertung **unterschiedlicher Kriterienausprägungen**[52] wird in der vorliegenden Untersuchung entkräftet, da die IFRS-Zwischenberichte anhand der im Kapitel 4 entwickelten inhaltlichen Gestaltungsempfehlungen bewertet werden. Die Gestaltungsempfehlungen wurden entwickelt, indem die gesetzlichen Vorschriften und das Schrifttum zur IFRS-Zwischenberichterstattung detailliert ausgewertet und die Ergebnisse der empirischen Erhebung aus dem Kapitel 3 herangezogen wurden. Durch diese Vorgehensweise wurden die möglichen Kriterienausprägungen weitestgehend intersubjektiv nachprüfbar festgelegt.

Ad (5) Im Schrifttum wird beanstandet, dass die **Gewichte** der einzelnen Kriterien häufig subjektiv festgelegt werden müssen, da keine objektivierten Daten vorliegen.[53] Bei dieser Untersuchung ist dieses Problem zu relativieren, da die wesentlichen Kriterien entsprechend ihrer empirisch ermittelten Bedeutung für die befragten Finanzanalysten, Fondsmanager und Wirtschaftsprüfer gewichtet werden.[54] Für die dem objektivierten Kriterienkatalog – aufbauend auf den entwickelten inhaltlichen Gestaltungsempfehlungen – zusätzlich zugeordneten Kriterien wurden die Gewichte im Rahmen einer Diskussion mit wissenschaftlichen Mitarbeitern des FORSCHUNGSTEAMS BAETGE festgelegt.

Ad (6) Die Nutzwertanalyse wird häufig dafür kritisiert,[55] dass die Teil-Nutzenwerte auf eine **dimensionslose Größe** (Gesamt-Nutzenwert) **verdichtet** werden und dadurch Detail-Informationen verloren gehen. Diesem Kritikpunkt ist zwar grundsätzlich zuzustimmen. Gleichwohl wird es bei einer großen Zahl von Kriterien sonst kaum möglich sein, den Überblick über den gesamten Kriterienkatalog zu bewahren. Bei der vorliegenden Untersuchung liegt beispielsweise ein Kriterienkatalog mit drei Abschnitten, neun Unterabschnitten sowie 119 über- und untergeord-

52 Vgl. RIEDL, R., Analytischer Hierarchieprozess vs. Nutzwertanalyse, S. 119.

53 Vgl. MEFFERT, H./BURMANN, C./KIRCHGEORG, M., Marketing, S. 435.

54 Vgl. WELGE, M. K./AL-LAHAM, A., Planung, S. 377.

55 Vgl. ADAM, D., Planung und Entscheidung, S. 420 f.

neten Kriterien zugrunde. Eine Verdichtung der Teil-Nutzenwerte ist daher notwendig, damit eine Gesamtaussage über die inhaltliche Qualität publizierter IFRS-Zwischenberichte getroffen werden kann. Zudem ist es möglich, auf Einzelurteile für jedes einzelne Kriterium zurückzugreifen.

Die Aggregation der Teil-Nutzenwerte auf einen Gesamt-Nutzenwert wird ferner dafür kritisiert, dass die unzureichende Berichterstattung bei einem Kriterium durch eine überdurchschnittliche Berichterstattung bei einem anderen Kriterium kompensiert werden kann.[56] Diesem Kritikpunkt ist prinzipiell beizupflichten. Indes führt die unzureichende Berichterstattung zu einzelnen Kriterien nicht zwangsläufig zu einem IFRS-Zwischenbericht, der für die Adressaten bei ihren unterjährigen Anlageentscheidungen nutzlos ist.

Insgesamt lässt sich damit konstatieren, dass die Nutzwertanalyse hinreichend geeignet ist, damit die Qualität publizierter IFRS-Zwischenberichte von kapitalmarktorientierten Unternehmen gemessen und verglichen werden kann. Die Ergebnisse der Untersuchung sind gleichwohl unter Berücksichtigung der aufgeführten Kritikpunkte zu interpretieren.

53 Struktur des Untersuchungsfelds

Das im vorherigen Abschnitt entwickelte Modell zur Bewertung der inhaltlichen Qualität publizierter IFRS-Zwischenberichte wird im Folgenden auf die IFRS-Zwischenberichte von kapitalmarktorientierten deutschen Unternehmen angewendet.[57] Als Grundgesamtheit werden die Unternehmen zugrunde gelegt, die in den Indizes DAX®, MDAX® und SDAX® der DEUTSCHEN BÖRSE AG am 31. August 2008 gelistet waren. Dabei werden nur jene Unternehmen berücksichtigt, die einen Halbjahresfinanzbericht nach IFRS erstellt haben.[58] Von der empirischen Untersuchung werden zusätzlich Banken und Versicherungen ausgeschlossen, da für diese Unternehmen besondere branchenspezifische Regelungen gelten.[59] In der Grundgesamtheit befinden sich damit 118 Unternehmen. Die Stichprobengröße wird auf 75 zu untersuchende Unternehmen festgelegt. Dies entspricht einem Anteil von 63,6 % der oben definierten Grundgesamtheit.[60] Von den Unternehmen aus der Stichprobe wird der

56 Vgl. BERENS, W., Beurteilung von Heuristiken, S. 56 f.

57 Der Kriterienkatalog ist im Anhang 5 dargestellt.

58 Da die INFINEON TECHNOLOGIES AG ihre Zwischenberichte nach US-GAAP erstellt, wurde das Unternehmen nicht in die Grundgesamtheit einbezogen.

59 Die nicht in die Grundgesamtheit einbezogenen Unternehmen sind im Anhang 6 aufgeführt.

jeweilige IFRS-Halbjahresfinanzbericht des Geschäftsjahres 2007/2008, 2008 bzw. 2008/2009 untersucht.

Die Zusammensetzung der Stichprobe ist, differenziert nach den unternehmensspezifischen Merkmalen „Börsenindexzugehörigkeit", „Unternehmensgröße", „Prüfung bzw. prüferische Durchsicht", „Veröffentlichungsdauer" und „Streubesitzanteil", der folgenden Übersicht 5-8 zu entnehmen. Hinsichtlich der einzelnen unternehmensspezifischen Merkmale wurden die Unternehmen aus der Grundgesamtheit – soweit möglich – jeweils in drei ungefähr gleich große Gruppen eingeteilt. Aus den gebildeten Gruppen wurde anschließend per Zufallsauswahl die Stichprobe gezogen. Die unternehmensspezifischen Merkmale dienen dazu, einen Erklärungsansatz für die etwaige unterschiedliche inhaltliche Qualität publizierter IFRS-Zwischenberichte kapitalmarktorientierter deutscher Unternehmen zu liefern, indem Hypothesen über vermutete Zusammenhänge zwischen den unternehmensspezifischen Merkmalen und der inhaltlichen Qualität publizierter IFRS-Zwischenberichte mit dem Zweistichprobentest geprüft werden. Mit der Stichprobe können statistisch gesicherte Aussagen zu der Grundgesamtheit getroffen werden, da die Stichprobe hinsichtlich der Häufigkeit der für die Untersuchung zugrunde gelegten unternehmensspezifischen Merkmale repräsentativ für die Grundgesamtheit ist.[61]

Merkmale der untersuchten Unternehmen		Zahl der Unternehmen in der Stichprobe		Zahl der Unternehmen in der Grundgesamtheit	
		Absolut	Relativ	Absolut	Relativ
(1) Börsenindex-zugehörigkeit	DAX®	19	25,33 %	23	19,49 %
	MDAX®	28	37,33 %	47	39,83 %
	SDAX®	28	37,33 %	48	40,68 %
	Summe	75	100,00 %	118	100,00 %
(2) Unternehmensgröße	Groß	25	33,33 %	40	33,90 %
	Mittelgroß	25	33,33 %	40	33,90 %
	Klein	25	33,33 %	38	32,20 %
	Summe	75	100,00 %	118	100,00 %
(3) Prüfung bzw. prüferische Durchsicht	Prüfung	0	0,00 %	0	0,00 %
	prüferische Durchsicht	31	41,33 %	46	38,98 %
	Nicht geprüft	44	58,67 %	72	61,02 %
	Summe	75	100,00 %	118	100,00 %

60 Zu diesem Vorgehen vgl. auch KAJÜTER, P./BARTH, D./MEYER, J., Zwischenlageberichterstattung, S. 464. Die 75 zufällig ausgewählten Unternehmen sind im Anhang 7 aufgeführt.

61 Zu dem zugehörigen statistischen Test vgl. Anhang 8.

Merkmale der untersuchten Unternehmen (Forts.)		Zahl der Unternehmen in der Stichprobe		Zahl der Unternehmen in der Grundgesamtheit	
		Absolut	Relativ	Absolut	Relativ
(4) Veröffentlichungsdauer	Früh	26	34,67 %	39	33,05 %
	Durchschnittlich	24	32,00 %	37	31,36 %
	Spät	25	33,33 %	42	35,59 %
	Summe	75	100,00 %	118	100,00 %
(5) Streubesitzanteil	Hoch	27	36,00 %	41	34,75 %
	Mittel	25	33,33 %	38	32,20 %
	Niedrig	23	30,67 %	39	33,05 %
	Summe	75	100,00 %	118	100,00 %

Übersicht 5-8: Struktur des Untersuchungsfelds

Zu den einzelnen unternehmensspezifischen Merkmalen ist Folgendes anzumerken:

Ad (1) Einteilung bezüglich des Merkmals „**Börsenindexzugehörigkeit**“:

Bei dem unternehmensspezifischen Merkmal „Börsenindexzugehörigkeit“ werden die Indizes DAX®, MDAX® und SDAX® der DEUTSCHEN BÖRSE AG unterschieden.

Ad (2) Einteilung bezüglich des Merkmals „**Unternehmensgröße**“:

Den Maßstab für die Unternehmensgröße bildet die Bilanzsumme (BS) eines Unternehmens des Halbjahresfinanzberichts 2007/2008, 2008 bzw. 2008/2009. Die zu untersuchenden Unternehmen werden in die folgenden Größenklassen eingeteilt:

- Große Unternehmen: BS $\geq$ 4.000 Mio. EUR,
- Mittelgroße Unternehmen: 4.000 Mio. EUR > BS > 1.300 Mio. EUR,
- Kleine Unternehmen: BS $\leq$ 1.300 Mio. EUR.

Ad (3) Einteilung bezüglich des Merkmals „**Prüfung bzw. prüferische Durchsicht**“:

In Deutschland können die Unternehmen ihre Halbjahresfinanzberichte freiwillig einer prüferischen Durchsicht oder einer Prüfung entsprechend der Jahresabschlussprüfung gem. § 317 HGB unterziehen (§ 37w Abs. 5 WpHG).[62] Deshalb wurden die drei Gruppen „geprüfte“, „prüferisch durchgesehene“ und „nicht geprüfte“ Halbjahresfinanzberichte gebildet.

62 Zu der Prüfung bzw. prüferischen Durchsicht von Halbjahresfinanzberichten vgl. Abschn. 25.

Ad (4) Einteilung bezüglich des Merkmals „**Veröffentlichungsdauer**":

Der Halbjahresfinanzbericht ist gem. § 37w Abs. 1 WpHG innerhalb von zwei Monaten nach dem Ende der Zwischenberichtsperiode zu veröffentlichen.[63] Abhängig davon, wie viele Tage nach dem Ende der Zwischenberichtsperiode vergangen sind (V), bis der Halbjahresfinanzbericht veröffentlicht wurde, ist das zu untersuchende Unternehmen in eine der drei folgenden Klassen einzuordnen. Die Klassengrenzen wurden dabei wie folgt festgelegt:

- Kurze Veröffentlichungsdauer: 1 Tage ≤ V ≤ 37 Tage,
- Durchschnittliche Veröffentlichungsdauer: 38 Tage ≤ V ≤ 44 Tage,
- Lange Veröffentlichungsdauer: V ≥ 45 Tage.

Ad (5) Einteilung bezüglich des Merkmals „**Streubesitzanteil**":

Als wesentliches Kriterium für die Aktionärsstruktur eines Unternehmens wird der Anteil breit gestreuter Aktien am gezeichneten Kapital des Unternehmens ausgewählt *(Free Float Factor (FFF))*.[64] Die 75 zu untersuchenden Unternehmen werden in die folgenden drei Klassen eingeteilt:

- Hoher Streubesitzanteil: 100 % ≥ FFF ≥ 84 %,
- Mittlerer Streubesitzanteil: 84 % > FFF ≥ 50 %,
- Niedriger Streubesitzanteil: 50 % > FFF ≥ 0 %.

Im folgenden Abschnitt werden die Teil-Qualitätswerte der einzelnen Abschnitte und die Gesamt-Qualitätswerte der IFRS-Zwischenberichte von den 75 untersuchten Unternehmen dargestellt und kommentiert.

54 Verteilung der Qualitätswerte publizierter IFRS-Zwischenberichte

541. Vorbemerkung

In diesem Abschnitt werden die Ergebnisse der empirischen Untersuchung dargestellt und kommentiert. Im Einzelnen wird gezeigt, wie die Teil-Qualitätswerte der drei Abschnitte

63 Vgl. hierzu Abschn. 24.

64 Zur Definition des *Free Float Factors* (Streubesitzanteils) vgl. DEUTSCHE BÖRSE AG (Hrsg.), Leitfaden zu den Aktienindizes, S. 13 f.

(IFRS-Zwischenabschluss, Zwischenlagebericht und sonstige Angaben) und die Gesamt-Qualitätswerte der 75 untersuchten IFRS-Zwischenberichte verteilt sind. Damit die Ergebnisstruktur der empirischen Untersuchung besser beschrieben werden kann, werden 20 Qualitätswertklassen – mit jeweils äquidistanten Abständen zwischen 0 % und 100 % – gebildet. Die Teil-Qualitätswerte der drei Abschnitte und die Gesamt-Qualitätswerte der IFRS-Zwischenberichte werden den 20 Qualitätswertklassen zugeordnet, wodurch sich entsprechende Häufigkeitsverteilungen ergeben. Die Häufigkeitsverteilungen werden in den folgenden Abschnitten anhand von Histogrammen grafisch dargestellt und interpretiert.

542. Verteilung der Teil-Qualitätswerte im Abschnitt „A. IFRS-Zwischenabschluss"

Für den Abschnitt „A. IFRS-Zwischenabschluss" sind die Teil-Qualitätswerte der 75 untersuchten IFRS-Zwischenberichte wie folgt verteilt:

Verteilung der Teil-Qualitätswerte im Abschnitt „A. IFRS-Zwischenabschluss"

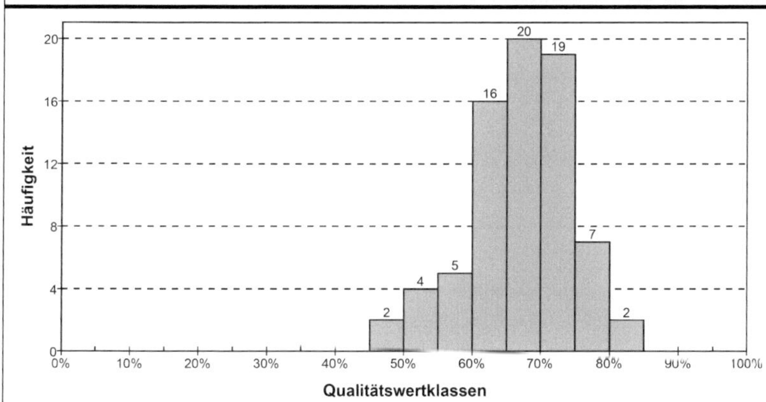

Maximum: 82,36 %	Arithmetisches Mittel: 67,11 %
Minimum: 45,14 %	Standardabweichung: 7,39 %

Übersicht 5-9: *Verteilung der Teil-Qualitätswerte im Abschnitt „A. IFRS-Zwischenabschluss"*

Der Übersicht 5-9 ist zu entnehmen, dass rund drei Viertel (73,$\overline{33}$ %) der untersuchten Unternehmen im IFRS-Zwischenabschluss einen Teil-Qualitätswert zwischen 60 % und 75 % erreicht haben. Kein Unternehmen hat in diesem Abschnitt einen Teil-Qualitätswert von über 82,36 % respektive einen Teil-Qualitätswert von unter 45,14 % erzielt. Die Verteilung der Teil-Qualitätswerte ist dadurch gekennzeichnet, dass der Mittelwert der Teil-Qualitätswerte 67,11 % beträgt bei einer Standardabweichung von 7,39 %.

Den **höchsten Teil-Qualitätswert** im Abschnitt „A. Zwischenlagebericht" erzielt die **DEUTSCHE POST AG** mit 82,36 %.[65] Die DEUTSCHE POST erreicht diesen vergleichsweise hohen Teil-Qualitätswert vor allem dadurch, dass alle Rechenwerke im IFRS-Zwischenabschluss ausführlich, d. h. wie im letzten jährlichen IFRS-Abschluss, dargestellt und zusätzlich die wesentlich veränderten Posten im IFRS-Zwischenbericht gut erläutert werden. Mit einem Teil-Qualitätswert von 45,14 % erhält die **KOENIG & BAUER AG** hingegen den **niedrigsten Wert** von allen untersuchten Unternehmen.[66] Dies ist im Wesentlichen darauf zurückzuführen, dass im IFRS-Zwischenabschluss der KOENIG & BAUER AG alle Rechenwerke im Vergleich zum jährlichen IFRS-Abschluss verkürzt dargestellt und die Gesamtergebnisrechnung, die Kapitalflussrechnung und die Eigenkapitalveränderungsrechnung nur unzureichend im IFRS-Zwischenbericht erläutert werden.

Bei den 75 untersuchten Unternehmen werden in rund 69 % der Fälle ausführliche **Rechenwerke** in den IFRS-Zwischenabschlüssen ausgewiesen, d. h. Rechenwerke, die mindestens wie die des letzten jährlichen IFRS-Abschlusses gegliedert sind.[67] Dabei wird die Eigenkapitalveränderungsrechnung mit einem durchschnittlichen Teil-Qualitätswert von 60,67 % am besten von allen Rechenwerken im IFRS-Zwischenbericht erläutert. Die vergleichsweise guten Erläuterungen zur Eigenkapitalveränderungsrechnung sind im Wesentlichen darauf zurückzuführen, dass mit IAS 34.16 konkrete Anhangangaben bezüglich der Eigenkapitalveränderungsrechnung vorgeschrieben werden. Im Vergleich zu der Eigenkapitalveränderungsrechnung werden die Gesamtergebnisrechnung (Teil-Qualitätsmittelwert von 42,67 %) und die Kapitalflussrechnung (Teil-Qualitätsmittelwert von 44,00 %) – die gerade für die Finanzanalysten und Fondsmanager eine hohe Bedeutung besitzen –[68] nur unzureichend im IFRS-Zwischenbericht erläutert. Dies kann damit begründet werden, dass mit IAS 34 – im Gegensatz zu den Vorschriften des DRS 16 für den (wertpapier-)handelsrechtlichen Zwischenabschluss –[69] nicht explizit vorgeschrieben wird, dass die wesentlich veränderten Posten der Rechenwerke des IFRS-Zwischenabschlusses zu erläutern sind.

65 Vgl. DEUTSCHE POST AG (Hrsg.), Halbjahresfinanzbericht 2008.

66 Vgl. KOENIG & BAUER AG (Hrsg.), Halbjahresfinanzbericht 2008.

67 Zu einem ähnlichen Ergebnis vgl. RABENHORST, D./WIECHENS, G., Praxis der Halbjahresfinanzberichterstattung, S. 523 f.

68 Vgl. Abschn. 421.

Bei den **Anhangangaben**, die von den befragten Kapitalmarktexperten und Wirtschaftsprüfern als besonders bedeutsam erachtet werden,[70] wird bei den Segmentangaben[71] der höchste durchschnittliche Teil-Qualitätswert von 87,67 % erzielt, während bei den Angaben zu den unterjährig zusätzlich vorgenommenen Schätzungen lediglich ein Teil-Qualitätsmittelwert von 6,08 % erreicht wird. Die Qualität der Berichterstattung im Anhang des IFRS-Zwischenabschlusses ließe sich somit verbessern, indem detailliertere Angaben zu den unterjährig vorgenommenen Schätzungen[72] gemacht werden. Neben den Angaben zu den Schätzungen ist dem berichterstattenden Unternehmen – basierend auf den Ergebnissen der ermittelten Teil-Qualitätsmittelwerte – zusätzlich zu empfehlen, ausführlicher zu den sonstigen finanziellen Verpflichtungen, zu den saisonalen und konjunkturellen Einflüssen sowie zum IFRIC 10 im Anhang des IFRS-Zwischenabschlusses zu berichten.[73]

Insgesamt ist zu konstatieren, dass die inhaltliche Qualität des IFRS-Zwischenabschlusses vor allem verbessert werden kann, indem die berichterstattenden Unternehmen die Rechenwerke des IFRS-Zwischenabschlusses grundsätzlich so wie im letzten jährlichen IFRS-Abschluss gliedern und zusätzlich die wesentlich veränderten Posten der Rechenwerke – vor allem der Gesamtergebnisrechnung und der Kapitalflussrechnung – detaillierter im IFRS-Zwischenbericht erläutern. Ferner sollten die Unternehmen (ausführlichere) Anhangangaben zu den unterjährig vorgenommenen Schätzungen, zu den sonstigen finanziellen Verpflichtungen, zu den saisonalen und konjunkturellen Einflüssen sowie zum IFRIC 10 machen.

543. Verteilung der Teil-Qualitätswerte im Abschnitt „B. Zwischenlagebericht"

Der folgenden Übersicht ist zu entnehmen, wie sich die Teil-Qualitätswerte der 75 untersuchten IFRS-Zwischenberichte im Abschnitt „B. Zwischenlagebericht" verteilen:

69 Vgl. DRS 16.31(c).

70 Zu diesen Berichtsgegenständen vgl. Abschn. 425.1.

71 Zu den Segmentangaben vgl. ausführlich Abschn. 425.7.

72 Vgl. hierzu Abschn. 425.3.

73 Ein Überblick über die möglichen Anhangangaben findet sich im Abschn. 425.1.

Verteilung der Teil-Qualitätswerte im Abschnitt „B. Zwischenlagebericht"

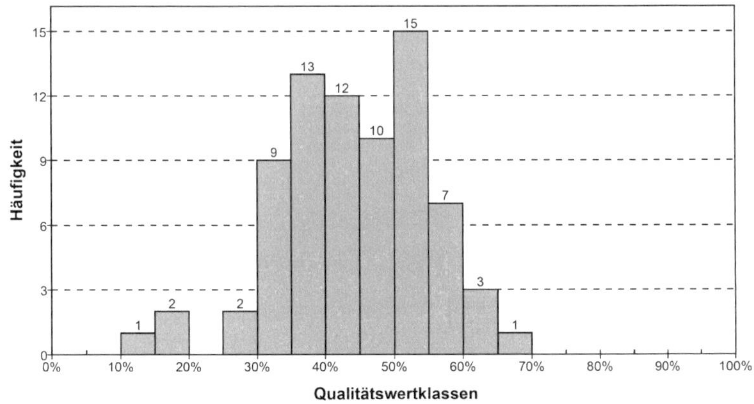

Maximum:	68,49 %	Arithmetisches Mittel:	44,38 %
Minimum:	13,31 %	Standardabweichung:	10,90 %

Übersicht 5-10: *Verteilung der Teil-Qualitätswerte im Abschnitt „B. Zwischenlagebericht"*

Aus der Übersicht 5-10 geht hervor, dass zwei Drittel der untersuchten Unternehmen im Abschnitt „B. Zwischenlagebericht" einen Teil-Qualitätswert zwischen 35 % und 55 % erreicht haben. Die meisten Unternehmen erzielten dabei einen Teil-Qualitätswert zwischen 50 % und 55 %. Das arithmetische Mittel der Teil-Qualitätswerte im Abschnitt „B. Zwischenlagebericht" beträgt dabei 44,38 % bei einer Standardabweichung von 10,90 %. Mit diesem Teil-Qualitätsmittelwert ist das Qualitätsniveau im Zwischenlagebericht allerdings durchschnittlich nicht ausreichend (Teil-Qualitätswert < 50 %).

Den **besten Zwischenlagebericht** hat die **DEUTSCHE POST AG** vorgelegt mit einem Teil-Qualitätswert von 68,49 %.[74] Der vergleichsweise hohe Qualitätswert des Zwischenlageberichts resultiert bei der DEUTSCHEN POST AG vor allem aus einer ausführlichen Risikoberichterstattung (Teil-Qualitätswert von 87,06 %) und einer detaillierten Darstellung der unterjährigen Ertrags-, Finanz- und Vermögenslage (Teil-Qualitätswert von 81,57 %). Den **schlechtesten Zwischenlagebericht** von den 75 untersuchten Unternehmen veröffentlichte hingegen die **PUMA AG** mit einem Teil-Qualitätswert von lediglich 13,31 %.[75] Der niedrige Teil-Qualitätswert ist vor allem darauf zurückzuführen, dass der Zwischenlagebericht der

74 Vgl. DEUTSCHE POST AG (Hrsg.), Halbjahresfinanzbericht 2008, S. 5-22.

75 Vgl. PUMA AG (Hrsg.), Halbjahresfinanzbericht 2008, S. 3-9.

PUMA AG keinen Risikobericht und einen vergleichsweise schlechten Prognosebericht (Teil-Qualitätswert von 9,21 %) enthält.

Der **Prognosebericht** hat bei den 75 untersuchten Unternehmen von allen Teilberichten des Zwischenlageberichts durchschnittlich den **niedrigsten Qualitätswert** (Teil-Qualitätsmittelwert von 26,89 %). Die analysierten Unternehmen verfehlen damit die von den befragten Kapitalmarktteilnehmern gestellten Anforderungen an die unterjährige Prognoseberichterstattung.[76] Die Qualität der unterjährigen Prognoseberichterstattung ließe sich bei den untersuchten Unternehmen vor allem dadurch verbessern, indem die zukunftsbezogenen Angaben in einer Bandbreite quantifiziert würden.[77] Ferner sollten im Zwischenlagebericht nicht nur die Prognosen für das laufende Geschäftsjahr, sondern auch die Prognosen für das kommende Geschäftsjahr aktualisiert werden; gegenwärtig gehen die Prognosen in den Zwischenlageberichten indes kaum über das laufende Geschäftsjahr hinaus.[78]

Der Teilbericht **„Ertrags-, Finanz- und Vermögenslage"** hat zwar durchschnittlich mit einem Wert von 54,81 % den **höchsten Teil-Qualitätswert** aller Teilberichte des Zwischenlageberichts. Gleichwohl werden die Adressaten selbst über die unterjährige Ertrags-, Finanz- und Vermögenslage lediglich in ausreichender Weise (Teil-Qualitätswert > 50 %) informiert. Im Teilbericht „Ertrags-, Finanz- und Vermögenslage" ließe sich die Qualität der Berichterstattung vor allem durch detaillierte Angaben über die unterjährige Entwicklung der Finanz- und Vermögenslage verbessern.[79]

Insgesamt ist zu konstatieren, dass in allen vier Teilberichten („Geschäfts- und Rahmenbedingungen" mit einem Teil-Qualitätsmittelwert von 40,97 %, „Ertrags-, Finanz- und Vermögenslage" mit einem Teil-Qualitätsmittelwert von 54,81 %, „Risikobericht" mit einem Teil-Qualitätsmittelwert von 54,26 % und „Prognosebericht" mit einem Teil-Qualitätsmittelwert von 26,89 %) noch ein erhebliches Potenzial besteht, die gegenwärtige Qualität der Zwischenlageberichterstattung zu verbessern. In diesem Zusammenhang können die Gestaltungsempfehlungen zugrunde gelegt werden, die im Abschnitt 43, aufbauend auf den Ergebnissen der empirischen Erhebung, entwickelt wurden.

76 Zu einer empirischen Untersuchung der Prognoseinformationen von Zwischenberichten vgl. BODE, C., Anlegerschutz und Neuer Markt, S. 258.

77 Vgl. BAETGE, J./HAENELT, T., Konzernlageberichterstattung im IFRS-Abschluss, S. 117.

78 Zu den inhaltlichen Gestaltungsempfehlungen für den Prognosebericht vgl. Abschn. 434.3.

79 Zu den Angaben zur Finanz- und Vermögenslage vgl. Abschn. 432.3.

544. Verteilung der Teil-Qualitätswerte im Abschnitt „C. Sonstige Angaben"

Die Verteilung der Teil-Qualitätswerte zum Abschnitt „C. Sonstige Angaben“ wird in der folgenden Übersicht dargestellt:

Verteilung der Teil-Qualitätswerte im Abschnitt „C. Sonstige Angaben"

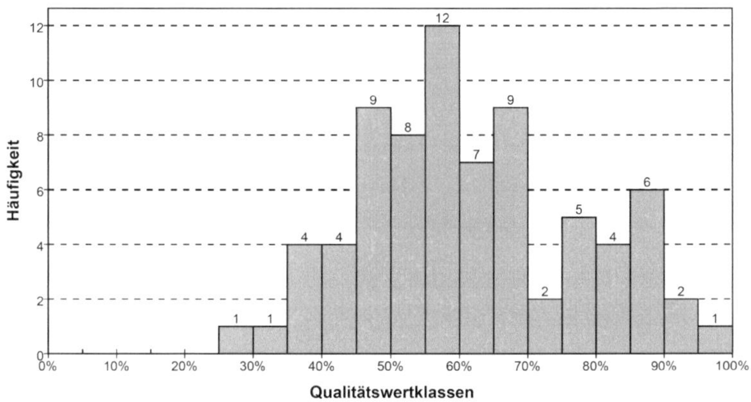

Maximum:	98,24 %	Arithmetisches Mittel:	61,66 %
Minimum:	27,69 %	Standardabweichung:	16,23 %

Übersicht 5-11: Verteilung der Teil-Qualitätswerte im Abschnitt „C. Sonstige Angaben“

Der Übersicht 5-11 ist zu entnehmen, dass die meisten Unternehmen einen Teil-Qualitätswert zwischen 55 % und 60 % erreicht haben. Drei Fünftel der untersuchten Unternehmen weisen einen Teil-Qualitätswert zwischen 45 % und 70 % auf. Das arithmetische Mittel der Teil-Qualitätswerte aller untersuchten Unternehmen beträgt 61,66 % bei einer Standardabweichung von 16,23 %. Wie die vergleichsweise hohe Standardabweichung verdeutlicht, fällt die inhaltliche Qualität im Abschnitt „C. Sonstige Angaben“ verhältnismäßig unterschiedlich bei den einzelnen untersuchten Unternehmen aus.[80]

Mit 98,24 % erzielt die **BAYER AG** den **höchsten Teil-Qualitätswert** im Abschnitt „C. Sonstige Angaben“.[81] Die BAYER AG hat sowohl das Veröffentlichungsdatum des IFRS-Zwischenberichts angegeben als auch ausführlich zu den Pro-forma-Kennzahlen und den künftigen Veröffentlichungs- und Veranstaltungsterminen berichtet. Den **niedrigsten Teil-**

80 Vgl. auch RABENHORST, D./WIECHENS, G., Praxis der Halbjahresfinanzberichterstattung, S. 522.

81 Vgl. BAYER AG (Hrsg.), Halbjahresfinanzbericht 2008.

Qualitätswert mit 27,69 % erreicht in diesem Abschnitt die **BAYWA AG.**[82] Deren niedriger Teil-Qualitätswert resultiert vor allem aus den fehlenden Angaben zum Aktienkurs sowie aus dem fehlenden Kalendarium bezüglich Veröffentlichungs- und Veranstaltungsterminen. Ferner wird von der BAYWA AG nicht das Veröffentlichungsdatum des IFRS-Zwischenberichts angegeben.

Von den 75 untersuchten Unternehmen haben lediglich 28 Unternehmen (rd. 37 %) in ihrem **IFRS-Zwischenbericht** das **Veröffentlichungsdatum** desselben angegeben. Für die Adressaten stellt die Kenntnis des Veröffentlichungsdatums indes eine wichtige Information für das Verständnis des IFRS-Zwischenberichts dar.[83] Denn nur auf diese Weise ist den Adressaten möglich zu erkennen, welche Ereignisse nach dem Ende der Zwischenberichtsperiode im IFRS-Zwischenbericht berücksichtigt wurden[84] und welche Ereignisse im IFRS-Zwischenbericht nicht widergespiegelt werden. Den berichterstattenden Unternehmen ist es daher dringend zu empfehlen, das Veröffentlichungsdatum anzugeben. Hinsichtlich der Angaben zum Aktienkurs (Teil-Qualitätsmittelwert von 60,80 %), zu den Pro-forma-Kennzahlen (Teil-Qualitätsmittelwert von 62,53 %) sowie zum Kalendarium mit Veröffentlichungs- und Veranstaltungsterminen (Teil-Qualitätsmittelwert von 51,20 %) besteht gegenwärtig noch ein erhebliches Potenzial, die Qualität des IFRS-Zwischenberichts zu verbessern. In diesem Zusammenhang ist auf die inhaltlichen Gestaltungsempfehlungen im Abschnitt 44 zu verweisen, die – aufbauend auf den Ergebnissen der Befragung fachkundiger Kapitalmarktexperten und Wirtschaftsprüfer – entwickelt wurden.

545. Verteilung der Gesamt-Qualitätswerte von publizierten IFRS-Zwischenberichten

In der folgenden Übersicht wird dargestellt, wie die Gesamt-Qualitätswerte der 75 untersuchten IFRS-Zwischenberichte verteilt sind:

82 Vgl. BAYWA AG (Hrsg.), Halbjahresfinanzbericht 2008.

83 Vgl. BISCHOF, S./DOLECZIK, G., in: Baetge u. a., Rechnungslegung nach IFRS, IAS 10, Rn. 31.

84 Zu der Berichterstattung zu wesentlichen Ereignissen nach dem Ende der Zwischenberichtsperiode vgl. Abschn. 425.6.

Verteilung der Gesamt-Qualitätswerte im IFRS-Zwischenbericht

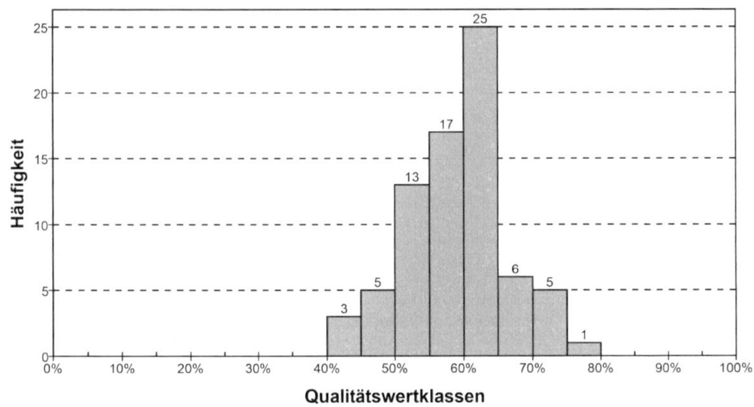

Maximum:	78,85 %	Arithmetisches Mittel:	58,91 %
Minimum:	40,72 %	Standardabweichung:	7,39 %

Übersicht 5-12: Verteilung der Gesamt-Qualitätswerte im IFRS-Zwischenbericht

Die Verteilung der Gesamt-Qualitätswerte ist dadurch gekennzeichnet, dass 55 der untersuchten Unternehmen einen Gesamt-Qualitätswert zwischen 50 % und 65 % erreicht haben. Der Gesamt-Qualitätswert der meisten Unternehmen liegt dabei zwischen 60 % und 65 %. Kein Unternehmen erzielt einen Gesamt-Qualitätswert, der über 78,85 % bzw. unter 40,72 % liegt. Das arithmetische Mittel der Verteilung der Gesamt-Qualitätswerte aller untersuchten Unternehmen beträgt 58,91 % bei einer Standardabweichung von 7,39 %.

Bei der vorliegenden Untersuchung erreicht die **DEUTSCHE POST AG** mit einem Wert von 78,85 % den **höchsten Gesamt-Qualitätswert** aller untersuchten Unternehmen. Die DEUTSCHE POST AG erzielt den vergleichsweise hohen Gesamt-Qualitätswert durch ihre ausführliche Berichterstattung im IFRS-Zwischenabschluss (Teil-Qualitätswert von 82,36 %)[85] und bei den sonstigen Angaben (Teil-Qualitätswert von 89,88 %). Zwar besitzt die DEUTSCHE POST AG zudem von allen untersuchten Unternehmen mit einem Teil-Qualitätswert von 68,49 % den besten Zwischenlagebericht.[86] Indes ist der Teil-Qualitätswert des Zwischenlageberichts nicht annähernd so hoch wie der Teil-Qualitätswert des IFRS-Zwischenabschlusses und der sonstigen Angaben.[87] Den **niedrigsten Gesamt-Quali-**

85 Vgl. Abschn. 542.

86 Zu der Verteilung der Qualitätswerte im Zwischenlagebericht vgl. Abschn. 543.

tätswert mit 40,72 % erzielt die **BAYWA AG**. Dies ist im Wesentlichen auf den vergleichsweise schlechten Zwischenlagebericht (Teil-Qualitätswert von 15,90 %) und die wenigen sonstigen freiwilligen Angaben (Teil-Qualitätswert von 27,69 %)[88] zurückzuführen.

Bei der Untersuchung der inhaltlichen Qualität von 75 publizierten IFRS-Zwischenberichten deutscher kapitalmarktorientierter Unternehmen aus den Indizes DAX®, MDAX® und SDAX® konnte insgesamt gezeigt werden, dass zwar rund **neun Zehntel der untersuchten Unternehmen** ($89,\overline{33}$ %) mit ihren publizierten IFRS-Zwischenberichten die **Adressaten** mindestens in **ausreichender Weise** (Gesamt-Qualitätswert > 50 %) **mit aktuellen Informationen** über die wirtschaftliche Lage und die künftige Entwicklung der Gesellschaft **versorgen. Gleichwohl** besteht mit einem durchschnittlichen Gesamt-Qualitätswert von 58,91 % **noch ein erhebliches Potenzial, die gegenwärtige IFRS-Zwischenberichterstattung zu verbessern** und damit den Adressaten zusätzliche entscheidungsnützliche Informationen für ihre unterjährigen Anlageentscheidungen[89] zu geben. Wie mit den vorherigen Abschnitten gezeigt wurde, kann die Qualität des IFRS-Zwischenberichts vor allem im Abschnitt „B. Zwischenlagebericht" verbessert werden.

Im folgenden Abschnitt werden, aufbauend auf den ermittelten Gesamt-Qualitätswerten der 75 untersuchten IFRS-Zwischenberichte, Hypothesen über vermutete Zusammenhänge zwischen unternehmensspezifischen Merkmalen und der Qualität publizierter IFRS-Zwischenberichte geprüft. Überdies wird mit einer multiplen linearen Regressionsanalyse untersucht, wie gut mit den unternehmensspezifischen Merkmalen die inhaltliche Qualität der IFRS-Zwischenberichterstattung erklärt werden kann.

87 Dabei ist allerdings zu beachten, dass die einzelnen Abschnitte des IFRS-Zwischenberichts nicht gleich gewichtet sind, so dass sich Qualitätsunterschiede in den einzelnen Abschnitten unterschiedlich auf den Gesamt-Qualitätswert des IFRS-Zwischenberichts auswirken.

88 Vgl. hierzu bereits Abschn. 544.

89 HOPE konnte bei seiner empirischen Kapitalmarktstudie feststellen, dass der „*disclosure level is positively associated with forecast accuracy, which suggest that firm-level disclosures provide useful information to analysts.*" HOPE, O.-K., Disclosure Practices, S. 264.

55 Unternehmensspezifische Merkmale als mögliche Einflussfaktoren auf die Qualität von IFRS-Zwischenberichten

551. Auswahl unternehmensspezifischer Merkmale als mögliche Einflussfaktoren auf die Qualität publizierter IFRS-Zwischenberichte

Im vorherigen Abschnitt wurde mithilfe der Nutzwertanalyse die Qualität von 75 zufällig ausgewählten IFRS-Zwischenberichten kapitalmarktorientierter deutscher Unternehmen gemessen und mit einem intersubjektiv nachprüfbaren Maß (Gesamt- bzw. Teil-Qualitätswert) abgebildet und *beschrieben*. Über eine reine Beschreibung hinaus wird im Folgenden versucht, die Qualität der publizierten IFRS-Zwischenberichte auch zu *erklären*.

Zu diesem Zweck sind zunächst Einflussfaktoren zu identifizieren, die die Qualität der IFRS-Zwischenberichterstattung beeinflussen könnten. Darauf aufbauend sind Hypothesen über vermutete Zusammenhänge zwischen den identifizierten Einflussfaktoren und der Qualität publizierter IFRS-Zwischenberichte zu formulieren, die anschließend mithilfe des Zweistichprobentests zu prüfen sind. Als mögliche Einflussfaktoren sind die folgenden unternehmensspezifischen Merkmale zu nennen:

(1) die Zugehörigkeit zu einem **Börsenindex**,

(2) die **Größe** des berichterstattenden Unternehmens,

(3) die freiwillige **Prüfung bzw. prüferische Durchsicht** des IFRS-Zwischenberichts,

(4) der Zeitraum bis zur **Veröffentlichung** des IFRS-Zwischenberichts und

(5) der **Streubesitzanteil** der Aktien des berichterstattenden Unternehmens.

Die Zugehörigkeit zu einem **Börsenindex** ist ein möglicher Einflussfaktor auf die inhaltliche Qualität publizierter IFRS-Zwischenberichte. In Deutschland werden die Unternehmen mit den börsenumsatzstärksten Aktien und der höchsten Marktkapitalisierung durch den Börsenindex DAX® repräsentiert.[90] Mittelgroße und kleinere Unternehmen sind unter anderem im MDAX®[91] und SDAX®[92] der FRANKFURTER WERTPAPIERBÖRSE notiert. Institutionelle Investoren sind in der Regel stärker an Aktien mit einer hohen Marktkapitalisierung

90 Vgl. DEUTSCHE BÖRSE AG (Hrsg.), Leitfaden zu den Aktienindizes, S. 7 und S. 21.

91 Mit dem MDAX® werden die 50 dem DAX® bezüglich Börsenumsatz und Marktkapitalisierung folgenden Unternehmen aus klassischen Branchen des *Prime Standards* repräsentiert. Vgl. DEUTSCHE BÖRSE AG (Hrsg.), Leitfaden zu den Aktienindizes, S. 8.

92 Mit dem SDAX® werden die 50 dem MDAX® bezüglich Börsenumsatz und Marktkapitalisierung folgenden Unternehmen aus klassischen Branchen des *Prime Standards* repräsentiert. Vgl. DEUTSCHE BÖRSE AG (Hrsg.), Leitfaden zu den Aktienindizes, S. 8.

und einem hohen Börsenumsatz interessiert, weil es ihnen bei mittelgroßen oder kleinen Unternehmen nicht zu jedem Zeitpunkt möglich wäre, beispielsweise Aktienpakete zu kaufen, ohne dass der Aktienkurs und damit der Kaufpreis wesentlich beeinflusst wird.[93] Durch das starke Interesse der institutionellen Investoren an einer entscheidungsnützlichen IFRS-Zwischenberichterstattung[94] sollten besonders Unternehmen mit einer hohen Marktkapitalisierung und einem hohen Börsenumsatz im Rahmen einer adressatenorientierten *Investor-Relations*-Politik unterjährig ausführlich Bericht erstatten. Infolgedessen ist zu vermuten, dass IFRS-Zwischenberichte von Unternehmen, die im DAX® gelistet sind, eine höhere Qualität besitzen als IFRS-Zwischenberichte von Unternehmen, die im MDAX® oder SDAX® notiert sind.

Durch die drei betrachteten Indizes (DAX®, MDAX® und SDAX®) ergeben sich nach der Kombinatorik drei Vergleichspaare. Für das Vergleichspaar DAX® und MDAX® kann für das unternehmensspezifische Merkmal der Börsenindexzugehörigkeit die folgende **Hypothese** aufgestellt werden:

(1) *„Unternehmen, die im DAX® gelistet sind, haben im Durchschnitt eine bessere IFRS-Zwischenberichterstattung als Unternehmen, die im MDAX® gelistet sind."*

Für den möglichen Einflussfaktor der **Unternehmensgröße** auf die Qualität publizierter IFRS-Zwischenberichte sprechen unter anderem die folgenden Plausibilitätsüberlegungen: *Erstens* verfügen größere Unternehmen im Vergleich zu kleineren Unternehmen regelmäßig über ein leistungsfähigeres internes Berichtswesen. Die Qualität publizierter IFRS-Zwischenberichte könnte daher bei größeren Unternehmen höher sein als bei kleineren Unternehmen, da es für größere Unternehmen vergleichsweise weniger aufwendig ist, ausführliche und detaillierte Informationen im IFRS-Zwischenbericht zu veröffentlichen.[95] *Zweitens* verfolgen größere Unternehmen regelmäßig ein komplexeres Geschäftsmodell als kleinere Unternehmen. Bei größeren Unternehmen sind daher ausführlichere und detaillierte Angaben im IFRS-Zwischenbericht erforderlich, damit die Adressaten adäquat über die aktuelle Ertrags-, Finanz- und Vermögenslage und die voraussichtliche Entwicklung der Gesellschaft informiert werden.[96] Der abweichende Informationsbedarf der Adressaten hinsichtlich un-

93 So auch HEUMANN, R., Value Reporting, S. 149.

94 Vgl. Abschn. 352.

95 Vgl. LANG, M./LUNDHOLM, R., Determinants of Analyst Ratings, S. 250; SINGHVI, S./DESAI, H. B., Financial Disclosure, S. 131.

terschiedlich großer Unternehmen könnte daher ebenfalls die Qualität der IFRS-Zwischenberichterstattung beeinflussen. *Drittens* hat die Finanzierung über den Kapitalmarkt für größere, global agierende Unternehmen eine vergleichsweise höhere Bedeutung als für kleinere, regional tätige Unternehmen. Die Kapitalgeber werden einem Unternehmen Kapital zu angemessenen Konditionen allerdings lediglich dann zur Verfügung stellen, sofern sie über die aktuelle wirtschaftliche Lage und die voraussichtliche Entwicklung des Unternehmens adäquat informiert sind.[97] Deshalb ist anzunehmen, dass größere Unternehmen im Vergleich zu kleineren Unternehmen eine höhere Bereitschaft besitzen, umfangreiche und detaillierte IFRS-Zwischenberichte zu veröffentlichen, damit sie einen leichteren Zugang zum Kapitalmarkt erhalten.[98] Insgesamt sprechen die Plausibilitätsüberlegungen dafür, dass mit wachsender Unternehmensgröße die Fähigkeit, die Notwendigkeit und die Bereitschaft zu einer ausführlicheren und detaillierteren IFRS-Zwischenberichterstattung steigen. Für das unternehmensspezifische Merkmal der Unternehmensgröße[99] wird daher die folgende **Hypothese** aufgestellt:

(2) „*Größere Unternehmen haben im Durchschnitt eine bessere IFRS-Zwischenberichterstattung als kleinere oder mittelgroße Unternehmen.*"

Die freiwillige **Prüfung bzw. prüferische Durchsicht** von IFRS-Zwischenberichten könnte ein weiterer möglicher Einflussfaktor auf die Qualität publizierter IFRS-Zwischenberichte sein.[100] Denn Wirtschaftsprüfer könnten in ihrer Funktion als Advokaten des Kapitalmarkts[101] einen positiven Einfluss auf die inhaltliche Qualität publizierter IFRS-Zwischenberichte ausüben.[102]

Da die Unternehmen aus der zugrunde liegenden Grundgesamtheit ihre IFRS-Zwischenberichte in keinem Fall einer Prüfung entsprechend der Jahresabschlussprüfung gemäß § 317

96 Vgl. AHMED, K./COURTIS, J. K., Corporate characteristics and disclosure levels, S. 53; WALLACE, O./NASER, K., Firm-Specific Determinants, S. 321 f.

97 Zu dem negativen Zusammenhang zwischen der Qualität der Berichterstattung und den Kapitalkosten vgl. HAIL, L., Corporate Disclosures, S. 765 f.; BOTOSAN, C. A., Disclosure, S. 69.

98 Vgl. SINGHVI, S./DESAI, H. B., Financial Disclosure, S. 131.

99 Vgl. BERNDSEN, H.-P., Unternehmenspublizität, S. 130 f., m. w. N.; WYSOCKI, K. V., Publizitätsverhalten, S. 747 f., n. w. N.

100 Vgl. Abschn. 25 zu den wertpapierhandelsrechtlichen Regelungen zur prüferischen Durchsicht bzw. zu einer Prüfung, entsprechend der Jahresabschlussprüfung nach § 317 HGB.

101 Vgl. BAETGE, J./MATENA, S., Abschlussprüfung, S. 186.

102 Vgl. hierzu auch SINGHVI, S./DESAI, H. B., Financial Disclosure, S. 133; WAGENHOFER, A., Informationspolitik und Jahresabschluß, S. 136; WYSOCKI, K. V., Publizitätsverhalten, S. 750.

HGB unterzogen haben,[103] wird im Folgenden nur die inhaltliche Qualität von IFRS-Zwischenberichten gegenübergestellt, die entweder einer prüferischen Durchsicht unterzogen wurden oder nicht. Für das Merkmal der Prüfung wird dabei die folgende **Hypothese** formuliert:

(3) *„Unternehmen, die ihre IFRS-Zwischenberichte von einem Wirtschaftsprüfer prüferisch durchsehen lassen, haben im Durchschnitt eine bessere IFRS-Zwischenberichterstattung als Unternehmen, die ihre IFRS-Zwischenberichte keiner prüferischen Durchsicht unterziehen."*

Die **Veröffentlichungsdauer** könnte ebenfalls ein möglicher Einflussfaktor auf die inhaltliche Qualität publizierter IFRS-Zwischenberichte sein. Denn wird der IFRS-Zwischenbericht zeitnah nach dem Ende der Zwischenberichtsperiode veröffentlicht, wird damit einhergehend der Aufstellungszeitraum desselben verkürzt. Das berichterstattende Unternehmen hat in diesem Fall weniger Zeit, einen umfangreichen und detaillierten IFRS-Zwischenbericht zu erstellen. Ebenfalls wird bei einer beschleunigten Erstellung des IFRS-Zwischenberichts der Wertaufhellungszeitraum verkürzt, d. h., spätere – unter Umständen genauere – Erkenntnisse über einzelne Sachverhalte können möglicherweise nicht mehr im IFRS-Zwischenbericht berücksichtigt werden.[104] Aus den vorstehenden Überlegungen könnte geschlossen werden, dass die inhaltliche Qualität von IFRS-Zwischenberichten umso geringer ist, je früher sie nach dem Ende der Zwischenberichtsperiode veröffentlicht werden. Für das Merkmal der Veröffentlichungsdauer wird daher die folgende **Hypothese** aufgestellt:

(4) *„Unternehmen, die ihre IFRS-Zwischenberichte später veröffentlichen, haben im Durchschnitt eine bessere IFRS-Zwischenberichterstattung als Unternehmen, die ihre IFRS-Zwischenberichte früher publizieren."*

Der **Streubesitzanteil** der Aktien – als Ausdruck der Eigentümerstruktur eines kapitalmarktorientierten Unternehmens – ist ein weiterer möglicher Einflussfaktor auf die inhaltliche Qualität publizierter IFRS-Zwischenberichte.[105] Unternehmen mit einer großen und häufig wechselnden Zahl von Aktionären (sog. Publikumsgesellschaften)[106] verfügen zumeist über einen hohen Bekanntheitsgrad und stehen insofern besonders im Blickpunkt

103 Vgl. Abschn. 53.
104 Vgl. KÜTING, K./WEBER, C.-P./BOECKER, C., Fast Close, S. 8.
105 Vgl. AHMED, K./COURTIS, J. K., Corporate characteristics and disclosure levels, S. 53.
106 Vgl. ANDREAE, C. V., Familienunternehmen und Publikumsgesellschaft, S. 3-5.

des öffentlichen Interesses. Die Publikumsgesellschaften sind dabei stärker auf das Vertrauen der breiten Öffentlichkeit angewiesen als Unternehmen mit einer begrenzten und festen Zahl von Aktionären.[107] Denn die Bereitschaft, Aktien einer Publikumsgesellschaft zu kaufen oder zu halten, hängt erheblich vom Vertrauen ab, das die (potenziellen) Eigenkapitalgeber, d. h. die breite Öffentlichkeit, der Publikumsgesellschaft entgegenbringen. Vertrauen zu einem Unternehmen wird allerdings lediglich mit einer entscheidungsnützlichen IFRS-(Zwischen-)Berichterstattung aufgebaut. Deshalb ist anzunehmen, dass Unternehmen mit einem großen Aktionärskreis eine qualitativ bessere IFRS-Zwischenberichterstattung besitzen als Unternehmen mit einem kleineren Aktionärskreis.[108] Ferner ist davon auszugehen, dass Unternehmen, deren Aktien überwiegend von einigen Großaktionären gehalten werden, einen geringeren Anreiz zu einer umfangreichen und detaillierten IFRS-Zwischenberichterstattung besitzen als Unternehmen, deren Aktien sich hauptsächlich im Streubesitz befinden. Dies kann vor allem damit begründet werden, dass Großaktionäre nicht im gleichen Maße wie Privatanleger (Kleinaktionäre) auf öffentlich publizierte Informationen angewiesen sind, da ihnen direktere Informationskanäle zur Verfügung stehen. So werden Großaktionäre nach Maßgabe der ihnen auf Basis ihres Aktienbesitzes eingeräumten Rechte regelmäßig mit unternehmensinternen Informationen versorgt. Unternehmen, deren Aktien nur zu einem kleinen Teil von Großaktionären gehalten werden, besitzen hingegen einen größeren Anreiz, umfangreich und detailliert im IFRS-Zwischenbericht zu informieren und damit die Informationsbedürfnisse der Kleinaktionäre zu befriedigen.[109] Aufbauend auf den vorstehenden Ausführungen, lautet die zugehörige **Hypothese**:

(5) „*Unternehmen mit einem höheren Anteil ihrer Aktien im Streubesitz veröffentlichen im Durchschnitt bessere IFRS-Zwischenberichte als Unternehmen mit einem geringen Streubesitzanteil.*"

Im Folgenden wird der Zusammenhang zwischen den oben genannten Unternehmensmerkmalen und der inhaltlichen Qualität publizierter IFRS-Zwischenberichte zunächst mithilfe von Hypothesentests untersucht. Anschließend wird anhand einer multiplen linearen Regressionsanalyse geklärt, wie gut mit den unternehmensspezifischen Merkmalen die inhaltliche Qualität der IFRS-Zwischenberichterstattung erklärt werden kann.

107 Vgl. HARTMANN, H. K., Publikumsgesellschaften, S. 88 f.

108 Vgl. HÄUSSLER, M., Unternehmenspublizität, S. 111 f.; WALLACE, O./NASER, K., Firm-Specific Determinants, S. 323.

109 Vgl. RAFFOURNIER, B., The determinants of voluntary financial disclosure, S. 264.

552. Beurteilung der unternehmensspezifischen Merkmale als mögliche Einflussfaktoren auf die Qualität publizierter IFRS-Zwischenberichte mithilfe von Hypothesentests

552.1 Vorbemerkung

Im Folgenden werden die Qualitätsmittelwerte der 75 untersuchten IFRS-Zwischenberichte herangezogen, damit die im vorherigen Abschnitt formulierten Hypothesen über vermutete Zusammenhänge zwischen einzelnen unternehmensspezifischen Merkmalen und der Qualität der IFRS-Zwischenberichterstattung anhand statistischer Verfahren geprüft werden können. Statistische Verfahren zum Testen von Hypothesen vermitteln die Wahrscheinlichkeit dafür, dass ein formulierter Zusammenhang zwischen einem unternehmensspezifischen Merkmal und der Qualität des IFRS-Zwischenberichts vorliegt. Die Hypothesen können nur indirekt geprüft werden. Zur indirekten Prüfung der Hypothesen werden sog. Null-Hypothesen formuliert, die die gegenteiligen Aussagen enthalten, die geprüft werden sollen.[110] Das statistische Verfahren, mit dem die Hypothesen getestet werden, ist der **Zweistichprobentest** für die Differenz zweier arithmetischer Mittelwerte.[111] Bei der vorliegenden Untersuchung werden als Mittelwerte die durchschnittlichen Qualitätswerte der untersuchten Unternehmen von den jeweils zu analysierenden Gruppen (bspw. der Gruppen DAX®-, MDAX®- und SDAX®-Unternehmen)[112] herangezogen.

Im Folgenden werden die fünf im Abschnitt 551 formulierten Hypothesen über vermutete Zusammenhänge zwischen unternehmensspezifischen Merkmalen und der Qualität der IFRS-Zwischenberichterstattung untersucht.

552.2 Beurteilung der Börsenindexzugehörigkeit als möglicher Einflussfaktor auf die Qualität publizierter IFRS-Zwischenberichte

In diesem Abschnitt wird der Zusammenhang zwischen dem unternehmensspezifischen Merkmal der Börsenindexzugehörigkeit und der inhaltlichen Qualität publizierter IFRS-Zwischenberichte analysiert. Durch die drei zu analysierenden Indizes (DAX®, MDAX® und SDAX®) ergeben sich nach der Kombinatorik drei Vergleichspaare. Für das Vergleichspaar DAX® und MDAX® lautet die zugehörige **Hypothese**:

110 Vgl. WAGENHOFER, A., Informationspolitik und Jahresabschluß, S. 225.

111 Zum Zweistichprobentest vgl. Anhang 2.

112 Zu der Bildung der einzelnen Gruppen vgl. Abschn. 53.

„Unternehmen, die im DAX® gelistet sind, haben im Durchschnitt eine bessere IFRS-Zwischenberichterstattung als Unternehmen, die im MDAX® gelistet sind."

Die entsprechende **Null-Hypothese** lautet:

„Unternehmen, die im DAX® gelistet sind, haben im Durchschnitt ***keine*** *bessere IFRS-Zwischenberichterstattung als Unternehmen, die im MDAX® gelistet sind."*

Mit der folgenden Übersicht werden zunächst die Qualitätsmittelwerte der IFRS-Zwischenberichte – differenziert nach der Börsenindexzugehörigkeit – dargestellt:

Qualitätsmittelwerte nach Börsenindexzugehörigkeit

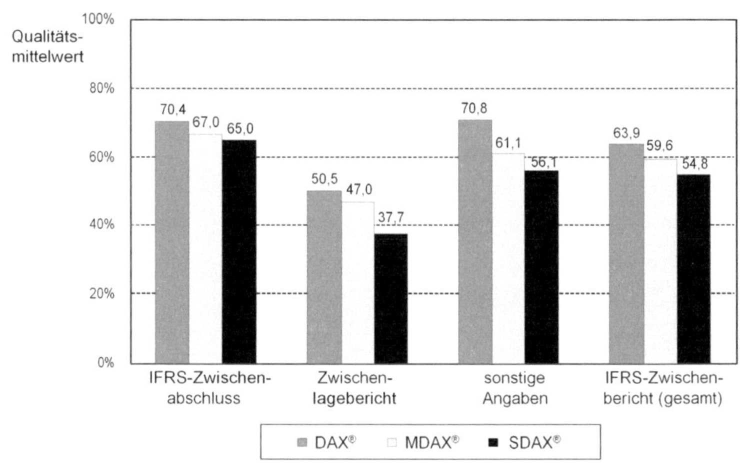

Übersicht 5-13: *Qualitätsmittelwerte nach Börsenindexzugehörigkeit*

Mit dem grafischen Vergleich lässt sich veranschaulichen, dass die DAX®-Unternehmen in jedem der drei Abschnitte des IFRS-Zwischenberichts und damit ebenfalls im gesamten IFRS-Zwischenbericht eine höhere inhaltliche Qualität erzielen als die im MDAX® oder im SDAX® notierten Unternehmen. Besonders auffallend ist der Unterschied bei den sonstigen Angaben[113], bei denen die DAX®-Unternehmen erheblich besser berichten als die MDAX®- oder SDAX®-Unternehmen. Neben den DAX®-Unternehmen erzielen ebenfalls die MDAX®-Unternehmen eine höhere Qualität in allen drei Abschnitten des IFRS-Zwischenberichts (IFRS-Zwischenabschluss, Zwischenlagebericht und sonstige Angaben) und somit

113 Zu den sonstigen Angaben vgl. Abschn. 44.

auch im gesamten IFRS-Zwischenbericht als die im SDAX® notierten Unternehmen. Im Folgenden ist zu klären, ob sich die Qualität der IFRS-Zwischenberichterstattung zwischen den Unternehmen aus den einzelnen Börsenindizes signifikant unterscheidet.

Mithilfe des Zweistichprobentests für die Differenz zweier arithmetischer Mittelwerte wird getestet, ob die in der Hypothese formulierte Vermutung über den Zusammenhang zwischen der Zugehörigkeit zu einem Börsenindex und der Qualität der IFRS-Zwischenberichterstattung besteht. Der Zweistichprobentest (T-Test) darf angewendet werden, weil die Qualitätsmittelwerte aller Stichproben entsprechend der Börsenindexzugehörigkeit normalverteilt[114] sind und die Standardabweichungen der Stichproben nicht signifikant voneinander abweichen.[115] Mit dem Zweistichprobentest werden die einzelnen Gruppen (DAX®, MDAX® und SDAX®) paarweise miteinander verglichen. Die Ergebnisse für die einzelnen Paarvergleiche sind der folgenden Übersicht zu entnehmen:

Vergleich der Qualitätsmittelwerte differenziert nach der Börsenindexzugehörigkeit		1	2	3
	x y	DAX® MDAX®	DAX® SDAX®	MDAX® SDAX®
Stichprobenumfang x		19	19	28
Stichprobenumfang y		28	28	28
Stichprobenmittelwert x		63,91	63,91	59,62
Stichprobenmittelwert y		59,62	54,80	54,80
Stichprobenstandardabweichung x		6,24	6,24	6,02
Stichprobenstandardabweichung y		6,02	7,21	7,21
Prüfgröße (p-Wert)		2,361 (0,012)	4,482 (0,001)	2,715 (0,005)
Null-Hypothese		Ablehnen	Ablehnen	Ablehnen

Übersicht 5-14: *Prüfgrößen und Prüfergebnisse beim Vergleich der nach Börsenindexzugehörigkeit differenzierten Qualitätsmittelwerte*

114 Nach dem KOLMOGOROFF-SMIRNOV-Anpassungstest ergibt sich für DAX®-Unternehmen ein p-Wert von 75,8 %, bei MDAX®-Unternehmen ein p-Wert von 59,6 % und bei SDAX®-Unternehmen ein p-Wert von 97,8 %. Die jeweiligen p-Werte sind damit deutlich höher als das zugrunde gelegte Signifikanzniveau von $\alpha = 5$ %, so dass eine Normalverteilung anzunehmen ist. Zum Testverfahren vgl. LILLIEFORS, H. W., Kolmogorov-Smirnov-Test for Normality.

115 Nach dem LEVENE-Test ergibt sich für den ersten Paarvergleich (DAX® und MDAX®) ein p-Wert von 56,1 %, für den zweiten Paarvergleich (DAX® und SDAX®) ein p-Wert von 67,7 % und für den dritten Paarvergleich (MDAX® und SDAX®) ein p-Wert von 31,0 %. Die Standardabweichungen der paarweise verglichenen Stichproben sind auf einem Signifikanzniveau von $\alpha = 5$ % somit nicht verschieden.

Aus der Übersicht 5-14 sind die folgenden Ergebnisse zu entnehmen:

- In der ersten Spalte ergibt sich eine Prüfgröße von 2,361 und der zugehörige p-Wert beträgt 0,012. Da der p-Wert kleiner ist als das zugrunde gelegte Signifikanzniveau von $\alpha = 5$ %, ist die Null-Hypothese abzulehnen, d. h., **DAX®-Unternehmen haben auf einem Signifikanzniveau von $\alpha = 5$ % eine bessere IFRS-Zwischenberichterstattung als Unternehmen, die im MDAX® gelistet sind.**
- Beim Paarvergleich in der zweiten Spalte ergibt sich eine Prüfgröße von 4,482. Da der p-Wert mit einem Wert von 0,001 kleiner ist als das zugrunde gelegte Signifikanzniveau von $\alpha = 5$ %, ist die Null-Hypothese abzulehnen. **DAX®-Unternehmen haben somit auf einem Signifikanzniveau von $\alpha = 5$ % eine bessere IFRS-Zwischenberichterstattung als Unternehmen, die im SDAX® gelistet sind.**
- In der dritten Spalte ergibt sich eine Prüfgröße von 2,715 und der zugehöriger p-Wert weist einen Wert von 0,005 auf. Die Null-Hypothese ist damit abzulehnen, da der p-Wert kleiner ist als das zugrunde gelegte Signifikanzniveau von $\alpha = 5$ %, d. h., **MDAX®-Unternehmen haben auf einem Signifikanzniveau von $\alpha = 5$ % eine bessere IFRS-Zwischenberichterstattung als Unternehmen, die im SDAX® gelistet sind.**

Insgesamt ist festzuhalten, dass Unternehmen, die im DAX® gelistet sind, auf einem Signifikanzniveau von $\alpha = 5$ % eine signifikant bessere IFRS-Zwischenberichterstattung haben als Unternehmen, die im MDAX® oder SDAX® notiert sind. Ferner besitzen MDAX®-Unternehmen eine signifikant bessere IFRS-Zwischenberichterstattung als SDAX®-Unternehmen. Die oben formulierte **Hypothese** hat sich damit **bewährt**.

552.3 Beurteilung der Unternehmensgröße als möglicher Einflussfaktor auf die Qualität publizierter IFRS-Zwischenberichte

Als ein möglicher Einflussfaktor auf die inhaltliche Qualität publizierter IFRS-Zwischenberichte ist die Unternehmensgröße bestimmt worden. Dabei wurde die folgende **Hypothese** formuliert:

> *„Größere Unternehmen haben im Durchschnitt eine bessere IFRS-Zwischenberichterstattung als kleinere oder mittelgroße Unternehmen.“*

Die zugehörige **Null-Hypothese** lautet:

> *„Größere Unternehmen haben im Durchschnitt **keine** bessere IFRS-Zwischenberichterstattung als kleinere oder mittelgroße Unternehmen."*

Die Qualitätsmittelwerte der IFRS-Zwischenberichte werden in der nachfolgenden Übersicht – differenziert nach der Unternehmensgröße – dargestellt:

Qualitätsmittelwerte nach der Unternehmensgröße

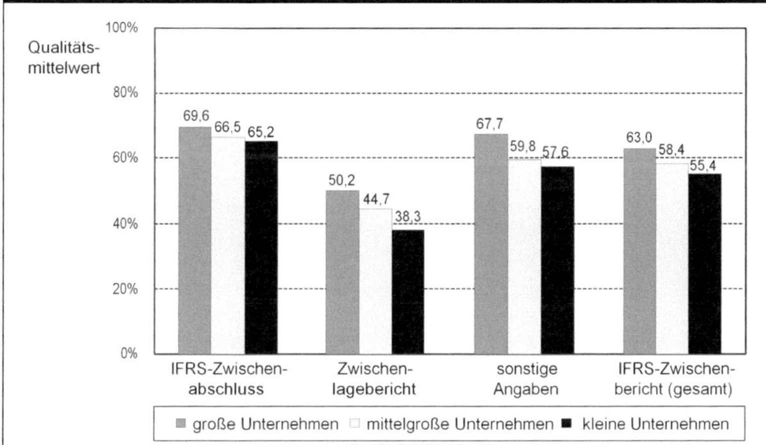

***Übersicht 5-15:** Qualitätsmittelwerte nach der Unternehmensgröße*

Mit dem grafischen Vergleich der Qualitätsmittelwerte von jeweils 25 großen, mittelgroßen und kleinen kapitalmarktorientierten Unternehmen lässt sich veranschaulichen, dass mit zunehmender Größe des berichterstattenden Unternehmens auch die Qualität der IFRS-Zwischenberichterstattung größer wird. Diese Beobachtung trifft sowohl für den gesamten IFRS-Zwischenbericht als auch für die drei Abschnitte des IFRS-Zwischenberichts (IFRS-Zwischenabschluss, Zwischenlagebericht und sonstige Angaben) zu.

Im Folgenden ist zu untersuchen, ob die Qualitätsmittelwerte für den gesamten IFRS-Zwischenbericht zwischen großen, mittelgroßen und kleinen Unternehmen signifikant differieren. Auch hier wird als statistisches Verfahren der Zweistichprobentest herangezogen. Der Zweistichprobentest (T-Test) kann angewendet werden, da die Qualitätsmittelwerte aller Stichproben entsprechend den Größenklassen („große", „mittelgroße" und „kleine" Unternehmen) normalverteilt[116] und die Standardabweichungen[117] der Stichproben nicht signifikant unterschiedlich sind. Die Ergebnisse der drei zu testenden Paarvergleiche sind in der folgenden Übersicht dargestellt:

Vergleich der Qualitätsmittelwerte differenziert nach der Unternehmensgröße		1	2	3
	x y	Groß Mittelgroß	Groß Klein	Mittelgroß Klein
Stichprobenumfang x		25	25	25
Stichprobenumfang y		25	25	25
Stichprobenmittelwert x		62,97	62,97	58,40
Stichprobenmittelwert y		58,40	55,35	55,35
Stichprobenstandardabweichung x		5,79	5,79	8,37
Stichprobenstandardabweichung y		8,37	5,85	5,85
Prüfgröße (p-Wert)		2,245 (0,015)	4,631 (0,001)	1,495 (0,071)
Null-Hypothese		Ablehnen	Ablehnen	Nicht ablehnen

Übersicht 5-16: *Prüfgrößen und Prüfergebnisse beim Vergleich der nach Unternehmensgröße differenzierten Qualitätsmittelwerte*

Mit dem Zweistichprobentest sind die folgenden Ergebnisse erzielt worden:

- Aus der Übersicht 5-16 kann für den ersten Paarvergleich (große und mittelgroße Unternehmen) eine Prüfgröße von 2,245 entnommen werden (Spalte 1). Da der zugehörige p-Wert mit 0,015 kleiner ist als das zugrunde gelegte Signifikanzniveau von $\alpha = 5\ \%$, ist die Null-Hypothese abzulehnen, d. h. **große Unternehmen haben auf einem Signifikanzniveau von $\alpha = 5\ \%$ eine bessere IFRS-Zwischenberichterstattung als mittelgroße Unternehmen.**
- Bei dem zweiten Paarvergleich (große und kleine Unternehmen) liegt eine Prüfgröße von 4,631 vor und der p-Wert beträgt 0,001 (Spalte 2). Damit ist die Null-Hypothese auf einem Signifikanzniveau von $\alpha = 5\ \%$ abzulehnen. **Große Unternehmen haben damit auf einem Signifikanzniveau von $\alpha = 5\ \%$ eine bessere IFRS-Zwischenberichterstattung als kleine Unternehmen.**

116 Für große Unternehmen ergibt sich nach dem KOLMOGOROFF-SMIRNOV-Anpassungstest ein p-Wert von 34,4 %, für mittelgroße Unternehmen ein p-Wert von 95,3 % und für kleine Unternehmen ein p-Wert von 85,6 %. Die jeweiligen p-Werte sind damit deutlich höher als das zugrunde gelegte Signifikanzniveau von $\alpha = 5\ \%$, so dass eine Normalverteilung anzunehmen ist.

117 Für den ersten Paarvergleich (große und mittelgroße Unternehmen) ergibt sich nach dem LEVENE-Test ein p-Wert von 9,4 %, für den zweiten Paarvergleich (große und kleine Unternehmen) ein p-Wert von 92,1 % und für den dritten Paarvergleich (mittelgroße und kleine Unternehmen) ein p-Wert von 10,9 %. Die Standardabweichungen der paarweise getesteten Stichproben sind damit auf einem Signifikanzniveau von $\alpha = 5\ \%$ nicht unterschiedlich.

- Für den dritten Paarvergleich (mittelgroße und kleine Unternehmen) kann der vorstehenden Übersicht eine Prüfgröße von 1,495 entnommen werden (Spalte 3). Da der p-Wert mit 0,071 größer ist als das zugrunde gelegte Signifikanzniveau von $\alpha = 5\ \%$, kann die Null-Hypothese nicht abgelehnt werden. Nach der Null-Hypothese haben mittelgroße Unternehmen keine bessere IFRS-Zwischenberichterstattung als kleinere Unternehmen. Wenn die Null-Hypothese nicht abgelehnt werden kann, ist daraus indes nicht zu schließen, dass sie zutreffend ist. Vielmehr reichen die Stichprobengrößen (Beobachtungen) nicht aus, damit die Null-Hypothese abgelehnt werden kann. Mit dem durchgeführten Hypothesentest gilt daher als **nicht bewährt**, dass **mittelgroße Unternehmen auf einem Signifikanzniveau von $\alpha = 5\ \%$ eine bessere IFRS-Zwischenberichterstattung haben als kleine Unternehmen.**

Insgesamt ist damit zu konstatieren, dass größere Unternehmen auf einem Signifikanzniveau von $\alpha = 5\ \%$ eine signifikant bessere IFRS-Zwischenberichterstattung haben als mittelgroße und kleinere Unternehmen.[118] Der Hypothesentest konnte hingegen nicht zeigen, dass mittelgroße Unternehmen signifikant besser Zwischenbericht erstatten als kleine Unternehmen. Die oben formulierte **Hypothese** hat sich also bei einem Signifikanzniveau von $\alpha = 5\ \%$ nur **bedingt bewährt**.

552.4 Beurteilung der prüferischen Durchsicht als möglicher Einflussfaktor auf die Qualität publizierter IFRS-Zwischenberichte

Die freiwillige prüferische Durchsicht (*review*) ist ebenfalls als ein möglicher Einflussfaktor auf die inhaltliche Qualität publizierter IFRS-Zwischenberichte identifiziert worden. Für das unternehmensspezifische Merkmal wurde die folgende **Hypothese** aufgestellt:

> „*Unternehmen, die ihre IFRS-Zwischenberichte von einem Wirtschaftsprüfer prüferisch durchsehen lassen, haben im Durchschnitt eine bessere IFRS-Zwischenberichterstattung als Unternehmen, die ihre IFRS-Zwischenberichte keiner prüferischen Durchsicht unterziehen.*“

118 Zu einem positiven Zusammenhang zwischen der Unternehmensgröße und der Berichterstattungsqualität vgl. VANSTRAELEN, A./ZARZESKI, M. T./ROBB, S. W. G., Disclosure, S. 272.

Die zugehörige **Null-Hypothese** lautet:

> *„Unternehmen, die ihre IFRS-Zwischenberichte von einem Wirtschaftsprüfer prüferisch durchsehen lassen, haben im Durchschnitt **keine** bessere IFRS-Zwischenberichterstattung als Unternehmen, die ihre IFRS-Zwischenberichte keiner prüferischen Durchsicht unterziehen.“*

Die Qualitätsmittelwerte der 31 prüferisch durchgesehenen IFRS-Zwischenberichte und der 44 IFRS-Zwischenberichte, die keiner prüferischen Durchsicht unterzogen wurden, sind in der folgenden Übersicht – differenziert für die einzelnen Abschnitte und den gesamten IFRS-Zwischenbericht – dargestellt:

Qualitätsmittelwerte nach prüferischer Durchsicht

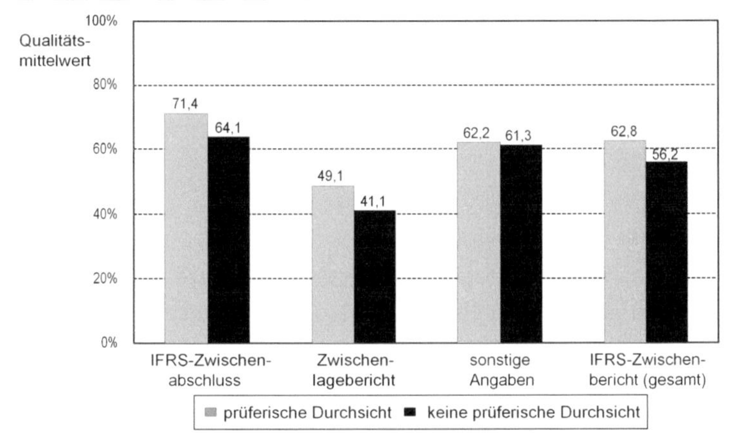

***Übersicht 5-17:** Qualitätsmittelwerte nach prüferischer Durchsicht*

Mit dem grafischen Vergleich lässt sich veranschaulichen, dass bei (freiwilliger) prüferischer Durchsicht von IFRS-Zwischenberichten durchschnittlich eine höhere Qualität bei der IFRS-Zwischenberichterstattung gegeben ist. Dabei haben die prüferisch durchgesehenen IFRS-Zwischenberichte besonders im IFRS-Zwischenabschluss und im Zwischenlagebericht – die Gegenstand der prüferischen Durchsicht nach § 37w Abs. 5 WpHG sind – eine höhere Qualität als die IFRS-Zwischenberichte, die nicht einer prüferischen Durchsicht unterzogen wurden. Bei den sonstigen Angaben – die vom Wirtschaftsprüfer bei einem *review* nicht durchgesehen werden – besteht hingegen nahezu kein Qualitätsunterschied zwischen den 31 prüferisch durchgesehenen IFRS-Zwischenberichten und den 44 IFRS-Zwischenberichten, die keiner prüferischen Durchsicht unterzogen wurden. Der differenzierte grafische

Vergleich spricht damit für einen positiven Zusammenhang zwischen der prüferischen Durchsicht und der inhaltlichen Qualität der IFRS-Zwischenberichterstattung. Im Folgenden ist zu testen, ob dieser Zusammenhang statistisch signifikant ist.

Mithilfe des Zweistichprobentests für die Differenz zweier arithmetischer Mittelwerte wird getestet, ob ein statistisch signifikanter Zusammenhang zwischen der prüferischen Durchsicht und der Qualität der IFRS-Zwischenberichterstattung besteht. Der Zweistichprobentest kann angewendet werden, weil die Stichproben hinreichend groß sind (Stichprobengröße > 30),[119] damit über den zentralen Grenzwertsatz der Wahrscheinlichkeit approximativ eine Normalverteilung angenommen werden kann. Da die Standardabweichungen der Stichproben allerdings signifikant verschieden sind,[120] ist im Folgenden nicht der T-Test, sondern der Gauß-Test anzuwenden. Das Ergebnis des Gauß-Tests ist der folgenden Übersicht zu entnehmen:

Vergleich der Qualitätsmittelwerte differenziert nach prüferischer Durchsicht	prüferische Durchsicht (pD) keine prüferische Durchsicht (keine pD)
Stichprobenumfang „pD"	31
Stichprobenumfang „keine pD"	44
Stichprobenmittelwert „pD"	62,80
Stichprobenmittelwert „keine pD"	56,17
Stichprobenstandardabweichung „pD"	5,02
Stichprobenstandardabweichung „keine pD"	7,60
Prüfgröße (p-Wert)	4,548 (0,001)
Null-Hypothese	Ablehnen

Übersicht 5-18: *Prüfgrößen und Prüfergebnisse der nach prüferischer Durchsicht differenzierten Qualitätsmittelwerte*

Der Übersicht 5-18 ist zu entnehmen, dass eine Prüfgröße von 4,548 vorliegt und der zugehörige p-Wert 0,001 beträgt. Da der p-Wert kleiner ist als das zugrunde gelegte Signifikanzniveau $\alpha = 5\ \%$, ist die Null-Hypothese abzulehnen, d. h., **Unternehmen, die ihre IFRS-Zwischenberichte von einem Wirtschaftsprüfer prüferisch durchsehen lassen, haben auf einem Signifikanzniveau von $\alpha = 5\ \%$ eine bessere IFRS-Zwischenberichterstat-**

119 Vgl. BAMBERG, G./BAUR, F., Statistik, S. 193; BLEYMÜLLER, J./GEHLERT, G./GÜLICHER, H., Statistik, S. 78.

120 Nach dem LEVENE-Test ergibt sich für den Paarvergleich prüferisch durchgesehener und nicht prüferisch durchgesehener IFRS-Zwischenberichte ein p-Wert von 1,7 %. Da der p-Wert kleiner ist als das zugrunde gelegte Signifikanzniveau von $\alpha = 5\ \%$, sind die Standardabweichungen der beiden Stichproben signifikant unterschiedlich.

tung als die Unternehmen, die ihre IFRS-Zwischenberichte keiner prüferischen Durchsicht unterziehen.[121]

Vor dem Hintergrund der empirischen Ergebnisse ist den kapitalmarktorientierten Unternehmen zu empfehlen, freiwillig ihre IFRS-Zwischenberichte einer prüferischen Durchsicht zu unterziehen.[122] Denn durch die freiwillige prüferische Durchsicht kann das berichterstattende Unternehmen dem Kapitalmarkt eine signifikant höhere IFRS-Zwischenberichterstattungsqualität signalisieren (*signaling*)[123] und sich damit von den Unternehmen, die ihre IFRS-Zwischenberichte nicht prüferisch durchsehen lassen, positiv abgrenzen.

552.5 Beurteilung der Veröffentlichungsdauer als möglicher Einflussfaktor auf die Qualität publizierter IFRS-Zwischenberichte

In diesem Abschnitt wird der Zusammenhang zwischen der Veröffentlichungsdauer und der Qualität der IFRS-Zwischenberichterstattung untersucht. Hierbei lautet die zu untersuchende **Hypothese**:

> *„Unternehmen, die ihre IFRS-Zwischenberichte später veröffentlichen, haben im Durchschnitt eine bessere IFRS-Zwischenberichterstattung als Unternehmen, die ihre IFRS-Zwischenberichte früher publizieren."*

Die zugehörige **Null-Hypothese** wird wie folgt formuliert:

> *„Unternehmen, die ihre IFRS-Zwischenberichte später veröffentlichen, haben im Durchschnitt* ***keine*** *bessere IFRS-Zwischenberichterstattung als Unternehmen, die ihre IFRS-Zwischenberichte früher publizieren."*

In der folgenden Übersicht wird gezeigt, welche Qualitätsmittelwerte die untersuchten IFRS-Zwischenberichte – differenziert nach der Veröffentlichungsdauer – erzielt haben:

121 Zu einem ähnlichen Ergebnis vgl. ALVES, C. F./DOS SANTOS, T., Financial Reports, S. 387.

122 Für eine prüferische Durchsicht sind ebenfalls das IDW (Hrsg.), Review, S. 181; MARTEN, K.-U./QUICK, R./RUHNKE, K., Wirtschaftsprüfung, S. 684; STERL, R., Zwischenberichterstattung, S. 770; SCHINDLER, J./SCHURBOHM, A./BÖCKEM, H., Prüfung von Zwischenberichten, S. 95; ALVAREZ, M./WOTSCHOFSKY, S., Stärkung der Corporate Governance, S. 122.

123 Zu *Signaling*-Modellen vgl. SPENCE, M., Signaling, S. 355-374; WEBER, T., Anreizsysteme, S. 38; ROIGER, M., Gestaltung von Anreizsystemen, S. 14.

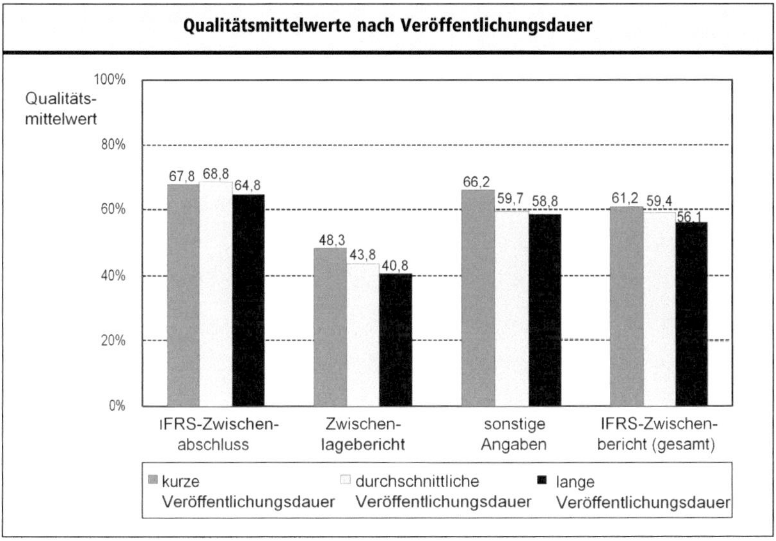

Übersicht 5-19: *Qualitätsmittelwerte nach Veröffentlichungsdauer*

Mit dem grafischen Vergleich lässt sich – entgegen dem zunächst vermuteten positiven Zusammenhang zwischen der Veröffentlichungsdauer[124] und der Qualität der IFRS-Zwischenberichterstattung –[125] veranschaulichen, dass die später publizierten IFRS-Zwischenberichte keine bessere, sondern – abgesehen vom Abschnitt „IFRS-Zwischenabschluss" – eine schlechtere Qualität besitzen als die IFRS-Zwischenberichte, die früh veröffentlicht werden. Mit der Verkürzung des Aufstellungs- und Wertaufhellungszeitraums geht somit keine schlechtere Qualität bei der IFRS-Zwischenberichterstattung einher. Bezugnehmend auf diese empirische Beobachtung ist im Folgenden die revidierte Hypothese zu prüfen, ob die Qualität der IFRS-Zwischenberichterstattung von früh veröffentlichten IFRS-Zwischenberichten signifikant höher ist als die von spät publizierten IFRS-Zwischenberichten. Anschließend sind die Ergebnisse zu interpretieren. Für die statistische Prüfung lautet die **revidierte Hypothese** wie folgt:

> *„Unternehmen, die ihre IFRS-Zwischenberichte früher veröffentlichen, haben im Durchschnitt eine bessere IFRS-Zwischenberichterstattung als Unternehmen, die ihre IFRS-Zwischenberichte später publizieren."*

124 Zu den Veröffentlichungsvorschriften vgl. Abschn. 24.

125 Vgl. Abschn. 551.

Die zugehörige, zu testende **Null-Hypothese** wird wie folgt formuliert:

> *„Unternehmen, die ihre IFRS-Zwischenberichte **früher** veröffentlichen, haben im Durchschnitt **keine bessere** IFRS-Zwischenberichterstattung als Unternehmen, die ihre IFRS-Zwischenberichte später publizieren."*

Analog zum bisherigen Vorgehen wird als statistisches Verfahren der Zweistichprobentest herangezogen. Der Zweistichprobentest (T-Test) kann angewendet werden, weil die Qualitätsmittelwerte aller Stichproben normalverteilt[126] und die Standardabweichungen der Stichproben nicht signifikant verschieden sind.[127] Mit der folgenden Übersicht werden die Ergebnisse der statistischen Untersuchung dargestellt:

Vergleich der Qualitätsmittelwerte differenziert nach der Veröffentlichungsdauer		1	2	3
	x y	Früh Durchschnittlich	Früh Spät	Durchschnittlich Spät
Stichprobenumfang x		26	26	24
Stichprobenumfang y		24	25	25
Stichprobenmittelwert x		61,18	61,18	59,35
Stichprobenmittelwert y		59,35	56,12	56,12
Stichprobenstandardabweichung x		6,71	6,71	8,00
Stichprobenstandardabweichung y		8,00	6,80	6,80
Prüfgröße (p-Wert)		0,881 (0,191)	2,673 (0,005)	1,521 (0,068)
Null-Hypothese		Nicht ablehnen	Ablehnen	Nicht ablehnen

Übersicht 5-20: *Prüfgrößen und Prüfergebnisse beim Vergleich der nach der Veröffentlichungsdauer differenzierten Qualitätsmittelwerte*

126 Nach dem KOLMOGOROFF-SMIRNOV-Anpassungstest ergibt sich für früh veröffentlichte IFRS-Zwischenberichte ein p-Wert von 91,7 %, für IFRS-Zwischenberichte, die nach einem durchschnittlich langen Aufstellungszeitraum veröffentlicht werden, ein p-Wert von 59,7 % und für spät veröffentlichte IFRS-Zwischenberichte ein p-Wert von 93,9 %. Die jeweiligen p-Werte sind damit deutlich höher als das zugrunde gelegte Signifikanzniveau von $\alpha = 5$ %, so dass eine Normalverteilung anzunehmen ist.

127 Nach dem LEVENE-Test ergibt sich für den ersten Paarvergleich (früh und durchschnittlich veröffentlichte IFRS-Zwischenberichte) ein p-Wert von 39,6 %, für den zweiten Paarvergleich (früh und spät veröffentlichte IFRS-Zwischenberichte) ein p-Wert von 80,3 % und für den dritten Paarvergleich (durchschnittlich und spät veröffentlichte IFRS-Zwischenberichte) ein p-Wert von 52,6 %. Die Standardabweichungen der paarweise verglichenen Stichproben sind auf einem Signifikanzniveau von $\alpha = 5$ % nicht verschieden.

Der vorstehenden Übersicht sind die folgenden Ergebnisse zu entnehmen:

- Der Vergleich der Qualitätsmittelwerte von früh veröffentlichten IFRS-Zwischenberichten und IFRS-Zwischenberichten, die nach einem durchschnittlich langen Aufstellungszeitraum publiziert werden, ergibt eine Prüfgröße von 0,881 und der p-Wert beträgt 0,191 (Spalte 1). Bei diesem Paarvergleich liegt der p-Wert über dem zugrunde gelegten Signifikanzniveau von α = 5 %, so dass die Null-Hypothese nicht abzulehnen ist. Damit kann mit dem Hypothesentest **nicht bestätigt** werden, dass **Unternehmen, die ihre IFRS-Zwischenberichte früh veröffentlichen, auf einem Signifikanzniveau von α = 5 % eine bessere IFRS-Zwischenberichterstattung haben als Unternehmen, die ihre IFRS-Zwischenberichte nach einem durchschnittlich langen Aufstellungszeitraum publizieren.**
- Aus dem Vergleich der Qualitätsmittelwerte von früh und spät veröffentlichten IFRS-Zwischenberichten resultiert beim T-Test eine Prüfgröße von 2,673 (Spalte 2). Da der p-Wert mit 0,005 bei diesem Paarvergleich geringer ist als das zugrunde gelegte Signifikanzniveau von α = 5 %, ist die Null-Hypothese abzulehnen, d. h., **Unternehmen, die ihre IFRS-Zwischenberichte früh veröffentlichen, haben auf einem Signifikanzniveau von α = 5 % eine bessere IFRS-Zwischenberichterstattung als Unternehmen, die ihre IFRS-Zwischenberichte spät publizieren.**
- Bei dem Vergleich der Qualitätsmittelwerte von IFRS-Zwischenberichten, die nach einem durchschnittlich langen Aufstellungszeitraum veröffentlicht wurden, und IFRS-Zwischenberichten, die spät publiziert wurden, ergibt sich eine Prüfgröße von 1,521 und der zugehörige p-Wert weist eine Größe von 0,068 auf (Spalte 3). Der p-Wert liegt somit über dem zugrunde gelegten Signifikanzniveau von α = 5 %, so dass die Null-Hypothese nicht abzulehnen ist. Durch den Zweistichprobentest kann die Hypothese **nicht belegt** werden, dass **Unternehmen, die ihre IFRS-Zwischenberichte nach einem durchschnittlich langen Aufstellungszeitraum veröffentlichen, auf einem Signifikanzniveau von α = 5 % eine bessere IFRS-Zwischenberichterstattung haben als Unternehmen, die ihre IFRS-Zwischenberichte spät publizieren.**

Insgesamt ist festzuhalten, dass früh veröffentlichte IFRS-Zwischenberichte eine signifikant höhere Qualität besitzen als IFRS-Zwischenberichte, die erst spät publiziert werden. Unternehmen, die der IFRS-Zwischenberichterstattung eine hohe Bedeutung zuweisen, messen damit zugleich einer zeitnahen Kapitalmarktkommunikation[128] einen hohen Stellenwert bei. Dies lässt sich darauf zurückführen, dass die Adressaten darauf angewiesen sind, sowohl umfassend als auch zeitnah über die aktuelle wirtschaftliche Lage und die voraussichtliche Entwicklung des Unternehmens informiert zu werden,[129] damit sie angemessene unterjährige Anlageentscheidungen treffen können.[130]

552.6 Beurteilung des Streubesitzanteils als möglicher Einflussfaktor auf die Qualität publizierter IFRS-Zwischenberichte

Im Abschnitt 551 wurde ebenfalls der Streubesitzanteil der Aktien als ein mögliches unternehmensspezifisches Merkmal identifiziert, welches einen Einfluss auf die Qualität publizierter IFRS-Zwischenberichte haben könnte. Für dieses unternehmensspezifische Merkmal wurde die folgende **Hypothese** formuliert:

> „*Unternehmen mit einem höheren Anteil ihrer Aktien im Streubesitz veröffentlichen im Durchschnitt bessere IFRS-Zwischenberichte als Unternehmen mit einem geringeren Streubesitzanteil ihrer Aktien.*“

Die zugehörige **Null-Hypothese** lautet:

> „*Unternehmen mit einem höheren Anteil ihrer Aktien im Streubesitz veröffentlichen im Durchschnitt* ***keine*** *besseren IFRS-Zwischenberichte als Unternehmen mit einem geringeren Streubesitzanteil ihrer Aktien.*“

Mit der folgenden Übersicht werden zunächst die Qualitätsmittelwerte der 75 untersuchten IFRS-Zwischenberichte – differenziert nach dem Streubesitzanteil – dargestellt:

128 Vgl. HOMMEL, M./SCHULTE, O., Rückstellungen in Fast-Close-Abschlüssen, S. 1671-1678; HÜTTCHE, T., Fast Close, S. 241-245.

129 Vgl. EGGEMANN, G./PETRY, M., Verkürzung von Aufstellungszeiten für Abschlüsse, S. 1635.

130 Nach KÜTING/WEBER/BOECKER kann mit „*optimierten Prozessen, der geeigneten Organisationsstruktur [, der Verlagerung bestimmter Tätigkeiten im Rahmen der Abschlusserstellung vor dem Bilanzstichtag] und einer korrekten Datenverarbeitung [...] auch innerhalb einer kürzeren Zeitspanne ein [Zwischen-]abschluss von hoher Qualität aufgestellt werden.*“ KÜTING, K./WEBER, C.-P./BOECKER, C., Fast Close, S. 10 [Ergänzungen durch den Verfasser].

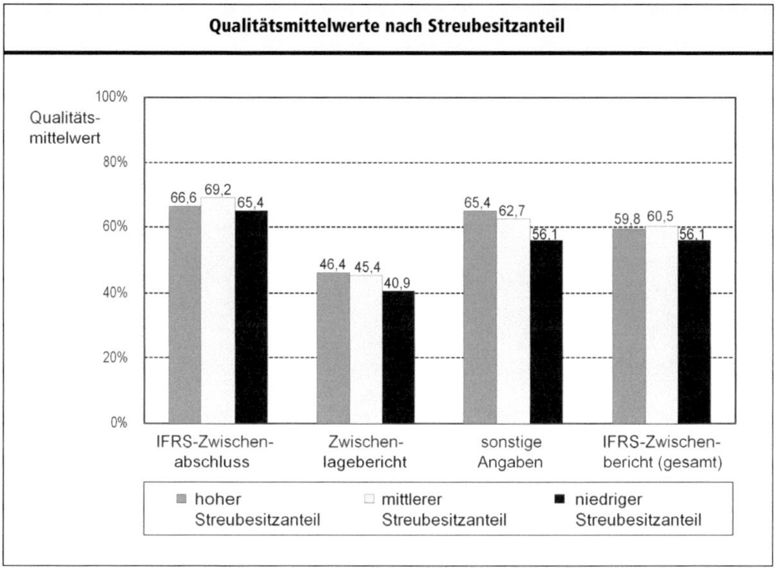

Übersicht 5-21: Qualitätsmittelwerte nach Streubesitzanteil

Mit dem grafischen Vergleich lässt sich veranschaulichen, dass sich die Qualitätsmittelwerte der IFRS-Zwischenberichte von Unternehmen mit einem hohen und mit einem mittleren Streubesitzanteil nur marginal voneinander unterscheiden. Dabei berichten die Unternehmen mit einem mittleren Streubesitzanteil besser im IFRS-Zwischenabschluss als die Unternehmen mit einem großen Anteil ihrer Aktien im Streubesitz. Im Zwischenlagebericht und bei den sonstigen Angaben verhält es sich genau umgekehrt. In diesen Abschnitten berichten Unternehmen mit einem hohen Streubesitzanteil besser als Unternehmen mit einem mittleren Anteil ihrer Aktien im Streubesitz. Im Vergleich zu den Unternehmen mit einem hohen bzw. mittleren Streubesitzanteil ist die Berichterstattungsqualität von Unternehmen mit einem kleineren Aktionärskreis in allen Abschnitten und damit auch im gesamten IFRS-Zwischenbericht schlechter.

Im Folgenden ist zu untersuchen, ob die Qualitätsmittelwerte der IFRS-Zwischenberichte zwischen Unternehmen mit einem hohen, einem mittleren und einem niedrigen Streubesitzanteil signifikant voneinander abweichen. Als statistisches Verfahren kann auch hier wieder der Zweistichprobentest (T-Test) herangezogen werden, da die Qualitätsmittelwerte aller Stichproben entsprechend dem Streubesitzanteil normalverteilt[131] und die Standardabweichungen der Stichproben nicht signifikant unterschiedlich sind.[132] Die Ergebnisse des Zweistichprobentests sind der folgenden Übersicht zu entnehmen:

Vergleich der Qualitätsmittelwerte differenziert nach dem Streubesitzanteil		1	2	3
	x y	Hoch Mittel	Hoch Niedrig	Mittel Niedrig
Stichprobenumfang x		27	27	25
Stichprobenumfang y		25	23	23
Stichprobenmittelwert x		59,83	59,83	60,52
Stichprobenmittelwert y		60,52	56,07	56,07
Stichprobenstandardabweichung x		5,96	5,96	8,51
Stichprobenstandardabweichung y		8,51	7,10	7,10
Prüfgröße (p-Wert)		-0,340 (0,368)	2,038 (0,024)	1,960 (0,028)
Null-Hypothese		Nicht ablehnen	Ablehnen	Ablehnen

Übersicht 5-22: *Prüfgrößen und Prüfergebnisse beim Vergleich der nach dem Streubesitzanteil differenzierten Qualitätsmittelwerte*

Mit den Hypothesentests sind die folgenden Ergebnisse erzielt worden:

- Aus der Übersicht 5-16 kann für den ersten Paarvergleich (hoher und mittlerer Streubesitzanteil) eine Prüfgröße von -0,340 und ein zugehöriger p-Wert von 0,368 entnommen werden (Spalte 1). Da der p-Wert größer ist als das zugrunde gelegte Signifikanzniveau von $\alpha = 5$ %, ist die Null-Hypothese nicht abzulehnen. Mit dem Hypothesentest konnte daher **nicht nachgewiesen** werden, dass **Unternehmen mit einem hohen Streubesitzanteil auf einem Signifikanzniveau von $\alpha = 5$ % im Durchschnitt eine bessere IFRS-Zwischenberichterstattung haben als Unternehmen mit einem mittleren Anteil ihrer Aktien im Streubesitz.**
- Bei dem zweiten Paarvergleich (hoher und niedriger Streubesitzanteil) liegt eine Prüfgröße von 2,038 vor und der p-Wert beträgt 0,024 (Spalte 2). Damit ist die Null-Hy-

131 Für Unternehmen mit einem hohen Streubesitzanteil ihrer Aktien ergibt sich nach dem KOLMOGOROFF-SMIRNOV-Anpassungstest ein p-Wert von 98,2 %, für Unternehmen mit einem mittleren Streubesitzanteil ein p-Wert von 60,6 % und für Unternehmen mit einem niedrigen Anteil ihrer Aktien im Streubesitz ein p-Wert von 99,2 %. Die jeweiligen p-Werte sind damit deutlich höher als das zugrunde gelegte Signifikanzniveau von $\alpha = 5$ %, so dass eine Normalverteilung anzunehmen ist.

132 Für den ersten Paarvergleich (hoher und mittlerer Streubesitzanteil) ergibt sich nach dem LEVENE-Test ein p-Wert von 15,7 %, für den zweiten Paarvergleich (hoher und niedriger Streubesitzanteil) ein p-Wert von 43,0 % und für den dritten Paarvergleich (mittlerer und niedriger Streubesitzanteil) ein p-Wert von 51,6 %. Die Standardabweichungen der paarweise getesteten Stichproben sind auf einem Signifikanzniveau von $\alpha = 5$ % nicht unterschiedlich.

pothese auf einem Signifikanzniveau von $\alpha = 5$ % abzulehnen. **Unternehmen mit einem hohen Streubesitzanteil haben demnach auf einem Signifikanzniveau von $\alpha = 5$ % eine bessere IFRS-Zwischenberichterstattung als Unternehmen mit einem geringen Anteil ihrer Aktien im Streubesitz.**

- Für den dritten Paarvergleich (mittlerer und niedriger Streubesitzanteil) kann der vorstehenden Übersicht eine Prüfgröße von 1,960 entnommen werden (Spalte 3). Da der zugehörige p-Wert mit 0,028 kleiner ist als das zugrunde gelegte Signifikanzniveau von $\alpha = 5$ %, kann die Null-Hypothese abgelehnt werden, d. h., **Unternehmen mit einem mittleren Streubesitzanteil haben auf einem Signifikanzniveau von $\alpha = 5$ % im Durchschnitt eine bessere IFRS-Zwischenberichterstattung als Unternehmen mit einem geringen Anteil ihrer Aktien im Streubesitz.**

Insgesamt ist zu konstatieren, dass Unternehmen mit einem hohen und mit einem mittleren Streubesitzanteil im Durchschnitt auf einem Signifikanzniveau von $\alpha = 5$ % eine bessere IFRS-Zwischenberichterstattung haben als Unternehmen mit einem niedrigen Streubesitzanteil.[133] Ein signifikanter Unterschied hinsichtlich der Qualität der IFRS-Zwischenberichterstattung zwischen Unternehmen mit einem hohen und einem mittleren Streubesitzanteil kann hingegen nicht nachgewiesen werden.

553. Multiple lineare Regressionsanalyse zum Einfluss der unternehmensspezifischen Merkmale auf die Qualität von IFRS-Zwischenberichten

Im vorherigen Abschnitt wurde mithilfe des Zweistichprobentests paarweise geprüft, ob zwischen den einzelnen unternehmensspezifischen Merkmalen und der Qualität der IFRS-Zwischenberichterstattung statistisch signifikante Zusammenhänge bestehen. Neben den Hypothesentests wird im Folgenden zusätzlich eine **multiple lineare Regressionsanalyse** durchgeführt, damit bestimmt werden kann, wie gut mit den unternehmensspezifischen Merkmalen – gemeinsam betrachtet – die Qualität publizierter IFRS-Zwischenberichte erklärt werden kann, d. h. ob und wieweit noch andere Einflussfaktoren die Qualität der IFRS-Zwischenberichterstattung determinieren. Bei der multiplen linearen Regressionsanalyse wird damit zugleich berücksichtigt, dass einzelne unternehmensspezifische Merkmale, wie

133 Zu ähnlichen empirischen Ergebnissen kommt WASSER, G., Prognosequalität, S. 86. Vgl. auch CERF, A. R., Corporate Reporting, S. 31.

die Börsenindexzugehörigkeit und die Unternehmensgröße,[134] häufig miteinander korrelieren.

Im Folgenden werden drei multiple lineare Regressionsmodelle aufgestellt, wobei die Qualität publizierter IFRS-Zwischenberichte jeweils die abhängige Variable (*BQ*) darstellt. Als unabhängige Variablen werden die unternehmensspezifischen Merkmale herangezogen, d. h. die Börsenindexzugehörigkeit (*DAX®, MDAX®* und *SDAX®*), die Unternehmensgröße (*UG*), die prüferische Durchsicht (*pD*), die Veröffentlichungsdauer (*V*) und der Streubesitzanteil (*FFF*). Im ersten Modell werden dabei sämtliche unternehmensspezifischen Merkmale als unabhängige Variablen einbezogen. Da allerdings anzunehmen ist, dass das unternehmensspezifische Merkmal „Unternehmensgröße" häufig mit dem Merkmal der „Börsenindexzugehörigkeit" korreliert, werden im zweiten und dritten Modell die unabhängigen Variablen „Unternehmensgröße" und „Börsenindexzugehörigkeit" separat mit den übrigen unternehmensspezifischen Merkmalen untersucht („prüferische Durchsicht", „Veröffentlichungsdauer" und „Streubesitz"). Dadurch wird der Einfluss der „Unternehmensgröße" bzw. „Börsenindexzugehörigkeit" auf die Qualität der IFRS-Zwischenberichterstattung unabhängig vom jeweils anderen Merkmal deutlich.

Damit das unternehmensspezifische Merkmal „Börsenindexzugehörigkeit" in den multiplen linearen Regressionsmodellen abgebildet werden kann, sind für die drei Börsenindizes DAX®, MDAX® und SDAX® sog. Dummy-Variablen zu bilden. Die Dummy-Variable „DAX®" nimmt beispielsweise den Wert „eins" an, wenn das Unternehmen zum Untersuchungszeitpunkt im DAX® notiert war. Andernfalls wird der Dummy-Variable „DAX®" der Wert „null" zugeordnet. Neben dem unternehmensspezifischen Merkmal „Börsenindexzugehörigkeit" wird ebenfalls das Merkmal „prüferische Durchsicht" durch eine Dummy-Variable in den multiplen linearen Regressionsmodellen abgebildet. Die Dummy-Variable „prüferische Durchsicht" nimmt den Wert „eins" an, wenn der IFRS-Zwischenbericht von einem Wirtschaftsprüfer prüferisch durchgesehen wurde. Der Dummy-Variablen wird hingegen der Wert „null" zugeordnet, falls der IFRS-Zwischenbericht keiner prüferischen Durchsicht unterzogen wurde.

Bezugnehmend auf die im Abschnitt 551 vermuteten Zusammenhänge zwischen den unternehmensspezifischen Merkmalen und der Qualität publizierter IFRS-Zwischenberichte ist

134 Vgl. hierzu Anhang 10.

zu klären, welches Vorzeichen bei den einzelnen Regressionskoeffizienten β_j zu erwarten ist. Zwischen der Qualität der IFRS-Zwischenberichterstattung und dem Merkmal „Börsenindexzugehörigkeit" wird grundsätzlich ein positiver Zusammenhang vermutet, wobei erwartet wird, dass sowohl der Regressionskoeffizient β_{DAX} größer ist als β_{MDAX} und β_{SDAX} als auch der Regressionskoeffizient β_{MDAX} größer ist als β_{SDAX} ($\beta_{DAX} > \beta_{MDAX} > \beta_{SDAX} > 0$). Bei den Variablen „Unternehmensgröße", „prüferische Durchsicht" und „Streubesitzanteil" wird ebenfalls ein positiver Einfluss auf die Qualität der IFRS-Zwischenberichterstattung und damit jeweils ein positiver Regressionskoeffizient vermutet ($\beta_{UG} > 0$; $\beta_{pD} > 0$; $\beta_{FFF} > 0$). Zwischen der Qualität der IFRS-Zwischenberichterstattung und dem Merkmal „Veröffentlichungsdauer" konnte mit den Hypothesentests indes nur bei einem Paarvergleich ein statistisch signifikanter Zusammenhang nachgewiesen werden. Gleichwohl wird vermutet, dass der Regressionskoeffizient β_V ein negatives Vorzeichen besitzen könnte ($\beta_V < 0$).

In der folgenden Übersicht werden die drei Regressionsmodelle dargestellt:

Modell I
$BQ_I = \beta_0 + \beta_1 DAX + \beta_2 MDAX + \beta_3 SDAX + \beta_4 UG + \beta_5 pD + \beta_6 V + \beta_7 FFF + \varepsilon$
Modell II
$BQ_{II} = \gamma_0 + \gamma_1 DAX + \gamma_2 MDAX + \gamma_3 SDAX + \gamma_4 pD + \gamma_5 V + \gamma_6 FFF + \Phi$
Modell III
$BQ_{III} = \delta_0 + \delta_1 UG + \delta_2 pD + \delta_3 V + \delta_4 FFF + \tau$

Legende:

BQ_i:	Qualität des IFRS-Zwischenberichts im Modell i
$\beta_0, \gamma_0, \delta_0$:	Konstante Glieder der Regressionsfunktionen (y-Abschnitt)
$\beta_j, \gamma_j, \delta_j$:	Regressionskoeffizienten j
DAX:	DAX®-Unternehmen mit 1 = „Ja" und 0 = „Nein"
$MDAX$:	MDAX®-Unternehmen mit 1 = „Ja" und 0 = „Nein"
$SDAX$:	SDAX®-Unternehmen mit 1 = „Ja" und 0 = „Nein"
UG:	Unternehmensgröße (Bilanzsumme in Mio. €)
pD:	prüferische Durchsicht mit 1 = „Ja" und 0 = „Nein"
V:	Veröffentlichungsdauer (in Tagen)
FFF:	Free Float Factor (Streubesitzanteil der Aktien in Prozent)
ε, Φ, τ:	Störgrößen

Übersicht 5-23: *Multiple lineare Regressionsmodelle*

Die Parameter der Regressionsmodelle sind anhand der Ausprägungen der unternehmensspezifischen Merkmale der 75 in die Stichprobe einbezogenen Unternehmen und der zugehörigen Gesamt-Qualitätswerte der analysierten IFRS-Zwischenberichte berechnet worden. Bevor die Ergebnisse der Regressionsanalyse dargestellt und interpretiert werden können, ist zuvor allerdings zu klären, ob dabei die Annahmen[135] der multivariaten linearen Regressionsanalyse erfüllt wurden oder nicht:

(1) Die drei multiplen linearen Regressionsmodelle sind jeweils funktional richtig spezifiziert. Mit dem *Regression Specification Error Test* (RESET) nach RAMSEY[136] konnte nachgewiesen werden, dass die Modelle linear in den Parametern β_0 und β_j, γ_0 und γ_j sowie δ_0 und δ_j sind.

(2) Die Störgrößen der drei Regressionsmodelle haben jeweils einen Erwartungswert von „null" ($E(\varepsilon) = 0, E(\Phi) = 0$ und $E(\tau) = 0$).

(3) Bei den Regressionsmodellen besteht nach dem Korrelationskoeffizienten von SPEARMAN jeweils kein signifikanter Zusammenhang zwischen den jeweiligen Störgrößen ε, Φ bzw. τ und den unternehmensspezifischen Merkmalen. Die Annahme $Cov(\varepsilon, X_j) = 0$, $Cov(\Phi, X_j) = 0$ und $Cov(\tau, X_j) = 0$ ist damit erfüllt (Endogenität[137]).

(4) Nach dem Verfahren von GLESJER[138] haben die Störgrößen der drei Regressionsmodelle jeweils eine konstante Varianz (Homoskedastizität ($Var(\varepsilon) = \sigma^2$, $Var(\Phi) = \sigma^2$ und $Var(\tau) = \sigma^2$)).

(5) Die Annahme, dass keine perfekte Multikollinearität vorliegt, ist bei einem Toleranzwert[139] von kleiner als 0,100 abzulehnen.[140] Da die Toleranzwerte bei den drei Regressionsmodellen zwischen 0,920 und 0,381 liegen, besteht zwischen den unabhängigen Variablen keine perfekte Multikollinearität, d. h., die Annahme ist erfüllt.

---

135 Da bei der vorliegenden Untersuchung Querschnittsdaten und keine Zeitreihendaten analysiert werden, muss die Annahme der Autokorrelation (bspw. $Cov(\varepsilon, \varepsilon_{t+r})$ mit $r \neq 0$) nicht geprüft werden. Vgl. BACKHAUS, K. u. a., Multivariate Analysemethoden, S. 101.

136 Vgl. RAMSEY, J. B., Tests for Specification Errors; AUER, L. V., Ökonometrie, S. 290-295.

137 Vgl. hierzu auch VERBEEK, M., Modern Econometrics, S. 131-133; GREENE, W. H., Econometric Analysis, S. 381 f.; CHENHALL, R. H./MOERS, F., Endogeneity, S. 175-180.

138 Zu diesem Verfahren vgl. BACKHAUS, K. u. a., Multivariate Analysemethoden, S. 87.

139 Der Toleranzwert (T) ermittelt sich, indem eine multiple lineare Regression für jede unabhängige Variable auf die übrigen unabhängigen Variablen durchgeführt und das Bestimmtheitsmaß (R^2) berechnet wird. Der Toleranzwert ergibt sich anschließend aus $T = 1 - R^2$. Der Toleranzwert liegt somit im Wertebereich zwischen „null" und „eins" und ist umso kleiner, je besser die unabhängige Variable durch die übrigen Variablen erklärt werden kann.

140 Vgl. BALTES-GÖTZ, B., Lineare Regressionsanalyse, S. 67.

(6) Nach dem KOLMOGOROFF-SMIRNOV-Anpassungstest sind die Störgrößen der drei Modelle normalverteilt ($\varepsilon \sim N(0, \sigma^2)$, $\varepsilon\Phi \sim N(0, \sigma^2)$ und $\tau \sim N(0, \sigma^2)$).[141]

Da sämtliche Annahmen der multivarianten Regressionsanalyse erfüllt sind, werden mit der Kleinste-Quadrate-Methode (*Ordinary Least Squares* (OLS)) unverzerrte (erwartungstreue) und effiziente Schätzer ermittelt. Die Ergebnisse der multiplen linearen Regressionsmodelle sind in der folgenden Übersicht dargestellt:

	Modell I	**Modell II**	**Modell III**
Konstante	46,183*** (8,234)	47,302*** (8,176)	52,851*** (10,141)
DAX®	0,407*** (2,638)	0,500*** (3,602)	
MDAX®	0,274** (2,164)	0,263** (2,075)	
SDAX®	–	–	
Unternehmensgröße	0,173 (1,353)		0,284** (2,595)
prüferische Durchsicht	0,315*** (3,052)	0,350*** (3,489)	0,369*** (3,573)
Veröffentlichungsdauer	0,142 (1,163)	0,119 (0,978)	-0,018 (-0,160)
Streubesitzanteil	0,097 (0,933)	0,081 (0,775)	0,168 (1,594)
F-Wert (Prob > F)	7,041 (0,000)	7,987 (0,000)	7,972 (0,000)
R^2_{korr}	0,329	0,321	0,274
N	75	75	75

Im oberen Teil der Tabelle sind die standardisierten OLS-Schätzer (sog. Beta-Werte) und die t-Werte (in Klammern) angegeben. Mit *** (**, *) wird die Signifikanz auf dem 1 %-Niveau (5 %-Niveau, 10 %-Niveau) bezeichnet. Durch das Symbol „–" wird angegeben, dass die unabhängige Variable aus der Gleichung der Regressionsfunktion entfernt wurde, da sie sich nahezu perfekt durch die anderen unabhängigen Variablen erklären lässt.

Im unteren Teil der Tabelle werden die Prüfgrößen der F-Statistik und die zugehörigen p-Wert (in Klammern) aufgeführt. Die Null-Hypothese des F-Tests, die besagt, dass kein Zusammenhang zwischen der abhängigen Variable und den unabhängigen Variablen besteht und somit in der Grundgesamtheit alle Regressionskoeffizienten gleich „null" sind, ist abzulehnen, wenn der p-Wert kleiner ist als das zugrunde gelegte Signifikanzniveau von $\alpha = 1$ % (5 %, 10 %). Ferner wird das korrigierte Bestimmtheitsmaß (R^2_{korr}) angegeben. R^2_{korr} liegt im Wertebereich zwischen „null" und „eins" und ist umso größer, je höher der Anteil der erklärten Streuung an der Gesamtstreuung der abhängigen Variable ist. Mit N wird die Zahl der bei der jeweiligen Regression zugrunde gelegten Beobachtungen bezeichnet.

Übersicht 5-24: *Ergebnisse der Regressionsmodelle zum Einfluss der unternehmensspezifischen Merkmale auf die Qualität von IFRS-Zwischenberichten*

141 Nach dem KOLMOGOROFF-SMIRNOV-Anpassungstest ergeben sich für die Modelle p-Werte zwischen 65,9 % und 89,0 %. Die p-Werte sind damit deutlich höher als das zugrunde gelegte Signifikanzniveau von $\alpha = 5$ %, so dass die Annahme der Normalverteilung zu bestätigen ist.

Aus der Übersicht 5-24 lassen sich für die einzelnen multiplen linearen Regressionsmodelle die folgenden wesentlichen Ergebnisse entnehmen:

- Beim **ersten Modell**, in das alle unternehmensspezifischen Merkmale parallel einbezogen wurden, haben die Variablen „DAX®" und „MDAX®" einen signifikant positiven Einfluss auf die Qualität der IFRS-Zwischenberichterstattung (1 %- bzw. 5 %-Signifikanzniveau). Die Variable „SDAX®" wurde indes aus der Regressionsfunktion entfernt, da sie sich perfekt durch die anderen unabhängigen Variablen erklären lässt (Toleranz < 0,001), d. h., wenn ein Unternehmen im SDAX® gelistet ist, hat dies keinen (zusätzlichen) erklärenden Einfluss auf die Qualität publizierter IFRS-Zwischenberichte. Zwischen den Regressionskoeffizienten zur Börsenindexzugehörigkeit besteht dabei folgender Zusammenhang: $\beta_{DAX} > \beta_{MDAX} > \beta_{SDAX} \approx 0$, d. h., Unternehmen, die im DAX® gelistet sind, publizieren qualitativ bessere IFRS-Zwischenberichte als Unternehmen, die im MDAX® oder SDAX® notiert sind. Ferner besitzen MDAX®-Unternehmen eine qualitativ höherwertige IFRS-Zwischenberichterstattung als SDAX®-Unternehmen. Im Gegensatz zu den Variablen zur Börsenindexzugehörigkeit übt die Variable „Unternehmensgröße" keinen signifikanten Einfluss auf die Qualität publizierter IFRS-Zwischenberichte aus. Hierbei ist allerdings zu beachten, dass das Merkmal „Börsenindexzugehörigkeit" regelmäßig mit dem Merkmal „Unternehmensgröße" korreliert. Deshalb werden im zweiten und dritten Regressionsmodell die Merkmale „Unternehmsgröße" und „Börsenindexzugehörigkeit" separat untersucht. Die Variable „prüferische Durchsicht" hat auf einem Signifikanzniveau von 1 % einen positiven Einfluss auf die Qualität der IFRS-Zwischenberichterstattung, d. h., Unternehmen, die ihre IFRS-Zwischenberichte freiwillig prüferisch durchsehen lassen, haben eine signifikant bessere IFRS-Zwischenberichterstattung als Unternehmen, die ihre IFRS-Zwischenberichte keiner prüferischen Durchsicht unterziehen. Die unabhängigen Variablen „Veröffentlichungsdauer" und „Streubesitzanteil" besitzen in diesem Modell hingegen keinen signifikanten Einfluss auf die Qualität der IFRS-Zwischenberichterstattung. Dieses Ergebnis korrespondiert mit den Hypothesentests, bei denen zwischen diesen Merkmalen und der Qualität publizierter IFRS-Zwischenberichte nicht bei allen Paarvergleichen statistisch signifikante Zusammenhänge nachgewiesen werden konnten.[142] Insgesamt kann **mit dem ersten Regressionsmodell** ein korrigiertes Bestimmtheitsmaß (R^2_{korr})

142 Vgl. Abschn. 552.5 und Abschn. 552.6.

von 0,329 erzielt werden, d. h., mit diesem Modell kann **32,9 % der Streuung der Qualität publizierter IFRS-Zwischenberichte erklärt werden.**

- Im **zweiten Modell**, in das alle unternehmensspezifischen Merkmale außer der „Unternehmensgröße" einbezogen wurden, haben die Variablen „DAX®" und „MDAX®" analog zum ersten Modell einen signifikant positiven Einfluss auf die Qualität der IFRS-Zwischenberichterstattung (1 %- und 5 %-Signifikanzniveau), während die Variable „SDAX®" wieder aus dem Regressionsmodell entfernt wurde. Unternehmen, die im DAX® notiert sind, besitzen dabei eine qualitativ höherwertige IFRS-Zwischenberichterstattung als Unternehmen aus dem MDAX® und SDAX®. Ferner ist die inhaltliche Qualität publizierter IFRS-Zwischenberichte von MDAX®-Unternehmen größer als von SDAX®-Unternehmen ($\gamma_{DAX} > \gamma_{MDAX} > \gamma_{SDAX} \approx 0$). Beim zweiten Modell liegt ebenfalls auf einem 1 %-Niveau ein signifikanter positiver Zusammenhang zwischen der freiwilligen prüferischen Durchsicht und der Qualität der IFRS-Zwischenberichterstattung vor. Die Variablen „Veröffentlichungsdauer" und „Streubesitzanteil" üben analog zum ersten Modell keinen signifikanten Einfluss auf die Qualität publizierter IFRS-Zwischenberichte aus.

  Das zweite Modell besitzt mit einem korrigierten Bestimmtheitsmaß von 0,321 eine annähernd gleich gute **Erklärungskraft** wie das erste Modell, d. h., der Anteil der erklärten Streuung an der Gesamtstreuung hinsichtlich der Qualität publizierter IFRS-Zwischenberichte **verschlechtert sich nicht wesentlich, wenn das Merkmal „Unternehmensgröße" nicht in die Regressionsfunktion einbezogen wird.**

- Beim **dritten Modell** ist die Variable „Unternehmensgröße" anstelle der Variablen zur Börsenindexzugehörigkeit in die Regressionsfunktion einbezogen worden. Der Zusammenhang zwischen der Qualität der IFRS-Zwischenberichterstattung und der Variable „Unternehmensgröße" ist in diesem Modell auf einem 5 %-Niveau signifikant. Aus diesem Grund ist der im ersten Modell festgestellte, nicht signifikante Einfluss der Unternehmensgröße auf die Qualität publizierter IFRS-Zwischenberichte zu relativieren. Zwischen der Qualität der IFRS-Zwischenberichterstattung und der Unternehmensgröße besteht ein signifikant positiver Zusammenhang, gleichwohl wird dieser signifikante Zusammenhang überlagert, wenn in dem multiplen linearen Regressionsmodell neben der Unternehmensgröße auch die Börsenindexzugehörigkeit berücksichtigt wird. Dies ist darauf zurückzuführen, dass die beiden unternehmensspezifischen Merkmale korrelieren. Hinsichtlich der anderen Variablen „prüferische Durchsicht“, „Veröffentlichungsdauer“ und „Streubesitzanteil“ kommt es im Vergleich zu den beiden anderen Modellen zu keinen wesentlich abweichenden Ergebnissen.

Mit dem dritten Modell kann mit einem R^2_{korr} von 0,274 die Streuung der Qualität der IFRS-Zwischenberichterstattung schlechter erklärt werden als mit den ersten beiden Modellen. Da mit dem zweiten und dritten Modell die Erklärungskraft der „Börsenindexzugehörigkeit“ und „Unternehmensgröße“ *ceterius paribus* verglichen wurde, **kann** damit festgehalten werden, dass **mit der Variable „Börsenindexzugehörigkeit“ die Streuung hinsichtlich der Qualität publizierter IFRS-Zwischenberichte erheblich besser erklärt werden kann als mit der Variable „Unternehmensgröße“.**

Insgesamt ist zu konstatieren, dass mit dem ersten Regressionsmodell – in das alle unternehmensspezifischen Merkmale einbezogen wurden – die Streuung der Qualität publizierter IFRS-Zwischenberichte am besten erklärt werden kann. Das Modell besitzt ein korrigiertes Bestimmtheitsmaß von 0,329 und damit im Vergleich zu ähnlich aufgebauten empirischen Studien[143] eine gute Erklärungskraft.

143 Mit einer multiplen Regressionsanalyse konnte WAGENHOFER ein R^2_{korr} von 0,279 und HÄUSSLER ein R^2_{korr} von 0,320 erzielen. Vgl. WAGENHOFER, A., Informationspolitik im Jahresabschluß, S. 251 f.; HÄUSSLER, M., Unternehmenspublizität, S. 124-126.

6 Zusammenfassung

Mit der vorliegenden Arbeit wurde die IFRS-Zwischenberichterstattung in Deutschland empirisch untersucht. Den Untersuchungsgegenstand stellte dabei der Halbjahres- bzw. Quartalsfinanzbericht nach IFRS dar (IFRS-Zwischenbericht), der aus einem IFRS-Zwischenabschluss, einem Zwischenlagebericht und ggf. aus einer Erklärung der gesetzlichen Vertreter (dem sog. „Bilanzeid“)[1] besteht.

Ausgehend vom Zweck des IFRS-Zwischenberichts, die Adressaten schon während des laufenden Geschäftsjahres mit entscheidungsnützlichen Informationen über die wirtschaftliche Lage und die künftige Entwicklung des Unternehmens zu versorgen, wurde zunächst untersucht, auf welche Weise kapitalmarktorientierte Unternehmen eine den Anforderungen des Kapitalmarkts entsprechende unterjährige Berichterstattung vornehmen können. Hierzu wurden stellvertretend für die Adressaten **fachkundige Finanzanalysten, Fondsmanager und Wirtschaftsprüfer befragt**, welche Bedeutung sie der IFRS-Zwischenberichterstattung im Allgemeinen und den einzelnen Berichtsgegenständen des IFRS-Zwischenberichts im Speziellen beimessen. Der Aufbau, der Rücklauf und die wesentlichen Ergebnisse der empirischen Untersuchung lassen sich wie folgt zusammenfassen:

(1) Bei der empirischen Untersuchung wurden 950 Finanzanalysten, 217 Fondsmanager und 950 Wirtschaftsprüfer befragt. Die Befragungsgesamtheit betrug damit 2.117 fachkundige Kapitalmarktteilnehmer.

(2) Der hierarchisch gegliederte und sachlich strukturierte Fragebogen wurde durch eine Auswertung der gesetzlichen Vorschriften und des Schrifttums zur IFRS-Zwischenberichterstattung intersubjektiv nachprüfbar entwickelt. Der Fragebogen umfasste drei Abschnitte, neun Unterabschnitte und 97 Berichtsgegenstände.

(3) Die Kapitalmarktteilnehmer wurden im Zeitraum von Ende Juli bis Ende September 2008 befragt. Insgesamt konnte ein Rücklauf von 158 Fragebögen erzielt werden, was einer Rücklaufquote von 7,46 % entspricht.

(4) Die empirische Untersuchung kann als repräsentativ bezeichnet werden, da anhand der Stichprobenergebnisse Aussagen zur Befragungsgesamtheit mit einem Sicherheitsgrad von 95 % und einem Genauigkeitsgrad von größtenteils über 90 % getroffen werden können.

1 Der Bilanzeid ist nur beim Halbjahresfinanzbericht ein Pflichtbestandteil. Vgl. § 37w-x WpHG.

(5) Die wesentlichen Ergebnisse der empirischen Untersuchung lassen sich wie folgt zusammenfassen:

- Für die befragten Kapitalmarktexperten (Finanzanalysten und Fondsmanager) ist der IFRS-Zwischenbericht für die Anlageentscheidungen annähernd so wichtig wie der Geschäftsbericht eines kapitalmarktorientierten Unternehmens.
- Die Bedeutung der IFRS-Zwischenberichte hängt allerdings davon ab, ob die IFRS-Zwischenberichte (freiwillig) prüferisch durchgesehen oder geprüft worden sind. Denn bei der empirischen Erhebung wurde ermittelt, dass die befragten Kapitalmarktteilnehmer zwischen einem prüferisch durchgesehenen bzw. einem geprüften IFRS-Zwischenbericht und einem IFRS-Zwischenbericht, der keiner prüferischen Durchsicht oder Prüfung unterzogen wurde, einen nennenswerten Unterschied in der Berichterstattungsqualität wahrnehmen.
- Für die Befragten ist der **IFRS-Zwischenabschluss** mit einem prozentualen Gewicht von **53,43 %** der wichtigste Bestandteil des IFRS-Zwischenberichts. Die Bedeutung des **Zwischenlageberichts** kann mit **32,77 %** bei insgesamt drei Abschnitten als durchschnittlich bezeichnet werden. Den **sonstigen Angaben** ordnen die befragten Kapitalmarktteilnehmer ein prozentuales Gewicht von **13,80 %** zu.

Aufbauend auf den empirisch ermittelten Anforderungen des Kapitalmarkts an die IFRS-Zwischenberichterstattung, wurden in der vorliegenden Arbeit **inhaltliche Gestaltungsempfehlungen für den IFRS-Zwischenbericht entwickelt.** Im *ersten Schritt* wurde erläutert, welche Bedeutung die befragten Kapitalmarktteilnehmer den einzelnen Berichtsgegenständen des IFRS-Zwischenberichts beimessen. Falls die befragten Kapitalmarktexperten und Wirtschaftsprüfer die Bedeutung einzelner Berichtsgegenstände signifikant unterschiedlich einschätzten, sind die aufgetretenen Unterschiede näher analysiert worden. Im *zweiten Schritt* wurde anschließend dargestellt, welche Angaben das berichterstattende Unternehmen zu den einzelnen Berichtsgegenständen des IFRS-Zwischenabschlusses nach den gesetzlichen Vorschriften zu machen hat. Im *dritten Schritt* wurde, aufbauend auf den Ergebnissen der empirischen Erhebung, für jeden Berichtsgegenstand untersucht, welche (freiwilligen) Angaben im IFRS-Zwischenbericht zu jedem Berichtsgegenstand veröffentlicht werden sollten, damit die Informationsbedürfnisse der Adressaten zweckadäquat befriedigt werden. Die wesentlichen Ergebnisse lassen sich wie folgt zusammenfassen:

(1) Beim **IFRS-Zwischenabschluss** weisen die befragten Kapitalmarktteilnehmer der **Gesamtergebnisrechnung und der Bilanz eine hohe bis sehr hohe Bedeutung** zu, wobei der Gesamtergebnisrechnung eine etwas höhere Bedeutung zukommt als der Bilanz. Die **Kapitalflussrechnung** und der **Anhang** besitzen für die Befragten noch jeweils eine **hohe Bedeutung**, während der **Eigenkapitalveränderungsrechnung** lediglich eine **mittlere bis hohe Bedeutung** zukommt. Gemäß IAS 34.8 sind die Rechenwerke im IFRS-Zwischenabschluss mindestens in verkürzter Form auszuweisen. Durch die empirische Erhebung konnte indes ermittelt werden, dass die befragten Kapitalmarktteilnehmer im IFRS-Zwischenabschluss ausführliche (detailliert dargestellte) Rechenwerke entsprechend dem letzten jährlichen IFRS-Abschluss präferieren. Dadurch können die Adressaten die wirtschaftliche Lage des berichterstattenden Unternehmens besser zwischenbetrieblich und intertemporal vergleichen sowie unterjährige Veränderungen der Vermögens-, Finanz- und Ertragslage leichter erkennen. Vom berichterstattenden Unternehmen sollten jene Posten, die sich im Vergleich zum letzten Bilanzstichtag in ihrer Höhe oder Zusammensetzung wesentlich geändert haben, zusätzlich erläutert werden. Die befragten Kapitalmarktteilnehmer messen vor allem den Erläuterungen zur Gesamtergebnisrechnung und zur Bilanz eine hohe Bedeutung bei.

Von den zwölf ausgewählten Anhangangaben weisen die befragten Kapitalmarktexperten und Wirtschaftsprüfer den folgenden Berichtsgegenständen mindestens eine hohe Bedeutung zu:

- Angaben zu den angewandten Bilanzierungs- und Bewertungsmethoden sowie zu den unterjährigen Abgrenzungsregeln,
- Angaben zu Schätzungen,
- Angaben zu ungewöhnlichen Sachverhalten,
- Angaben zum veränderten Konsolidierungskreis,
- Angaben zu den Ereignissen nach dem Ende der Zwischenberichtsperiode und
- Segmentangaben.

Zu diesen Berichtsgegenständen sollte das berichterstattende Unternehmen ausführlich und detailliert im Anhang des IFRS-Zwischenabschlusses berichten. Das Unternehmen sollte dabei grundsätzlich jene Anhangangaben des letzten jährlichen IFRS-Abschlusses aktualisieren, die sich während der Zwischenberichtsperiode wesentlich verändert haben. Die inhaltliche Qualität des IFRS-Zwischenberichts lässt sich darüber hinaus verbessern, indem freiwillig auch über die weniger relevanten Berichtsgegenstände[2] – wenn auch nicht so umfangreich – berichtet wird.

(2) Beim **Zwischenlagebericht** messen die befragten Kapitalmarktteilnehmer dem Teilbericht „Ertrags-, Finanz- und Vermögenslage", dem „Risikobericht" und dem „Prognosebericht" mindestens eine hohe Bedeutung bei, während sie dem Teilbericht „Geschäfts- und Rahmenbedingungen" lediglich eine mittlere bis hohe Bedeutung zuweisen. Zu den drei bedeutendsten Teilberichten ist Folgendes anzumerken:

- Im Teilbericht **„Ertrags-, Finanz- und Vermögenslage"** messen die befragten Kapitalmarktteilnehmer der **Ertragslage** eine **hohe bis sehr hohe Bedeutung** bei. Der **Finanz- und Vermögenslage** ordnen die Befragten jeweils eine **hohe Bedeutung** zu. Hinsichtlich der aus Sicht der Befragten bedeutendsten der drei wirtschaftlichen Teillagen – der Ertragslage – sollte das berichterstattende Unternehmen das Periodenergebnis und die Ergebnisstruktur ausführlich erläutern und mithilfe von Grafiken und Tabellen im IFRS-Zwischenbericht beschreiben. Dabei sollten besonders die nicht nachhaltigen Erfolgsbestandteile angegeben und erläutert werden. Neben der Ergebnisentwicklung sollte im Zwischenlagebericht ebenfalls die Entwicklung des Umsatzes so dargestellt werden, dass für die Adressaten die Preis- und Mengeneinflüsse erkennbar werden. Im Zwischenlagebericht sollten die Adressaten auch über die Auftragslage während der Zwischenberichtsperiode mit ihren wesentlichen Einflussfaktoren (wie Auftragsbestand, -eingang oder -reichweite) informiert werden. Hinsichtlich der Angaben im Zwischenlagebericht sind segmentbezogene Informationen grundsätzlich wünschenswert.
- Im **Risikobericht** weisen die befragten Kapitalmarktexperten und Wirtschaftsprüfer sowohl der **Beschreibung der veränderten Risiken** als auch der Beschreibung der **bestandsgefährdenden Risiken** eine **hohe Bedeutung** zu. Mit dem Zwischenlagebericht sollten die Adressaten über alle wesentlichen Risiken informiert werden, **die sich** während des laufenden Geschäftsjahres **geändert haben**. Da im jährlichen Lagebericht regelmäßig die Risiken der voraussichtlichen Entwicklung für die kom-

2 Die befragten Kapitalmarktteilnehmer messen den Angaben zu den sonstigen finanziellen Verpflichtungen, zu den zur Veräußerung gehaltenen langfristigen Vermögenswerten und aufgegebenen Geschäftsbereichen, zu den Eventualschulden und -forderungen, zu Geschäften mit nahestehenden Unternehmen und Personen, zu saisonalen und konjunkturellen Einflüssen sowie zum IFRIC 10 („Zwischenberichterstattung und Wertminderung") nur eine mittlere Bedeutung bei.

menden zwei Geschäftsjahre dargestellt werden, ist dem berichterstattenden Unternehmen zu empfehlen, nicht nur – wie gesetzlich vorgeschrieben – die veränderten Risiken der voraussichtlichen Entwicklung für die verbleibenden Monate des laufenden Geschäftsjahres, sondern auch die erwarteten Änderungen der Risiken für das nächste Geschäftsjahr zu beschreiben. Die unveränderten Risiken sind nicht erneut im Risikobericht darzustellen. Im Zwischenlagebericht ist diesbezüglich auf den letzten jährlichen Lagebericht zu verweisen, in dem die Risiken aus damaliger Sicht dargestellt wurden. Hierbei ist zu beachten, dass bei den bestandsgefährdenden Risiken ein Verweis auf den letzten jährlichen Lagebericht in keinem Fall genügt. Im Zwischenlagebericht sind die Angaben zu bestandsgefährdenden Risiken – selbst wenn sich nichts geändert hat – aus dem letzten jährlichen Lagebericht zu wiederholen.

- Im **Prognosebericht** weisen die befragten Kapitalmarktteilnehmer den Angaben zur **künftigen Ertragslage** eine **hohe bis sehr hohe Bedeutung** zu. Von **hoher Bedeutung** sind ebenfalls die Informationen zur **künftigen Finanzlage**, während den Angaben zu den Chancen und zu den künftigen wirtschaftlichen Rahmenbedingungen lediglich eine mittlere bis hohe Bedeutung zukommt. Im Rahmen der Prognoseberichterstattung ist dem berichterstattenden Unternehmen zu **empfehlen**, nicht nur die wesentlich **veränderten Prognosen für das laufende Geschäftsjahr**, sondern über die Vorgaben des DRS 16 hinausgehend **auch** die Prognosen **für das kommende Geschäftsjahr** zu **aktualisieren**. Aufgrund der hohen Bedeutung des Prognoseberichts für die Kapitalmarktteilnehmer sollten die veränderten Prognosen zudem in einer Brandbreite quantifiziert werden, obgleich dies nach DRS 16 weder vorgeschrieben noch empfohlen wird. Falls sich die Prognosen seit dem letzten jährlichen Lagebericht nicht wesentlich verändert haben, ist im Zwischenlagebericht ein Fehlbericht aufzunehmen.

(3) Bei den **sonstigen Angaben** weisen die befragten Kapitalmarktteilnehmer den Angaben zu **Pro-forma-Kennzahlen** eine **mittlere bis hohe Bedeutung** und dem **Bilanzeid** eine **niedrige bis mittlere Bedeutung** zu. Zu diesen beiden Berichtsgegenständen ist Folgendes anzumerken:

- Die geringe Bedeutung des **Bilanzeids** für die Befragten ist zum einen darauf zurückzuführen, dass die gesetzlichen Vertreter den Bilanzeid lediglich im Halbjahresfinanzbericht und nicht im Quartalsfinanzbericht bzw. in der Zwischenmitteilung der

Geschäftsführung abgeben müssen; die potenzielle verhaltenssteuernde Wirkung des Bilanzeids wird damit eingeschränkt. Zum anderen ist die geringe Bedeutung des Bilanzeids dadurch zu erklären, dass die falsche Abgabe des Bilanzeids im Halbjahresfinanzbericht weder einen bilanzstrafrechtlichen Tatbestand gem. § 331 HGB noch eine Ordnungswidrigkeit nach § 39 WpHG darstellt.

- Die mittlere bis hohe Bedeutung der **Pro-forma-Kennzahlen** für den Kapitalmarkt resultiert daraus, dass mit der Berichterstattung von Pro-forma-Kennzahlen das Ziel verfolgt wird, die zwischenbetriebliche und intertemporäre Vergleichbarkeit der mit dem IFRS-Zwischenbericht dargestellten Ertragslage zu verbessern. Gleichwohl besitzt das Unternehmen im Rahmen der Pro-forma-Berichterstattung erhebliche Gestaltungsspielräume, da die Pro-forma-Kennzahlen weder im IFRS-Normenwerk definiert sind noch im Schrifttum ein einheitliches Begriffsverständnis für Pro-forma-Kennzahlen vorliegt. **Für** eine **entscheidungsnützliche Berichterstattung** müssen daher die **Pro-forma-Kennzahlen aus** den Angaben des **IFRS-Zwischenabschlusses nachprüfbar hergeleitet** (bspw. mit einer **Überleitungsrechnung**) und die einzelnen **Korrekturen am Periodenergebnis** ausführlich **erläutert werden**. Die Kapitalmarktteilnehmer können nur so beurteilen, ob und wieweit die einzelnen Korrekturen des Periodenergebnisses aus ihrer Sicht gerechtfertigt sind.

Die empirisch ermittelten Anforderungen des Kapitalmarkts an die IFRS-Zwischenberichterstattung und die daraus entwickelten Gestaltungsempfehlungen dienten in der vorliegenden Arbeit ferner als Grundlage für eine objektive Bewertung der inhaltlichen Qualität publizierter IFRS-Zwischenberichte. Auf dieser Grundlage wurde mithilfe der Nutzwertanalyse die **inhaltliche Qualität von 75 publizierten IFRS-Zwischenberichten kapitalmarktorientierter deutscher Industrie-, Handels- und Dienstleistungsunternehmen** gemessen und in einem intersubjektiv nachprüfbaren Maß (Gesamt- bzw. Teil-Qualitätswert) abgebildet. Die 75 untersuchten Unternehmen wurden zufällig aus der Grundgesamtheit von 118 in den Indizes DAX®, MDAX® und SDAX® notierten Industrie-, Handels- und Dienstleistungsunternehmen gezogen. Da die Stichprobe hinsichtlich der Häufigkeit aller unternehmensspezifischen Merkmale repräsentativ für die Grundgesamtheit ist, konnten bei der empirischen Untersuchung statistisch gesicherte Aussagen über die Grundgesamtheit getroffen werden. Die empirische Untersuchung der publizierten IFRS-Zwischenberichte führte zu folgenden wesentlichen Ergebnissen:

Im Abschnitt „**IFRS-Zwischenabschluss**" beträgt der Teil-Qualitätsmittelwert 67,11 % bei einer Standardabweichung von 7,39 %. Bei den untersuchten Unternehmen werden in den IFRS-Zwischenabschlüssen in rund 69 % der Fälle ausführliche Rechenwerke ausgewiesen, d. h. Rechenwerke, die mindestens wie die Rechenwerke des letzten jährlichen IFRS-Abschlusses gegliedert sind. Von allen Rechenwerken des IFRS-Zwischenabschlusses wird die Eigenkapitalveränderungsrechnung am besten erläutert (Teil-Qualitätsmittelwert von 60,67 %), während die Gesamtergebnisrechnung (Teil-Qualitätsmittelwert von 42,67 %) und die Kapitalflussrechnung (Teil-Qualitätsmittelwert von 44,00 %) – denen die Finanzanalysten und Fondsmanager indes gerade eine hohe Bedeutung beimessen – nur unzureichend im IFRS-Zwischenbericht beschrieben werden. Bei den Anhangangaben, die von den befragten Kapitalmarktexperten und Wirtschaftsprüfern als besonders bedeutsam erachtet werden (s. o.), wird der höchste Teil-Qualitätsmittelwert von 87,67 % bei den Segmentangaben erzielt, während bei den Angaben zu den unterjährig zusätzlich vorgenommenen Schätzungen lediglich ein durchschnittlicher Teil-Qualitätswert von 6,08 % erreicht wird.

(4) Im Abschnitt „**Zwischenlagebericht**" erzielten die untersuchten Unternehmen einen Teil-Qualitätsmittelwert von 44,38 % bei einer Standardabweichung von 10,90 %. Mit diesem durchschnittlichen Teil-Qualitätswert ist das Qualitätsniveau im Zwischenlagebericht gegenwärtig kaum ausreichend. Von allen Teilberichten des Zwischenlageberichts besitzt dabei der Prognosebericht mit 26,89 % den durchschnittlich niedrigsten Qualitätswert. Die analysierten Unternehmen verfehlen damit vor allem die von den befragten Kapitalmarktteilnehmern gestellten Anforderungen an die unterjährige Prognoseberichterstattung. Dies ist darauf zurückzuführen, dass nur wenige Unternehmen ihre zukunftsbezogenen Angaben (in einer Bandbreite) quantifizieren und die Prognosen kaum über das laufende Geschäftsjahr hinausgehen. Der Teilbericht „Ertrags-, Finanz- und Vermögenslage" besitzt zwar durchschnittlich mit einem Wert von 54,81 % den höchsten Teil-Qualitätsmittelwert von allen Teilberichten des Zwischenlageberichts. Gleichwohl könnten (und sollten) die Adressaten im Zwischenlagebericht besonders über die unterjährige Finanz- und Vermögenslage gegenwärtig noch besser informiert werden.

(5) Im Abschnitt „**Sonstige Angaben**" beträgt das arithmetische Mittel der Teil-Qualitätswerte aller untersuchten Unternehmen 61,66 % bei einer Standardabweichung von 16,23 %. Die vergleichsweise hohe Standardabweichung verdeutlicht, dass in diesem

Abschnitt die inhaltliche Qualität der Berichterstattung bei den einzelnen untersuchten Unternehmen verhältnismäßig unterschiedlich ausfällt. Von den 75 untersuchten Unternehmen haben lediglich 28 Unternehmen (rd. 37 %) in ihrem IFRS-Zwischenbericht das Veröffentlichungsdatum desselben angegeben. Zum Aktienkurs (Teil-Qualitätsmittelwert von 60,80 %), zu den Pro-forma-Kennzahlen (Teil-Qualitätsmittelwert von 62,53 %) sowie zu den Veröffentlichungs- und Veranstaltungsterminen (Teil-Qualitätsmittelwert von 51,20 %) werden die Adressaten in ausreichender Weise (Teil-Qualitätsmittelwert > 50 %) informiert.

(6) Der Gesamt-Qualitätsmittelwert der 75 untersuchten Unternehmen beträgt für den **IFRS-Zwischenbericht** 58,91 % bei einer Standardabweichung von 7,39 %. Mit diesem durchschnittlichen Gesamt-Qualitätswert besteht gegenwärtig noch ein erhebliches Potenzial, die IFRS-Zwischenberichterstattung zu verbessern und damit den Adressaten zusätzliche entscheidungsnützliche Informationen für ihre unterjährigen Anlageentscheidungen zu geben. Vor allem kann die Qualität im Abschnitt „B. Zwischenlagebericht" noch erheblich verbessert werden.

Mithilfe der empirischen Analyse von 75 publizierten IFRS-Zwischenberichten kapitalmarktorientierter deutscher Unternehmen wurde die Qualität der publizierten IFRS-Zwischenberichte nicht nur beschrieben, sondern auch erklärt. Zu diesem Zweck wurden zunächst unternehmensspezifische Merkmale (Börsenindexzugehörigkeit, Unternehmensgröße, prüferische Durchsicht, Veröffentlichungsdauer und Streubesitzanteil) identifiziert, die mit der Qualität der IFRS-Zwischenberichterstattung verbunden sein könnten. Anschließend wurden **Hypothesen** über **vermutete Zusammenhänge zwischen den unternehmensspezifischen Merkmalen und der Qualität der IFRS-Zwischenberichterstattung** formuliert, die mithilfe des Zweistichprobentests auf einem Signifikanzniveau von α = 5 % geprüft wurden. Die Ergebnisse lassen sich wie folgt zusammenfassen:

(1) Die Einteilung der untersuchten Unternehmen nach dem Merkmal „**Börsenindexzugehörigkeit**" führte zu statistisch signifikanten Ergebnissen. Unternehmen, die im DAX® gelistet sind, besitzen eine signifikant bessere IFRS-Zwischenberichterstattung als Unternehmen, die im MDAX® und SDAX® notiert sind. Des Weiteren weisen MDAX®-Unternehmen eine signifikant bessere IFRS-Zwischenberichterstattung auf als SDAX®-Unternehmen.

(2) Die Differenzierung der untersuchten Unternehmen nach dem Merkmal „**Unternehmensgröße**" führte ebenfalls zu statistisch signifikanten Ergebnissen. Nach der statistischen Auswertung haben große Unternehmen eine signifikant bessere IFRS-Zwischenberichterstattung als mittelgroße und kleinere Unternehmen.

(3) Als weiterer möglicher Einflussfaktor auf die Qualität publizierter IFRS-Zwischenberichte wurde die **„prüferische Durchsicht"** identifiziert. Mit dem Hypothesentest konnte festgestellt werden, dass prüferisch durchgesehene IFRS-Zwischenberichte eine signifikant höhere Qualität besitzen als IFRS-Zwischenberichte, die keiner prüferischen Durchsicht unterzogen wurden.

(4) Die Differenzierung der untersuchten Unternehmen nach dem Merkmal „**Veröffentlichungsdauer**" führte teilweise zu statistisch signifikanten Ergebnissen. Mit der statistischen Auswertung konnte gezeigt werden, dass früh veröffentlichte IFRS-Zwischenberichte eine signifikant höhere Qualität besitzen als IFRS-Zwischenberichte, die erst spät publiziert werden.

(5) Schließlich erwies sich auch der „**Streubesitzanteil**" teils als statistisch signifikanter Einflussfaktor auf die IFRS-Zwischenberichtsqualität. Unternehmen, bei denen sich ein hoher oder mittlerer Anteil ihrer Aktien im Streubesitz befindet, haben eine signifikant bessere IFRS-Zwischenberichterstattung als Unternehmen mit einem niedrigen Streubesitzanteil ihrer Aktien.

Neben den Hypothesentests wurde zusätzlich eine **multiple lineare Regressionsanalyse** durchgeführt, um festzustellen, ob und wie mit den unternehmensspezifischen Merkmalen die Qualität publizierter IFRS-Zwischenberichte erklärt werden kann. Die wesentlichen Ergebnisse der multiplen linearen Regressionsanalysen lassen sich wie folgt zusammenfassen:

(1) Mit den Regressionsmodellen wurden sämtliche Voraussetzungen erfüllt, damit sowohl unverzerrte (erwartungstreue) als auch effiziente Schätzer ermittelt werden konnten.

(2) Mit dem ersten Regressionsmodell, in das alle unternehmensspezifischen Merkmale einbezogen wurden, konnte ein korrigiertes Bestimmtheitsmaß (R^2_{korr}) von 0,329 erzielt werden. Im Vergleich zu ähnlich aufgebauten empirischen Studien besitzt das Modell damit eine gute Erklärungskraft.

(3) Im ersten Regressionsmodell ist das Merkmal „Börsenindexzugehörigkeit" signifikant positiv mit der Qualität der IFRS-Zwischenberichterstattung verknüpft. Im Gegensatz

zur „Börsenindexzugehörigkeit“ ist die „Unternehmensgröße“ in diesem Modell nicht signifikant mit der Qualität publizierter IFRS-Zwischenberichte verbunden.

(4) Da die Merkmale „Börsenindexzugehörigkeit“ und „Unternehmensgröße“ häufig positiv miteinander korrelieren, wurden im zweiten und dritten Regressionsmodell diese beiden unternehmensspezifischen Merkmale jeweils separat mit den übrigen Merkmalen („prüferische Durchsicht“, „Veröffentlichungsdauer“ und „Streubesitzanteil“) untersucht. Dabei zeigt sich, dass zwischen der Qualität der IFRS-Zwischenberichterstattung und der Unternehmensgröße ein signifikant positiver Zusammenhang besteht, wenn die Börsenindexzugehörigkeit nicht in das Regressionsmodell einbezogen wird. Ferner konnte durch das zweite und dritte Regressionsmodell gezeigt werden, dass die Börsenindexzugehörigkeit mit der Qualität publizierter IFRS-Zwischenberichte stärker verknüpft ist als mit der Unternehmensgröße.

(5) Das unternehmensspezifische Merkmal „prüferische Durchsicht“ ist in allen drei Regressionsmodellen signifikant mit der Qualität der IFRS-Zwischenberichterstattung verbunden, während die Merkmale „Veröffentlichungsdauer“ und „Streubesitzanteil“ in keinem der Modelle signifikant mit der Qualität publizierter IFRS-Zwischenberichte verknüpft sind. Dieses Ergebnis korrespondiert mit den Hypothesentests, bei denen hinsichtlich dieser Merkmale nur partiell, d. h. nicht bei allen Paarvergleichen, ein signifikanter Zusammenhang nachgewiesen werden konnte.

Als **Gesamtergebnis** der vorliegenden empirischen Untersuchung lässt sich festhalten, dass für die Anlageentscheidungen der befragten Kapitalmarkteilnehmer der **IFRS-Zwischenbericht** eines kapitalmarktorientierten Unternehmens **annähernd so wichtig ist wie der jährliche Geschäftsbericht**. Ferner konnte mit dem durch die empirische Erhebung objektivierten Bewertungsmodell gezeigt werden, dass zwar rund neun Zehntel der untersuchten Unternehmen aus den Indizes DAX®, MDAX® und SDAX® mit ihren publizierten IFRS-Zwischenberichten die Adressaten mindestens in ausreichender Weise mit aktuellen Informationen über die wirtschaftliche Lage und die künftige Entwicklung der Gesellschaft versorgen. Gleichwohl besteht gegenwärtig noch ein **erhebliches Potenzial, die IFRS-Zwischenberichterstattung zu verbessern** und damit den Adressaten weitere entscheidungsnützliche Informationen für ihre unterjährigen Anlageentscheidungen zu geben. Damit die IFRS-Zwischenberichterstattung für eine entscheidungsnützliche Kapitalmarktkommunikation optimal genutzt werden kann, sind in der vorliegenden Arbeit zusätzlich **inhaltliche**

Gestaltungsempfehlungen, aufbauend auf den Ergebnissen der empirischen Erhebung, in intersubjektiv nachprüfbarer Weise entwickelt worden.

Anhang

Anhang 1: Fragebogen

Fragebogen zu den Anforderungen des Kapitalmarkts an die Zwischenberichterstattung nach IFRS

Wir würden uns sehr freuen, wenn Sie uns bei unserer Umfrage zu den Anforderungen des Kapitalmarkts an die Zwischenberichterstattung nach IFRS unterstützen würden. Diese Umfrage wird ca. 15 Minuten Ihrer Zeit in Anspruch nehmen. Bitte senden Sie uns den ausgefüllten Fragebogen bis zum 30. September 2008 zurück. Alternativ können Sie an der Umfrage auch online teilnehmen:

http://ww3.unipark.de/uc/zwischenbericht

Die Umfrage wird durchgeführt von der:

Wirtschaftswissenschaftlichen Fakultät der Universität Münster
Forschungsteam Prof. Dr. Dr. h.c. Jörg Baetge
Ansprechpartner: Dipl.-Kfm. Timo Haenelt
Universitätsstraße 14-16
48143 Münster
Fax-Nr.: 0251 – 83 229 66

Hintergrund der Befragung:
In Deutschland hat sich die Zwischenberichterstattung als ein bedeutendes Publizitätsinstrument börsennotierter Unternehmen etabliert. In den letzten Jahren wurden allerdings die gesetzlichen Bestimmungen zur Zwischenberichterstattung mit der Verabschiedung des Transparenzrichtlinie-Umsetzungsgesetzes und dem DRS 16 („Zwischenberichterstattung") neu geregelt und zugleich erweitert. Neben den nationalen Vorschriften zur Zwischenberichterstattung haben sich ebenfalls die IFRS-Vorschriften in den letzten Jahren dynamisch weiterentwickelt.

Ziel der Befragung:
Mit der vorliegenden Befragung soll untersucht werden, wie Abschlussadressaten die Bedeutung der einzelnen Berichtsgegenstände des Zwischenberichts einschätzen und wie nach deren Ansicht – im Falle von Wahlrechten oder Ermessensspielräumen – die einzelnen Berichtsgegenstände entscheidungsnützlich strukturiert werden sollten.

Auf Basis der Befragungsergebnisse sollen für Industrie-, Handels- und Dienstleistungsunternehmen Gestaltungsempfehlungen für den Zwischenbericht nach IFRS entwickelt werden.

Bitte geben Sie zunächst Ihren beruflichen Hintergrund an:	Bitte ankreuzen:
1. Finanzanalyst	
2. Fondsmanager	
3. Wirtschaftsprüfer	
4. Anderer Hintergrund, bitte angeben:	

Seite 1/7

A. IFRS-Zwischenbericht

I. IFRS-Zwischenabschluss

Frage 1) Welche **Bedeutung** haben für Sie die folgenden **Bestandteile** eines **IFRS-Zwischenabschlusses**?	**Bedeutung**				
	sehr hohe	hohe	mitt-lere	nied-rige	keine
1. Bilanz					
A. Bilanz zum Zwischenberichtsstichtag und zum Vorjahresstichtag Alternative 1: Ausführliche Bilanz (*Gliederung wie im jährlichen IFRS-Abschluss*)					
Alternative 2: Verkürzte Bilanz (*Aggregierte Gliederung im Vergleich zum jährlichen IFRS-Abschluss*)					
B. Erläuterungen zur Bilanz					
2. Gesamtergebnisrechnung					
A. Gesamtergebnisrechnung für das betreffende Quartal und das Vorjahresquartal Alternative 1: Ausführliche Gesamtergebnisrechnung (*Gliederung wie im jährlichen IFRS-Abschluss*)					
Alternative 2: Verkürzte Gesamtergebnisrechnung (*Aggregierte Gliederung im Vergleich zum jährlichen IFRS-Abschluss*)					
B. Kumulierte Gesamtergebnisrechnung seit Beginn des Geschäftsjahres und des Vorjahreszeitraums					
C. Erläuterungen zur Gesamtergebnisrechnung					
D. Ergebnis je Aktie					
D.1 Angabe des (un-)verwässerten Ergebnisses je Aktie					
D.2 Erläuterung der zur Berechnung des Ergebnisses je Aktie verwendeten Beträge					
3. Kapitalflussrechnung					
A. Kumulierte Kapitalflussrechnung seit Beginn des Geschäftsjahres und des Vorjahreszeitraums Alternative 1: Ausführliche Kapitalflussrechnung (*Gliederung wie im jährlichen IFRS-Abschluss*)					
Alternative 2: Verkürzte Kapitalflussrechnung (*Aggregierte Gliederung im Vergleich zum jährlichen IFRS-Abschluss*)					
B. Kapitalflussrechnung für das betreffende Quartal und das Vorjahresquartal					
C. Erläuterungen zur Kapitalflussrechnung					
4. Eigenkapitalveränderungsrechnung					
A. Eigenkapitalveränderungsrechnung zum Zwischenberichtsstichtag und zum Vorjahresstichtag Alternative 1: Ausführliche Eigenkapitalveränderungsrechnung (*Gliederung wie im jährlichen IFRS-Abschluss*)					
Alternative 2: Verkürzte Eigenkapitalveränderungsrechnung (*Aggregierte Gliederung im Vergleich zum jährlichen IFRS-Abschluss*)					
B. Erläuterungen zur Eigenkapitalveränderungsrechnung					

Seite 2/7

Frage 2) Welche Bedeutung haben für Sie die nachstehenden **Anhangangaben** des Zwischenberichts?	**Bedeutung**				
	sehr hohe	hohe	mitt-lere	nied-rige	keine
1. Angaben zu den **angewandten Bilanzierungs- und Bewertungsmethoden** sowie zu den **unterjährigen Abgrenzungsregeln**					
A. Angaben zu den angewandten Bilanzierungs- und Bewertungsmethoden					
Alternative 1: Angabe, dass die Bilanzierungs- und Bewertungsmethoden beibehalten wurden					
Alternative 2: (i) Angabe und Begründung, von welchen Bilanzierungs- und Bewertungsmethoden bei welchen Posten abgewichen wurde					
(ii) Angabe der betragsmäßigen Auswirkungen der Änderungen von Bilanzierungs- und Bewertungsmethoden auf die Abschlussposten der Berichtsperiode und auf das (un-)verwässerte Ergebnis je Aktie					
(iii) Angabe, dass die Abschlussposten der vorherigen Berichtsperiode(n) (nicht) angepasst wurden					
B. Angaben zu den unterjährigen Abgrenzungsregeln					
2. Angaben zu Schätzungen					
A. Angabe von wesentlich geänderten Schätzungen					
A.1 Angabe und Begründung, welche Schätzungen geändert wurden					
A.2 Angabe, auf welche Abschlussposten sich die Änderung erstreckt					
A.3 Angabe von quantitativen Größen					
B. Angabe der für den Zwischenbericht zusätzlich vorgenommenen Schätzungen *(bspw. basiert die Bewertung von Rückstellungen und Vorräten im Zwischenbericht stärker auf Schätzungen als im jährlichen IFRS-Abschluss)*					
3. Angaben zu ungewöhnlichen Sachverhalten *(z.B. Berichtigung von Fehlern, wesentliche außerplanmäßige Abschreibungen und/oder Zuschreibungen etc.)*					
A. Angabe der Art der ungewöhnlichen Sachverhalte					
B. Angabe der betragsmäßigen Auswirkungen der ungewöhnlichen Sachverhalte auf die Posten des Zwischenabschlusses					
4. Angaben zu den **sonstigen finanziellen Verpflichtungen**					
A. Angabe des Gesamtbetrags der sonstigen finanziellen Verpflichtungen					
B. Angabe der wesentlichen Änderungen in der Zusammensetzung der sonstigen finanziellen Verpflichtungen					
C. Untergliederung des Gesamtbetrags der sonstigen finanziellen Verpflichtungen nach Art und nach Restlaufzeiten					
5. Angaben zum veränderten **Konsolidierungskreis**					
A. Angabe, welche Unternehmen erstmals (nicht mehr) in den Konsolidierungskreis einbezogen wurden					
B. Betragsangabe, wie sich dadurch wesentliche Konzernabschlussposten verändert haben					
C. Angaben zu Unternehmenszusammenschlüssen					
D. Angaben zur Veränderung des nicht bilanzierten Konzernvermögens *(Zweckgesellschaften)*					

Seite 3/7

Frage 2) Welche Bedeutung haben für Sie die nachstehenden **Anhangangaben** des Zwischenberichts? (Fortsetzung)	**Bedeutung**				
	sehr hohe	hohe	mitt-lere	nied-rige	keine
6. Angaben zu den zur **Veräußerung gehaltenen langfristigen Vermögenswerten und aufgegebenen Geschäftsbereichen**					
A. Angabe der Veränderungen des Bilanzpostens „Zur Veräußerung gehaltene langfristige Vermögenswerte und aufgegebene Geschäftsbereiche" *(Zusammensetzung, Veräußerungszeitpunkte, Segmentzugehörigkeit etc.)*					
B. Angabe des Periodenergebnisses, welches auf die aufgegebenen Geschäftsbereiche entfällt					
C. Angabe der Ergebnisauswirkungen durch die Bewertungsvorschriften für „zur Veräußerung gehaltene langfristige Vermögenswerte" (*bspw., dass keine planmäßige Abschreibung mehr vorgenommen wird*)					
7. Angaben zu **Eventualschulden oder Eventualforderungen**					
A. Angabe der Änderungen der Eventualschulden und Eventualforderungen seit dem letzten Bilanzstichtag					
B. Darstellung der etwaigen Auswirkungen der veränderten Eventualschulden und -forderungen auf die Vermögens-, Finanz- und Ertragslage					
8. Angaben zu wesentlichen Ereignissen nach dem Ende der Zwischenberichtsperiode					
A. Angaben zu Vorgängen von besonderer Bedeutung nach dem Zwischenberichtsstichtag					
B. Auswirkungen der Vorgänge von besonderer Bedeutung nach dem Zwischenberichtsstichtag auf die Vermögens-, Finanz- und Ertragslage des Unternehmens					
9. Angaben zu **Geschäften mit nahestehenden Unternehmen und Personen**					
A. Wesentliche Geschäfte mit nahestehenden Unternehmen und Personen					
B. Änderungen von Geschäften mit nahestehenden Unternehmen und Personen					
10. Angaben zu saisonalen und konjunkturellen Einflüssen					
A. Verbale Darstellung der Einflüsse					
B. Angabe von zusätzlichen quantitativen Größen					
C. Ausweis zusätzlicher Zwölfmonatsrechnungen *(Bspw. eine Gesamtergebnisrechnung der dem Zwischenberichtsstichtag vorangegangenen zwölf Monate (z. B. für den 1. Quartalsbericht 2008 eine Gesamtergebnisrechnung vom 01.04.07 bis 31.03.08))*					
11. Segmentangaben					
A. Segmentangaben zum Zwischenberichts- und Vorjahreszeitraum					
A.1 Externe Segmentumsätze und Intersegmentumsätze					
A.2 Segmentergebnis					
A.3 Angaben zu Veränderungen des Segmentvermögens und der Segmentschulden					
B. Überleitung der Segmentergebnisse zum Unternehmensergebnis					
C. Angaben zu der veränderten Bewertung des Segmentergebnisses *(Die Segmentergebnisse sind gem. IFRS 8 nach den internen Bewertungsvorschriften zu ermitteln (management approach))*					
D. Angaben zu Veränderungen in der Segmentabgrenzung					

Seite 4/7

Frage 2) Welche Bedeutung haben für Sie die nachstehenden **Anhangangaben** des Zwischenberichts? (Fortsetzung)	Bedeutung				
	sehr hohe	hohe	mitt-lere	nied-rige	keine
12. Angaben zum **IFRIC 10 („Zwischenberichterstattung und Wertminderung")**					
A. Angabe, ob IFRIC 10 in der aktuellen Zwischenberichtsperiode angewendet wurde oder nicht					
B. Quantifizierung des nicht zurücknehmbaren Wertminderungsaufwands je Posten					

Frage 3) Nachdem Sie die einzelnen Berichtsgegenstände der einzelnen Bestandteile des IFRS-Zwischenabschlusses beurteilt haben, geben Sie bitte im Folgenden an, welche **Bedeutung** Sie den **einzelnen Bestandteilen des IFRS-Zwischenabschlusses beimessen**?	Bedeutung				
	sehr hohe	hohe	mitt-lere	nied-rige	keine
1. Bilanz					
2. Gesamtergebnisrechnung					
3. Kapitalflussrechnung					
4. Eigenkapitalveränderungsrechnung					
5. Anhang					

II. Zwischenlagebericht

Frage 4) Welche Bedeutung haben für Sie die folgenden **Berichtsgegenstände** des **Zwischenlageberichts**?	Bedeutung				
	sehr hohe	hohe	mitt-lere	nied-rige	keine
1. Geschäfts- und Rahmenbedingungen					
A. Gesamtwirtschaftliche und branchenspezifische Situation					
B. Wesentliche, für den Geschäftsverlauf ursächliche Ereignisse/Geschäfte					
C. Änderung der Unternehmenssteuerung, Organisation, Ziele und/oder Strategie					
D. Vergleich des tatsächlichen Geschäftsverlaufs mit dem prognostizierten					
E. Produktion/Produkte/Dienstleistungen					
F. Absatzmärkte/Wettbewerbsposition					
G. Angaben zum Verlauf von Forschungs- und Entwicklungsaktivitäten					
2. Ertrags-, Finanz- und Vermögenslage					
A. Ertragslage					
B. Finanzlage					
C. Vermögenslage					
3. Risikobericht					
A. Beschreibung der veränderten Risiken					
B. Beschreibung der bestandsgefährdenden Risiken					

Seite 5/7

Frage 4) Welche Bedeutung haben für Sie die folgenden **Berichtsgegenstände** des **Zwischenlageberichts**? (Fortsetzung)	**Bedeutung**				
	sehr hohe	hohe	mitt-lere	nied-rige	keine
4. Prognosebericht					
A. Künftige Geschäfts- und Rahmenbedingungen					
A.1 Künftige gesamtwirtschaftliche und branchenspezifische Situation					
A.2 Geplante Änderung der Unternehmenssteuerung, Organisation, Ziele und/oder Strategie					
A.3 Künftige Produktion/Produkte/Dienstleistungen					
A.4 Künftige Absatzmärkte/Wettbewerbsposition					
A.5 Künftige Forschungs- und Entwicklungsaktivitäten					
B. Künftige Ertragslage					
C. Künftige Finanzlage					
D. Chancen					
E. Sonstige wesentliche Änderungen von früher abgegebenen Prognosen zur voraussichtlichen Entwicklung der Gesellschaft					

Frage 5) Welche **Bedeutung** messen Sie den **einzelnen Abschnitten des Zwischenlageberichts bei?**	**Bedeutung**				
	sehr hohe	hohe	mitt-lere	nied-rige	keine
1. Geschäfts- und Rahmenbedingungen					
2. Ertrags-, Finanz- und Vermögenslage					
3. Risikobericht					
4. Prognosebericht					

III. Sonstige Angaben

Frage 6) Welche Bedeutung messen Sie den einzelnen **sonstigen Angaben** bei?	**Bedeutung**				
	sehr hohe	hohe	mitt-lere	nied-rige	keine
1. Versicherung der gesetzlichen Vertreter („Bilanzeid")					
2. Angabe des Veröffentlichungsdatums					
3. Angaben zum Aktienkurs (*Kursverlauf, Entwicklung im Vergleich zum Index*)					
4. Angabe von Pro-forma-Kennzahlen (*EBIT, EBITDA etc.*)					
5. Kalendarium mit Veröffentlichungs- und Veranstaltungsterminen					

Frage 7) Nachdem Sie den Kriterienkatalog kennen, welches **prozentuale Gewicht** messen Sie den jeweiligen **Abschnitten bei**? (Sollten zum Beispiel die drei Abschnitte für Sie gleichbedeutend sein, so wäre jedem Abschnitt ein Gewicht von 33,33 % zuzuordnen.)	**Gewicht (%)**
I. IFRS-Zwischenabschluss	%
II. Zwischenlagebericht	%
III. Sonstige Angaben	%
Summe	**100 %**

Seite 6/7

B. Allgemeine Fragen zur Zwischenberichterstattung

Frage 8) Welche **Bedeutung** messen Sie den einzelnen Publizitätsinstrumenten bei?	**Bedeutung**				
	sehr hohe	hohe	mitt-lere	nied-rige	keine
1. Geschäftsbericht					
2. Zwischenbericht					
(i) Halbjahresfinanzbericht *(verkürzter Abschluss, Zwischenlagebericht und „Bilanzeid")*					
(ii-a) Zwischenmitteilung der Geschäftsführung nach dem ersten u. dritten Quartal *(Beschreibung der wesentlichen Ereignisse und Geschäfte des Mitteilungszeitraums und deren Auswirkung auf die Ertrags-, Finanz- und Vermögenslage (EFV-Lage). Allgemeine Beschreibung der EFV-Lage.)*					
(ii-b) Quartalsfinanzbericht *(verkürzter Abschluss und Zwischenlagebericht)*					
3. Ad-hoc-Mitteilung					
4. *(Ergänzungsmöglichkeit)*					

Frage 9) Wie groß ist für ***Sie*** der **Unterschied in der Berichterstattungsqualität** von geprüften Zwischenberichten im Vergleich zu ungeprüften bzw. prüferisch durchgesehenen Zwischenberichten?	**Unterschied**				
	sehr hoher	hoher	mitt-lerer	nied-riger	kein
1. Geprüfter Zwischenbericht im Vergleich zum ungeprüften Zwischenbericht					
2. Geprüfter Zwischenbericht im Vergleich zum prüferisch durchgesehenen Zwischenbericht					
3. Prüferisch durchgesehener Zwischenbericht im Vergleich zum ungeprüften Zwischenbericht					

Frage 10) Benötigen Sie weitere Informationen, die bisher **nicht in dem vorliegenden Kriterienkatalog aufgeführt sind**? Sind bestimmte Berichtsgegenstände im vorliegenden Kriterienkatalog unvollständig oder überflüssig?

Herzlichen Dank für Ihre Unterstützung!

(Bitte faxen Sie den ausgefüllten Fragebogen an die folgende Fax-Nummer: +49 (0) 251 / 83 229 66)

Seite 7/7

Anhang 2: Statistische Methoden

Konfidenzintervall:

Die Bandbreite eines arithmetischen Mittels wird mithilfe eines Konfidenzintervalls bestimmt, indem vom bekannten arithmetischen Mittel der Stichprobe auf das unbekannte arithmetische Mittel der Befragungsgesamtheit geschlossen wird.[1] Hierfür ist der geforderte Sicherheitsgrad für die zu treffenden Aussagen anzugeben, z. B. 95 %.[2] Die Unsicherheit der Schätzung des arithmetischen Mittels der Befragungsgesamtheit beträgt somit 5 % (α-Fehler).[3] Dies bedeutet, dass das gesuchte arithmetische Mittel der Befragungsgesamtheit mit einer Wahrscheinlichkeit von 95 % ($1-\alpha$) innerhalb des berechneten Konfidenzintervalls liegt:[4]

$$x_i - t_{n;\,0{,}975} \cdot \sigma_{\bar{x}_i} \leq \mu_i \leq x_i + t_{n;\,0{,}975} \cdot \sigma_{\bar{x}_i}$$

für alle befragten Gruppen i = {KE; WP}

Legende:

x_i :	Arithmetisches Mittel der Gruppe i in der Stichprobe (Rücklauf)
$t_{n;\,0{,}975}$:	Quantil der t-Verteilung (zweiseitig; n Freiheitsgrade; Signifikanzniveau von $\alpha = 5$ %)
$\sigma_{\bar{x}_i}$:	Geschätzte Standardabweichung der Gruppe i in der Befragungsgesamtheit
μ_i :	Unbekanntes arithmetisches Mittel der Gruppe i in der Befragungsgesamtheit
KE :	Kapitalmarktexperten (Finanzanalysten und Fondsmanager)
WP :	Wirtschaftsprüfer

Die Sicherheit und die Genauigkeit des Konfidenzintervalls stehen in einem umgekehrten proportionalen Verhältnis zueinander:[5] Sinkt die Genauigkeit der Schätzung, d. h., wird die Breite des Konfidenzintervalls größer, steigt der Sicherheitsgrad der statistischen Aussage, dass das gesuchte arithmetische Mittel der Befragungsgesamtheit in dem berechneten Konfidenzintervall liegt (*et vice versa*).

Da bei der vorliegenden Untersuchung die Standardabweichung für die befragte Gruppe *i* in der Befragungsgesamtheit ($\sigma_{\bar{x}_i}$) unbekannt ist, muss $\sigma_{\bar{x}_i}$ mithilfe der Standardabweichung

1 Vgl. BLEYMÜLLER, J./GEHLERT, G./GÜLICHER, H., Statistik, S. 95.

2 Nach SACHS/HEDDERICH wird regelmäßig bei statistischen Auswertungen ein Sicherheitsgrad von 95 % verwendet. Vgl. SACHS, L./HEDDERICH, J., Angewandte Statistik, S. 252.

3 Vgl. BAETGE, J., Sicherheit und Genauigkeit, S. 720.

4 Vgl. FAHRMEIR, L. u. a., Statistik, S. 391.

5 Vgl. BAETGE, J., Sicherheit und Genauigkeit, S. 719 f.

der Stichprobe (s_i) geschätzt werden. Zu beachten ist hierbei, dass es sich um eine Stichprobe mit der Eigenschaft „Ziehen ohne Zurücklegen" handelt,[6] da die Kapitalmarktteilnehmer lediglich ein einziges Mal den Fragebogen ausfüllen konnten. Die Standardabweichung $\sigma_{\bar{x}_i}$ wird wie folgt ermittelt:[7]

$$\sigma_{\bar{x}_i} = \frac{s_i}{\sqrt{n_i}} \cdot \sqrt{\frac{N_i - n_i}{N_i}}$$

Legende:

$\sigma_{\bar{x}_i}$:	Geschätzte Standardabweichung der Gruppe i in der Befragungsgesamtheit
s_i :	Standardabweichung der Gruppe i in der Stichprobe (Rücklauf)
n_i :	Zahl der Elemente der Gruppe i in der Stichprobe (Rücklauf)
N_i :	Zahl der Elemente der Gruppe i in der Befragungsgesamtheit

Damit die einzelnen Konfidenzintervalle verschiedener Stichproben miteinander verglichen werden können, müssen die einzelnen Konfidenzintervalle normiert werden. Die Normierung erfolgt, indem die halbe Breite des Konfidenzintervalls ($t_{n;\,0,975} \cdot \sigma_{\bar{x}_i}$) durch das arithmetische Mittel der Stichprobe ($\bar{x}_i$) dividiert wird:[8]

$$VB_i = \frac{t_{n;\,0,975} \cdot \sigma_{\bar{x}_i}}{\bar{x}_i}$$

Legende:

VB_i :	Prozentualer Vertrauensbereich für die Gruppe i
$t_{n;\,0,975}$:	Quantil der t-Verteilung (zweiseitig; n Freiheitsgrade; Signifikanzniveau von $\alpha = 5$ %)
$\sigma_{\bar{x}_i}$:	Geschätzte Standardabweichung der Gruppe i in der Befragungsgesamtheit
$\bar{x}_i$:	Arithmetisches Mittel der Gruppe i in der Stichprobe (Rücklauf)

Die Schätzung des arithmetischen Mittels der Befragungsgesamtheit ist dabei umso genauer, je kleiner der Vertrauensbereich ausfällt. Der Genauigkeitsgrad der Schätzung berechnet sich daher, indem das Komplement zum Vertrauensbereich gebildet wird (1-VB).

6 Vgl. SACHS, L./HEDDERICH, J., Angewandte Statistik, S. 266.

7 Vgl. BLEYMÜLLER, J./GEHLERT, G./GÜLICHER, H., Statistik, S. 95.

8 Vgl. BAETGE, J., Sicherheit und Genauigkeit, S. 720.

Zweistichprobentest:

Mit dem Zweistichprobentest kann aus der Differenz zweier Stichprobenmittelwerte geschlossen werden, ob und wieweit sich die arithmetischen Mittel der Grundgesamtheiten unterscheiden. In der vorliegenden Untersuchung wird bspw. die Null-Hypothese (H_0) zugrunde gelegt, dass die arithmetischen Mittel der Antwortausprägungen der befragten Kapitalmarktexperten und Wirtschaftsprüfer übereinstimmen ($x_{KE} = x_{WP}$). Nach der Gegen-Hypothese (H_1) weichen die Mittelwerte signifikant voneinander ab ($x_{KE} \neq x_{WP}$). Die Null-Hypothese wird mit einem Signifikanzniveau von α = 5 % getestet.[9] Falls die Prüfgröße des Zweistichprobentests höher ausfällt als der kritische Wert der zugehörigen Testverteilung, ist das Ergebnis des Zweistichprobentests statistisch signifikant zum Niveau α und die Null-Hypothese ist zu verwerfen. In diesem Fall beträgt die Wahrscheinlichkeit lediglich 5 %, dass die beiden Mittelwerte doch nicht signifikant voneinander abweichen (α-Fehler).

Der Zweistichprobentest kann angewendet werden, wenn die Stichproben unabhängig voneinander sind. Ferner müssen die Stichproben aus normalverteilten Grundgesamtheiten stammen bzw. so groß sein (Stichprobengröße > 30),[10] dass über den zentralen Grenzwertsatz der Wahrscheinlichkeit[11] approximativ eine Normalverteilung angenommen werden kann.

Die Prüfgröße des Zweistichprobentests ist abhängig davon, ob die Standardabweichungen der Stichproben übereinstimmen oder nicht. Bevor der Zweistichprobentest angewendet werden kann, ist daher zunächst ein Test auf Gleichheit der Standardabweichungen durchzuführen. In der vorliegenden Arbeit wird der sog. LEVENE-Test[12] mit einem Signifikanzniveau von 5 % durchgeführt. Abhängig vom Ergebnis des LEVENE-Tests, ist die entsprechende Prüfgröße des Zweistichprobentests heranzuziehen:[13]

9 Ein α-Fehler von 5 % gilt in der empirischen Forschung als Konvention. Vgl. COWLES, M./ DAVIS, C., Level of Significance, S. 557; FAHRMEIR, L. u. a., Statistik, S. 417.

10 Vgl. BAMBERG, G./BAUR, F., Statistik, S. 193; BLEYMÜLLER, J./GEHLERT, G./GÜLICHER, H., Statistik, S. 78. Abweichend davon verlangen MOSLER/SCHMID einen Mindeststichprobenumfang von 40 Beobachtungen. Vgl. MOSLER, K./SCHMID, F., Wahrscheinlichkeitsrechnung, S. 255.

11 Vgl. MOSLER, K./SCHMID, F., Wahrscheinlichkeitsrechnung, S. 255.

12 Zum LEVENE-Test vgl. JANSSEN, J./LAATZ, W., Statistische Datenanalyse, S. 237 f. und S. 337.

13 Vgl. FAHRMEIR, L. u. a., Statistik, S. 459.

<table>
<tr><th>Gauß-Test:</th><th>T-Test:</th></tr>
<tr><td>$$\hat{z} = \frac{x_i - x_j}{\sqrt{\frac{s_i^2}{n_i} + \frac{s_j^2}{n_j}}}$$</td><td>$$\hat{t} = \frac{x_i - x_j}{s_p \cdot \sqrt{\frac{1}{n_i} + \frac{1}{n_j}}}$$
$$s_p^2 = \frac{s_i^2(n_i - 1) + s_j^2(n_j - 1)}{(n_i - 1) + (n_j - 1)}$$
Freiheitsgrade: $n_i + n_j - 2$</td></tr>
<tr><th colspan="2">Verteilungsannahmen:</th></tr>
<tr><td>Stichprobe i, j unabhängig
$s_{i,j}^2$ unbekannt
Stichprobe i, j $\geq$ 30</td><td>Stichprobe i, j unabhängig
$s_i^2 = s_j^2$, indes unbekannt
Stichprobe i, j aus normalverteilten Grundgesamtheiten</td></tr>
<tr><th colspan="2">Legende:</th></tr>
<tr><td>$\hat{z}$:</td><td>Prüfgröße der Standardnormalverteilung</td></tr>
<tr><td>$\hat{t}$:</td><td>Prüfgröße der Student-Verteilung</td></tr>
<tr><td>$x_{i,j}$:</td><td>Arithmetisches Mittel der Stichproben i, j</td></tr>
<tr><td>$s_{i,j}$:</td><td>Standardabweichung der Stichproben i, j</td></tr>
<tr><td>$n_{i,j}$:</td><td>Größe der Stichprobe i, j</td></tr>
</table>

Ergibt sich für die Prüfgröße des Zweistichprobentests ein geringerer Wert als der kritische Wert bei einem zweiseitigen Flächenanteil der zugehörigen Testverteilung, kann die Null-Hypothese nicht verworfen werden. Falls die Null-Hypothese (H_0) nicht abgelehnt werden kann, kann daraus indes nicht geschlossen werden, dass H_0 zutreffend ist. Vielmehr reichen die Stichprobengrößen (Beobachtungen) nicht aus, damit die Null-Hypothese abgelehnt werden kann. Falls die Prüfgröße allerdings größer ausfällt als der kritische Wert der Testverteilung, ist das Ergebnis des Zweistichprobentests statistisch signifikant zum Niveau α und die Null-Hypothese ist zu verwerfen. In diesem Fall wird die Gegen-Hypothese (H_1) angenommen.

Mann/Whitney U-Test:

Damit der MANN/WHITNEY U-Test[14] angewendet werden kann, müssen die Stichproben mindestens ordinalskaliert sein und eine ähnliche Verteilungsform aufweisen.[15] Mit dem nicht parametrischen Rangsummentest von MANN/WHITNEY wird analog zum Zweistichprobentest geprüft, ob die zentralen Tendenzen von zwei unabhängigen Stichproben signifikant voneinander abweichen.[16] Der MANN/WHITNEY U-Test eignet sich besonders gut für die Analyse der zentralen Tendenzen zweier unabhängiger Stichproben, da der U-Test empfindlich auf Unterschiede zwischen den Mittelwerten reagiert, aber zugleich unempfindlich gegenüber unterschiedlichen Schiefen und Varianzen der Stichproben ist.[17]

$$T = min(U_{KE}, U_{WP})$$

$$U_{KE} = R_{KE} - \frac{(n_{KE}+1)n_{KE}}{2}, \quad U_{WP} = R_{WP} - \frac{(n_{WP}+1)n_{WP}}{2}$$

Legende:

T:	Prüfgröße der WILCOXON-Verteilung
$U_{KE,WP}$:	An den MANN/WHITNEY U-Test angepasste Rangsumme der Antworten der KE, WP
$R_{KE,WP}$:	Rangsumme der Antworten der KE, WP aus der gepoolten $\text{Stichprobe}_{KE,\ WP}$
$n_{KE,\ WP}$:	Zahl der Antworten der KE, WP in der Stichprobe (Rücklauf)
KE :	Kapitalmarktexperten (Finanzanalysten und Fondsmanager)
WP :	Wirtschaftsprüfer

Der U-Test wird analog zum Zweistichprobentest mit einem Signifikanzniveau von $\alpha = 5\ \%$ durchgeführt. Die Antwortausprägungen der befragten Gruppen werden beim U-Test in eine gemeinsame, aufsteigende Rangfolge gebracht (gepoolte $\text{Stichprobe}_{KE,\ WP}$), wobei zu jeder Rangzahl vermerkt wird, aus welcher befragten Gruppe die zugehörige Antwor-

14 Vgl. MANN, H. B./WHITNEY, D. R., Test, S. 50-60; BÜNING, H./TRENKLER, G., Nichtparametrische statistische Methoden, S. 131-136.

15 Vgl. SACHS, L./HEDDERICH, J., Angewandte Statistik, S. 392; FAHRMEIR, L. u. a., Statistik, S. 459. Die Befragten wählen bei einer fünfstufigen Ordinalskala tendenziell den positiven und negativen Extremwert weniger oft als den mittleren sowie den positiven und den negativen Wert. Dadurch liegt eine hinreichend ähnliche Verteilung vor, damit der U-Test angewendet werden kann. Vgl. SEVERUS, J., Jahresabschlussprüfung, S. 135; ERNST, E./GASSEN, J./PELLENS, B., Verhalten und Präferenzen deutscher Aktionäre, S. 72; GASSEN, J./SCHWEDLER, K., Fair Value and Other Measurement Concepts, S. 23.

16 Die asymptotische Effizienz des U-Tests liegt bei $300/\pi \approx 95\ \%$, d. h., falls tatsächlich die Stichproben normalverteilt wären, hätte der U-Test lediglich eine etwas geringere Teststärke (rd. 5 %) als der Zweistichprobentest. Vgl. SACHS, L./HEDDERICH, J., Angewandte Statistik, S. 391.

17 Vgl. SACHS, L./HEDDERICH, J., Angewandte Statistik, S. 392.

tausprägung stammt. Die Summe der auf die befragte Gruppe entfallenden Rangzahlen wird als Rangsumme ($R_{KE,\ WP}$) bezeichnet. Der Teststatistik liegt die kleinere der beiden an den MANN/WHITNEY U-Test angepassten Rangsummen zugrunde ($U_{KE,\ WP}$).[18]

Da alle Stichproben der vorliegenden Untersuchung hinreichend groß sind und daher die Bedingungen $n_{KE,\ WP} \geq 8$ und $n_{KE} + n_{WP} \geq 50$ erfüllt werden,[19] kann die Prüfgröße der WILCOXON-Verteilung durch die Prüfgröße der Standardnormalverteilung approximiert werden:[20]

$$\hat{z} = \frac{\left| T - \frac{n_{KE} n_{WP}}{2} \right|}{\frac{n_{KE} n_{WP}}{12n(n-1)} \cdot \left(n^3 - n - \sum_{k=1}^{k=r} t_k^3 - t_k \right)}$$

Legende:

$\hat{z}$:	Prüfgröße der Standardnormalverteilung
T :	Prüfgröße der WILCOXON-Verteilung
$n_{KE,\ WP}$:	Zahl der Antworten der KE, WP in der Stichprobe (Rücklauf)
n :	Die Summe der Antworten der KE, WP in der Stichprobe ($n = n_{KE} + n_{WP}$)
t :	Zahl, wie oft ein bestimmter ranggleicher Wert in der gepoolten Stichprobe (KE, WP) auftritt
r :	Zahl der Werte in der gepoolten Stichprobe (KE, WP) bei denen Bindungen auftreten

Die Prüfgröße $\hat{z}$ des U-Tests ist analog zur Prüfgröße des Zweistichprobentests zu interpretieren.

18 Vgl. TRAWEGER, C., Statistik, S. 30.

19 Vgl. SACHS, L./HEDDERICH, J., Angewandte Statistik, S. 395 und S. 399.

20 Vgl. SACHS, L./HEDDERICH, J., Angewandte Statistik, S. 399. Kommt ein bestimmter Einzelwert in einer Stichprobe mehrfach vor, wird von einer Bindung gesprochen. In einem solchen Fall erhalten die numerisch gleich großen Einzelwerte die mittlere Rangzahl. Bindungen verzerren das Ergebnis des U-Tests, wenn sie zwischen den Stichproben auftreten. Mit dem rechten Term im Nenner der Gleichung wird der U-Test um etwaige verzerrende Bildungen korrigiert.

Anhang 3: Ergebnisse der Befragung

I. IFRS-Zwischen-abschluss	**Befragungsergebnisse**									
	Kapitalmarktexperten				**Wirtschaftsprüfer**				**Teststatistiken**	
	Anzahl	**Mittelwert**	**Standard-abweichung**	**Genauig-keitsgrad**	**Anzahl**	**Mittelwert**	**Standard-abweichung**	**Genauig-keitsgrad**	**Gauß-Test/ T-Test**	**U-Test**
1. Bilanz										
A. Bilanz zum Zwischenberichtsstichtag und zum Vorjahresstichtag <u>Alternative 1:</u> Ausführliche Bilanz	70	4,11	0,86	95,2	86	4,02	0,89	95,5	0,643 (0,521)	-0,603 (0,547)
<u>Alternative 2:</u> Verkürzte Bilanz	68	3,06	1,04	92,1	83	3,20	0,97	93,7	-0,892 (0,374)	-1,022 (0,307)
B. Erläuterungen zur Bilanz	68	3,85	0,92	94,4	84	3,87	0,74	96,0	-0,117 (0,907)	-0,088 (0,930)
2. Gesamtergebnisrechnung										
A. Gesamtergebnisrechnung für das betreffende Quartal und das Vorjahresquartal <u>Alternative 1:</u> Ausführliche Gesamtergebnisrechnung	68	4,37	0,77	95,9	84	4,04	0,91	95,3	**2,390 (0,018)**	**-2,271 (0,023)**
<u>Alternative 2:</u> Verkürzte Gesamtergebnisrechnung	68	3,19	1,03	92,5	83	3,27	1,00	93,6	-0,446 (0,656)	-0,600 (0,549)
B. Kumulierte Gesamtergebnisrechnung seit Beginn des Geschäftsjahres und des Vorjahreszeitraums	67	3,87	0,95	94,2	83	4,06	0,80	95,9	-1,359 (0,176)	-1,050 (0,294)
C. Erläuterungen zur Gesamtergebnisrechnung	67	4,13	0,85	95,1	83	4,06	0,72	96,3	0,567 (0,572)	-0,788 (0,431)
D. Ergebnis je Aktie	67	3,97	0,94	94,4	82	3,22	0,80	94,8	**5,269 (0,001)**	**-4,869 (0,001)**
D.1 Angabe des (un-)verwässerten Ergebnisses je Aktie	67	3,93	0,94	94,3	83	3,24	0,85	94,5	**4,671 (0,001)**	**-4,418 (0,001)**
D.2 Erläuterung der zur Berechnung des Ergebnisses je Aktie verwendeten Beträge	67	3,81	0,93	94,3	82	3,17	0,86	94,3	**4,341 (0,001)**	**-4,066 (0,001)**

I. IFRS-Zwischen-abschluss	**Befragungsergebnisse**									
	Kapitalmarktexperten				**Wirtschaftsprüfer**				**Teststatistiken**	
	Anzahl	**Mittelwert**	**Standard-abweichung**	**Genauig-keitsgrad**	**Anzahl**	**Mittelwert**	**Standard-abweichung**	**Genauig-keitsgrad**	**Gauß-Test/ T-Test**	**U-Test**
3. Kapitalflussrechnung										
A. Kumulierte Kapitalflussrechnung seit Beginn des Geschäftsjahres und des Vorjahreszeitraums <u>Alternative 1:</u> Ausführliche Kapitalflussrechnung	65	4,15	0,85	95,1	82	3,77	0,92	94,9	**2,606 (0,010)**	**-2,600 (0,009)**
<u>Alternative 2:</u> Verkürzte Kapitalflussrechnung	65	3,08	0,91	92,9	82	3,27	0,92	94,1	-1,263 (0,209)	-1,281 (0,200)
B. Kapitalflussrechnung für das betreffende Quartal und das Vorjahresquartal	65	3,83	0,99	93,8	81	3,32	1,00	93,6	**3,074 (0,003)**	**-3,070 (0,002)**
C. Erläuterungen zur Kapitalflussrechnung	65	3,86	0,90	94,4	82	3,61	0,97	94,4	1,618 (0,108)	-1,350 (0,177)
4. Eigenkapitalveränderungsrechnung										
A. Eigenkapitalveränderungsrechnung zum Zwischenberichtsstichtag und zum Vorjahresstichtag <u>Alternative 1:</u> Ausführliche Eigenkapitalveränderungsrechnung	66	3,21	0,97	92,8	83	3,42	0,91	94,4	-1,355 (0,177)	-1,534 (0,125)
<u>Alternative 2:</u> Verkürzte Eigenkapitalveränderungsrechnung	66	2,77	1,02	91,2	82	3,07	0,95	93,5	-1,848 (0,067)	**-2,018 (0,044)**
B. Erläuterungen zur Eigenkapitalveränderungsrechnung	66	3,32	1,11	92,0	83	3,49	0,96	94,3	-1,038 (0,301)	-1,286 (0,199)
5. Anhang										
1. Angaben zu den angewandten Bilanzierungs- und Bewertungsmethoden sowie zu den unterjährigen Abgrenzungsregeln	63	3,67	0,82	94,5	79	4,09	0,74	96,1	**-3,218 (0,002)**	**-3,343 (0,001)**
A. Angaben zu den angewandten Bilanzierungs- und Bewertungsmethoden	62	3,73	0,81	94,6	79	3,95	0,82	95,6	-1,610 (0,108)	1,821 (0,069)
<u>Alternative 1:</u> Angabe, dass die Bilanzierungs- und Bewertungsmethoden beibehalten wurden	64	3,45	1,02	92,8	80	3,55	1,05	93,7	-0,555 (0,580)	-0,771 (0,441)

I. IFRS-Zwischenabschluss	Befragungsergebnisse									
	Kapitalmarktexperten				Wirtschaftsprüfer				Teststatistiken	
	Anzahl	Mittelwert	Standardabweichung	Genauigkeitsgrad	Anzahl	Mittelwert	Standardabweichung	Genauigkeitsgrad	Gauß-Test/ T-Test	U-Test
5. Anhang (Forts.)										
Alternative 2: (i) Angabe und Begründung, von welchen Bilanzierungs- und Bewertungsmethoden bei welchen Posten abgewichen wurde	63	4,16	0,72	95,7	80	4,22	0,84	95,8	-0,497 (0,620)	-0,941 (0,347)
(ii) Angabe der betragsmäßigen Auswirkungen der Änderungen von Bilanzierungs- und Bewertungsmethoden auf die Abschlussposten der Berichtsperiode und auf das (un-)verwässerte Ergebnis je Aktie	63	3,97	0,86	94,7	81	4,14	0,79	96,0	-1,217 (0,226)	-1,239 (0,215)
(iii) Angabe, dass die Abschlussposten der vorherige Berichtsperiode(n) (nicht) angepasst wurden	63	3,81	0,90	94,3	80	3,81	0,83	95,4	-0,210 (0,984)	-0,056 (0,955)
B. Angabe der unterjährigen Abgrenzungsregeln	63	3,56	0,93	93,6	80	3,76	0,92	94,8	-1,332 (0,185)	-1,461 (0,144)
2. Angaben zu Schätzungen	62	3,89	0,87	94,5	79	4,09	0,75	96,1	-1,471 (0,144)	-1,303 (0,193)
A. Angabe von wesentlich geänderten Schätzungen	62	4,02	0,80	95,1	78	4,14	0,73	96,2	-0,962 (0,338)	-0,896 (0,370)
A.1 Angabe und Begründung, welche Schätzungen geändert wurden	62	3,98	0,90	94,4	79	4,05	0,83	95,6	-0,458 (0,648)	-0,330 (0,741)
A.2 Angabe, auf welche Abschlussposten sich die Änderung erstreckt	62	3,95	0,88	94,5	79	4,03	0,83	95,6	-0,510 (0,611)	-0,418 (0,676)
A.3 Angabe von quantitativen Größen	62	4,00	0,81	95,0	79	3,99	0,82	95,6	0,091 (0,927)	-0,041 (0,967)
B. Angabe der für den Zwischenbericht zusätzlich vorgenommenen Schätzungen	60	3,72	0,85	94,3	80	3,79	0,87	95,1	-0,483 (0,630)	-0,437 (0,662)
3. Angaben zu ungewöhnlichen Sachverhalten	62	4,32	0,70	96,0	79	4,39	0,61	97,0	-0,635 (0,526)	-0,433 (0,665)
A. Angabe der Art der ungewöhnlichen Sachverhalte	62	4,21	0,75	95,6	80	4,29	0,75	96,3	-0,614 (0,540)	-0,666 (0,505)

I. IFRS-Zwischenabschluss	Befragungsergebnisse									
	Kapitalmarktexperten				Wirtschaftsprüfer				Teststatistiken	
	Anzahl	Mittelwert	Standardabweichung	Genauigkeitsgrad	Anzahl	Mittelwert	Standardabweichung	Genauigkeitsgrad	Gauß-Test/ T-Test	U-Test
5. Anhang (Forts.)										
B. Angabe der betragsmäßigen Auswirkungen der ungewöhnlichen Sachverhalte auf die Posten des Zwischenabschlusses	62	4,19	0,70	95,9	79	4,27	0,71	96,4	-0,604 (0,547)	-0,671 (0,502)
4. Angaben zu den sonstigen finanziellen Verpflichtungen	62	3,79	0,81	94,7	79	3,41	0,79	95,0	**2,833 (0,005)**	**-2,912 (0,004)**
A. Angabe des Gesamtbetrags der sonstigen finanziellen Verpflichtungen	62	3,76	0,76	95,0	79	3,39	0,81	94,9	**2,737 (0,007)**	**-2,750 (0,006)**
B. Angabe der wesentlichen Änderungen in der Zusammensetzung der sonstigen finanziellen Verpflichtungen	62	3,58	0,80	94,5	79	3,20	0,79	94,7	**2,803 (0,006)**	**-2,781 (0,005)**
C. Untergliederung des Gesamtbetrags der sonstigen finanziellen Verpflichtungen nach Art und nach Restlaufzeiten	62	3,55	0,94	93,5	80	3,01	0,83	94,1	**3,548 (0,001)**	**-3,391 (0,001)**
5. Angaben zum veränderten Konsolidierungskreis	62	3,98	0,91	94,3	79	3,99	0,76	95,9	-0,025 (0,980)	-0,317 (0,751)
A. Angabe, welche Unternehmen erstmals (nicht mehr) in den Konsolidierungskreis einbezogen wurden	62	3,97	0,92	94,3	80	4,00	0,81	95,7	-0,221 (0,825)	-0,053 (0,958)
B. Betragsangabe, wie sich dadurch wesentliche Konzernabschlussposten verändert haben	62	4,00	0,85	94,8	79	3,87	0,74	95,9	0,944 (0,347)	-1,259 (0,208)
C. Angaben zu Unternehmenszusammenschlüssen	62	4,11	0,93	93,0	79	4,10	0,83	95,3	0,079 (0,937)	-0,315 (0,753)
D. Angaben zur Veränderung des nicht bilanzierten Konzernvermögens	62	3,79	1,07	94,4	78	3,90	0,85	95,7	-0,643 (0,522)	-0,361 (0,718)
6. Angaben zu den zur Veräußerung gehaltenen langfristigen Vermögenswerten und aufgegebenen Geschäftsbereichen	62	3,77	0,86	94,4	77	3,62	0,74	95,5	1,110 (0,269)	-1,193 (0,233)

I. IFRS-Zwischen-abschluss	Befragungsergebnisse									
	Kapitalmarktexperten				Wirtschaftsprüfer				Teststatistiken	
	Anzahl	Mittelwert	Standard-abweichung	Genauig-keitsgrad	Anzahl	Mittelwert	Standard-abweichung	Genauig-keitsgrad	Gauß-Test/ T-Test	U-Test
5. Anhang (Forts.)										
A. Angabe der Veränderungen des Bilanzpostens „Zur Veräußerung gehaltene langfristige Vermögenswerte und aufgegebene Geschäftsbereiche"	62	3,71	0,84	94,4	78	3,55	0,73	95,6	1,193 (0,235)	-1,271 (0,204)
B. Angabe des Periodenergebnisses, welches auf die aufgegebenen Geschäftsbereiche entfällt	62	3,82	0,84	94,6	77	3,62	0,78	95,3	1,447 (0,150)	-1,408 (0,159)
C. Angabe der Ergebnisauswirkungen durch die Bewertungsvorschriften für zur Veräußerung gehaltene langfristige Vermögenswerte	62	3,55	0,88	93,9	77	3,49	0,79	95,1	0,387 (0,699)	-0,533 (0,594)
7. Angaben zu Eventualschulden /-forderungen	62	3,42	0,88	93,7	78	3,19	0,70	95,2	1,656 (0,100)	-1,609 (0,108)
A. Angabe der Änderungen der Eventualschulden und Eventualforderungen seit dem letzten Bilanzstichtag	62	3,45	0,90	93,6	79	3,16	0,74	94,9	**2,030 (0,045)**	-1,936 (0,053)
B. Darstellung der etwaigen Auswirkungen auf die Vermögens-, Finanz- und Ertragslage	62	3,34	0,93	92,9	78	3,04	0,81	94,2	1,969 (0,051)	-1,894 (0,058)
8. Angaben zu wesentlichen Ereignissen nach dem Ende der Zwischenberichtsperiode	62	3,98	0,74	95,4	77	3,94	0,85	95,3	0,358 (0,721)	-0,103 (0,918)
A. Angaben zu Vorgängen von besonderer Bedeutung nach dem Zwischenberichtsstichtag	62	3,97	0,72	95,5	77	3,92	0,93	94,8	0,326 (0,745)	-0,025 (0,980)
B. Auswirkungen der Vorgänge von besonderer Bedeutung nach dem Ende der Zwischenberichtsstichtag auf die Vermögens-, Finanz- und Ertragslage des Unternehmens	62	4,00	0,75	95,4	78	3,83	0,95	95,7	1,165 (0,246)	-0,951 (0,342)
9. Angaben zu Geschäften mit nahestehenden Unternehmen und Personen	62	3,34	0,89	93,5	77	3,45	0,87	94,5	-0,776 (0,439)	-0,762 (0,446)

I. IFRS-Zwischenabschluss	**Befragungsergebnisse**									
	Kapitalmarktexperten				**Wirtschaftsprüfer**				**Teststatistiken**	
	Anzahl	**Mittelwert**	**Standardabweichung**	**Genauigkeitsgrad**	**Anzahl**	**Mittelwert**	**Standardabweichung**	**Genauigkeitsgrad**	**Gauß-Test/ T-Test**	**U-Test**
5. Anhang (Forts.)										
A. Wesentliche Geschäfte mit nahestehenden Unternehmen und Personen	62	3,44	0,93	93,3	77	3,40	0,95	93,9	0,204 (0,838)	-0,196 (0,845)
B. Änderungen von Geschäften mit nahestehenden Unternehmen und Personen	62	3,24	0,94	92,9	78	3,41	0,90	94,3	-1,078 (0,283)	-1,097 (0,273)
10. Angaben zu saisonalen und konjunkturellen Einflüssen	62	3,79	0,89	94,2	77	3,56	0,87	94,7	1,550 (0,123)	-1,587 (0,112)
A. Verbale Darstellung der Einflüsse	62	3,55	1,02	92,9	77	3,58	0,89	94,6	-0,222 (0,825)	-0,315 (0,753)
B. Angabe von zusätzlichen quantitativen Größen	62	4,10	0,92	94,5	78	3,53	0,88	94,6	**3,745 (0,001)**	**-3,698 (0,001)**
C. Ausweis zusätzlicher Zwölfmonatsrechnungen	62	3,00	1,01	91,7	77	2,96	0,94	93,1	0,235 (0,814)	-0,353 (0,724)
11. Segmentangaben	62	4,19	0,81	95,2	78	3,68	0,73	95,7	**3,952 (0,001)**	**-3,936 (0,001)**
A. Segmentangaben zum Zwischenberichts- und Vorjahreszeitraum	62	4,27	0,79	95,4	78	3,62	0,74	95,6	**5,060 (0,001)**	**-4,874 (0,001)**
A.1 Externe Segmentumsätze und Intersegmentumsätze	62	4,15	0,94	94,4	78	3,62	0,74	95,6	**3,730 (0,001)**	**-3,805 (0,001)**
A.2 Segmentergebnis	62	4,31	0,86	95,1	78	3,69	0,73	95,8	**4,578 (0,001)**	**-4,521 (0,001)**
A.3 Angaben zu Veränderungen des Segment_ vermögens und der Segmentschulden	62	3,61	0,93	93,6	79	3,27	0,81	94,7	**2,363 (0,019)**	**-2,070 (0,038)**
B. Überleitung der Segmentergebnisse zum konsolidierten Ergebnis	62	3,97	1,01	93,7	78	3,49	0,88	94,6	**3,011 (0,003)**	**-3,098 (0,002)**
C. Angaben zu der veränderten Bewertung des Segmentergebnisses	62	3,68	0,86	94,2	78	3,28	0,94	93,8	**2,564 (0,011)**	**-2,343 (0,019)**
D. Angaben zu Veränderungen in der Segmentabgrenzung	62	3,79	0,98	93,6	76	3,43	0,97	93,8	**2,137 (0,034)**	**-2,159 (0,031)**

I. IFRS-Zwischenabschluss	**Befragungsergebnisse**									
	Kapitalmarktexperten				**Wirtschaftsprüfer**				**Teststatistiken**	
	Anzahl	**Mittelwert**	**Standardabweichung**	**Genauigkeitsgrad**	**Anzahl**	**Mittelwert**	**Standardabweichung**	**Genauigkeitsgrad**	**Gauß-Test/ T-Test**	**U-Test**
5. Anhang (Forts.)										
12. Angaben zum IFRIC 10 („Zwischenberichterstattung und Wertminderung“)	59	3,39	0,91	93,2	78	3,29	0,84	94,5	0,632 (0,528)	-0,520 (0,603)
A. Angabe, ob IFRIC 10 in der aktuellen Zwischenberichtsperiode angewendet wurde oder nicht	60	3,23	0,91	92,9	79	3,34	0,85	94,6	-0,725 (0,470)	-0988 (0,323)
B. Quantifizierung des nicht zurücknehmbaren Wertminderungsaufwands je Posten	60	3,30	1,00	92,4	79	3,34	0,89	94,3	-0,260 (0,795)	-0,449 (0,653)

I. Bestandteile des IFRS-Zwischenabschlusses	**Befragungsergebnisse**									
	Kapitalmarktexperten				**Wirtschaftsprüfer**				**Teststatistiken**	
	Anzahl	**Mittelwert**	**Standardabweichung**	**Genauigkeitsgrad**	**Anzahl**	**Mittelwert**	**Standardabweichung**	**Genauigkeitsgrad**	**Gauß-Test/ T-Test**	**U-Test**
1. Bilanz	61	4,25	0,75	95,6	79	4,32	0,73	96,4	-0,564 (0,574)	-0,559 (0,576)
2. Gesamtergebnisrechnung	61	4,72	0,55	97,1	79	4,70	0,49	97,8	0,285 (0,776)	-0,663 (0,507)
3. Kapitalflussrechnung	60	4,37	0,71	95,9	79	3,90	0,83	95,5	**3,508 (0,001)**	**-3,351 (0,001)**
4. Eigenkapitalveränderungsrechnung	61	3,08	0,82	93,4	79	3,44	0,90	94,4	**-2,469 (0,015)**	**-2,450 (0,014)**
5. Anhang	61	3,82	0,74	95,2	79	3,84	0,78	95,7	-0,122 (0,903)	-0,211 (0,833)

II. Zwischenlagebericht	**Befragungsergebnisse**									
	Kapitalmarktexperten				**Wirtschaftsprüfer**				**Teststatistiken**	
	Anzahl	**Mittelwert**	**Standardabweichung**	**Genauigkeitsgrad**	**Anzahl**	**Mittelwert**	**Standardabweichung**	**Genauigkeitsgrad**	**Gauß-Test/ T-Test**	**U-Test**
1. Geschäfts- und Rahmenbedingungen										
A. Gesamtwirtschaftliche und branchenspezifische Situation	59	3,47	0,99	92,8	79	3,20	0,84	94,4	1,746 (0,083)	-1,688 (0,091)

II. Zwischenlagebericht	Befragungsergebnisse									
	Kapitalmarktexperten				Wirtschaftsprüfer				Teststatistiken	
	Anzahl	Mittelwert	Standardabweichung	Genauigkeitsgrad	Anzahl	Mittelwert	Standardabweichung	Genauigkeitsgrad	Gauß-Test/ T-Test	U-Test
1. Geschäfts- und Rahmenbedingungen (Forts.)										
B. Wesentliche, für den Geschäftsverlauf ursächliche Ereignisse/Geschäfte	59	4,17	0,75	95,5	79	4,16	0,65	96,7	0,041 (0,967)	-0,238 (0,812)
C. Änderung der Unternehmenssteuerung, Organisation, Ziele und/oder Strategie	59	4,12	0,89	94,5	79	3,84	0,78	95,7	**1,990 (0,049)**	**-2,209 (0,027)**
D. Vergleich des tatsächlichen Geschäftsverlaufs mit dem prognostizierten	59	3,92	0,92	94,1	79	3,82	0,68	96,2	0,655 (0,514)	-0,900 (0,368)
E. Produktion/Produkte/ Dienstleistungen	59	3,76	0,68	95,4	79	3,58	0,79	95,2	1,436 (0,153)	-1,382 (0,167)
F. Absatzmärkte/ Wettbewerbsposition	59	3,93	0,69	95,5	79	3,59	0,73	95,7	**2,776 (0,006)**	**-2,715 (0,007)**
G. Angaben zum Verlauf von Forschungs- und Entwicklungsaktivitäten	59	3,64	0,85	94,1	79	3,24	0,87	94,3	**2,736 (0,007)**	**-2,637 0,008)**
2. Ertrags-, Finanz- und Vermögenslage										
A. Ertragslage	59	4,51	0,73	95,9	79	4,48	0,55	97,4	0,252 (0,801)	-0,910 (0,363)
B. Finanzlage	59	4,29	0,74	95,6	79	4,10	0,74	96,1	1,460 (0,147)	-1,556 (0,120)
C. Vermögenslage	59	3,93	0,83	94,7	79	3,94	0,77	95,8	-0,033 (0,974)	-0,055 (0,956)
3. Risikobericht										
A. Beschreibung der veränderten Risiken	59	3,71	0,74	94,9	79	3,90	0,78	95,7	-1,422 (0,157)	-1,512 (0,130)
B. Beschreibung der bestandsgefährdenden Risiken	59	3,90	0,89	94,2	79	4,37	0,74	96,4	**-3,392 (0,001)**	**-3,326 (0,001)**
4. Prognosebericht										
A. Künftige Geschäfts- und Rahmenbedingungen	59	3,97	0,77	95,1	78	3,47	0,62	96,2	**4,159 (0,001)**	**-3,857 (0,001)**
A.1 Künftige gesamtwirtschaftliche und branchenspezifische Situation	59	3,71	0,91	93,8	79	3,30	0,72	95,3	**2,839 (0,005)**	**-2,727 (0,006)**
A.2 Geplante Änderung der Unternehmenssteuerung, Organisation, Ziele und/ oder Strategie	59	3,95	0,88	94,4	79	3,65	0,64	96,2	**2,243 (0,027)**	**-2,190 (0,029)**

II. Zwischenlagebericht	Befragungsergebnisse									
	Kapitalmarktexperten				Wirtschaftsprüfer				Teststatistiken	
	Anzahl	Mittelwert	Standardabweichung	Genauigkeitsgrad	Anzahl	Mittelwert	Standardabweichung	Genauigkeitsgrad	Gauß-Test/ T-Test	U-Test
4. Prognosebericht (Forts.)										
A.3 Künftige Produktion/ Produkte/Dienstleistungen	59	3,97	0,74	95,3	79	3,52	0,73	95,6	**3,531 (0,001)**	**-3,570 (0,001)**
A.4 Künftige Absatzmärkte/ Wettbewerbsposition	59	4,05	0,82	94,9	79	3,54	0,66	96,0	**4,034 (0,001)**	**-3,890 (0,001)**
A.5 Künftige Forschungs- und Entwicklungsaktivitäten	59	3,75	0,80	94,6	79	3,34	0,77	95,1	**3,006 (0,003)**	**-3,093 (0,002)**
B. Künftige Ertragslage	59	4,49	0,75	95,8	79	4,05	0,71	96,2	**3,508 (0,001)**	**-3,936 (0,001)**
C. Künftige Finanzlage	59	4,29	0,77	95,5	79	3,82	0,73	95,9	**3,627 (0,001)**	**-3,636 (0,001)**
D. Chancen	58	3,86	0,71	95,3	79	3,61	0,72	95,7	**2,048 (0,043)**	-1,932 (0,053)
E. Sonstige wesentliche Änderungen von früher abgegebenen Prognosen zur voraussichtlichen Entwicklung der Gesellschaft	59	4,02	0,88	94,4	79	3,68	0,71	95,9	**2,464 (0,015)**	**-2,401 (0,016)**

II. Teilberichte des Zwischenlageberichts	Befragungsergebnisse									
	Kapitalmarktexperten				Wirtschaftsprüfer				Teststatistiken	
	Anzahl	Mittelwert	Standardabweichung	Genauigkeitsgrad	Anzahl	Mittelwert	Standardabweichung	Genauigkeitsgrad	Gauß-Test/ T-Test	U-Test
1. Geschäfts- und Rahmenbedingungen	58	3,84	0,81	94,6	78	3,40	0,69	95,6	**3,466 (0,001)**	**-3,070 (0,002)**
2. Ertrags-, Finanz- und Vermögenslage	58	4,41	0,70	95,9	78	4,23	0,66	96,6	1,553 (0,123)	-1,724 (0,085)
3. Risikobericht	58	3,69	0,71	95,1	78	3,97	0,82	95,5	**-2,120 (0,036)**	**-2,192 (0,028)**
4. Prognosebericht	58	4,21	0,72	95,6	78	3,85	0,77	95,7	**2,769 (0,006)**	**-2,768 (0,006)**

III. Sonstige Angaben	Befragungsergebnisse									
	Kapitalmarktexperten				Wirtschaftsprüfer				Teststatistiken	
	Anzahl	Mittelwert	Standard-abweichung	Genauig-keitsgrad	Anzahl	Mittelwert	Standard-abweichung	Genauig-keitsgrad	Gauß-Test/ T-Test	U-Test
1. Versicherung der gesetzlichen Vertreter („Bilanzeid")	61	2,52	0,99	90,2	79	2,65	1,01	91,8	-0,706 (0,481)	-0,979 (0,327)
2. Angabe des Veröffentlichungsdatums	58	3,00	1,03	91,2	76	2,72	0,83	93,4	1,727 (0,087)	-1,685 (0,092)
3. Angaben zum Aktienkurs	58	2,34	1,05	88,5	76	2,72	0,89	92,9	**-2,207 (0,029)**	**-2,037 (0,042)**
4. Angabe von Pro-forma-Kennzahlen	58	3,79	1,01	93,2	76	3,13	0,90	93,7	**4,009 (0,001)**	**-4,031 (0,001)**
5. Kalendarium mit Veröffentlichungs- und Veranstaltungsterminen	58	3,22	0,88	93,0	76	2,58	0,93	92,1	**4,079 (0,001)**	**-3,814 (0,001)**

IFRS-Zwischenbericht	Befragungsergebnisse									
	Kapitalmarktexperten				Wirtschaftsprüfer				Teststatistiken	
	Anzahl	Mittelwert	Standard-abweichung	Genauig-keitsgrad	Anzahl	Mittelwert	Standard-abweichung	Genauig-keitsgrad	Gauß-Test/ T-Test	U-Test
I. IFRS-Zwischenabschluss	58	52,7	13,1	93,6	78	54,2	12,3	95,1	-0,672 (0,503)	-0,396 (0,692)
II. Zwischenlagebericht	58	31,2	8,9	92,7	78	34,3	10,1	93,6	-1,828 (0,070)	-1,530 (0,126)
III. Sonstige Angaben	58	16,1	9,2	85,3	78	11,5	6,9	87,2	**3,155 (0,002)**	**-2,824 (0,005)**

Publizitätsinstrumente	Befragungsergebnisse									
	Kapitalmarktexperten				Wirtschaftsprüfer				Teststatistiken	
	Anzahl	Mittelwert	Standard-abweichung	Genauig-keitsgrad	Anzahl	Mittelwert	Standard-abweichung	Genauig-keitsgrad	Gauß-Test/ T-Test	U-Test
1. Geschäftsbericht	58	4,60	0,62	96,6	78	4,28	0,77	96,1	**2,608 (0,010)**	**-2,605 (0,009)**
2. Zwischenbericht	58	4,43	0,75	95,7	77	3,87	0,70	96,1	**4,481 (0,001)**	**-4,479 (0,001)**
(i) Halbjahresfinanzbericht	58	4,36	0,69	95,9	78	3,97	0,62	96,6	**3,365 (0,001)**	**-3,404 (0,001)**

Publizitäts-instrumente	Befragungsergebnisse									
	Kapitalmarktexperten				Wirtschaftsprüfer				Teststatistiken	
	Anzahl	Mittelwert	Standard-abweichung	Genauig-keitsgrad	Anzahl	Mittelwert	Standard-abweichung	Genauig-keitsgrad	Gauß-Test/ T-Test	U-Test
(ii-a) Zwischenmitteilung der Geschäftsführung nach dem ersten und dritten Quartal	58	3,79	0,85	94,2	78	3,22	0,80	94,6	**4,030 (0,001)**	**-3,696 (0,001)**
(ii-b) Quartalsfinanzbericht	58	4,21	0,74	95,5	77	3,43	0,80	94,9	**5,759 (0,001)**	**-5,274 (0,001)**
3. Ad-hoc-Mitteilung	58	4,29	0,77	95,4	78	4,04	0,81	95,7	1,845 (0,067)	-1,913 (0,056)

Prüfung/ Prüferische Durchsicht	Befragungsergebnisse									
	Kapitalmarktexperten				Wirtschaftsprüfer				Teststatistiken	
	Anzahl	Mittelwert	Standard-abweichung	Genauig-keitsgrad	Anzahl	Mittelwert	Standard-abweichung	Genauig-keitsgrad	Gauß-Test/ T-Test	U-Test
1. Geprüfter Zwischenbericht im Vergleich zum ungeprüften Zwischenbericht	51	3,45	0,92	92,7	77	4,34	0,82	95,9	**-5,691 (0,001)**	**-5,264 (0,001)**
2. Geprüfter Zwischenbericht im Vergleich zum prüferisch durchgesehenen Zwischenbericht	50	2,78	0,79	92,1	77	3,17	0,83	94,3	**-2,621 (0,010)**	**-2,569 (0,010)**
3. Prüferisch durchgesehener Zwischenbericht im Vergleich zum ungeprüften Zwischenbericht	50	2,98	0,85	92,1	77	3,64	0,92	94,5	**-4,136 (0,001)**	**-3,910 (0,001)**

Anhang 4: Bedeutung von Erläuterungen zu den Rechenwerken des IFRS-Zwischenabschlusses

Bedeutung von Erläuterungen zu den Rechenwerken des IFRS-Zwischenabschlusses	Befragungsergebnisse							
	Ausführliche Gliederung			Verkürzte Gliederung			Teststatistiken	
	Anzahl	Mittelwert	Standardabweichung	Anzahl	Mittelwert	Standardabweichung	Gauß-Test/ T-Test	U-Test
1. Bilanz	105	3,79	0,83	35	4,06	0,84	-1,644 (0,102)	-1,780 (0,075)
2. Gesamtergebnisrechnung	103	4,13	0,78	32	4,12	0,75	0,008 (0,994)	-0,045 (0,964)
3. Kapitalflussrechnung	90	3,80	0,90	31	3,58	1,03	1,127 (0,262)	-1,029 (0,304)
4. Eigenkapitalveränderungsrechnung	65	3,69	0,93	36	3,58	1,11	0,526 (0,600)	-0,338 (0,735)

Anhang 5: Kriterienkatalog

Kriterienkatalog
zur Qualität publizierter IFRS-Zwischenberichte

Nr.:____

Unternehmen:__________________________________

Anmerkungen:

Seite 1/6

A. IFRS-Zwischenabschluss

A.I.	Bilanz, Gesamtergebnisrechnung, Kapitalflussrechnung und Eigenkapitalveränderungsrechnung	Gewicht in %	Erfüllt? Ja/Nein (☐ Ergebnis in %)	Seiten
1.	**Bilanz** A. Bilanz zum Zwischenberichtsstichtag und zum Vorjahresstichtag Alternative 1: Ausführliche Bilanz (*Gliederung wie im jährlichen IFRS-Abschluss*) .... Alternative 2: Verkürzte Bilanz (*Aggregierte Gliederung im Vergleich zum jährlichen IFRS-Abschluss*) .... B. Erläuterungen zur Bilanz	21,19	☐	
2.	**Gesamtergebnisrechnung** A. Gesamtergebnisrechnung für das betreffende Quartal und das Vorjahresquartal Alternative 1: Ausführliche Gesamtergebnisrechnung (*Gliederung wie im jährlichen IFRS-Abschluss*) .... Alternative 2: Verkürzte Gesamtergebnisrechnung (*Aggregierte Gliederung im Vergleich zum jährlichen IFRS-Abschluss*) .... B. Kumulierte Gesamtergebnisrechnung seit Beginn des Geschäftsjahres und des Vorjahreszeitraums .... C. Erläuterungen zur Gesamtergebnisrechnung .... D. Ergebnis je Aktie D.1 Angabe des (un-)verwässerten Ergebnisses je Aktie .... D.2 Erläuterung der zur Berechnung des Ergebnisses je Aktie verwendeten Beträge	23,29	☐ ☐	
3.	**Kapitalflussrechnung** A. Kumulierte Kapitalflussrechnung seit Beginn des Geschäftsjahres und des Vorjahreszeitraums Alternative 1: Ausführliche Kapitalflussrechnung (*Gliederung wie im jährlichen IFRS-Abschluss*) .... Alternative 2: Verkürzte Kapitalflussrechnung (*Aggregierte Gliederung im Vergleich zum jährlichen IFRS-Abschluss*) .... B. Kapitalflussrechnung für das betreffende Quartal und das Vorjahresquartal .... C. Erläuterungen zur Kapitalflussrechnung	20,45	☐	
4.	**Eigenkapitalveränderungsrechnung** A. Eigenkapitalveränderungsrechnung zum Zwischenberichtsstichtag und zum Vorjahresstichtag Alternative 1: Ausführliche Eigenkapitalveränderungsrechnung (*Gliederung wie im jährlichen IFRS-Abschluss*) .... Alternative 2: Verkürzte Eigenkapitalveränderungsrechnung (*Aggregierte Gliederung im Vergleich zum jährlichen IFRS-Abschluss*) .... B. Erläuterungen zur Eigenkapitalveränderungsrechnung	16,12	☐	
5.	**Anhang**	18,95	Siehe folgende Seiten (A.II.)	

Seite 2/6

A.II.	Ausgewählte Anhangangaben	Gewicht in %	Erfüllt? Ja / Nein	Seiten
1.	**Angaben zu den angewandten Bilanzierungs- und Bewertungsmethoden sowie zu den unterjährigen Abgrenzungsregeln** A. Angaben zu den angewandten Bilanzierungs- und Bewertungsmethoden Alternative 1: Angabe, dass die Bilanzierungs- und Bewertungsmethoden beibehalten wurden Alternative 2: (i) Angabe und Begründung, von welchen Bilanzierungs- und Bewertungsmethoden bei welchen Posten abgewichen wurde (ii) Angabe der betragsmäßigen Auswirkungen der Änderungen von Bilanzierungs- und Bewertungsmethoden auf die Abschlussposten der Berichtsperiode und auf das (un-)verwässerte Ergebnis je Aktie (iii) Angabe, dass die Abschlussposten der vorherigen Berichtsperiode(n) (nicht) angepasst wurden B. Angaben zu den unterjährigen Abgrenzungsregeln	8,60		
2.	**Angaben zu Schätzungen** A. Angabe von wesentlich geänderten Schätzungen A.1 Angabe und Begründung, welche Schätzungen geändert wurden A.2 Angabe, auf welche Abschlussposten sich die Änderung erstreckt A.3 Angabe von quantitativen Größen B. Angabe der für den Zwischenbericht zusätzlich vorgenommenen Schätzungen *(bspw. basiert die Bewertung von Rückstellungen und Vorräten im Zwischenbericht stärker auf Schätzungen als im jährlichen IFRS-Abschluss)*	8,84		
3.	**Angaben zu ungewöhnlichen Sachverhalten** *(z. B. Berichtigung von Fehlern, wesentlicher außerplanmäßiger Abschreibungen und/oder Zuschreibungen etc.)* A. Angabe der Art der ungewöhnlichen Sachverhalte B. Angabe der betragsmäßigen Auswirkungen der ungewöhnlichen Sachverhalte auf die Posten des Zwischenabschlusses	9,65		
4.	**Angaben zu den sonstigen finanziellen Verpflichtungen** A. Angabe des Gesamtbetrags der sonstigen finanziellen Verpflichtungen B. Angabe der wesentlichen Änderungen in der Zusammensetzung der sonstigen finanziellen Verpflichtungen C. Untergliederung des Gesamtbetrags der sonstigen finanziellen Verpflichtungen nach Art und nach Restlaufzeiten	7,98		
5.	**Angaben zum veränderten Konsolidierungskreis** A. Angabe, welche Unternehmen erstmals (nicht mehr) in den Konsolidierungskreis einbezogen wurden B. Betragsangabe, wie sich dadurch wesentliche Konzernabschlussposten verändert haben C. Angaben zu Unternehmenszusammenschlüssen D. Angaben zur Veränderung des nicht bilanzierten Konzernvermögens *(Zweckgesellschaften)*	8,83		
6.	**Angaben zu den zur Veräußerung gehaltenen langfristigen Vermögenswerten und aufgegebenen Geschäftsbereichen** A. Angabe der Veränderungen des Bilanzpostens „Zur Veräußerung gehaltene langfristige Vermögenswerte und aufgegebene Geschäftsbereiche" *(Zusammensetzung, Veräußerungszeitpunkte, Segmentzugehörigkeit etc.)* B. Angabe des Periodenergebnisses, welches auf die aufgegebenen Geschäftsbereiche entfällt C. Angabe der Ergebnisauswirkungen durch die Bewertungsvorschriften für „zur Veräußerung gehaltene langfristige Vermögenswerte" *(bspw., dass keine planmäßige Abschreibung mehr vorgenommen wird)*	8,19		

Seite 3/6

A.II.	Ausgewählte Anhangangaben (Fortsetzung)	Gewicht in %	Erfüllt? Ja / Nein	Seiten
7.	**Angaben zu Eventualschulden oder Eventualforderungen** A. Angabe der Änderungen der Eventualschulden und Eventualforderungen seit dem letzten Bilanzstichtag B. Darstellung der etwaigen Auswirkungen der veränderten Eventualschulden und -forderungen auf die Vermögens-, Finanz- und Ertragslage	7,33		
8.	**Angaben zu wesentlichen Ereignissen nach dem Ende der Zwischenberichtsperiode** A. Angaben zu Vorgängen von besonderer Bedeutung nach dem Zwischenberichtsstichtag B. Auswirkungen der Vorgänge von besonderer Bedeutung nach dem Zwischenberichtsstichtag auf die Vermögens-, Finanz- und Ertragslage des Unternehmens	8,78		
9.	**Angaben zu Geschäften mit nahestehenden Unternehmen und Personen** A. Wesentliche Geschäfte mit nahestehenden Unternehmen und Personen B. Änderungen von Geschäften mit nahestehenden Unternehmen und Personen	7,53		
10.	**Angaben zu saisonalen und konjunkturellen Einflüssen** A. Verbale Darstellung der Einflüsse B. Angabe von zusätzlichen quantitativen Größen C. Ausweis Zwölfmonatsrechnungen C.1 Bilanz C.2 Gesamtergebnisrechnung C.3 Kapitalflussrechnung C.4 Eigenkapitalveränderungsrechnung	8,15		
11.	**Segmentangaben** A. Segmentangaben zum Zwischenberichts- und Vorjahreszeitraum A.1 Externe Segmentumsätze und Intersegmentumsätze A.2 Segmentergebnis A.3 Angaben zu Veränderungen des Segmentvermögens und zu den Segmentschulden B. Überleitung der Segmentergebnisse zum Unternehmensergebnis C. Angaben zu der veränderten Bewertung des Segmentergebnisses *(Die Segmentergebnisse sind gem. IFRS 8 nach den internen Bewertungsvorschriften zu ermitteln (management approach))* D. Angaben zu Veränderungen in der Segmentabgrenzung	8,72		
12.	**Angaben zum IFRIC 10 („Zwischenberichterstattung und Wertminderung“)** A. Angabe, ob IFRIC 10 in der aktuellen Zwischenberichtsperiode angewendet wurde oder nicht B. Quantifizierung des nicht zurücknehmbaren Wertminderungsaufwands je Posten	7,40		

Seite 4/6

B. Zwischenlagebericht

B.I.	Geschäfts- und Rahmenbedingungen	Ergebnis in %	Gewicht in %	Seiten
1.	Gesamtwirtschaftliche und branchenspezifische Situation		12,72	
2.	Wesentliche, für den Geschäftsverlauf ursächliche Ereignisse/Geschäfte		15,88	
3.	Änderung der Unternehmenssteuerung, Organisation, Ziele und/oder Strategie		15,18	
4.	Vergleich des tatsächlichen Geschäftsverlaufs mit dem prognostizierten		14,76	
5.	Produktion/Produkte/Dienstleistungen		14,00	
6.	Absatzmärkte/Wettbewerbsposition		14,34	
7.	Angaben zum Verlauf von Forschungs- und Entwicklungsaktivitäten		13,12	

B.II.	Ertrags-, Finanz- und Vermögenslage	Ergebnis in %	Gewicht in %	Seiten
1.	**Ertragslage** 11. Ergebnisentwicklung 12. Umsatzentwicklung 13. Auftragsentwicklung 14. Entwicklung der Kosten und Preise		35,60	
2.	**Finanzlage** 21. Finanzierung 22. Investitionen 23. Liquidität		33,23	
3.	**Vermögenslage** 31. Vermögensstruktur 32. Außerbilanzielle Finanzinstrumente/ Nicht bilanziertes Vermögen 33. Unternehmenskäufe bzw. Unternehmensverkäufe		31,17	

B.III.	Risikobericht	Ergebnis in %	Gewicht in %	Seiten	
				2008	2009
1.	**Risiken** 11. Beschreibung der veränderten Risiken 12. Verweis auf den letzten jährlichen Lagebericht bzw. Beschreibung der unveränderten Risiken		47,92		
2.	Beschreibung **der bestandsgefährdenden Risiken**		52,08		

Seite 5/6

B.IV.	Prognosebericht	Ergebnis in %	Gewicht in %	Seiten	
				2008	2009
1.	**Künftige Geschäfts- und Rahmenbedingungen** 11. Künftige gesamtwirtschaftliche und branchenspezifische Situation 12. Geplante Änderung der Unternehmenssteuerung, Organisation, Ziele und/oder Strategie 13. Künftige Produktion/Produkte/Dienstleistungen 14. Künftige Absatzmärkte/Wettbewerbsposition 15. Künftige Forschungs- und Entwicklungsaktivitäten		18,95		
2.	**Künftige Ertragslage** 21. Künftiges Ergebnis 22. Künftiger Umsatz 23. Künftige Auftragsentwicklung 24. Künftige Entwicklung der Kosten und Preise 25. Künftige Dividende		21,75		
3.	**Künftige Finanzlage** 31. Künftige Finanzierung 32. Künftige Investitionen 33. Künftige Liquidität		20,66		
4.	**Chancen** 41. Beschreibung der veränderten Chancen 42. Verweis auf den letzten jährlichen Lagebericht bzw. Beschreibung der unveränderten Chancen		19,03		
5.	**Sonstige wesentliche Änderungen** von früher **abgegebenen Prognosen** zur voraussichtlichen Entwicklung der Gesellschaft		19,61		

C. Sonstige Angaben

C.	Sonstige Angaben	Ergebnis in % (* erfüllt Ja/Nein)	Gewicht in %	Seiten
1.	Versicherung der gesetzlichen Vertreter („Bilanzeid")*		18,03	
2.	Angabe des Veröffentlichungsdatums*		19,95	
3.	Angaben zum Aktienkurs (*Kursverlauf, Entwicklung im Vergleich zum Index*)		17,65	
4.	Angabe von Pro-forma-Kennzahlen *(EBIT, EBITDA etc.)*		24,14	
5.	Kalendarium mit Veröffentlichungs- und Veranstaltungsterminen		20,23	

Seite 6/6

Anhang 6: Grundgesamtheit der in die empirische Untersuchung einbezogenen Unternehmen

DAX 30® (Stand: 31.08.2008)			
Berücksichtigte Unternehmen:			
1.	Adidas AG	13.	Henkel AG & Co. KGaA
2.	BASF SE	14.	Linde AG
3.	Bayer AG	15.	MAN AG
4.	BMW AG	16.	Merck KGaA
5.	Continental AG	17.	METRO AG
6.	Daimler AG	18.	RWE AG
7.	Deutsche Börse AG	19.	SAP AG
8.	Deutsche Lufthansa AG	20.	Siemens AG
9.	Deutsche Post AG	21.	ThyssenKrupp AG
10.	Deutsche Telekom AG	22.	TUI AG
11.	E.ON AG	23.	Volkswagen AG
12.	Fresenius Medical Care AG & Co. KGaA		
Nicht berücksichtigte Unternehmen:			
24.	Allianz SE	28.	Hypo Real Estate Holding AG
25.	Commerzbank AG	29.	Infineon Technologies AG (wg. US-GAAP)
26.	Deutsche Bank AG	30.	Münchener Rückversicherungs-Gesellschaft AG
27.	Deutsche Postbank AG		

MDAX® (Stand: 31.08.2008)			
Berücksichtigte Unternehmen:			
1.	ALTANA AG	25.	KRONES AG
2.	ARCANDOR AG	26.	KUKA AG
3.	Beiersdorf AG	27.	LANXESS AG
4.	Bilfinger Berger AG	28.	LEONI AG
5.	Celesio AG	29.	MLP AG
6.	Demag Cranes AG	30.	MTU Aero Engines Holding AG
7.	Deutsche EuroShop AG	31.	Norddeutsche Affinerie AG
8.	DEUTZ AG	32.	PFLEIDERER AG
9.	DOUGLAS HOLDING AG	33.	Praktiker Bau- und Heimwerkermärkte Holding AG
10.	EADS N. V.	34.	Premiere AG
11.	Fraport AG	35.	ProSiebenSat.1 Media AG
12.	Fresenius SE	36.	PUMA AG
13.	Fuchs Petrolub AG	37.	Rheinmetall AG
14.	GAGFAH S. A.	38.	Rhön-Klinikum AG
15.	GEA Group AG	39.	Salzgitter AG
16.	Gildemeister AG	40.	SGL Carbon AG
17.	Hamburger Hafen und Logistik AG	41.	STADA Arzneimittel AG
18.	HeidelbergCement AG	42.	Südzucker AG
19.	Heidelberger Druckmaschinen AG	43.	Symrise AG
20.	HOCHTIEF AG	44.	Tognum AG
21.	HUGO BOSS AG	45.	Vossloh AG
22.	IVG Immobilien AG	46.	WACKER CHEMIE AG
23.	K+S AG	47.	Wincor Nixdorf AG
24.	Klöckner & Co. SE		
Nicht berücksichtigte Unternehmen:			
48.	Aareal Bank AG	50.	Hannover Rückversicherung AG
49.	AMB Generali Holding AG		

SDAX® (Stand: 31.08.2008)			
Berücksichtigte Unternehmen:			
1.	AIR BERLIN PLC	25.	GESCO AG
2.	Alstria Office REIT-AG	26.	GFK AG
3.	ARQUES INDUSTRIES AG	27.	Grammer AG
4.	Axel Springer AG	28.	GRENKELEASING AG
5.	BAUER AG	29.	H&R WASAG AG
6.	BayWa AG	30.	HCI Capital AG
7.	Biotest AG	31.	Highlight Communications AG
8.	C.A.T. oil AG	32.	HOMAG Group AG
9.	Colonia Real Estate AG	33.	INDUS Holding AG
10.	CTS Eventim AG	34.	Interhyp AG
11.	CURANUM AG	35.	Jungheinrich AG
12.	D + S Europe AG	36.	Koenig & Bauer AG
13.	Deutsche Beteiligungs AG	37.	KWS SAAT AG
14.	Deutsche Wohnen AG	38.	MEDION AG
15.	DIC Asset AG	39.	MPC Münchmeyer Petersen Capital AG
16.	Dürr AG	40.	MVV Energie AG
17.	Dyckerhoff AG	41.	PATRIZIA Immobilien AG
18.	Elexis AG	42.	RATIONAL AG
19.	ElringKlinger AG	43.	SIXT AG
20.	EM.SPORT MEDIA AG	44.	SKW Stahl-Metallurgie Holding AG
21.	ESCADA AG	45.	TAG Tegernsee Immobilien- und Beteiligungs-AG
22.	Fielmann AG	46.	TAKKT AG
23.	Gerresheimer AG	47.	VIVACON AG
24.	GERRY WEBER International AG	48.	Wacker Construction Equipment AG
Nicht berücksichtigte Unternehmen:			
49.	Comdirect Bank AG	50.	IKB Deutsche Industriebank AG

Anhang 7: Merkmale der untersuchten Unternehmen

Merkmale der untersuchten Unternehmen		**Merkmalsausprägung**				
		Börsenindex	Unterneh-mensgröße	prüferische Durchsicht	Veröffen-tlichung	Streubesitz-anteil
1.	Adidas AG	DAX®	Groß	Nein	Früh	Hoch
2.	ALTANA AG	MDAX®	Mittelgroß	Nein	Durchsch.	Niedrig
3.	ARCANDOR AG	MDAX®	Groß	Ja	Spät	Niedrig
4.	BASF SE	DAX®	Groß	Nein	Früh	Hoch
5.	BAUER AG	SDAX®	Klein	Nein	Spät	Mittel
6.	Bayer AG	DAX®	Groß	Ja	Früh	Hoch
7.	BayWa AG	SDAX®	Mittelgroß	Nein	Durchsch.	Niedrig
8.	BMW AG	DAX®	Groß	Nein	Früh	Mittel
9.	C.A.T. oil AG	SDAX®	Klein	Ja	Spät	Niedrig
10.	Celesio AG	MDAX®	Groß	Ja	Durchsch.	Niedrig
11.	CONTINENTAL AG	DAX®	Groß	Nein	Früh	Hoch
12.	CTS Eventim AG	SDAX®	Klein	Nein	Spät	Niedrig
13.	CURANUM AG	SDAX®	Klein	Nein	Durchsch.	Mittel
14.	D + S Europe AG	SDAX®	Klein	Nein	Spät	Niedrig
15.	Demag Cranes AG	MDAX®	Klein	Nein	Durchsch.	Hoch
16.	Deutsche Beteiligungs AG	SDAX®	Klein	Nein	Spät	Hoch
17.	Deutsche Börse AG	DAX®	Groß	Ja	Früh	Hoch
18.	Deutsche EuroShop AG	MDAX®	Mittelgroß	Nein	Spät	Mittel
19.	Deutsche Lufthansa AG	DAX®	Groß	Nein	Früh	Hoch
20.	Deutsche Post AG	DAX®	Groß	Ja	Früh	Mittel
21.	DEUTZ AG	MDAX®	Mittelgroß	Ja	Durchsch.	Mittel
22.	DIC Asset AG	SDAX®	Mittelgroß	Ja	Durchsch.	Mittel
23.	Dürr AG	SDAX®	Klein	Nein	Durchsch.	Niedrig
24.	Elexis AG	SDAX®	Klein	Nein	Früh	Hoch
25.	EM.SPORT MEDIA AG	SDAX®	Klein	Ja	Spät	Mittel
26.	Fraport AG	MDAX®	Groß	Nein	Durchschn.	Niedrig
27.	Fuchs Petrolub AG	MDAX®	Klein	Nein	Früh	Hoch
28.	Gerresheimer AG	SDAX®	Mittelgroß	Nein	Spät	Hoch
29.	GERRY WEBER Intern. AG	SDAX®	Klein	Nein	Spät	Niedrig

Merkmale der untersuchten Unternehmen		Merkmalsausprägung				
		Börsenindex	Unternehmensgröße	prüferische Durchsicht	Veröffentlichung	Streubesitzanteil
30.	GFK AG	SDAX®	Mittelgroß	Nein	Spät	Niedrig
31.	Gildemeister AG	MDAX®	Klein	Nein	Früh	Hoch
32.	Grammer AG	SDAX®	Klein	Nein	Durchsch.	Hoch
33.	H&R WASAG AG	SDAX®	Klein	Nein	Spät	Niedrig
34.	HCI Capital AG	SDAX®	Klein	Ja	Durchsch.	Niedrig
35.	Henkel AG & Co. KGaA	DAX®	Groß	Nein	Früh	Hoch
36.	Hochtief AG	MDAX®	Groß	Nein	Spät	Mittel
37.	Hugo Boss AG	MDAX®	Klein	Nein	Früh	Niedrig
38.	INDUS Holding AG	SDAX®	Klein	Nein	Spät	Mittel
39.	Interhyp AG	SDAX®	Klein	Ja	Durchsch.	Mittel
40.	Jungheinrich AG	SDAX®	Mittelgroß	Nein	Spät	Hoch
41.	K+S AG	MDAX®	Mittelgroß	Nein	Durchsch.	Mittel
42.	Koenig & Bauer AG	SDAX®	Mittelgroß	Nein	Spät	Mittel
43.	KUKA AG	MDAX®	Klein	Ja	Früh	Hoch
44.	LANXESS AG	MDAX®	Groß	Ja	Durchsch.	Hoch
45.	LEONI AG	MDAX®	Mittelgroß	Ja	Durchsch.	Hoch
46.	Linde AG	DAX®	Groß	Ja	Früh	Hoch
47.	MAN AG	DAX®	Groß	Nein	Früh	Mittel
48.	Merck KGaA	DAX®	Groß	Nein	Früh	Hoch
49.	METRO AG	DAX®	Groß	Ja	Früh	Niedrig
50.	MLP AG	MDAX®	Mittelgroß	Ja	Durchsch.	Mittel
51.	MPC Münchmeyer Petersen Capital AG	SDAX®	Klein	Ja	Spät	Mittel
52.	MVV Energie AG	SDAX®	Mittelgroß	Nein	Spät	Niedrig
53.	PATRIZIA Immobilien AG	SDAX®	Mittelgroß	Nein	Durchschn.	Niedrig
54.	Pfleiderer AG	MDAX®	Mittelgroß	Ja	Durchschn.	Mittel
55.	Praktiker AG	MDAX®	Mittelgroß	Ja	Früh	Hoch
56.	Premiere AG	MDAX®	Mittelgroß	Ja	Durchschn.	Mittel
57.	PUMA AG	MDAX®	Mittelgroß	Nein	Durchschn.	Niedrig
58.	Rheinmetall AG	MDAX®	Mittelgroß	Nein	Durchschn.	Hoch
59.	Rhön-Klinikum AG	MDAX®	Mittelgroß	Ja	Durchschn.	Mittel

Merkmale der untersuchten Unternehmen		Merkmalsausprägung				
		Börsenindex	Unterneh-mensgröße	prüferische Durchsicht	Veröffen-tlichung	Streubesitz-anteil
60.	RWE AG	DAX®	Groß	Ja	Spät	Mittel
61.	SAP AG	DAX®	Groß	Nein	Spät	Mittel
62.	SGL Carbon AG	MDAX®	Mittelgroß	Nein	Früh	Hoch
63.	Siemens AG	DAX®	Groß	Ja	Früh	Hoch
64.	SIXT AG	SDAX®	Mittelgroß	Nein	Spät	Niedrig
65.	SKW Stahl-Metallurgie Holdlng AG	SDAX®	Klein	Nein	Spät	Hoch
66.	Südzucker AG	MDAX®	Groß	Nein	Spät	Niedrig
67.	Symrise AG	MDAX®	Mittelgroß	Ja	Früh	Hoch
68.	TAKKT AG	SDAX®	Klein	Nein	Früh	Niedrig
69.	ThyssenKrupp AG	DAX®	Groß	Ja	Durchschn.	Mittel
70.	Tognum AG	MDAX®	Mittelgroß	Ja	Durchschn.	Mittel
71.	TUI AG	DAX®	Groß	Ja	Spät	Mittel
72.	Volkswagen AG	DAX®	Groß	Ja	Früh	Niedrig
73.	Vossloh AG	MDAX®	Mittelgroß	Ja	Früh	Mittel
74.	Wacker Construction Equipment AG	SDAX®	Klein	Ja	Spät	Niedrig
75.	Wincor Nixdorf AG	MDAX®	Klein	Nein	Früh	Hoch

Anhang 8: Repräsentativität der Stichprobe

Mit der Stichprobe können statistisch gesicherte Aussagen über die Grundgesamtheit lediglich dann getroffen werden, wenn die Stichprobe auf einem statistisch hohen Niveau repräsentativ für die Grundgesamtheit ist. Mit der folgenden Prüfgröße $|\hat{z}|$ wird getestet, ob die relative Häufigkeit eines unternehmensspezifischen Merkmals (Börsenindexzugehörigkeit, Unternehmensgröße, Prüfung bzw. prüferische Durchsicht, Veröffentlichungsdauer und Streubesitzanteil) in der Stichprobe repräsentativ für die relative Häufigkeit des unternehmensspezifischen Merkmals in der Grundgesamtheit ist:[21]

$$|\hat{z}| = \frac{|p_i - \pi_i| - \frac{1}{2n_i}}{\sqrt{\frac{\pi_i(1-\pi_i)}{n_i} \cdot \frac{N_i - n_i}{N_i - 1}}}$$

Legende:

$\hat{z}$:	Prüfgröße der Standardnormalverteilung
p_i :	Anteil des unternehmensspezifischen Merkmals *i* in der Stichprobe
π_i :	Anteil des unternehmensspezifischen Merkmals *i* in der Grundgesamtheit
n_i :	Zahl der Elemente des unternehmensspezifischen Merkmals *i* in der Stichprobe
N_i :	Zahl der Elemente des unternehmensspezifischen Merkmals *i* in der Grundgesamtheit

Die Null-Hypothese, die besagt, dass die relative Häufigkeit des unternehmensspezifischen Merkmals in der Stichprobe repräsentativ für die relative Häufigkeit des unternehmensspezifischen Merkmals in der Grundgesamtheit ist, wird verworfen, wenn die Prüfgröße $|\hat{z}|$ größer ist als der kritische z-Wert des zweiseitigen symmetrischen Flächenanteils der Standardnormalverteilung bei einem Signifikanzniveau von $\alpha = 5\,\%$. Der kritische z-Wert beträgt in diesem Fall 1,96.[22] Für die unternehmensspezifischen Merkmale ergaben sich die folgenden Prüfgrößen:

Merkmale der untersuchten Unternehmen		Zahl der Unternehmen in der		Prüfgröße $|\hat{z}|$
		Stichprobe	Grund-gesamtheit	
(1) Börsenindex-zugehörigkeit	DAX®	19	23	0,8284
	MDAX®	28	47	0,1197
	SDAX®	28	48	0,2574

21 Vgl. SACHS, L./HEDDERICH, J., Angewandte Statistik, S. 478.

22 Vgl. BLEYMÜLLER, J./GEHLERT, G., Statistische Formeln, S. 131.

Merkmale der untersuchten Unternehmen (Forts.)		Zahl der Unternehmen in der Stichprobe	Zahl der Unternehmen in der Grund-gesamtheit	Prüfgröße $\lvert\hat{z}\rvert$
(2) Unternehmensgröße	Groß	25	40	0,2444
	Mittelgroß	25	40	0,2444
	Klein	25	38	0,1571
(3) Prüfung bzw. prüferische Durchsicht	Prüfung	0	0	–
	Prüferische Durchsicht	31	46	0,1458
	Nicht geprüft	44	72	0,2629
(4) Veröffentlichung	Früh	26	39	0,0569
	Durchschnittlich	24	37	0,2529
	Spät	25	42	0,0421
(5) Streubesitzanteil	Hoch	27	41	0,1102
	Mittel	25	38	0,1571
	Klein	23	39	0,0330

Insgesamt ist zu konstatieren, dass die Stichprobe hinsichtlich der Häufigkeit aller unternehmensspezifischen Merkmale repräsentativ für die Grundgesamtheit ist. Mit der Stichprobe können daher statistisch gesicherte Aussagen über die Grundgesamtheit getroffen werden.

Anhang 9: Ergebnisse der inhaltlichen Bewertung von IFRS-Zwischenberichten

Ergebnisse der Gesamt-Qualitätswerte in alphabetischer Reihenfolge

Qualitätswerte der IFRS-Zwischenberichte		**Untersuchungsergebnisse**			
		IFRS-Zwischen-abschluss	Zwischen-lagebericht	Sonstige Angaben	IFRS-Zwischen-bericht
1.	Adidas AG	77,79	53,26	83,10	70,49
2.	ALTANA AG	53,49	44,95	69,25	52,87
3.	ARCANDOR AG	67,86	43,73	54,39	58,09
4.	BASF SE	69,02	61,57	87,46	69,13
5.	BAUER AG	55,17	32,13	56,33	47,78
6.	Bayer AG	66,76	63,58	98,24	70,06
7.	BayWa AG	59,30	15,90	27,69	40,72
8.	BMW AG	69,76	47,58	66,86	62,09
9.	C.A.T. oil AG	73,73	31,58	49,56	56,58
10.	Celesio AG	73,42	50,18	37,16	60,81
11.	CONTINENTAL AG	70,23	31,96	91,64	60,64
12.	CTS Eventim AG	66,14	39,71	41,34	54,06
13.	CURANUM AG	62,67	19,81	38,28	45,26
14.	D + S Europe AG	62,57	28,81	40,90	48,40
15.	Demag Cranes AG	58,94	46,29	57,92	54,65
16.	Deutsche Beteiligungs AG	68,91	35,28	76,05	58,87
17.	Deutsche Börse AG	66,36	62,25	51,46	62,96
18.	Deutsche EuroShop AG	54,29	41,18	62,30	51,10
19.	Deutsche Lufthansa AG	70,91	55,32	93,41	68,91
20.	Deutsche Post AG	82,36	68,49	89,88	78,85
21.	DEUTZ AG	68,98	49,21	70,78	62,75
22.	DIC Asset AG	72,98	50,74	62,69	64,27
23.	Dürr AG	65,09	34,17	46,37	52,37
24.	Elexis AG	60,32	39,65	57,66	53,18
25.	EM.SPORT MEDIA AG	72,78	38,19	69,98	61,06
26.	Fraport AG	63,18	58,45	68,81	62,41
27.	Fuchs Petrolub AG	61,33	45,33	63,98	56,45
28.	Gerresheimer AG	66,42	42,87	63,73	58,33
29.	GERRY WEBER International AG	49,68	35,41	41,21	43,83

Qualitätswerte der IFRS-Zwischenberichte		**Untersuchungsergebnisse**			
		IFRS-Zwischen-abschluss	Zwischen-lagebericht	Sonstige Angaben	IFRS-Zwischen-bericht
30.	GFK AG	66,61	48,69	87,60	63,63
31.	Gildemeister AG	70,63	54,96	56,36	63,52
32.	Grammer AG	69,10	27,63	68,73	55,46
33.	H&R WASAG AG	64,53	40,45	47,54	54,30
34.	HCI Capital AG	72,02	49,29	66,45	63,80
35.	Henkel AG & Co. KGaA	62,31	51,09	63,13	58,75
36.	Hochtief AG	67,01	45,54	76,49	61,28
37.	Hugo Boss AG	71,17	39,21	80,87	62,03
38.	INDUS Holding AG	61,77	31,85	55,11	51,05
39.	Interhyp AG	76,66	38,06	68,87	62,93
40.	Jungheinrich AG	52,77	37,88	47,15	47,11
41.	K+S AG	78,13	59,83	87,46	73,42
42.	Koenig & Bauer AG	45,14	44,78	44,21	44,89
43.	KUKA AG	66,43	52,00	66,86	61,76
44.	LANXESS AG	74,92	43,33	55,12	61,83
45.	LEONI AG	68,70	49,31	56,75	60,70
46.	Linde AG	75,87	37,92	52,75	60,25
47.	MAN AG	70,90	31,24	51,45	55,22
48.	Merck KGaA	53,68	53,97	76,44	56,92
49.	METRO AG	61,69	58,93	58,93	60,40
50.	MLP AG	72,12	52,94	50,55	62,86
51.	MPC Münchmeyer Petersen Capital AG	63,73	44,66	45,46	54,96
52.	MVV Energie AG	74,16	55,55	84,59	69,50
53.	PATRIZIA Immobilien AG	64,83	39,76	70,42	57,39
54.	Pfleiderer AG	68,45	56,70	46,63	61,59
55.	Praktiker Bau- und Heimwerkermärkte AG	75,16	42,53	82,64	65,50
56.	Premiere AG	66,38	43,43	46,50	56,12
57.	PUMA AG	62,02	13,31	58,74	45,60
58.	Rheinmetall AG	64,73	52,87	57,01	59,78
59.	Rhön-Klinikum AG	79,05	51,51	85,44	70,90
60.	RWE AG	74,81	51,05	86,82	68,68
61.	SAP AG	74,31	40,83	60,98	61,50

Qualitätswerte der IFRS-Zwischenberichte		**Untersuchungsergebnisse**			
		IFRS-Zwischen-abschluss	Zwischen-lagebericht	Sonstige Angaben	IFRS-Zwischen-bericht
62.	SGL Carbon AG	64,33	34,91	31,73	50,19
63.	Siemens AG	75,77	51,11	49,43	64,06
64.	SIXT AG	73,74	34,29	35,40	55,52
65.	SKW Stahl-Metallurgie Holding AG	63,77	36,56	62,06	54,62
66.	Südzucker AG	56,95	53,75	54,98	55,63
67.	Symrise AG	65,16	53,50	49,56	59,19
68.	TAKKT AG	64,58	31,52	39,57	50,30
69.	ThyssenKrupp AG	74,93	59,14	79,11	70,33
70.	Tognum AG	80,26	45,00	57,14	65,52
71.	TUI AG	73,14	36,56	50,26	58,00
72.	Volkswagen AG	66,05	43,82	53,55	57,04
73.	Vossloh AG	65,07	54,55	58,12	60,66
74.	Wacker Construction Equipment AG	70,73	49,02	75,97	64,34
75.	Wincor Nixdorf AG	58,34	36,37	66,15	52,22

Ergebnisse der Teil-Qualitätswerte des Abschnitts „A. IFRS-Zwischenabschluss" in absteigender Reihenfolge

Qualitätswerte der IFRS-Zwischenberichte		**Untersuchungsergebnisse**			
		IFRS-Zwischen-abschluss	Zwischen-lagebericht	Sonstige Angaben	IFRS-Zwischen-bericht
1.	Deutsche Post AG	**82,36**	68,49	89,88	78,85
2.	Tognum AG	**80,26**	45,00	57,14	65,52
3.	Rhön-Klinikum AG	**79,05**	51,51	85,44	70,90
4.	K+S AG	**78,13**	59,83	87,46	73,42
5.	Adidas AG	**77,79**	53,26	83,10	70,49
6.	Interhyp AG	**76,66**	38,06	68,87	62,93
7.	Linde AG	**75,87**	37,92	52,75	60,25
8.	Siemens AG	**75,77**	51,11	49,43	64,06
9.	Praktiker Bau- und Heimwerkermärkte Holding AG	**75,16**	42,53	82,64	65,50
10.	ThyssenKrupp AG	**74,93**	59,14	79,11	70,33
11.	LANXESS AG	**74,92**	43,33	55,12	61,83
12.	RWE AG	**74,81**	51,05	86,82	68,68
13.	SAP AG	**74,31**	40,83	60,98	61,50
14.	MVV Energie AG	**74,16**	55,55	84,59	69,50
15.	SIXT AG	**73,74**	34,29	35,40	55,52
16.	C.A.T. oil AG	**73,73**	31,58	49,56	56,58
17.	Celesio AG	**73,42**	50,18	37,16	60,81
18.	TUI AG	**73,14**	36,56	50,26	58,00
19.	DIC Asset AG	**72,98**	50,74	62,69	64,27
20.	EM.SPORT MEDIA AG	**72,78**	38,19	69,98	61,06
21.	MLP AG	**72,12**	52,94	50,55	62,86
22.	HCI Capital AG	**72,02**	49,29	66,45	63,80
23.	HUGO BOSS AG	**71,17**	39,21	80,87	62,03
24.	Deutsche Lufthansa AG	**70,91**	55,32	93,41	68,91
25.	MAN AG	**70,90**	31,24	51,45	55,22
26.	Wacker Construction Equipment AG	**70,73**	49,02	75,97	64,34
27.	Gildemeister AG	**70,63**	54,96	56,36	63,52
28.	CONTINENTAL AG	**70,23**	31,96	91,64	60,64
29.	BMW AG	**69,76**	47,58	66,86	62,09
30.	Grammer AG	**69,10**	27,63	68,73	55,46

Qualitätswerte der IFRS-Zwischenberichte		Untersuchungsergebnisse			
		IFRS-Zwischen-abschluss	Zwischen-lagebericht	Sonstige Angaben	IFRS-Zwischen-bericht
31.	BASF SE	**69,02**	61,57	87,46	69,13
32.	DEUTZ AG	**68,98**	49,21	70,78	62,75
33.	Deutsche Beteiligungs AG	**68,91**	35,28	76,05	58,87
34.	LEONI AG	**68,70**	49,31	56,75	60,70
35.	PFLEIDERER AG	**68,45**	56,70	46,63	61,59
36.	ARCANDOR AG	**67,86**	43,73	54,39	58,09
37.	HOCHTIEF AG	**67,01**	45,54	76,49	61,28
38.	Bayer AG	**66,76**	63,58	98,24	70,06
39.	GFK AG	**66,61**	48,69	87,60	63,63
40.	KUKA AG	**66,43**	52,00	66,86	61,76
41.	Gerresheimer AG	**66,42**	42,87	63,73	58,33
42.	Premiere AG	**66,38**	43,43	46,50	56,12
43.	Deutsche Börse AG	**66,36**	62,25	51,46	62,96
44.	CTS Eventim AG	**66,14**	39,71	41,34	54,06
45.	Volkswagen AG	**66,05**	43,82	53,55	57,04
46.	Symrise AG	**65,16**	53,50	49,56	59,19
47.	Dürr AG	**65,09**	34,17	46,37	52,37
48.	Vossloh AG	**65,07**	54,55	58,12	60,66
49.	PATRIZIA Immobilien AG	**64,83**	39,76	70,42	57,39
50.	Rheinmetall AG	**64,73**	52,87	57,01	59,78
51.	TAKKT AG	**64,58**	31,52	39,57	50,30
52.	H&R WASAG AG	**64,53**	40,45	47,54	54,30
53.	SGL Carbon AG	**64,33**	34,91	31,73	50,19
54.	SKW Stahl-Metallurgie Holding AG	**63,77**	36,56	62,06	54,62
55.	MPC Münchmeyer Petersen Capital AG	**63,73**	44,66	45,46	54,96
56.	Fraport AG	**63,18**	58,45	68,81	62,41
57.	CURANUM AG	**62,67**	19,81	38,28	45,26
58.	D + S Europe AG	**62,57**	28,81	40,90	48,40
59.	Henkel AG & Co. KGaA	**62,31**	51,09	63,13	58,75
60.	PUMA AG	**62,02**	13,31	58,74	45,60
61.	INDUS Holding AG	**61,77**	31,85	55,11	51,05
62.	METRO AG	**61,69**	58,93	58,93	60,40
63.	Fuchs Petrolub AG	**61,33**	45,33	63,98	56,45

Qualitätswerte der IFRS-Zwischenberichte		**Untersuchungsergebnisse**			
		IFRS-Zwischen-abschluss	Zwischen-lagebericht	Sonstige Angaben	IFRS-Zwischen-bericht
64.	Elexis AG	**60,32**	39,65	57,66	53,18
65.	BayWa AG	**59,30**	15,90	27,69	40,72
66.	Demag Cranes AG	**58,94**	46,29	57,92	54,65
67.	Wincor Nixdorf AG	**58,34**	36,37	66,15	52,22
68.	Südzucker AG	**56,95**	53,75	54,98	55,63
69.	BAUER AG	**55,17**	32,13	56,33	47,78
70.	Deutsche EuroShop AG	**54,29**	41,18	62,30	51,10
71.	Merck KGaA	**53,68**	53,97	76,44	56,92
72.	ALTANA AG	**53,49**	44,95	69,25	52,87
73.	Jungheinrich AG	**52,77**	37,88	47,15	47,11
74.	GERRY WEBER International AG	**49,68**	35,41	41,21	43,83
75.	Koenig & Bauer AG	**45,14**	44,78	44,21	44,89

Ergebnisse der Teil-Qualitätswerte des Abschnitts „B. Zwischenlagebericht" in absteigender Reihenfolge

Qualitätswerte der IFRS-Zwischenberichte		**Untersuchungsergebnisse**			
		IFRS-Zwischen-abschluss	Zwischen-lagebericht	Sonstige Angaben	IFRS-Zwischen-bericht
1.	Deutsche Post AG	82,36	**68,49**	89,88	78,85
2.	Bayer AG	66,76	**63,58**	98,24	70,06
3.	Deutsche Börse AG	66,36	**62,25**	51,46	62,96
4.	BASF SE	69,02	**61,57**	87,46	69,13
5.	K+S AG	78,13	**59,83**	87,46	73,42
6.	ThyssenKrupp AG	74,93	**59,14**	79,11	70,33
7.	METRO AG	61,69	**58,93**	58,93	60,40
8.	Fraport AG	63,18	**58,45**	68,81	62,41
9.	PFLEIDERER AG	68,45	**56,70**	46,63	61,59
10.	MVV Energie AG	74,16	**55,55**	84,59	69,50
11.	Deutsche Lufthansa AG	70,91	**55,32**	93,41	68,91
12.	Gildemeister AG	70,63	**54,96**	56,36	63,52
13.	Vossloh AG	65,07	**54,55**	58,12	60,66
14.	Merck KGaA	53,68	**53,97**	76,44	56,92
15.	Südzucker AG	56,95	**53,75**	54,98	55,63
16.	Symrise AG	65,16	**53,50**	49,56	59,19
17.	Adidas AG	77,79	**53,26**	83,10	70,49
18.	MLP AG	72,12	**52,94**	50,55	62,86
19.	Rheinmetall AG	64,73	**52,87**	57,01	59,78
20.	KUKA AG	66,43	**52,00**	66,86	61,76
21.	Rhön-Klinikum AG	79,05	**51,51**	85,44	70,90
22.	Siemens AG	75,77	**51,11**	49,43	64,06
23.	Henkel AG & Co. KGaA	62,31	**51,09**	63,13	58,75
24.	RWE AG	74,81	**51,05**	86,82	68,68
25.	DIC Asset AG	72,98	**50,74**	62,69	64,27
26.	Celesio AG	73,42	**50,18**	37,16	60,81
27.	LEONI AG	68,70	**49,31**	56,75	60,70
28.	HCI Capital AG	72,02	**49,29**	66,45	63,80
29.	DEUTZ AG	68,98	**49,21**	70,78	62,75
30.	Wacker Construction Equipment AG	70,73	**49,02**	75,97	64,34

Qualitätswerte der IFRS-Zwischenberichte		**Untersuchungsergebnisse**			
		IFRS-Zwischen-abschluss	Zwischen-lagebericht	Sonstige Angaben	IFRS-Zwischen-bericht
31.	GFK AG	66,61	**48,69**	87,60	63,63
32.	BMW AG	69,76	**47,58**	66,86	62,09
33.	Demag Cranes AG	58,94	**46,29**	57,92	54,65
34.	HOCHTIEF AG	67,01	**45,54**	76,49	61,28
35.	Fuchs Petrolub AG	61,33	**45,33**	63,98	56,45
36.	Tognum AG	80,26	**45,00**	57,14	65,52
37.	ALTANA AG	53,49	**44,95**	69,25	52,87
38.	Koenig & Bauer AG	45,14	**44,78**	44,21	44,89
39.	MPC Münchmeyer Petersen Capital AG	63,73	**44,66**	45,46	54,96
40.	Volkswagen AG	66,05	**43,82**	53,55	57,04
41.	ARCANDOR AG	67,86	**43,73**	54,39	58,09
42.	Premiere AG	66,38	**43,43**	46,50	56,12
43.	LANXESS AG	74,92	**43,33**	55,12	61,83
44.	Gerresheimer AG	66,42	**42,87**	63,73	58,33
45.	Praktiker Bau- und Heimwerkermärkte Holding AG	75,16	**42,53**	82,64	65,50
46.	Deutsche EuroShop AG	54,29	**41,18**	62,30	51,10
47.	SAP AG	74,31	**40,83**	60,98	61,50
48.	H&R WASAG AG	64,53	**40,45**	47,54	54,30
49.	PATRIZIA Immobilien AG	64,83	**39,76**	70,42	57,39
50.	CTS Eventim AG	66,14	**39,71**	41,34	54,06
51.	Elexis AG	60,32	**39,65**	57,66	53,18
52.	HUGO BOSS AG	71,17	**39,21**	80,87	62,03
53.	EM.SPORT MEDIA AG	72,78	**38,19**	69,98	61,06
54.	Interhyp AG	76,66	**38,06**	68,87	62,93
55.	Linde AG	75,87	**37,92**	52,75	60,25
56.	Jungheinrich AG	52,77	**37,88**	47,15	47,11
57.	SKW Stahl-Metallurgie Holding AG	63,77	**36,56**	62,06	54,62
57.	TUI AG	73,14	**36,56**	50,26	58,00
59.	Wincor Nixdorf AG	58,34	**36,37**	66,15	52,22
60.	GERRY WEBER International AG	49,68	**35,41**	41,21	43,83
61.	Deutsche Beteiligungs AG	68,91	**35,28**	76,05	58,87
62.	SGL Carbon AG	64,33	**34,91**	31,73	50,19

Qualitätswerte der IFRS-Zwischenberichte		Untersuchungsergebnisse			
		IFRS-Zwischen-abschluss	Zwischen-lagebericht	Sonstige Angaben	IFRS-Zwischen-bericht
63.	SIXT AG	73,74	**34,29**	35,40	55,52
64.	Dürr AG	65,09	**34,17**	46,37	52,37
65.	BAUER AG	55,17	**32,13**	56,33	47,78
66.	CONTINENTAL AG	70,23	**31,96**	91,64	60,64
67.	INDUS Holding AG	61,77	**31,85**	55,11	51,05
68.	C.A.T. oil AG	73,73	**31,58**	49,56	56,58
69.	TAKKT AG	64,58	**31,52**	39,57	50,30
70.	MAN AG	70,90	**31,24**	51,45	55,22
71.	D + S Europe AG	62,57	**28,81**	40,90	48,40
72.	Grammer AG	69,10	**27,63**	68,73	55,46
73.	CURANUM AG	62,67	**19,81**	38,28	45,26
74.	BayWa AG	59,30	**15,90**	27,69	40,72
75.	PUMA AG	62,02	**13,31**	58,74	45,60

Ergebnisse der Teil-Qualitätswerte des Abschnitts „C. Sonstige Angaben" in absteigender Reihenfolge

Qualitätswerte der IFRS-Zwischenberichte		**Untersuchungsergebnisse**			
		IFRS-Zwischen-abschluss	Zwischen-lagebericht	Sonstige Angaben	IFRS-Zwischen-bericht
1.	Bayer AG	66,76	63,58	**98,24**	70,06
2.	Deutsche Lufthansa AG	70,91	55,32	**93,41**	68,91
3.	CONTINENTAL AG	70,23	31,96	**91,64**	60,64
4.	Deutsche Post AG	82,36	68,49	**89,88**	78,85
5.	GFK AG	66,61	48,69	**87,60**	63,63
6.	BASF SE	69,02	61,57	**87,46**	69,13
6.	K+S AG	78,13	59,83	**87,46**	73,42
8.	RWE AG	74,81	51,05	**86,82**	68,68
9.	Rhön-Klinikum AG	79,05	51,51	**85,44**	70,90
10.	MVV Energie AG	74,16	55,55	**84,59**	69,50
11.	Adidas AG	77,79	53,26	**83,10**	70,49
12.	Praktiker Bau- und Heimwerkermärkte Holding AG	75,16	42,53	**82,64**	65,50
13.	HUGO BOSS AG	71,17	39,21	**80,87**	62,03
14.	ThyssenKrupp AG	74,93	59,14	**79,11**	70,33
15.	HOCHTIEF AG	67,01	45,54	**76,49**	61,28
16.	Merck KGaA	53,68	53,97	**76,44**	56,92
17.	Deutsche Beteiligungs AG	68,91	35,28	**76,05**	58,87
18.	Wacker Construction Equipment AG	70,73	49,02	**75,97**	64,34
19.	DEUTZ AG	68,98	49,21	**70,78**	62,75
20.	PATRIZIA Immobilien AG	64,83	39,76	**70,42**	57,39
21.	EM.SPORT MEDIA AG	72,78	38,19	**69,98**	61,06
22.	ALTANA AG	53,49	44,95	**69,25**	52,87
23.	Interhyp AG	76,66	38,06	**68,87**	62,93
24.	Fraport AG	63,18	58,45	**68,81**	62,41
25.	Grammer AG	69,10	27,63	**68,73**	55,46
26.	BMW AG	69,70	47,58	**66,86**	62,09
26.	KUKA AG	66,43	52,00	**66,86**	61,76
28.	HCI Capital AG	72,02	49,29	**66,45**	63,80
29.	Wincor Nixdorf AG	58,34	36,37	**66,15**	52,22
30.	Fuchs Petrolub AG	61,33	45,33	**63,98**	56,45

Qualitätswerte der IFRS-Zwischenberichte		Untersuchungsergebnisse			
		IFRS-Zwischen-abschluss	Zwischen-lagebericht	Sonstige Angaben	IFRS-Zwischen-bericht
31.	Gerresheimer AG	66,42	42,87	**63,73**	58,33
32.	Henkel AG & Co. KGaA	62,31	51,09	**63,13**	58,75
33.	DIC Asset AG	72,98	50,74	**62,69**	64,27
34.	Deutsche EuroShop AG	54,29	41,18	**62,30**	51,10
35.	SKW Stahl-Metallurgie Holding AG	63,77	36,56	**62,06**	54,62
36.	SAP AG	74,31	40,83	**60,98**	61,50
37.	METRO AG	61,69	58,93	**58,93**	60,40
38.	PUMA AG	62,02	13,31	**58,74**	45,60
39.	Vossloh AG	65,07	54,55	**58,12**	60,66
40.	Demag Cranes AG	58,94	46,29	**57,92**	54,65
41.	Elexis AG	60,32	39,65	**57,66**	53,18
42.	Tognum AG	80,26	45,00	**57,14**	65,52
43.	Rheinmetall AG	64,73	52,87	**57,01**	59,78
44.	LEONI AG	68,70	49,31	**56,75**	60,70
45.	Gildemeister AG	70,63	54,96	**56,36**	63,52
46.	BAUER AG	55,17	32,13	**56,33**	47,78
47.	LANXESS AG	74,92	43,33	**55,12**	61,83
48.	INDUS Holding AG	61,77	31,85	**55,11**	51,05
49.	Südzucker AG	56,95	53,75	**54,98**	55,63
50.	ARCANDOR AG	67,86	43,73	**54,39**	58,09
51.	Volkswagen AG	66,05	43,82	**53,55**	57,04
52.	Linde AG	75,87	37,92	**52,75**	60,25
53.	Deutsche Börse AG	66,36	62,25	**51,46**	62,96
54.	MAN AG	70,90	31,24	**51,45**	55,22
55.	MLP AG	72,12	52,94	**50,55**	62,86
56.	TUI AG	73,14	36,56	**50,26**	58,00
57.	C.A.T. oil AG	73,73	31,58	**49,56**	56,58
57.	Symrise AG	65,16	53,50	**49,56**	59,19
59.	Siemens AG	75,77	51,11	**49,43**	64,06
60.	H&R WASAG AG	64,53	40,45	**47,54**	54,30
61.	Jungheinrich AG	52,77	37,88	**47,15**	47,11
62.	PFLEIDERER AG	68,45	56,70	**46,63**	61,59
63.	Premiere AG	66,38	43,43	**46,50**	56,12

Qualitätswerte der IFRS-Zwischenberichte		**Untersuchungsergebnisse**			
		IFRS-Zwischen-abschluss	Zwischen-lagebericht	Sonstige Angaben	IFRS-Zwischen-bericht
64.	Dürr AG	65,09	34,17	**46,37**	52,37
65.	MPC Münchmeyer Petersen Capital AG	63,73	44,66	**45,46**	54,96
66.	Koenig & Bauer AG	45,14	44,78	**44,21**	44,89
67.	CTS Eventim AG	66,14	39,71	**41,34**	54,06
68.	GERRY WEBER International AG	49,68	35,41	**41,21**	43,83
69.	D + S Europe AG	62,57	28,81	**40,90**	48,40
70.	TAKKT AG	64,58	31,52	**39,57**	50,30
71.	CURANUM AG	62,67	19,81	**38,28**	45,26
72.	Celesio AG	73,42	50,18	**37,16**	60,81
73.	SIXT AG	73,74	34,29	**35,40**	55,52
74.	SGL Carbon AG	64,33	34,91	**31,73**	50,19
75.	BayWa AG	59,30	15,90	**27,69**	40,72

Ergebnisse der Gesamt-Qualitätswerte in absteigender Reihenfolge

Qualitätswerte der IFRS-Zwischenberichte		**Untersuchungsergebnisse**			
		IFRS-Zwischen-abschluss	Zwischen-lagebericht	Sonstige Angaben	IFRS-Zwischen-bericht
1.	Deutsche Post AG	82,36	68,49	89,88	**78,85**
2.	K+S AG	78,13	59,83	87,46	**73,42**
3.	Rhön-Klinikum AG	79,05	51,51	85,44	**70,90**
4.	Adidas AG	77,79	53,26	83,10	**70,49**
5.	ThyssenKrupp AG	74,93	59,14	79,11	**70,33**
6.	Bayer AG	66,76	63,58	98,24	**70,06**
7.	MVV Energie AG	74,16	55,55	84,59	**69,50**
8.	BASF SE	69,02	61,57	87,46	**69,13**
9.	Deutsche Lufthansa AG	70,91	55,32	93,41	**68,91**
10.	RWE AG	74,81	51,05	86,82	**68,68**
11.	Tognum AG	80,26	45,00	57,14	**65,52**
12.	Praktiker Bau- und Heimwerkermärkte Holding AG	75,16	42,53	82,64	**65,50**
13.	Wacker Construction Equipment AG	70,73	49,02	75,97	**64,34**
14.	DIC Asset AG	72,98	50,74	62,69	**64,27**
15.	Siemens AG	75,77	51,11	49,43	**64,06**
16.	HCI Capital AG	72,02	49,29	66,45	**63,80**
17.	GFK AG	66,61	48,69	87,60	**63,63**
18.	Gildemeister AG	70,63	54,96	56,36	**63,52**
19.	Deutsche Börse AG	66,36	62,25	51,46	**62,96**
20.	Interhyp AG	76,66	36,06	68,87	**62,93**
21.	MLP AG	72,12	52,94	50,55	**62,86**
22.	DEUTZ AG	68,98	49,21	70,78	**62,75**
23.	Fraport AG	63,18	58,45	68,81	**62,41**
24.	BMW AG	69,76	47,58	66,86	**62,09**
25.	HUGO BOSS AG	71,17	39,31	80,87	**62,03**
26.	LANXESS AG	74,92	43,33	55,12	**61,83**
27.	KUKA AG	66,43	52,00	66,86	**61,76**
28.	PFLEIDERER AG	68,45	56,70	46,63	**61,59**
29.	SAP AG	74,31	40,83	60,98	**61,50**
30.	HOCHTIEF AG	67,01	45,54	76,49	**61,28**
31.	EM.SPORT MEDIA AG	72,78	38,19	69,98	**61,06**

Qualitätswerte der IFRS-Zwischenberichte		**Untersuchungsergebnisse**			
		IFRS-Zwischen-abschluss	Zwischen-lagebericht	Sonstige Angaben	IFRS-Zwischen-bericht
32.	Celesio AG	73,42	50,18	37,16	**60,81**
33.	LEONI AG	68,70	49,31	56,75	**60,70**
34.	Vossloh AG	65,07	54,55	58,12	**60,66**
35.	CONTINENTAL AG	70,23	31,96	91,64	**60,64**
36.	METRO AG	61,69	58,93	58,93	**60,40**
37.	Linde AG	75,87	37,92	52,75	**60,25**
38.	Rheinmetall AG	64,73	52,87	57,01	**59,78**
39.	Symrise AG	65,16	53,50	49,56	**59,19**
40.	Deutsche Beteiligungs AG	68,91	35,28	76,05	**58,87**
41.	Henkel AG & Co. KGaA	62,31	51,09	63,13	**58,75**
42.	Gerresheimer AG	66,42	42,87	63,73	**58,33**
43.	ARCANDOR AG	67,86	43,73	54,39	**58,09**
44.	TUI AG	73,14	36,56	50,26	**58,00**
45.	PATRIZIA Immobilien AG	64,83	39,76	70,42	**57,39**
46.	Volkswagen AG	66,05	43,82	53,55	**57,04**
47.	Merck KGaA	53,68	53,97	76,44	**56,92**
48.	C.A.T. oil AG	73,73	31,58	49,56	**56,58**
49.	Fuchs Petrolub AG	61,33	45,33	63,98	**56,45**
50.	Premiere AG	66,38	43,43	46,50	**56,12**
51.	Südzucker AG	56,95	53,75	54,98	**55,63**
52.	SIXT AG	73,74	34,29	35,40	**55,52**
53.	Grammer AG	69,10	27,63	68,73	**55,46**
54.	MAN AG	70,90	31,24	51,45	**55,22**
55.	MPC Münchmeyer Petersen Capital AG	63,73	44,66	45,46	**54,96**
56.	Demag Cranes AG	58,94	46,29	57,92	**54,65**
57.	SKW Stahl-Metallurgie Holding AG	63,77	36,56	62,06	**54,62**
58.	H&R WASAG AG	64,53	40,45	47,54	**54,30**
59.	CTS Eventim AG	66,14	39,71	41,34	**54,06**
60.	Elexis AG	60,32	39,65	57,66	**53,18**
61.	ALTANA AG	53,49	44,95	69,25	**52,87**
62.	Dürr AG	65,09	34,17	46,37	**52,37**
63.	Wincor Nixdorf AG	58,34	36,37	66,15	**52,22**
64.	Deutsche EuroShop AG	54,29	41,18	62,30	**51,10**

Qualitätswerte der IFRS-Zwischenberichte		**Untersuchungsergebnisse**			
		IFRS-Zwischen-abschluss	Zwischen-lagebericht	Sonstige Angaben	IFRS-Zwischen-bericht
65.	INDUS Holding AG	61,77	31,85	55,11	**51,05**
66.	TAKKT AG	64,58	31,52	39,57	**50,30**
67.	SGL Carbon AG	64,33	34,91	31,73	**50,19**
68.	D + S Europe AG	62,57	28,81	40,90	**48,40**
69.	BAUER AG	55,17	32,13	56,33	**47,78**
70.	Jungheinrich AG	52,77	37,88	47,15	**47,11**
71.	PUMA AG	62,02	13,31	58,74	**45,60**
72.	CURANUM AG	62,67	19,81	38,28	**45,26**
73.	Koenig & Bauer AG	45,14	44,78	44,21	**44,89**
74.	GERRY WEBER International AG	49,68	35,41	41,21	**43,83**
75.	BayWa AG	59,30	15,90	27,69	**40,72**

Anhang 10: Korrelation zwischen den unternehmensspezifischen Merkmalen

Korrelationskoeffizienten nach Spearman							
	DAX®	MDAX®	SDAX®	Unternehmensgröße	Prüferische Durchsicht	Veröffentlichungdauer	Streubesitzanteil
Unternehmensgröße	0,751*** (0,000)	-0,025 (0,833)	-0,650*** (0,000)	1,000 (0,000)			
Prüferische Durchsicht	0,134 (0,253)	0,136 (0,245)	-0,256** (0,027)	0,193 (0,097)	1,000 (0,000)		
Veröffentlichungsdauer	-0,429*** (0,000)	-0,188 (0,106)	0,573*** (0,000)	-0,387*** (0,001)	-0,094 (0,423)	1,000 (0,000)	
Streubesitzanteil	0,246** (0,033)	0,108 (0,355)	-0,330*** (0,004)	0,146 (0,211)	-0,036 (0,758)	-0,351*** (0,002)	1,000 (0,000)

In der Tabelle sind die Korrelationskoeffizienten nach Spearman und die p-Werte (in Klammern) angegeben. Mit *** (**, *) wird die Signifikanz auf dem 1 %-Niveau (5 %-Niveau, 10 %-Niveau) bezeichnet.

Quellenverzeichnis

Verzeichnis der Kommentare und Handbücher zur Bilanzierung

ADLER, HANS/DÜRING, WALTHER/SCHMALTZ, KURT, Rechnungslegung und Prüfung der Unternehmen, 6. Aufl., Stuttgart 1994/2001 (zitiert: ADS).

BAETGE, JÖRG/KIRSCH, HANS-JÜRGEN/THIELE, STEFAN (Hrsg.), Bilanzrecht, Loseblatt, Bonn/Berlin 2002 ff. (zitiert: BEARBEITER, in: Baetge/Kirsch/Thiele).

BAETGE, JÖRG U. A. (Hrsg.), Rechnungslegung nach IFRS, Loseblatt, 2. Aufl., Stuttgart 2002 ff. (zitiert: BEARBEITER, in: Baetge u. a., Rechnungslegung nach IFRS).

BALLWIESER, WOLFGANG U. A. (Hrsg.), Wiley-Kommentar zur internationalen Rechnungslegung, 4. Aufl., Weinheim 2008 (zitiert: BEARBEITER, in: Wiley-Kommentar).

BOHL, WERNER/RIESE, JOACHIM/SCHLÜTER, JÖRG (Hrsg.), Beck'sches IFRS-Handbuch, 2. Aufl., München 2006 (zitiert: BEARBEITER, in: Beck IFRS HB).

E&Y (Hrsg.), International GAAP 2008, Chichester 2008 (International GAAP 2008).

ELLROTT, HELMUT U. A. (Hrsg.), Beck'scher Bilanzkommentar, 6. Aufl., München 2006 (zitiert: BEARBEITER, in: Beck Bilanzkomm.).

EPSTEIN, BARRY J./JERMAKOWICZ, EVA K., WILEY IFRS 2008, Hoboken 2008 (IFRS 2008: Interpretation and Application).

HEUSER, PAUL J./THEILE, CARSTEN, IFRS-Handbuch: Einzel- und Konzernabschluss, 3. Aufl., Köln 2007 (IFRS-Handbuch).

HIRTE, HERIBERT/MÖLLERS, THOMAS M. J., Kölner Kommentar zum WpHG, Köln 2007 (zitiert: BEARBEITER, in: Kommentar zum WpHG).

HOFBAUER, MAX A./KUPSCH, PETER (Hrsg.), Bonner Handbuch der Rechnungslegung, Loseblatt, 2. Aufl., Berlin 2000 ff. (zitiert: BEARBEITER, in: Bonner HdR).

IDW (Hrsg.), WP-Handbuch 2006, Bd. I, bearbeitet v. Geib, Gerd u. a., 13. Aufl., Düsseldorf 2006 (WP-Handbuch 2006, Bd. I).

KPMG (Hrsg.), Insights into IFRS: KPMG's Practical Guide to International Financial Reporting Standards, 4. Aufl., London 2007 (Insights into IFRS).

KÜTING, KARLHEINZ/WEBER, CLAUS-PETER (Hrsg.), Handbuch der Konzernrechnungslegung, 2. Aufl., Stuttgart 1998 (zitiert: BEARBEITER, in: HdK).

KÜTING, KARLHEINZ/WEBER, CLAUS-PETER (Hrsg.), Handbuch der Rechnungslegung: Einzelabschluss, Loseblatt, 5. Aufl., Stuttgart 2002 ff. (zitiert: BEARBEITER, in: HdR-E).

LÜDENBACH, NORBERT/HOFFMANN, WOLF-DIETER (Hrsg.), Haufe IFRS-Kommentar, 6. Aufl., Freiburg 2008 (zitiert: BEARBEITER, in: Haufe IFRS-Kommentar).

PWC (Hrsg.), IFRS Manual of Accounting 2008: Global Guide to International Financial Reporting Standards, London 2007 (IFRS Manual of Accounting 2008).

ULMER, PETER (Hrsg.), HGB-Bilanzrecht: Rechnungslegung – Abschlußprüfung – Publizität. Bd. 1: §§ 238-289 HGB, Berlin 2002 (Großkommentar zum Bilanzrecht).

Verzeichnis der Aufsätze und Monographien

A

ABDOLMOHAMMADI, MOHAMMED/SIMNETT, ROGER/THIBODEAU, JAY C./WRIGHT, ARNOLD M., Sell-Side Analysts' Reports and the Current External Reporting Model, in: Accounting Horizons 2006, S. 375-389 (Analysts' Reports).

ACHLEITNER, ANN-KRISTIN/PIETZSCH, LUISA, Funktions- und Wirkungsweise von Finanzanalysten als Kapitalmarktmultiplikatoren – theoretische Überlegungen und empirische Ergebnisse, in: Wirtschaftsprüfung und Unternehmensüberwachung: Festschrift für Prof. Dr. Dr. h.c. Wolfgang Lück, hrsg. v. Wollmert, Peter/Schönbrunn, Norbert/Jung, Udo/Siebert, Hilmar/Henke, Michael, Düsseldorf 2003, S. 31-51 (Finanzanalysten).

ADAM, DIETRICH, Planung und Entscheidung: Modelle – Ziele – Methoden. Mit Fallstudien und Lösungen, 4. Aufl., Wiesbaden 1996 (Planung und Entscheidung).

AHADIAT, NASROLLAH, Geographic Segment Disclosure and the Predictive Ability of the Earnings Data, in: Journal of International Business Studies 1993, S. 357-371 (Segment Disclosure and the Predictive Ability of the Earnings Date).

AHMED, KAMRAN/COURTIS, JOHN K., Associations between corporate characteristics and disclosure levels in annual reports: A meta-analysis, in: British Accounting Review 1999, S. 35-61 (Corporate characteristics and disclosure levels).

AIMR (Hrsg.), Financial Reporting in the 1990s and Beyond: A Position Paper of the Association for Investment Management and Research, Charlottesville 1993 (Financial Reporting).

AKEIÜ (Hrsg.), Probleme der Prognoseprüfung, in: DB 2003, S. 105-111 (Prognoseprüfung).

AKEU (Hrsg.), Grundsätze für das Value Reporting, in: DB 2002, S. 2337-2340 (Grundsätze für das Value Reporting).

ALBRECHT, THOMAS, Die Anforderungen von Buyside-Analysten, in: Investor Marketing: Aktionäre erfolgreich gewinnen – Investoren langfristig binden – Börsenkurse nachhaltig steigern, hrsg. v. Ebel, Bernhard/Hofer, Markus B., Wiesbaden 2003, S. 95-113 (Analysten).

ALVAREZ, MANUEL, Finanzielle und strategische Segmentanalyse: Kernelemente einer kapitalmarktorientierten Unternehmensanalyse, in: FB 2004, S. 649-663 (Unternehmensanalyse).

ALVAREZ, MANUEL, Unterjährige Erfolgsermittlung nach IFRS: Anwendungsfragen jenseits von IFRIC 10 „Zwischenberichterstattung und Wertminderung“, in: PiR 2006, S. 220-228 (Unterjährige Erfolgsermittlung nach IFRS).

ALVAREZ, MANUEL/BÜTTNER, MANUEL, ED 8 – Operating Segments, in: KoR 2006, S. 307-318 (Segmentberichterstattung).

ALVAREZ, MANUEL/WOTSCHOFSKY, STEFAN, Unterjährige Publizität gemäß IAS 34, in: StuB 2000, S. 653-660 (IAS 34).

ALVAREZ, MANUEL/WOTSCHOFSKY, STEFAN, Zur Bedeutung der Zwischenberichtspublizität, in: DStR 2000, S. 1789-1796 (Zur Bedeutung der Zwischenberichtspublizität).

ALVAREZ, MANUEL/WOTSCHOFSKY, STEFAN, Zwischenberichterstattung in der Praxis: Eine empirische Analyse der DAX 100-Unternehmen, in: WPg 2000, S. 310-319 (Zwischenberichterstattung in der Praxis).

ALVAREZ, MANUEL/WOTSCHOFSKY, STEFAN, Stärkung der Corporate Governance durch Einführung einer Review-Pflicht für Quartalsabschlüsse?, in: KoR 2001, S. 116-123 (Stärkung der Corporate Governance).

ALVAREZ, MANUEL/WOTSCHOFSKY, STEFAN, Zwischenberichterstattung nach dem Deutschen Rechnungslegungs Standard Nr. 6 (DRS 6) – Ein Vergleich mit den börsenrechtlichen Anforderungen sowie den entsprechenden Regelungen nach IAS und US-GAAP, in: StuB 2001, S. 387-396 (Zwischenberichterstattung nach DRS 6).

ALVAREZ, MANUEL/WOTSCHOFSKY, STEFAN, Zwischenberichterstattung nach Börsenrecht/DRS, IAS und US-GAAP, 2. Aufl., Berlin 2003 (Zwischenberichterstattung).

ALVES, CARLOS F./DOS SANTOS, TEIXEIRA, Do First and Third Quarter Unaudited Financial Reports Matter? The Portuguese Case, in: European Accounting Review 2008, S. 361-392 (Financial Reports).

AMMEDICK, OLIVER/STRIEDER, THOMAS, Zwischenberichterstattung börsennotierter Gesellschaften – Bestimmungen des BörsG, DRS, IAS und US-GAAP sowie deutscher Börsensegmente, München 2002 (Zwischenberichterstattung börsennotierter Gesellschaften).

ANAND, SANJAY, Sarbanes-Oxley Act, in: Governance, Risk, and Compliance Handbook: Technology, Finance, Environmental, and International Guidance and Best Practices, hrsg. v. Tarantino, Anthony, New York 2008, S. 945-955 (Sarbanes-Oxley Act).

ANDREAE, CASPAR VON, Familienunternehmen und Publikumsgesellschaft: Führungsstrukturen, Strategien und betriebliche Funktionen im Vergleich, Wiesbaden 2007 (Familienunternehmen und Publikumsgesellschaft).

ARBEITSGEMEINSCHAFT DEUTSCHER WERTPAPIERBÖRSEN (Hrsg.), Regeln für die Beurteilung von Zwischenberichten börsennotierter Gesellschaften, in: Bank-Betrieb 1971, S. 16-19 (Beurteilung von Zwischenberichten).

ARBEITSKREIS „DIVERSIFIZIERUNG" DER SCHMALENBACH-GESELLSCHAFT FÜR BETRIEBSWIRTSCHAFT E. V. (Hrsg.), Diversifizierungsprojekte: Betriebswirtschaftliche Probleme ihrer Planung, Organisation und Kontrolle, in: ZfbF 1973, S. 293-335 (Diversifizierungsprojekte).

ARMELOH, KARL-HEINZ, Die Berichterstattung im Anhang – Eine theoretische und empirische Untersuchung der Qualität der Berichterstattung im Anhang börsennotierter Kapitalgesellschaften, Düsseldorf 1998 (Die Berichterstattung im Anhang).

ARNOLD, JOHN/MOIZER, PETER, A Survey of the Methods Used by UK Investment Analysts to Appraise Investment in Ordinary Shares, in: Accounting and Business Research 1984, S. 195-207 (Investment Analysts).

ARNOLD, JOHN/MOIZER, PETER/NOREEN, ERIC, Investment Appraisal Methods of Financial Analysts: A Comparative Study of U.S. and U.K. Practices, in: International Journal of Accounting 1984, S. 1-18 (Methods of Analysts).

ASCHL, FRANZ/HAIDENTHALER, ERNST, Zwischenberichterstattung – Aktuelle Entwicklungen im Börsenrecht und in den IFRS, in: RWZ 2007, S. 70-75 (Zwischenberichterstattung nach IFRS).

ATTESLANDER, PETER, Methoden der empirischen Sozialforschung, 12. Aufl., Berlin 2008 (Empirische Sozialforschung).

AUER, LUDWIG VON, Ökonometrie, 3. Aufl., Berlin 2005 (Ökonometrie).

B

BACKHAUS, KLAUS/ERICHSON, BERND/PLINKE, WULFF/WEIBER, ROLF, Multivariate Analysemethoden: Eine anwendungsorientierte Einführung, 10. Aufl., Berlin 2003 (Multivariate Analysemethoden).

BAETGE, JÖRG, Möglichkeiten der Objektivierung des Jahreserfolges, Düsseldorf 1970 (Möglichkeiten der Objektivierung des Jahreserfolges).

BAETGE, JÖRG, Die Authentizität des mit dem Geschäftsbericht vermittelten Bildes vom Unternehmen, in: Der Geschäftsbericht – Die Visitenkarte des Unternehmens, hrsg. v. Baetge, Jörg/Kirchhoff, Klaus Rainer, Wien 1997, S. 22-23 (Authentizität des Bildes).

BAETGE, JÖRG, Sicherheit und Genauigkeit, in: Lexikon der Rechnungslegung und Abschlussprüfung, hrsg. v. Lück, Wolfgang, 4. Aufl., München 1998, S. 719-720 (Sicherheit und Genauigkeit).

BAETGE, JÖRG/ARMELOH, KARL-HEINZ, Der Kriterienkatalog zur Beurteilung des Inhalts von Geschäftsberichten, in: Der Geschäftsbericht – Die Visitenkarte des Unternehmens, hrsg. v. Baetge, Jörg/Kirchhoff, Klaus Rainer, Wien 1997, S. 93-128 (Kriterienkatalog).

BAETGE, JÖRG/BALLWIESER, WOLFGANG, Zum bilanzpolitischen Spielraum der Unternehmensleitung, in: BFuP 1977, S. 199-215 (Bilanzpolitischer Spielraum).

BAETGE, JÖRG/HAENELT, TIMO, Pensionsrückstellungen im IFRS-Abschluss: Kritische Würdigung der Regelungen zur Vereinnahmung versicherungsmathematischer Gewinne und Verluste im IFRS-Abschluss unter Berücksichtigung der Neuregelung des FASB, in: DB 2006, S. 2413-2419 (Pensionsrückstellungen).

BAETGE, JÖRG/HAENELT, TIMO, Konzernlageberichterstattung im IFRS-Abschluss, in: IFRS-Management, hrsg. v. Heyd, Reinhard/Keitz, Isabel von, München 2007, S. 111-131 (Konzernlageberichterstattung im IFRS-Abschluss).

BAETGE, JÖRG/HAENELT, TIMO, Kritische Würdigung der Kapitalabgrenzung im IFRS-Abschluss und Darstellung des alternativen Loss Absorption Approach der EFRAG und des DSR, in: ZGR 2008, S. 297-323 (Loss Absorption Approach).

BAETGE, JÖRG/HAENELT, TIMO, Kritische Würdigung der neu konzipierten Segmentberichterstattung nach IFRS 8 unter Berücksichtigung prüfungsrelevanter Aspekte, in: IRZ 2008, S. 43-50 (Segmentberichterstattung nach IFRS 8).

BAETGE, JÖRG/KIRCHHOFF, KLAUS RAINER, Der Geschäftsbericht – Die Visitenkarte des Unternehmens, Wien 1997 (Der Geschäftsbericht).

BAETGE, JÖRG/LIENAU, ACHIM, Änderungen der Berufsaufsicht der Wirtschaftsprüfer, in: DB 2004, S. 2277-2281 (Berufsaufsicht der Wirtschaftsprüfer).

BAETGE, JÖRG/LIENAU, ACHIM, Fair Value auf der Passivseite der Bilanz?, in: Fair Value: Bewertung in Rechnungswesen, Controlling und Finanzwirtschaft, hrsg. v. Bieg, Hartmut/Heyd, Reinhard, München 2005, S. 309-332 (Fair Value).

BAETGE, JÖRG/LINSSEN, THOMAS, Risiken der künftigen Entwicklung nach KonTraG, in: Wertorientierte Konzernführung, hrsg. v. Küting, Karlheinz/Weber, Claus-Peter, Stuttgart 2000, S. 9-34 (Risiken der künftigen Entwicklung).

BAETGE, JÖRG/MATENA, SONJA, Normative Überlegungen zur Ausgestaltung der Abschlussprüfung im Lichte aktueller Unternehmenskrisen, in: Wirtschaftsprüfung und Unternehmensüberwachung: Festschrift für Prof. Dr. Dr. h.c. Wolfgang Lück, hrsg. v. Wollmert, Peter/Schönbrunn, Norbert/Jung, Udo/Siebert, Hilmar/Henke, Michael, Düsseldorf 2003, S. 179-203 (Abschlussprüfung).

BAETGE, JÖRG/NOELLE, JENNIFER, Shareholder-Value-Reporting sowie Prognose- und Performancepublizität, in: KoR 2001, S. 174-180 (Shareholder-Value-Reporting).

BAETGE, JÖRG/SCHLÖSSER, JULIA, Zwischenberichterstattung in Theorie und Praxis, in: Die deutsche Aktie: Unternehmensfinanzierung und Vermögenspolitik vor neuen Herausforderungen: Festschrift zum vierzigjährigen Bestehen des Deutschen Aktieninstituts e. V., hrsg. v. Fritsch, Ulrich/Liener, Gerhard/Schmidt, Reinhart, München 1993, S. 225-249 (Zwischenberichterstattung in Theorie und Praxis).

BAETGE, JÖRG/SCHULZE, DENNIS, Möglichkeiten der Objektivierung der Lageberichterstattung über „Risiken der künftigen Entwicklung“, in: DB 1998, S. 937-948 (Objektivierung der Lageberichterstattung).

BAETGE, JÖRG/SURREY, INGE, Nationale Rechnungslegungsstandards im Umfeld internationaler Rechnungslegungsentwicklung am Beispiel latenter Steuern, in: Rechnungslegung, Steuerung und Aufsicht von Banken: Kapitalmarktorientierung und Internationalisierung: Festschrift zum 60. Geburtstag von Jürgen Krumnow, hrsg. v. Lange, Thomas A./Löw, Edgar, Wiesbaden 2004, S. 121-144 (Nationale Rechnungslegungsstandards).

BAETGE, JÖRG/ZÜLCH, HENNING, Von der Spätwarnung zur Frühwarnung, in: Der Wirtschaftsprüfer und sein Umfeld zwischen Tradition und Wandel zu Beginn des 21. Jahrhunderts: Festschrift zum 75. Geburtstag von Hans-Heinrich Otte, hrsg. v. Boysen, Kurt/Dyckerhoff, Christian/Otte, Holger, Düsseldorf 2001, S. 1-47 (Wirtschaftsprüfer).

BAETGE, JÖRG/BRÜGGEMANN, BENEDIKT/HAENELT, TIMO, Erweiterte Offenlegungspflichten in der handelsrechtlichen Lageberichterstattung – Übernahmerechtliche Angaben und Erläuterungen nach § 315 Abs. 4 HGB und E-DRS 23, in: BB 2007, S. 1887-1893 (Erweiterte Offenlegungspflichten).

BAETGE, JÖRG/FISCHER, THOMAS R./PASKERT, DIERK, Der Lagebericht: Aufstellung, Prüfung und Offenlegung, Stuttgart 1989 (Lagebericht).

BAETGE, JÖRG/KIRSCH, HANS-JÜRGEN/THIELE, STEFAN, Bilanzanalyse, 2. Aufl., Düsseldorf 2004 (Bilanzanalyse).

BAETGE, JÖRG/KIRSCH, HANS-JÜRGEN/THIELE, STEFAN, Konzernbilanzen, 7. Aufl., Düsseldorf 2004 (Konzernbilanzen).

BAETGE, JÖRG/KIRSCH, HANS-JÜRGEN/THIELE, STEFAN, Bilanzen, 9. Aufl., Düsseldorf 2007 (Bilanzen).

BAETGE, JÖRG/KRUMNOW, JÜRGEN/NOELLE, JENNIFER, Das „Deutsche Rechnungslegungs Standards Committee" (DRSC: Standortbestimmung und Zukunftsperspektiven der Konzernrechnungslegung), in: DB 2001, S. 769-774 (Das DRSC).

BAETGE, JÖRG/MARESCH, DANIELA/SCHULZ, ROLAND, Zur (Un-)Möglichkeit des Zeitvergleichs von Kennzahlen, in: DB 2008, S. 417-422 (Zur (Un-)Möglichkeit des Zeitvergleichs von Kennzahlen).

BAETGE, JÖRG/THIELE, STEFAN/MATENA, SONJA, Mittelbare Sicherung der Prüfungsqualität durch Enforcement geprüfter Jahres- und Konzernabschlüsse, in: BFuP 2004, S. 201-218 (Sicherung der Prüfungsqualität durch Enforcement).

BAETGE, JÖRG/THIELE, STEFAN/PLOCK, MARCUS, Die Restrukturierung des International Accounting Standards Committee – Das IASC auf dem Weg zum globalen Standardsetter?, in: DB 2000, S. 1033-1038 (Die Restrukturierung des IASC).

BAETGE, JÖRG/WINKELJOHANN, NORBERT/HAENELT, TIMO, Die Bilanzierung des gesellschaftsrechtlichen Eigenkapitals von Nicht-Kapitalgesellschaften nach der novellierten Kapitalabgrenzung des IAS 32 (rev. 2008), in: DB 2008, S. 1518-1522 (Kapitalabgrenzung nach IAS 32).

BAFIN (Hrsg.), Stellungnahme zum Entwurf Deutscher Rechnungslegungs Standard Nr. 21, URL: http://www.standardsetter.de/drsc/docs/11_E-DRS-21.pdf, Stand: 01. Dezem-ber 2008 (Stellungnahme E-DRS 21).

BALDWIN, BRUCE A., Segment Earnings Disclosure and the Ability of Security Analysts to Forecast Earnings Per Share, in: Accounting Review 1984, S. 376-389 (Segment Earnings Disclosure and the Ability of Security Analysts to Forecast EPS).

BALLWIESER, WOLFGANG, Anforderungen des Kapitalmarkts an Bilanzansatz- und Bilanzbewertungsregeln, in: KoR 2001, S. 160-164 (Anforderungen des Kapitalmarkts).

BALLWIESER, WOLFGANG, Informations-GoB – auch im Lichte von IAS und US-GAAP, in: KoR 2002, S. 115-121 (Informations-GoB).

BALTES-GÖTZ, BERNHARD, Lineare Regressionsanalyse mit SPSS, URL: http://www.uni-trier.de/index.php?id=22489, Stand: 11. Februar 2009 (Lineare Regressionsanalyse).

BAMBERG, GÜNTER/BAUR, FRANZ, Statistik, 11. Aufl., München 2001 (Statistik).

BARTH, MARY E./KASZNIK, RON/MCNICHOLS, MAUREEN F., Analyst Coverage and Intangible Assets, in: Journal of Accounting Research 2001, S. 1-34 (Analyst Coverage).

BARTH, NORBERT/BERNDT, HELMUT/GEIGER, KLAUS M./SCHICKLING, MICHAEL/SCHMITT, GÜNTER, Ermittlung wertorientierter Ergebnisse (Value-based Earnings), in: FB 2006, S. 421-427 (Ermittlung wertorientierter Ergebnisse).

BASF AG (Hrsg.), Stellungnahme zu E-DRS 21, URL: http://www.standardsetter.de/drsc/docs/05_E-DRS-21.pdf, Stand: 01. Dezember 2008 (Stellungnahme E-DRS 21).

BAY, WOLF/BRUNS, HANS-GEORG, Internationalisierung der Unternehmenspublizität als Folge globaler Unternehmenstätigkeit, in: Unternehmenspublizität im internationalen Wettbewerb, hrsg. v. Haller, Axel/Raffournier, Bernard/Walton, Peter, Stuttgart 2000, S. 709-754 (Internationalisierung der Unternehmenspublizität).

BEAR, STEARNS & CO. INC. (Hrsg.), Pro Forma Earnings: A Critical Perspective. An Industry-by-Industry Assessment of Pro Forma Earnings Reporting, New York 2002 (Pro Forma Earnings: A Critical Perspective).

BEAVER, WILLIAM H., Financial Reporting: An Accounting Revolution, 3. Aufl., New Jersey 1998 (Financial Reporting).

BECKER, FRED G., Finanzmarketing von Unternehmungen: Konzeptionelle Überlegungen jenseits von Investor Relations, in: DBW 1994, S. 295-313 (Finanzmarketing).

BEHRENWALDT, UDO, Wertschöpfung auf dem Prüfstand: Der Anspruch der institutionellen Investoren an die Investor-Relations-Arbeit, in: Investor Relations am Neuen Markt: Zielgruppen, Instrumente, rechtliche Rahmenbedingungen und Kommunikationsinhalte, hrsg. v. Achleitner, Ann-Kristin/Bassen, Alexander, Stuttgart 2001, S. 421-434 (Institutionelle Investoren).

BEIERSDORF, KATI/BUCHHEIM, REGINE, Entwurf des Gesetzes zur Umsetzung der EU-Transparenzrichtlinie: Ausweitung der Publizitätspflichten, in: BB 2006, S. 1674-1677 (Ausweitung der Publizitätspflichten).

BEIERSDORF, KATI/RAHE, INGO, Verabschiedung des Gesetzes zur Umsetzung der EU-Transparenzrichtlinie (TUG) – Update zu BB 2006, in: BB 2007, S. 99-101 (Verabschiedung TUG).

BERENS, WOLFGANG, Beurteilung von Heuristiken: Neuorientierung und Vertiefung am Beispiel logistischer Probleme, Wiesbaden 1992 (Beurteilung von Heuristiken).

BERENS, WOLFGANG/DARIUS, PETRA/SCHMITTING, WALTER, Die Verwendung von Graphiken in Geschäftsberichten: Eine empirische Studie, Aachen 1997 (Graphiken in Geschäftsberichten).

BERNDSEN, HANS-PETER, Unternehmenspublizität in Deutschland: Stand der empirischen Forschung, in: DBW 1978, S. 121-134 (Unternehmenspublizität).

BERNDSEN, HANS-PETER, Unternehmenspublizität: Eine empirische Untersuchung zur Messung des Publizitätsverhaltens großer börsennotierter Aktiengesellschaften und der Auswirkung auf die Anlageentscheidungen am Aktienmarkt, Augsburg 1979 (Publizität).

BERNDT, THOMAS/JENNY, GERHARD, Gewinn oder nicht Gewinn? – Bedeutung des Other Comprehensive Income bei der Bestimmung der Eigenkapitalrentabilität, in: BB 2006, S. 2179-2185 (Gewinn oder nicht Gewinn?).

BEYHS, OLIVER/WAGNER, BERNADETTE, Die neuen Vorschriften des IASB zur Abbildung von Unternehmenszusammenschlüssen: Darstellung der wichtigsten Änderungen in IFRS 3, in: DB 2008, S. 73-83 (Unternehmenszusammenschlüsse).

BHATTACHARYA, UTPAL/GROZNIK, PETER/HASLEM, BRUCE, Is CEO certification of earnings numbers value relevant?, in: Journal of Empirical Finance 2007, S. 611-635 (CEO certification).

BIENER, HERBERT, Das DRSC: Auftrag und Perspektiven, in: Die Zukunft des deutschen Bilanzrechts im Zeichen internationaler Rechnungslegung und privater Standardsetzung, hrsg. v. Kleindiek, Detlef/Oehler, Wolfgang, Köln 2000, S. 55-70 (Das DRSC: Auftrag und Perspektiven).

BIGUS, JOCHEN, Reputation und Wirtschaftsprüferhaftung, in: BFuP 2006, S. 22-41 (Reputation und Wirtschaftsprüferhaftung).

BISCHOF, STEFAN/MOLZAHN, SYBILLE, IAS 1 (revised 2007) „Presentation of Financial Statements“, in: IRZ 2008, S. 171-178 (IAS 1).

BITTNER, THOMAS, Die Wirkungen von Investor Relations-Maßnahmen auf Finanzanalysten, Bergisch Gladbach 1996 (Investor Relations und Finanzanalysten).

BLEYMÜLLER, JOSEF/GEHLERT, GÜNTHER, Statistische Formeln, Tabellen und Programme, 10. Aufl., München 2003 (Statistische Formeln).

BLEYMÜLLER, JOSEF/GEHLERT, GÜNTHER/GÜLICHER, HERBERT, Statistik für Wirtschaftswissenschaftler, 15. Aufl., München 2008 (Statistik).

BLOHM, HANS, Der Geschäftsbericht als Mittel der Betriebspolitik: Praktische Hinweise für Erstellung und Auswertung, Baden-Baden 1962 (Geschäftsbericht).

BÖCKING, HANS-JOACHIM, Zum Verhältnis von Rechnungslegung und Kapitalmarkt: Vom „financial accounting“ zum „business reporting“, in: ZfbF-Sonderheft Nr. 40, 1998, S. 17-53 (Verhältnis von Rechnungslegung und Kapitalmarkt).

BÖCKING, HANS-JOACHIM, Internationalisierung der Rechnungslegung und ihre Auswirkungen auf die Grundprinzipien des deutschen Rechts, in: Der Konzern 2004, S. 177-183 (Internationalisierung der Rechnungslegung).

BÖCKING, HANS-JOACHIM/STEIN, THOMAS, Prüfung des Konzernlageberichts durch Abschlussprüfer, Aufsichtsräte und Deutsche Prüfstelle für Rechnungslegung – Neue Anforderungsprofile für Vorstände, Aufsichtsräte und Abschlussprüfer i. S. einer gesetzlichen Konkretisierung der Corporate Governance –, in: Der Konzern 2007, S. 43-54 (Prüfung des Konzernlageberichts).

BÖMELBURG, PETER/LANDGRAF, CHRISTIAN/LUCE, KARSTEN, Angaben zu nahe stehenden Unternehmen und Personen vor dem Hintergrund der geplanten Änderungen durch ED IAS 24, in: PiR 2007, S. 243-250 (ED IAS 24).

BODE, CHRISTOPH, Anlegerschutz und Neuer Markt – Eine empirische Untersuchung des Publizitätsverhaltens ausgewählter Unternehmen des Neuen Marktes, Jena 2006 (Anlegerschutz und Neuer Markt).

BOHAN, MICHAEL, Interim Financial Reporting: Shall We Be Discrete?, in: Journal of Accounting, Auditing and Finance 1979, S. 183-187 (Interim Financial Reporting).

BORTZ, JÜRGEN, Statistik, 6. Aufl., Berlin 2005 (Statistik).

BORTZ, JÜRGEN/DÖRING, NICOLA, Forschungsmethoden und Evaluation: Für Human- und Sozialwissenschaftler, 3. Aufl., Berlin 2003 (Forschungsmethoden und Evaluation).

BOSSE, CHRISTIAN, Wesentliche Neuregelungen ab 2007 aufgrund des Transparenzrichtlinie-Umsetzungsgesetzes für börsennotierte Unternehmen, in: DB 2007, S. 39-46 (Wesentliche Neuregelungen für börsennotierte Unternehmen).

BOTOSAN, CHRISTINE A., Disclosure Level and the Cost of Equity Capital, in: Accounting Review 1997, S. 323-349 (Disclosure Level).

BOTOSAN, CHRISTINE A., Evidence that greater Disclosure lowers the Cost of Equity Capital, in: Journal of Applied Corporate Finance 2000, S. 60-69 (Disclosure).

BÖTZEL, STEFAN, Diagnose von Konzernkrisen, Köln 1993 (Konzernkrisen).

BRAUCKSCHULZE, UTE, Die Produktelimination. Ein Vorschlag zur Gestaltung des Produktidentifikations- und Entscheidungsprozesses, Münster 1983 (Produktelimination).

BRAUN, GÜNTHER E., Der Beitrag der Nutzwertanalyse zur Handhabung eines multidimensionalen Zielsystems, in: WiSt 1982, S. 49-54 (Nutzwertanalyse).

BRECHT, ANGELIKA, Die erfolgswirtschaftliche Analyse von US-GAAP-Abschlüssen, Hamburg 2002 (Die erfolgswirtschaftliche Analyse).

BRETZKE, WOLF-RÜDIGER, Inhalt und Prüfung des Lageberichtes: Anmerkungen zur gegenwärtigen und zukünftigen Praxis der Prognosepublizität, in: WPg 1979, S. 337-349 (Inhalt und Prüfung des Lageberichtes).

BRIDTS, CHRISTIAN, Zwischenberichtspublizität, Düsseldorf 1990 (Zwischenberichtspublizität).

BROTTE, JÖRG, US-amerikanische und deutsche Geschäftsberichte: Notwendigkeit, Regulierung und Praxis jahresabschlußergänzender Informationen, Wiesbaden 1997 (Geschäftsberichte).

BROWN, PHILIP/KENNELLY, JOHN W., The Informational Content of Quarterly Earnings: An Extension and some further Evidence, in: Journal of Business 1972, S. 403-415 (The Informational Content of Quarterly Earnings).

BRÜCKS, MICHAEL/DUHR, ANDREAS, Bilanzierung von Contingent Assets und Contingent Liabilities: Beispielhafte Würdigung der aktuellen Überlegungen von IASB und FASB, in: KoR 2006, S. 243-251 (Bilanzierung von Contingent Assets und Contingent Liabilities).

BRÜGGEMANN, BENEDIKT, Die Berichterstattung im Anhang des IFRS-Abschlusses, Düsseldorf 2007 (Die Berichterstattung im Anhang des IFRS-Abschlusses).

BUCHHEIM, REGINE, Die Jahres- und Zwischenberichterstattung im Entwurf der EU-Transparenz-Richtlinie, in: KoR 2003, S. 241-248 (Die Jahres- und Zwischenberichterstattung).

BUCHHEIM, REGINE/ULBRICH, PHILIPP, EU-Transparenz-Richtlinie: Neuregelungen der periodischen und laufenden Berichterstattung kapitalmarktnotierter Unternehmen, in: KoR 2004, S. 273-287 (EU-Transparenz-Richtlinie).

BUCK-HEEB, PETRA, Kapitalmarktrecht, 2. Aufl., Heidelberg 2007 (Kapitalmarktrecht).

BUDDE, DIETER/STEUBER, ELGIN, Normsetzungsbefugnis eines deutschen Standard Setting Body, in: DStR 1998, S. 1181-1187 (Normsetzungsbefugnis).

BÜNING, HERBERT/TRENKLER, GÖTZ, Nichtparametrische statistische Methoden, 2. Aufl., Berlin 1994 (Nichtparametrische statistische Methoden).

BURGER, ANTON, Zwischenberichterstattung für Gläubiger?, in: WPg 1997, S. 359-366 (Zwischenberichterstattung für Gläubiger).

BURGER, ANTON/ULBRICH, PHILIPP, IAS-Verordnung und § 292a HGB – Probleme beim Übergang, in: DB 2003, S. 2397-2399 (IAS-Verordnung und § 292a HGB).

BUSSE VON COLBE, WALTHER, Kapitalflußrechnung, in: Handwörterbuch des Rechnungswesens, hrsg. v. Chmielewicz, Klaus/Schweitzer, Marcell, 3. Aufl., Stuttgart 1993, Sp. 1074-1085 (Kapitalflussrechnung).

BUSSE VON COLBE, WALTHER, Unternehmenskontrolle durch Rechnungslegung, in: Internationale Unternehmenskontrolle und Unternehmenskultur, hrsg. v. Sandrock, Otto, Tübingen 1994, S. 37-57 (Unternehmenskontrolle durch Rechnungslegung).

BUSSE VON COLBE, WALTHER, Zwischenberichterstattung nach dem E-DRS 6, in: BB 2000, S. 2194-2196 (Zwischenberichterstattung nach E-DRS 6).

BUSSE VON COLBE, WALTHER/REINHARD, HERBERT (Hrsg.), Zwischenberichterstattung nach neuem Recht für börsennotierte Unternehmen: Empfehlungen des Arbeitskreises „Externe Unternehmensrechnung“ der Schmalenbach-Gesellschaft, Deutsche Gesellschaft für Betriebswirtschaft e. V., Stuttgart 1989 (Zwischenberichterstattung).

BVI (Hrsg.), Der BVI: Repräsentant der Investmentbranche, URL: http://www.bvi.de/de/bvi/portraet/bvi_broschuere/bvi_repraesentant_1207.pdf, Stand: 24. Juli 2008 (Investmentbranche).

BVI (Hrsg.), Investment-Information, URL: http://www.bvi.de/de/presse/pressemitteilungen/presse2008/pm140508/pm140508.pdf, Stand: 24. Juli 2008 (Investment-Information).

BYARD, DONAL/SHAW, KENNETH, Corporate Disclosure Quality and Properties of Analysts' Information Environment, in: Journal of Accounting, Auditing and Finance 2003, S. 355-378 (Corporate Disclosure Quality).

C

CAHN, ANDREAS/GÖTZ, JÜRGEN, Ad-hoc-Publizität und Regelberichterstattung, in: Die Aktiengesellschaft 2007, S. 221-226 (Ad-hoc-Publizität und Regelberichterstattung).

CALIZ, STEFAN, Erfolgsberichterstattung: Konzeption, Darstellung und Weiterentwicklung nach internationalen Rechnungslegungsstandards, Bamberg 2003 (Erfolgsberichterstattung).

CERF, ALAN ROBERT, Corporate Reporting and Investment Decisions, Berkeley 1961 (Corporate Reporting).

CFA (Hrsg.), A Comprehensive Business Reporting Model: Financial Reporting for Investors, URL: http://www.cfapubs.org/doi/abs/10.2469/ccb.v2007.n6.4818, Stand: 05. September 2008 (A Comprehensive Business Reporting Model).

CHANG, HSIHUI/CHEN, JENGFANG/LIAO, WOODY M./MISHRA, BIRENDRA K., CEOs'/CFOs' Swearing by the Numbers: Does It Impact Share Price of the Firm?, in: Accounting Review 2006, S. 1-27 (Swearing by the Numbers).

CHANG, LUCIA/MOST, KENNETH, An International Comparison of Investor Uses of Financial Statements, in: International Journal of Accounting 1981, S. 43-60 (International Comparison).

CHENHALL, ROBERT H./MOERS, FRANK, The Issue of Endogeneity within Theory-Based, Quantitative Management Accounting Research, in: European Accounting Review 2007, S. 173-196 (Endogeneity).

CLAUSSEN, CARSTEN PETER (Hrsg.), Bank- und Börsenrecht, 4. Aufl., München 2008 (Bank- und Börsenrecht).

COATES, ROBERT, The Predictive Content of Interim Reports – A Time Series Analysis, in: Journal of Accounting Research 1972, S. 132-144 (The Predictive Content of Interim Reports).

COENENBERG, ADOLF GERHARD, Kapitalflussrechnung als Instrument der Bilanzanalyse, in: Der Schweizer Treuhänder 2001, S. 311-320 (Kapitalflussrechnung als Instrument der Bilanzanalyse).

COENENBERG, ADOLF GERHARD, Kapitalflussrechnung und Segmentberichterstattung als Instrumente der Bilanzanalyse, in: Vom Financial Accounting zum Business Reporting, hrsg. v. Küting, Karlheinz/Weber, Claus-Peter, Stuttgart 2002, S. 173-218 (Segmentberichterstattung und Bilanzanalyse).

COENENBERG, ADOLF GERHARD, Jahresabschluss und Jahresabschlussanalyse – Betriebswirtschaftliche, handelsrechtliche, steuerrechtliche und internationale Grundsätze – HGB, IFRS und US-GAAP, 20. Aufl., Stuttgart 2005 (Jahresabschluss und Jahresabschlussanalyse).

COENENBERG, ADOLF GERHARD/ALVAREZ, MANUEL, Zwischenberichterstattung, in: Handwörterbuch der Rechnungslegung und Prüfung, hrsg. v. Ballwieser, Wolfgang/Coenenberg, Adolf Gerhard/Wysocki, Klaus von, 3. Aufl., Stuttgart 2002, Sp. 2758-2774 (Zwischenberichterstattung).

COENENBERG, ADOLF GERHARD/FEDERSPIELER, CHRISTIAN, Internationale Zwischenberichtspublizität, in: Internationales Management: Auswirkungen globaler Veränderungen auf Wettbewerb, Unternehmensstrategie und Märkte: Festschrift zum 60. Geburtstag von Klaus Macharzina, hrsg. v. Engelhard, Johann/Oechsler, Walter, Wiesbaden 1999, S. 385-413 (Internationale Zwischenberichtspublizität).

COENENBERG, ADOLF GERHARD/HENES, FRANK, Der Informationsgehalt der Zwischenberichtspublizität nach § 44b Börsengesetz, in: ZfbF 1995, S. 969-993 (Der Informationsgehalt von Zwischenberichten).

COENENBERG, ADOLF GERHARD/SCHULTZE, WOLFGANG, Das Multiplikator-Verfahren in der Unternehmensbewertung: Konzeption und Kritik, in: FB 2002, S. 697-703 (Multiplikator-Verfahren).

COENENBERG, ADOLF GERHARD/DEFFNER, MANUEL/SCHULTZE, WOLFGANG, Erfolgsspaltung im Rahmen der erfolgswirtschaftlichen Analyse von IFRS-Abschlüssen, in: KoR 2005, S. 435-443 (Erfolgsspaltung).

CONTROLLER VEREIN E.V. (Hrsg.), Stellungnahme zum Standardentwurf E-DRS 21 „Zwischenberichterstattung", URL: http://www.standardsetter.de/drsc/docs/09_E-DRS-21.pdf, Stand: 01. Dezember 2008 (Stellungnahme E-DRS 21).

COWLES, MICHAEL/DAVIS, CAROLINE, On the Origins of the .05 Level of Statistical Significance, in: American Psychologist 1982, S. 553-558 (Level of Significance).

D

DAHL, GABRIELE, Zwischenberichterstattung börsennotierter Unternehmen, Wiesbaden 1995 (Zwischenberichterstattung börsennotierter Unternehmen).

DAHLKE, JÜRGEN, Steuerpositionen im Zwischenabschluss nach IAS 34 – Auswirkungen der Unternehmenssteuerreform 2008, in: BB 2007, S. 1831-1838 (Steuerpositionen im Zwischenabschluss nach IAS 34).

DAI (Hrsg.), Nachtrag zur Stellungnahme des Deutschen Aktieninstituts zur Diskussionsentwurf eines Gesetzes zur Umsetzung der Transparenzrichtlinie (TUG) vom 1.5.2006, Frankfurt am Main 2006 (Nachtrag zur Stellungnahme zum E-TUG).

DAI (Hrsg.), Stellungnahme des Deutschen Aktieninstituts e.V. zum Regierungsentwurf eines Transparenzrichtlinie-Umsetzungsgesetzes (TUG) vom 28. Juni 2006, Frankfurt am Main 2006 (Stellungnahme Regierungsentwurf TUG).

DAMODARAN, ASWATH, Corporate Finance – Theory and Practice, 2. Aufl., Hoboken 2001 (Corporate Finance).

DEMIRAKOS, EFTHIMIOS/STRONG, NORMAN/WALKER, MARTIN, What Valuation Models Do Analysts Use?, in: Accounting Horizons 2004, S. 221-240 (What Valuation Models Do Analysts Use?).

DEUTSCHE BÖRSE AG (Hrsg.), General Standard und Prime Standard: Zugang zum europäischen Kapitalmarkt, Frankfurt am Main 2007 (General Standard und Prime Standard).

DEUTSCHE BÖRSE AG (Hrsg.), Allgemeine Geschäftsbedingungen für den Freiverkehr an der Frankfurter Wertpapierbörse, Frankfurt am Main 2008 (Geschäftsbedingungen für den Freiverkehr).

DEUTSCHE BÖRSE AG (Hrsg.), Börsenordnung für die Frankfurter Wertpapierbörse (Stand: 15. April 2009), URL: http://deutsche-boerse.de, Stand: 20. April 2009 (Börsenordnung).

DEUTSCHE BÖRSE AG (Hrsg.), FAQ-Katalog für Open Market / Entry Standard, URL: http://deutsche-boerse.com, Stand: 19. Juli 2008 (FAQ-Katalog für Open Market).

DEUTSCHE BÖRSE AG (Hrsg.), FWB Porträt, URL: http://deutsche-boerse.com, Stand: 26. September 2008 (FWB Porträt).

DEUTSCHE BÖRSE AG (Hrsg.), Leitfaden zu den Aktienindizes der Deutschen Börse: Version 6.7 – Dezember 2008, URL: http://deutsche-boerse.com, Stand: 24. Dezember 2008 (Leitfaden zu den Aktienindizes).

DIEHL, ULRIKE/LOISTL, OTTO/REHKUGLER, HEINZ, Effiziente Kapitalmarktkommunikation, Stuttgart 1998 (Effiziente Kapitalmarktkommunikation).

DÖHLE, PATRICIA/PAPENDICK, ULRIC, Masse statt Klasse, in: manager magazine, Heft 10, 2003, S. 118-133 (Masse statt Klasse).

DÖRNER, DIETRICH/BISCHOF, STEFAN, Zweifelsfragen zur Berichterstattung über die Risiken der künftigen Entwicklung im Lagebericht, in: WPg 1999, S. 445-455 (Risikoberichterstattung).

DPR (Hrsg.), Tätigkeitsbericht 2007, URL: http://www.frep.info/jahresberichte _pruefstelle.php, Stand: 13. Juli 2008 (Tätigkeitsbericht 2007).

Dreyer, Arend, Scoring-Modelle bei Mehrfachzielsetzungen: Eine Analyse des Entwicklungsstandes von Scoring-Modellen, in: ZfB 1974, S. 255-274 (Scoring-Modelle).

DRSC (Hrsg.), Bekanntmachung DRS 16, URL: http://www.drsc.de, Stand: 24. Juli 2008 (Bekanntmachung von DRS 16).

DRSC (Hrsg.), Deutscher Standardisierungsrat (DSR) verabschiedet DRS 16 Zwischenberichterstattung, URL: http://www.standardsetter.de/drsc/docs/press_releases/080505_ DRS16.pdf, Stand: 15. Juni 2008 (Pressemitteilung DRS 16).

DRSC (Hrsg.), Stellungnahme: Regierungsentwurf eines Gesetzes zur Umsetzung der EU-Transparenzrichtlinie (TUG-E) vom 28. Juni 2006, Berlin 2006 (Stellungnahme TUG-E).

Drukarczyk, Jochen/Schüler, Andreas, Unternehmensbewertung, 5. Aufl., München 2007 (Unternehmensbewertung).

DSR (Hrsg.), Stellungnahme zum Vorschlag für eine Richtlinie des Europäischen Parlaments und des Rates zur Abänderung der Richtlinien 78/660/EWG und 83/349/EWG vom 07.12.2004, Berlin 2004 (Stellungnahme EU-Änderungsrichtlinie).

Dürr, Michael, Investor Relations – Handbuch für Finanzmarketing und Unternehmenskommunikation, München 1995 (Investor Relations).

Dumontier, Pascal/Raffournier, Bernard, Accounting and Capital Markets: A Survey of the European Evidence, in: European Accounting Review 2002, S. 119-151 (Accounting and Capital Markets).

DVFA (Hrsg.), Deutsche Grundsätze für Finanz-Research, Dreieich 2006 (Grundsätze für Finanz-Research).

DVFA (Hrsg.), DVFA-Grundsätze für effektive Finanzkommunikation, Dreieich 2006 (Grundsätze für effektive Finanzkommunikation).

DVFA (Hrsg.), Certified International Investment Analyst, URL: http://www.dvfa.de/ aus_weiterbildung/ciia/infos_kontakt/dok/35343.php, Stand: 23. Juli 2007 (CIIA).

Dymke, Björn, Directors' Dealings am deutschen Kapitalmarkt: Eine empirische Bestandsaufnahme, in: FB 2007, S. 450-460 (Directors' Dealings am deutschen Kapitalmarkt).

E

Eckenrode, Robert T., Weighting Multiple Criteria, in: Management Science 1966, S. 180-192 (Weighting Multiple Criteria).

Eggemann, Gerd/Petry, Martin, Fast Close – Verkürzung von Aufstellungs- und Veröffentlichungszeiten für Jahres- und Konzernabschlüsse, in: BB 2002, S. 1635-1639 (Verkürzung von Aufstellungszeiten für Abschlüsse).

ERCHINGER, HOLGER/MELCHER, WINFRIED, Fehler in der internationalen Rechnungslegung: Bilanzierung, Prüfung und Berichterstattung (Teil 1), in: KoR 2008, S. 616-625 (Fehler in der internationalen Rechnungslegung).

ERNST & YOUNG (Hrsg.), How fair is fair value?, London 2005 (How fair is fair value?).

ERNST, EDGAR/GASSEN, JOACHIM/PELLENS, BERNHARD, Verhalten und Präferenzen deutscher Aktionäre. Eine Befragung von privaten und institutionellen Anlegern zum Informationsverhalten, zur Dividendenpräferenz und zur Wahrnehmung von Stimmrechten, in: Studien des Deutschen Aktieninstituts, hrsg. v. Rosen, Rüdiger von, Heft 42, Frankfurt am Main 2009 (Verhalten und Präferenzen deutscher Aktionäre).

ERNSTBERGER, JÜRGEN/PFAUNTSCH, KARIN, Die Qualität von Zwischenberichten börsennotierter Unternehmen in Deutschland, in: IRZ 2008, S. 195-206 (Die Qualität von Zwischenberichten).

EUROPÄISCHE KOMMISSION (Hrsg.), Vorschlag für eine Richtlinie des Europäischen Parlaments und des Rates zur Harmonisierung der Transparenzanforderungen in Bezug auf Informationen über Emittenten, deren Wertpapiere zum Handel auf einem geregelten Markt zugelassen sind, und zur Änderung der Richtlinie 2001/34/EG, Brüssel 2003 (Vorschlag zur Transparenzrichtlinie).

EUROPÄISCHE KOMMISSION (Hrsg.), Auf dem Weg zu einer EU-weiten Regelung der Informationspflichten von Emittenten, deren Wertpapiere zum Handel auf einem geregelten Markt zugelassen sind, URL: http://ec.europa.eu/internal_market/securities/docs/transparency/consultation2/2ndconsult-cover_de.pdf, Stand: 08. Juli 2008 (Zweites Konsultationspapier).

EUROPÄISCHE KOMMISSION (Hrsg.), Finanzdienstleistungen: Umsetzung des Finanzmarktrahmens: Aktionsplan, URL: http://ec.europa.eu/internal_market/finances/docs/actionplan/index/action_de.pdf, Stand: 02. Juli 2008 (Aktionsplan Finanzdienstleistungen).

EWERT, RALF, Rechnungslegung, Gläubigerschutz und Agency-Probleme, Wiesbaden 1986 (Rechnungslegung, Gläubigerschutz und Agency-Probleme).

F

FAHRMEIR, LUDWIG/KÜNSTLER, RITA/PIGEOT, IRES/TUTZ, GERHARD, Statistik: Der Weg zur Datenanalyse, 5. Aufl., Berlin 2004 (Statistik).

FAMA, EUGENE F., Agency Problems and the Theory of the Firm, in: Journal of Political Economy 1980, S. 288-307 (Agency Problems).

FASB (Hrsg.), Discussion Memorandum – An analysis of issues related to „Interim Financial Accounting and Reporting“, Stamford 1978 (Interim Financial Accounting and Reporting).

FEDERSPIELER, CHRISTIAN, Zwischenberichterstattung gemäß IAS – Der Entwurf des International Accounting Standards Committee, in: DB 1997, S. 943-947 (Zwischenberichterstattung gemäß IAS).

FEDERSPIELER, CHRISTIAN, Zwischenberichtspublizität in Europa: Der Informationsgehalt der Zwischenberichterstattung deutscher, britischer und französischer Unternehmen, Frankfurt am Main 1999 (Zwischenberichtspublizität in Europa).

FEY, GERD, Grundsätze ordnungsmäßiger Bilanzierung für Haftungsverhältnisse, Düsseldorf 1989 (Grundsätze ordnungsmäßiger Bilanzierung für Haftungsverhältnisse).

FINK, CHRISTIAN/KECK, BARBARA, Lageberichterstattung nach E-DRS 20: Kritische Würdigung aus Sicht der Unternehmensanalyse, in: WPg 2004, S. 1077-1091 (Lageberichterstattung).

FINK, CHRISTIAN/ULBRICH, PHILIPP, Segmentberichterstattung nach ED 8 – Operating Segments, in: KoR 2006, S. 233-243 (Segmentberichterstattung nach ED 8).

FINK, CHRISTIAN/ULBRICH, PHILIPP, IFRS 8: Paradigmenwechsel in der Segmentberichterstattung, in: DB 2007, S. 981-985 (IFRS 8).

FINK, CHRISTIAN/ULBRICH, PHILIPP, Verabschiedung des IFRS 8 – Neuregelung der Segmentberichterstattung nach dem Vorbild der US-GAAP, in: KoR 2007, S. 1-6 (Verabschiedung des IFRS 8).

FLADT, GUIDO, Die neuen Standards zu Unternehmenserwerben – was lange währt, wird endlich gut?, in: WPg 2008, Heft 3, S. 1 (Neuer Standard zu Unternehmenserwerben).

FLEISCHER, HOLGER, Der deutsche „Bilanzeid" nach § 264 Abs. 2 Satz 3 HGB, in: ZIP 2007, S. 97-106 (Der deutsche Bilanzeid).

FRANK, RALF, Empfehlungen zur Gestaltung effektiver Finanzkommunikation mit Finanzanalysten, in: Praxishandbuch Börsengang: Von der Vorbereitung bis zur Umsetzung, hrsg. v. Deutsche Börse AG, Wiesbaden 2006, S. 373-382 (Effektive Finanzkommunikation).

FREY, LUTZ G., Anforderungen an das Rechnungswesen, in: Praxishandbuch Börsengang: Von der Vorbereitung bis zur Umsetzung, hrsg. v. Deutsche Börse AG, Wiesbaden 2006, S. 101-125 (Anforderungen an das Rechnungswesen).

FRIEDRICH, NICO, Die Rolle von Analysten bei der Bewertung von Unternehmen am Kapitalmarkt: Das Beispiel Telekommunikationsindustrie, Köln 2007 (Analysten).

FÜLBIER, ROLF UWE, Regulierung der Ad-hoc-Publizität: Ein Beitrag zur ökonomischen Analyse des Rechts, Wiesbaden 1998 (Regulierung der Ad-hoc-Publizität).

G

GAO (Hrsg.), Financial Restatements: Update of Public Company Trends, Market Impacts, and Regulatory Enforcement Activities (GAO-06-678), Washington 2006 (Financial Restatements).

GASSEN, JOACHIM/SCHWEDLER, KRISTINA, Survey: The View of European Professional Investors and their Advisors: Attitudes towards Fair Value and Other Measurement Concepts: An Evaluation of their Decision-usefulness, URL: http://www.standardsetter.de/drsc/docs/press_releases/080411_fairvalue-studie.pdf, Stand: 09. Juni 2008 (Fair Value and Other Measurement Concepts).

GATTUNG, ANDREAS, Berichterstattung über Beziehungen zu nahe stehenden Unternehmen und Personen: Implikationen für eine „faithful representation“ nach IFRS, Saarbrücken 2007 (Berichterstattung über Beziehungen zu nahestehenden Unternehmen und Personen).

GEFIU (Hrsg.), Stellungnahme des Arbeitskreises „Externe Rechnungslegung“ der GEFIU zum Deutschen Rechnungslegungs Standard Nr. 21 (E-DRS 21 – Zwischenberichterstattung) vom 17. November 2006, URL: http://www.standardsetter.de/drsc/docs/01_E-DRS-21.pdf, Stand: 01. Dezember 2008 (Stellungnahme E-DRS 21).

GÖBEL, ELISABETH, Neue Institutionenökonomik: Konzeption und betriebswirtschaftliche Anwendungen, Stuttgart 2002 (Neue Institutionenökonomik).

GONEDES, NICOLAS J., Efficient Capital Markets and External Accounting, in: Accounting Review 1972, S. 11-16 (Efficient Capital Markets and External Accounting).

GÖRES, ULRICH, Kapitalmarktrechtliche Pflichten nach dem Transparenzrichtlinie-Umsetzungsgesetz (TUG), in: Der Konzern 2007, S. 15-24 (Kapitalmarktrechtliche Pflichten).

GRÄFER, HORST, Bilanzanalyse, 8. Aufl., Berlin 2001 (Bilanzanalyse).

GREEN, DAVID, Towards a Theory of Interim Reports, in: Journal of Accounting Research 1964, S. 35-49 (Theory of Interim Reports).

GREENE, WILLIAM H., Econometric Analysis, 5. Aufl., Upper Saddle River 2003 (Econometric Analysis).

GREVING, BERT, Messen und Skalieren von Sachverhalten, in: Methodik der empirischen Forschung, hrsg. v. Albers, Sönke/Klapper, Daniel/Konradt, Udo/Walter, Achim/Wolf, Joachim, 2. Aufl., Wiesbaden 2007, S. 65-78 (Messen und Skalieren).

GRIEWEL, EVA, Ad hoc-Publizität und Zwischenberichterstattung im deutschen Corporate Governance-System – Eine Analyse vor dem Hintergrund europäischer Harmonisierungsbestrebungen, Wiesbaden 2006 (Ad hoc-Publizität und Zwischenberichterstattung).

GROB, HEINZ LOTHAR, Investitionsrechnung für Informations- und Kommunikationssysteme auf der Grundlage von Preis-Leistungs-Modellen, in: Integration und Flexibilität: Eine Herausforderung für die Allgemeine Betriebswirtschaftslehre, hrsg. v. Adam, Dietrich/Backhaus, Klaus/Meffert, Heribert/Wagner, Helmut, Wiesbaden 1990, S. 335-352 (Investition).

GROTTKE, MARKUS/KRAMMER, STEFAN, Was bringt der management approach des IFRS 8 den Jahresabschlussadressaten?, in: KoR 2008, S. 670-679 (IFRS 8).

GRUBER, MICHAEL, Ad-hoc-Publizität, in: Bank-Archiv 2003, S. 239-252 (Ad-hoc-Publizität).

H

HACHMEISTER, DIRK, Verbindlichkeiten nach IFRS: Bilanzierung von kurz- und langfristigen Verbindlichkeiten, Rückstellungen und Eventualschulden, München 2006 (Verbindlichkeiten nach IFRS).

HACHMEISTER, DIRK, Neuregelung der Bilanzierung von Unternehmenszusammenschlüssen nach IFRS 3 (2008), in: IRZ 2008, S. 115-122 (Neuregelung IFRS 3).

HAENELT, TIMO/LIENAU, ACHIM, IFRIC D21 „Real Estate Sales“: (Neu-)Interpretation der Percentage of Completion Method, in: PiR 2008, S. 133-135 (Percentage of Completion Method).

HAHN, CHRISTOPH, Der Bilanzeid: Neue Rechtsfigur im deutschen Kapitalmarktrecht, in: IRZ 2007, S. 375-379 (Der Bilanzeid).

HAIL, LUZI, The impact of voluntary corporate disclosures on the ex-ante cost of capital for swiss firms, in: European Accounting Review 2002, S. 741-773 (Corporate Disclosures).

HANNOVER RÜCKVERSICHERUNG AG (Hrsg.), Stellungnahme der Hannover Rückversicherung AG zum E-DRS 21 „Zwischenberichterstattung“, URL: http://www.standardsetter.de/drsc/docs/08_E-DRS-21.pdf, Stand: 01. Dezember 2008 (Stellungnahme E-DRS 21).

HARTMANN, HANNO K., Die große Publikumsgesellschaft und ihre Investor Relations, Berlin 1968 (Publikumsgesellschaften).

HÄUSSLER, MATTHIAS, Unternehmenspublizität und Kapitalkosten, Hamburg 2008 (Unternehmenspublizität).

HAX, GEORG, Informationsintermediation durch Finanzanalysten, Frankfurt am Main 1998 (Informationsintermediation durch Finanzanalysten).

HEBESTREIT, GERNOT, Zwischenberichterstattung in Großbritannien und Deutschland: Eine theoretische und empirische Analyse, Bergisch Gladbach 1992 (Zwischenberichterstattung in Großbritannien und Deutschland).

HEBESTREIT, GERNOT/RAHE, INGO, Die neue Zwischenberichterstattung nach dem Transparenzrichtlinie-Umsetzungsgesetz (TUG), in: IRZ 2007, S. 111-122 (Zwischenberichterstattung).

HEIDEMANN, CHRISTIAN, Die Kaufpreisallokation bei einem Unternehmenszusammenschluss nach IFRS 3, Düsseldorf 2005 (Kaufpreisallokation).

HEIDEN, MATTHIAS, Pro-forma-Berichterstattung: Reporting zwischen Information und Täuschung, Berlin 2006 (Pro-forma-Berichterstattung).

HEINTGES, SEBASTIAN/BOGGEL, ANJA/WULBRAND, HANNO, Immobilienvermögen nach dem Fair Value-Modell des IAS 40 – Aspekte aus der Praxis, in: DB 2008, S. 2037-2042 (Immobilienvermögen).

HEISTERS, VALENTIN, Geschäftsberichte richtig gestalten: Wie Sie Ihre Finanzkommunikation professionell visualisieren, Frankfurt am Main 2004 (Geschäftsberichte richtig gestalten).

HENDLER, MATTHIAS, Abbildung des Erwerbs und der Veräußerung von Anteilen an Tochterunternehmen nach der Interessentheorie und der Einheitstheorie, Lohmar 2002 (Abbildung des Erwerbs und der Veräußerung von Anteilen an Tochterunternehmen).

HENKEL, KNUT/SCHMIDT, KATJA/OTT, DANIELA, Änderungen in der Zwischenberichterstattung kapitalmarktorientierter Unternehmen – Teil 2: Fallstudie zur TUG-Umsetzung in der Praxis, in: KoR 2008, S. 110-119 (Zwischenberichterstattung).

HENSS, RONALD, Zur Vergleichbarkeit von Ratingskalen mit unterschiedlicher Kategorienzahl, in: Psychologische Beiträge 1989, S. 264-284 (Ratingskalen).

HESS, DIETER/LEHMANN, ERIK/LÜDERS, ERIK, Bewertungsrelevante Kennzahlen zur Analyse von Unternehmen am Neuen Markt, in: KoR 2002, S. 142-146 (Bewertungsrelevante Kennzahlen zur Analyse von Unternehmen).

HEUMANN, RAINER, Value Reporting in IFRS-Abschlüssen und Lageberichten, Düsseldorf 2005 (Value Reporting).

HEUSER, PAUL J./THEILE, CARSTEN, Auswirkungen des Bilanzrechtsreformgesetzes auf den Jahresabschluß und Lagebericht der GmbH, in: GmbHR 2005, S. 201-206 (Auswirkungen des BilReG).

HIRST, ERIC/HOPKINS, PATRICK, Comprehensive Income Reporting and Analysts' Valuation Judgments, in: Journal of Accounting Research 1998, S. 47-75 (Comprehensive Income Reporting).

HITZ, JÖRG-MARKUS/JENNIGES, VERENA, Publizität von Pro-forma-Ergebnisgrößen am deutschen Kapitalmarkt: Empirischer Befund für die IFRS-Rechnungslegung großer deutscher Kapitalgesellschaften, in: KoR 2008, S. 236-245 (Publizität von Pro-forma-Ergebnisgrößen).

HITZ, JÖRG-MARKUS/KUHNER, CHRISTOPH, Die Neuregelung zur Bilanzierung des derivativen Goodwill nach SFAS 141 und 142 auf dem Prüfstand, in: WPg 2002, S. 273-287 (Derivativer Goodwill).

HOFFMANN, WOLF-DIETER/LÜDENBACH, NORBERT, Zur Offenlegung der Ermessensspielräume bei der Erstellung des Jahresabschlusses, in: DB 2003, S. 1965-1969 (Ermessensspielräume).

HOLLMANN, SEBASTIAN, Reporting Performance: Analyse des Ausweises der Erträge und Aufwendungen in einem Abschluß nach den Rechnungslegungsvorschriften des IASB, Düsseldorf 2003 (Reporting Performance).

HOMMEL, MICHAEL, Neue Goodwillbilanzierung – das FASB auf dem Weg zur entobjektivierten Bilanz?, in: BB 2001, S. 1943-1949 (Goodwillbilanzierung).

HOMMEL, MICHAEL/SCHULTE, OLIVER, Schätzungen von Rückstellungen in Fast-Close-Abschlüssen, in: BB 2004, S. 1671-1678 (Rückstellungen in Fast-Close-Abschlüssen).

HOOKE, JEFFREY, Security analysis on Wall Street: A comprehensive guide to today's valuation methods, New York 1999 (Valuation Methods).

HOPE, OLE-KRISTIAN, Accounting Policy Disclosures and Analysts' Forecasts, in: Contemporary Accounting Research 2003, S. 295-321 (Accounting Policy Disclosures).

HOPE, OLE-KRISTIAN, Disclosure Practices, Enforcement of Accounting Standards, and Analysts' Forecast Accurancy: An International Study, in: Journal of Accounting Research 2003, S. 235-272 (Disclosure Practices).

HOWELL, ROBERT A., Fixing Financial Reporting: Financial Statement Overhaul, in: Financial Executive 2002, S. 40-42 (Fixing Financial Reporting).

HOWER-KNOBLOCH, CHRISTIAN, Directors' dealings gem. § 15a WpHG: Eine ökonomische Analyse einer Mitteilungspflicht über Wertpapiergeschäfte von Personen mit Führungsaufgaben, Baden-Baden 2007 (Directors' dealings gem. § 15a WpHG).

HÜLS, DAGMAR, Früherkennung insolvenzgefährdeter Unternehmen, Düsseldorf 1995 (Früherkennung insolvenzgefährdeter Unternehmen).

HÜTTCHE, TOBIAS, Schnelle Bilanzierungs- und Bewertungsmethoden für einen schnellen Jahresabschluss (Fast Close), in: Bilanzbuchhalter und Controller 2001, S. 241-245 (Fast Close).

HÜTTEN, CHRISTOPH, Der Geschäftsbericht als Informationsinstrument, Düsseldorf 2000 (Der Geschäftsbericht als Informationsinstrument).

HÜTTEN, CHRISTOPH, Qualitätssteigerung der Finanzberichterstattung durch Einführung einer Enforcement-Institution?, in: Corporate Governance, Internationale Rechnungslegung und Unternehmensanalyse im Zentrum aktueller Entwicklungen, hrsg. v. Freidank, Carl-Christian/Schreiber, Ottokar R., Hamburg 2003, S. 123-158 (Qualitätssteigerung der Finanzberichterstattung durch Enforcement?).

HUMBERT, CHRISTIAN, Die Anforderungen institutioneller Anleger an die Investor Relations, in: Die Praxis der Investor Relations: Effiziente Kommunikation zwischen Unternehmen und Kapitalmarkt, hrsg. v. Kirchhoff, Klaus Rainer/Piwinger, Manfred, 2. Aufl., Neuwied 2001, S. 432-440 (Institutioneller Anleger und Investor Relations).

HUSSAIN, SIMON, The Impact of Segment Definition on the Accuracy of Analysts' Earnings Forecasts, in: Accounting and Business Research 1997, S. 145-156 (The Impact of Segment Definition on the Accuracy of Analysts' Earnings Forecasts).

HUTTER, STEPHAN/KAULAMO, KATJA, Das Transparenzrichtlinie-Umsetzungsgesetz: Änderung der Regelpublizität und das neue Veröffentlichungsregime für Kapitalmarktinformationen, in: NJW 2007, S. 550-556 (Regelpublizität).

I

IANNACCHIONE, VINCENT/MILNE, JENNIFER/FOLSOM, RALPH, Response Probability Weight Adjustments using Logistic Regression, URL: http://www.amstat.org/sections/SRMS/proceedings/papers/1991_109.pdf, Stand: 31. Juli 2008 (Response Probability Weight Adjustments).

IASB (Hrsg.), IASB Update December 2007, London 2007 (IASB Update December 2007).

IDW (Hrsg.), Vorschläge des IDW zur Ausgestaltung einer gesetzlichen Regelung zur Aufstellung und zum Review von Quartalsberichten, in: IDW-Fachnachrichten 2001, S. 181-184 (Review).

IDW (Hrsg.), IDW Prüfungsstandard: Grundsätze für die prüferische Durchsicht von Abschlüssen (IDW PS 900), letzte Änderung durch den HFA am 01.10.2002, Düsseldorf 2002 (IDW PS 900).

IDW (Hrsg.), Diskussionsentwurf eines Transparenzrichtlinie-Umsetzungsgesetzes (TUG), Düsseldorf 2006 (Diskussionsentwurf eines TUG).

IDW (Hrsg.), Prüferische Durchsicht von Finanzinformationen nach § 37w WpHG und § 37x Abs. 3 WpHG, in: IDW-Fachnachrichten 2007, S. 262-265 (Prüferische Durchsicht von Finanzinformationen).

J

JANSSEN, JÜRGEN/LAATZ, WILFRIED, Statistische Datenanalyse mit SPSS für Windows: Eine anwendungsorientierte Einführung in das Basissystem und das Modul Exakte Tests, 5. Aufl., Berlin 2005 (Statistische Datenanalyse).

JENSEN, MICHAEL/MECKLING, WILLIAM H., Theory of the Firm: Managerial Behavior, Agency Costs and Ownership Structure, in: Journal of Financial Economics 1976, S. 305-360 (Theory of the Firm).

JOHNSON, W. BRUCE/SCHWARTZ, WILLIAM C., Are Investors Misled by „Pro Forma" Earnings?, in: Contemporary Accounting Research 2005, S. 915-963 (Are Investors Misled by „Pro Forma" Earnings?).

JORDAN, CHARLES E./CLARK, STANLEY J., Big bath earnings management: The case of goodwill impairment under SFAS No. 142, in: Journal of Applied Business Research 2004, S. 63-69 (Big bath earnings management).

JORDAN, CHARLES E./CLARK, STANLEY J., Using goodwill impairment to accomplish big bath earnings management: An empirical study, in: Journal of Business and Economic Perspectives 2005, S. 80-87 (Using goodwill impairment to accomplish big bath earnings management).

K

KÄFER, KARL, Praxis der Kapitalflußrechnung, Stuttgart 1969 (Kapitalflussrechnung).

KAJÜTER, PETER, Der Entwurf des DRS 5 zur Risikoberichterstattung, in: WPg 2001, S. 205-209 (DRS 5).

KAJÜTER, PETER, Risikoberichterstattung: Empirische Befunde und der Entwurf des DRS 5, in: DB 2001, S. 105-111 (Risikoberichterstattung).

KAJÜTER, PETER, Der Lagebericht als Instrument einer kapitalmarktorientierten Rechnungslegung, in: DB 2004, S. 197-203 (Der Lagebericht als Instrument einer kapitalmarktorientierten Rechnungslegung).

KAJÜTER, PETER/BARTH, DANIELA, Segmentberichterstattung nach IFRS 8 – Übernahme des Management Approach, in: BB 2007, S. 428-434 (Segmentberichterstattung).

KAJÜTER, PETER/REISLOH, CHRISTIAN, Zwischenmitteilungen der Geschäftsführung nach § 37x WpHG, in: KoR 2007, S. 620-633 (Zwischenmitteilungen nach WpHG).

KAJÜTER, PETER/REISLOH, CHRISTIAN, Zwischenmitteilungen der Geschäftsführung als Instrument der unterjährigen Finanzberichterstattung, in: IRZ 2008, S. 95-101 (Zwischenmitteilungen der Geschäftsführung).

KAJÜTER, PETER/BARTH, DANIELA/MEYER, JOOP, Zwischenlageberichterstattung nach § 37w WpHG und DRS 16 – Eine empirische Analyse der HDAX-Unternehmen, in: WPg 2009, S. 462-470 (Zwischenlageberichterstattung).

KASPERZAK, RAINER/BEIERSDORF, KATI, Diskussionspapier Management Commentary: Eine erste Auswertung der Stellungnahmen an das IASB, in: KoR 2007, S. 121-130 (Diskussionspapier Management Commentary).

KAYA, MARIA, Verfahren der Datenerhebung, in: Methodik der empirischen Forschung, hrsg. v. Albers, Sönke/Klapper, Daniel/Konradt, Udo/Walter, Achim/Wolf, Joachim, 2. Aufl., Wiesbaden 2007, S. 49-64 (Verfahren der Datenerhebung).

KEITZ, ISABEL VON, Immaterielle Güter in der internationalen Rechnungslegung: Grundsätze für den Ansatz von immateriellen Gütern in Deutschland im Vergleich zu den Grundsätzen in den USA und nach IASC, Düsseldorf 1997 (Immaterielle Güter).

KELLER, ERICH/MÖLLER, HANS PETER, Die Auswirkungen der Zwischenberichterstattung auf den Informationswert von Jahresabschlüssen am Kapitalmarkt – Konzeption und Ergebnisse einer kapitalmarktorientierten empirischen Untersuchung zum Informationsgehalt der Jahresabschlüsse deutscher Aktiengesellschaften, in: ZfbF-Sonderheft 31, 1993, S. 35-60 (Auswirkungen der Zwischenberichterstattung auf den Informationswert von Jahresabschlüssen).

KELLER, RUDI, Der Geschäftsbericht: Überzeugende Unternehmenskommunikation durch klare Sprache und gutes Deutsch, Wiesbaden 2006 (Unternehmenskommunikation durch klare Sprache und gutes Deutsch).

KERKHOFF, GUIDO/DIEHM, SVEN, Performance Reporting: Konzepte und Tendenzen im kommenden FASB-/IASB-Standard, in: KoR 2005, S. 342-350 (Performance Reporting).

KERSTING, CHRISTIAN, Auswirkungen des Sarbanes-Oxley-Gesetzes in Deutschland: Können deutsche Unternehmen das Gesetz befolgen?, in: Zeitschrift für Wirtschaftsrecht 2003, S. 233-242 (Sarbanes-Oxley-Act).

KIRCHHOFF, KLAUS RAINER, Grundlagen der Investor Relations, in: Die Praxis der Investor-Relations: Effiziente Kommunikation zwischen Unternehmen und Kapitalmarkt, hrsg. v. Kirchhoff, Klaus Rainer/Piwinger, Manfred, 2. Aufl., Neuwied 2001, S. 25-55 (Grundlagen der Investor Relations).

KIRCHHOFF, KLAUS RAINER/KLEIN, SONJA, Zwischenberichterstattung, in: Der Geschäftsbericht – Die Visitenkarte des Unternehmens, hrsg. v. Baetge, Jörg/Kirchhoff, Klaus Rainer, Wien 1997, S. 389-395 (Zwischenberichterstattung).

KIRCHHOFF, SABINE/KUHNT, SONJA/LIPP, PETER/SCHLAWIN, SIEGFRIED, Der Fragebogen: Datenbasis, Konstruktion und Auswertung, 4. Aufl., Wiesbaden 2008 (Der Fragebogen).

KIRSCH, HANNO, Berichterstattung nach IAS 1 (revised 2003) über Ermessensspielräume beim Asset Impairment für operative Vermögenswerte und zahlungsmittelgenerierende Einheiten, in: KoR 2004, S. 136-141 (Berichterstattung nach IAS 1).

KIRSCH, HANNO, Finanz- und erfolgswirtschaftliche Jahresabschlussanalyse nach IFRS, 2. Aufl., München 2007 (Jahresabschlussanalyse nach IFRS).

KIRSCH, HANNO, Segmentbezogene Jahresabschlussanalyse nach IFRS 8, in: PiR 2007, S. 61-67 (Segmentbezogene Jahresabschlussanalyse).

KIRSCH, HANS-JÜRGEN, Erwartungslücke und Bestätigungsvermerk, in: Jahresabschluß und Jahresabschlußprüfung: Probleme, Perspektiven, internationale Einflüsse – Festschrift zum 60. Geburtstag von Jörg Baetge, hrsg. v. Fischer, Thomas R./Hömberg, Reinhold, Düsseldorf 1997, S. 955-980 (Erwartungslücke und Bestätigungsvermerk).

KIRSCH, HANS-JÜRGEN/KOELEN, PETER/TINZ, OLIVER, Die Berichterstattung der DAX-30-Unternehmen in Bezug auf die Neuregelung des impairment only approach des IASB (Teil 1), in: KoR 2008, S. 88-97 (Impairment only approach).

KIRSCH, HANS-JÜRGEN/SCHEELE, ALEXANDER, Die Auswirkungen der Modernisierungsrichtlinie auf die (Konzern-)Lageberichterstattung: Unter Berücksichtigung von E-DRS 20 und des Entwurfs eines Bilanzrechtsreformgesetzes vom 15.12.2003, in: WPg 2004, S. 1-12 ((Konzern-)Lageberichterstattung).

KIRSCH, HANS-JÜRGEN/SCHEELE, ALEXANDER, Neugestaltung von Prognose- und Risikoberichterstattung im Lagebericht durch das Bilanzrechtsreformgesetz, in: WPg 2005, S. 1149-1154 (Prognose- und Risikoberichterstattung nach BilReG).

KIRSCHHOFER-BOZENHARDT, ANDREAS VON/KAPLITZA, GABRIELE, Der Fragebogen, in: Die Befragung 1: Der Fragebogen – Die Stichprobe, hrsg. v. Holm, Kurt, München 1975, S. 97-126 (Fragebogen).

KNORR, LIESEL, Zwischenberichterstattung, in: BFuP 2001, S. 1-6 (Zwischenberichterstattung).

KÖBRICH, MICHAEL, Die Erstellung und Veröffentlichung von Zwischenberichten nach bisheriger Regelung und nach neuem Recht, in: DB 1989, S. 1477-1482 (Erstellung von Zwischenberichten).

KÖHLER, ANNETTE G./STRAUCH, BRITTA, Behandlung von Special Purpose Entities im Konzernabschluss – aktuelle Entwicklungen, in: WPg 2008, S. 189-195 (Special Purpose Entities).

KÖHRMANN, CARSTEN/SCHIMMELPFENG, KATJA, Anwendung der Nutzwertanalyse im Bereich von Investitionsentscheidungen für Produktionssysteme unter besonderer Berücksichtigung der Verfügbarkeitssicherung, in: Zeitschrift für Planung 1997, S. 395-406 (Nutzwertanalyse).

KÖSTER, HARALD, Grundsätze ordnungsmäßiger Zwischenberichterstattung börsennotierter Aktiengesellschaften, Düsseldorf 1992 (Grundsätze ordnungsmäßiger Zwischenberichterstattung).

KOPATSCHEK, MARTIN, IFRIC 10 – Zwischenberichterstattung und Impairment, in: WPg 2006, S. 1504-1507 (IFRIC 10).

KPMG (Hrsg.), On the threshold of IFRS: Analyst research survey, URL: http://www.kpmg.co.il/Events/IFRS/On%20the%20Threshold%20of%20IFRS.pdf, Stand: 24. Juli 2008 (On the threshold of IFRS).

KRAWITZ, NORBERT, Der Lagebericht und seine Prüfung, in: Rechnungslegung, Finanzen, Steuern und Prüfung in den neunziger Jahren, hrsg. v. Baetge, Jörg, Düsseldorf 1990, S. 1-30 (Der Lagebericht und seine Prüfung).

KRISHNAN, GOPAL, Does Big 6 Auditor Industry Expertise Constrain Earnings Management?, in: Accounting Horizons, Supplement 2003, S. 1-16 (Auditor).

KROMREY, HELMUT, Empirische Sozialforschung: Modelle und Methoden der standardisierten Datenerhebung und Datenauswertung, 11. Aufl., Stuttgart 2006 (Empirische Sozialforschung).

KRUMBHOLZ, MARCUS, Die Qualität publizierter Lageberichte: Ein empirischer Befund zur Unternehmenspublizität, Düsseldorf 1994 (Die Qualität publizierter Lageberichte).

KÜMMEL, JENS, Grundsätze für die Fair Value-Ermittlung mit Barwertkalkülen: Eine Untersuchung auf der Grundlage des Statement of Financial Accounting Concepts No. 7, Düsseldorf 2003 (Fair Value-Ermittlung mit Barwertkalkülen).

KÜTING, KARLHEINZ, Der Geschäfts- oder Firmenwert als Schlüsselgröße der Analyse von Bilanzen deutscher Konzerne, in: DB 2005, S. 2757-2765 (Geschäfts- oder Firmenwert).

KÜTING, KARLHEINZ, Der Stellenwert der Bilanzanalyse und Bilanzpolitik im HGB- und IFRS-Bilanzrecht, in: DB 2006, S. 2753-2762 (Bilanzanalyse und Bilanzpolitik).

KÜTING, KARLHEINZ/GATTUNG, ANDREAS, Zweckgesellschaften als Tochterunternehmen nach SIC-12, in: KoR 2007, S. 397-408 (Zweckgesellschaften).

KÜTING, KARLHEINZ/HEIDEN, MATTHIAS, Pro-Forma-Ergebnisse in deutschen Geschäftsberichten: Kritische Bestandsaufnahme aus Sicht der Erfolgsanalyse, in: StuB 2002, S. 1085-1089 (Pro-forma-Ergebnisse).

KÜTING, KARLHEINZ/HEIDEN, MATTHIAS, Zur Systematisierung von Pro-forma-Kennzahlen – Gleichzeitig: Fortsetzung einer empirischen Bestandsaufnahme, in: DStR 2003, S. 1544-1552 (Pro-forma-Kennzahlen).

KÜTING, KARLHEINZ/SEEL, CHRISTOPH, Die Berichterstattung über Beziehungen zu related parties: Angabepflichten und Berichtspraxis nach IAS 24, in: KoR 2008, S. 227-235 (Die Berichterstattung über Beziehungen zu related parties).

KÜTING, KARLHEINZ/WEBER, CLAUS-PETER, Die Bilanzanalyse: Beurteilung von Abschlüssen nach HGB und IFRS, 8. Aufl., Stuttgart 2006 (Die Bilanzanalyse).

KÜTING, KARLHEINZ/WEBER, CLAUS-PETER, Der Konzernabschluss: Praxis der Konzernrechnungslegung nach HGB und IFRS, 11. Aufl., Stuttgart 2008 (Konzernabschluss).

KÜTING, KARLHEINZ/WIRTH, JOHANNES, Discontinued operations und die veräußerungsorientierte Bilanzierung nach IFRS 5 – ein Mehrwert für die Berichterstattung?, in: KoR 2006, S. 719-728 (Discontinued Operations).

KÜTING, KARLHEINZ/WOHLGEMUTH, FRANK, Implikationen der Angaben zur Ermessensausübung und zu den Hauptquellen von Schätzungsunsicherheiten im IFRS-Recht für die Bilanzanalyse, in: Controlling und Rechnungslegung: Aktuelle Entwicklungen in Wissenschaft und Praxis, hrsg. v. Freidank, Carl-Christian/Müller, Stefan/Wulf, Inge, Wiesbaden 2008, S. 455-469 (Schätzungsunsicherheiten).

KÜTING, KARLHEINZ/ERDMANN, MARK-KEN/DÜRR, ULRIKE, Ausprägungsformen von Mezzanine-Kapital in der Rechnungslegung nach IFRS (Teil 1), in: DB 2008, S. 941-948 (Mezzanine-Kapital nach IFRS (Teil 1)).

KÜTING, KARLHEINZ/ERDMANN, MARK-KEN/DÜRR, ULRIKE, Ausprägungsformen von Mezzanine-Kapital in der Rechnungslegung nach IFRS (Teil 2), in: DB 2008, S. 997-1002 (Mezzanine-Kapital nach IFRS (Teil 2)).

KÜTING, KARLHEINZ/WEBER, CLAUS-PETER/BOECKER, CORINNA, Fast Close – Beschleunigung der Jahresabschlusserstellung: (zu) schnell am Ziel?!, in: StuB 2004, S. 1-10 (Fast Close).

KÜTING, KARLHEINZ/WEBER, CLAUS-PETER/WIRTH, JOHANNES, Die Goodwillbilanzierung im finalisierten Business Combinations Project Phase II, in: KoR 2008, S. 139-152 (Goodwillbilanzierung).

KÜTING, KARLHEINZ/WEBER, CLAUS-PETER/KESSLER, MARCO/METZ, CHRISTIAN, Der Fehlerbegriff in IAS 8 als Maßstab zur Beurteilung einer regelkonformen Normanwendung: Auswirkungen der Wesentlichkeit auf die Fehlerbeurteilung, in: DB 2007, Beilage 7, S. 1-20 (Der Fehlerbegriff in IAS 8).

KUHN, WOLFGANG, Die Berichterstattung über Forschung und Entwicklung im Lagebericht, in: DStR 1993, S. 491-496 (Forschung und Entwicklung).

KUSTNER, CLEMENS, Special Purpose Entities – Wirtschaftliche Merkmale und Bilanzierung in der internationalen Rechnungslegung, in: KoR 2004, S. 308-318 (Special Purpose Entities).

L

LACHNIT, LAURENZ/MÜLLER, STEFAN, Probleme bei der wertorientierten Performancedarstellung von Unternehmen, DB 2002, S. 2553-2559 (Probleme bei der wertorientierten Performancedarstellung von Unternehmen).

LACHNIT, LAURENZ/MÜLLER, STEFAN, Other comprehensive income nach HGB, IFRS und US-GAAP – Konzeption und Nutzung im Rahmen der Jahresabschlussanalyse, in: DB 2005, S. 1637-1645 (Other Comprehensive Income).

LANG, MARK/LUNDHOLM, RUSSELL, Cross-Sectional Determinants of Analyst Ratings of Corporate Disclosures, in: Journal of Accounting Research 1993, S. 246-271 (Determinants of Analyst Ratings).

LANGE, KNUT WERNER, Risikoberichterstattung nach KonTraG und KapCoRiLiG, in: DStR 2001, S. 227-232 (Risikoberichterstattung).

LEFFSON, ULRICH, Wesentlich, in: Handwörterbuch unbestimmter Rechtsbegriffe im Bilanzrecht des HGB, hrsg. v. Leffson, Ulrich/Rückle, Dieter/Großfeld, Bernhard, Köln 1986, S. 434-447 (Wesentlich).

LEFFSON, ULRICH, Die Grundsätze ordnungsmäßiger Buchführung, 7. Aufl., Düsseldorf 1987 (Die Grundsätze ordnungsmäßiger Buchführung).

LEFFSON, ULRICH, Wirtschaftsprüfung, 4. Aufl., Wiesbaden 1988 (Wirtschaftsprüfung).

LEFFSON, ULRICH/BAETGE, JÖRG, The Reliability of Financial Statements, in: Toward Liberty: Essays in honor of Ludwig von Mises on the occasion of his 90th birthday, September 29, 1971, hrsg. v. Hayek, Friedrich A. von u. a., Menlo Park/Kalifornien 1971, S. 203-214 (Reliability).

LEFFSON, ULRICH/LIPPMANN, KLAUS/BAETGE, JÖRG, Zur Sicherheit und Wirtschaftlichkeit der Urteilsbildung bei Prüfungen, Düsseldorf 1969 (Urteilsbildung bei Prüfungen).

LEOPOLD, HELMUT, Rücklauf bei Online Befragungen im Online Access Panel, Hamburg 2004 (Online-Befragungen).

LIENAU, ACHIM/HAENELT, TIMO, Sachdividenden an Anteilseigner (IFRIC D23) und Kundenbeiträge (IFRIC D24), in: PiR 2008, S. 171-172 (Sachdividenden an Anteilseigner).

LIENAU, ACHIM/ZÜLCH, HENNING, Die Ermittlung des value in use nach IFRS: Eine Betrachtung der Einflussfaktoren des value in use vor dem Hintergrund der Vermittlung entscheidungsnützlicher Abschlussinformationen, in: KoR 2006, S. 319-329 (Die Ermittlung des value in use).

LILLIEFORS, HUBERT W., On the Kolmogorov-Smirnov Test for Normality with Mean and Variance unknow, in: Journal of the American Statistical Association 1967, S. 399-402 (Kolmogorov-Smirnov-Test for Normality).

LINDEMANN, JENS, Rechnungslegung und Kapitalmarkt: Eine theoretische und empirische Analyse, Köln 2004 (Rechnungslegung und Kapitalmarkt).

LINK, RAINER, Investor Relations im Rahmen des Aktienmarketing von Publikumsgesellschaften, in: BFuP 1993, S. 105-132 (Investor Relations).

LITTLE, RODERICK J., Survey Nonresponse Adjustments, in: International Statistical Review 1986, S. 139-157 (Survey Nonresponse Adjustments).

LOITZ, RÜDIGER, Quartalsberichterstattung für Ertragsteuern nach IFRS (Teil 1), in: DStR 2006, S. 388-391 (Quartalsberichterstattung für Ertragsteuern nach IFRS (Teil 1)).

LOITZ, RÜDIGER, Quartalsberichterstattung für Ertragsteuern nach IFRS (Teil 2), in: DStR 2006, S. 439-443 (Quartalsberichterstattung für Ertragsteuern nach IFRS (Teil 2)).

LOITZ, RÜDIGER, Erfassung von Steuersatzänderungen in der Zwischenberichterstattung nach IAS 34, in: DB 2007, S. 2048-2052 (Erfassung von Steuersatzänderungen nach IAS 34).

LOREK, KENNETH S., Predicting Annual Net Earnings with Quarterly Time-Series Models, in: Journal of Accounting Research 1979, S. 190-204 (Predicting Annual Net Earnings with Quarterly Time-Series Models).

LUCAS, HENRY C./MOORE, JOHN R., A Multiple-Criterion Scoring Approach to Information System Project Selection, in: Infor 1976, S. 1-12 (Scoring Approach).

LÜDENBACH, NORBERT, Mengen- und Preiskomponenten bei der Zwischenberichterstattung, in: PiR 2007, S. 56-59 (Mengen- und Preiskomponenten).

LÜTJE, TORBEN/MENKHOFF, LUKAS, Fondsmanagement in Deutschland: Was denken und tun die Akteure?, URL: http://www.wiwi.uni-hannover.de/gif/download/sgs.pdf, Stand: 09. März 2009 (Fondsmanagement in Deutschland).

M

MANN, HENRY B./WHITNEY, DONALD R., On a Test of whether one of two random Variables is stochastically larger than the other, in: Annals of Mathematical Statistics 1947, S. 50-60 (Test).

MAROUS, PATRICK/UŽÍK, MARTIN/WENDLING, MARGIT, Sharebranding – Entscheidungsrelevante Faktoren bei Aktieninvestitionen: Eine empirische Analyse am deutschen Kapitalmarkt, in: FB 2005, S. 127-136 (Faktoren bei Aktieninvestitionen).

MARTEN, KAI-UWE/QUICK, REINER/RUHNKE, KLAUS, Wirtschaftsprüfung: Grundlagen des betriebswirtschaftlichen Prüfungswesens nach nationalen und internationalen Normen, 3. Aufl., Stuttgart 2007 (Wirtschaftsprüfung).

MAY, ROBERT G., The Influence of Quarterly Earnings Announcements on Investor Decisions as Reflected in Common Stock Price Changes, in: Journal of Accounting Research 1971, S. 119-163 (Quarterly Earnings Announcements).

MAYR, GEORG, Management Commentary: Erweiterte Berichterstattung nach IFRS statt Lagebericht nach nationalem Recht?, in: Internationale und nationale Rechnungslegung am Wendepunkt, hrsg. v. Löffler, Helge, Wien 2007, S. 269-297 (Management Commentary).

MCCAULEY, LISA/O'SULLIVAN, SUSAN A./SHANNON, JOHN H., Sarbanes-Oxley: An Overview of current issues and concerns, in: Review of Business 2006, S. 38-46 (Sarbanes-Oxley).

MEFFERT, HERIBERT/BURMANN, CHRISTOPH/KIRCHGEORG, MANFRED, Marketing: Grundlagen marktorientierter Unternehmensführung: Konzepte – Instrumente – Praxisbeispiele, 10. Aufl., Wiesbaden 2008 (Marketing).

MELCHER, WINFRIED/MATTHEUS, DANIELA, Zum Referentenentwurf des Bilanzrechtsmodernisierungsgesetzes (BilMoG): Lageberichterstattung, Risikomanagement-Bericht und Corporate Governance-Statement, in: DB 2008, S. 52-55 (Corporate Governance-Statement).

MELCHER, WINFRIED/PENTER, VOLKER, Konsolidierung von Objektgesellschaften und ähnlichen Strukturen nach US-GAAP, in: DB 2003, S. 513-518 (Konsolidierung von Objektgesellschaften).

MERKT, HANNO/GÖTHEL, STEPHAN, Vorschriften und Ansätze der Quartalsberichterstattung: Vergleich USA – Deutschland, in: RIW 2003, S. 23-32 (Quartalsberichterstattung).

MEYER, CLAUS, Geschäftsbericht: Ein Leitfaden für Aufstellung, Gestaltung und Offenlegung, 2. Aufl., Stuttgart 1997 (Geschäftsbericht).

MIDDELMANN, ULRICH, Wertsteigerungspotenziale schaffen und realisieren – Zum Zusammenhang von Wertmanagement, Corporate Governance und Value Reporting –, in: Die Strategieumsetzung erfolgreich steuern. Strategien beschreiben, messen und organisieren, hrsg. v. Horváth, Péter, Stuttgart 2004, S. 3-31 (Wertsteigerungspotenziale).

MILLA, ASLAN/BUTOLLO, BEATE, Sonderfälle der Übergangskonsolidierung nach IFRS und die Wechselwirkung zu IFRS 5, in: IRZ 2007, S. 173-181 (Sonderfälle der Übergangskonsolidierung nach IFRS).

MILLA, ASLAN/BUTOLLO, BEATE, Übergangskonsolidierung nach IFRS bei Veränderung der Beteiligungshöhe mit Statuswechsel, in: IRZ 2007, S. 81-90 (Übergangskonsolidierung nach IFRS).

MÖLLS, SASCHA H./STRAUSS, MICHAEL, Zur Informationswirkung der Rechnungslegung: Stand und Implikationen der empirischen Forschung, in: KoR 2007, S. 79-92 (Zur Informationswirkung der Rechnungslegung).

MOSLER, KARL/SCHMID, FRIEDRICH, Wahrscheinlichkeitsrechnung und schließende Statistik, 2. Aufl., Berlin 2006 (Wahrscheinlichkeitsrechnung).

MOXTER, ADOLF, Unterschiede im Wertaufhellungsverständnis zwischen den handelsrechtlichen GoB und den IAS/IFRS, in: BB 2003, S. 2559-2564 (Wertaufhellungsverständnis nach IFRS).

MÜLLER, HERBERT/MÜLLER, KATRIN, Der Wirtschaftsprüfer im Spannungsfeld zwischen Mandant und Öffentlichkeit, in: Herausforderungen und Chancen durch weltweite Rechnungslegungsstandards: Kapitalmarktorientierte Rechnungslegung und integrierte Unternehmenssteuerung, hrsg. v. Küting, Karlheinz/Pfitzer, Norbert/Weber, Claus-Peter, Stuttgart 2004, S. 333-360 (Der Wirtschaftsprüfer).

MÜLLER, KLAUS, Das neue Börsenzulassungs-Gesetz, in: Die Bank 1987, S. 70-73 (Das neue Börsenzulassungs-Gesetz).

MÜLLER, STEFAN/STUTE, ANDREAS, Ausgestaltung der unterjährigen Berichterstattung deutscher Unternehmen: E-DRS 21 im Vergleich mit nationalen und internationalen Regelungen, in: BB 2006, S. 2803-2810 (Unterjährige Berichterstattung).

MÜLLER, STEFAN/WOBBE, CHRISTIAN/REINKE, JENS, Empirische Analyse der Bilanzierung des Sachanlagevermögens nach IFRS: Eine Analyse der Ansatz-, Bewertungs- und Ausweisentscheidungen der DAX-, MDAX- und SDAX-Unternehmen, in: KoR 2008, S. 630-640 (Empirische Analyse der Bilanzierung des Sachanlagevermögens).

MÜLLER, WILFRIED, Die Zwischenberichtspublizität der deutschen Aktiengesellschaften, Düsseldorf 1976 (Zwischenberichtspublizität).

MULFORD, CHARLES W./COMISKEY, EUGENE E., Financial Warnings: Detecting Earning Surprises, Avoiding Business Troubles, Implementing Corrective Strategies, New York 1996 (Financial Warnings).

MULFORD, CHARLES W./COMISKEY, EUGENE E., The Financial Numbers Game: Detecting Creative Accounting Practices, New York 2002 (The Financial Numbers Game).

N

NICOLAI, CHRISTINA, Die Nutzwertanalyse, in: WISU 1994, S. 423-425 (Nutzwertanalyse).

NIEMEYER, KAI, Bilanzierung von Finanzinstrumenten nach International Accounting Standards (IAS), Düsseldorf 2003 (Bilanzierung von Finanzinstrumenten nach IAS).

NIX, PETRA, Die Zielgruppen von Investor Relations, in: Investor Relations: Professionelle Kapitalmarktkommunikation, hrsg. v. Deutscher Investor Relations Kreis e. V., Wiesbaden 2000, S. 35-43 (Die Zielgruppen von Investor Relations).

O

ORDELHEIDE, DIETER/STUBENRATH, MICHAEL, Segmentberichterstattung: US-GAAP im Vergleich mit HGB/DRS, in: US-amerikanische Rechnungslegung: Grundlagen und Vergleiche mit dem deutschen Recht, hrsg. v. Ballwieser, Wolfgang, 4. Aufl., Stuttgart 2000, S. 379-405 (Segmentberichterstattung).

OSTERLOH, FALK, Directors' Dealings: § 15a WpHG im Vergleich mit den Regelungen in den Vereinigten Staaten von Amerika, Großbritannien sowie der europäischen Marktmissbrauchsrichtlinie unter besonderer Berücksichtigung des persönlichen Anwendungsbereichs, Berlin 2007 (Directors' Dealings).

OSTMEIER, VEIT, Das Informationspotenzial neuerer Rechnungslegungsinstrumente in International Financial Reporting Standards (IAS/IFRS) basierten Jahresabschlüssen und seine Nutzung für die Abschlussanalyse, Frankfurt am Main 2004 (Das Informationspotenzial).

OVERSBERG, THOMAS, Übernahme der IFRS in Europa: Der Endorsement-Prozess – Status quo und Aussicht, in: DB 2007, S. 1597-1602 (Übernahme der IFRS in Europa).

P

PECHTL, HANS, Die Prognosekraft des Prognoseberichts: Eine empirische Untersuchung am Beispiel deutscher Aktiengesellschaften, in: ZfbF 2000, S. 141-159 (Prognosebericht).

PELLENS, BERNHARD, Der Informationswert von Konzernabschlüssen, Wiesbaden 1989 (Informationswert von Konzernabschlüssen).

PELLENS, BERNHARD/TOMASZEWSKI, CLAUDE, Kapitalmarktreaktionen auf den Rechnungslegungswechsel zu IAS bzw. US-GAAP, in: ZfbF-Sonderheft 41, 1999, S. 199-228 (Rechnungslegungswechsel).

PELLENS, BERNHARD/AMSHOFF, HOLGER/SELLHORN, THORSTEN, IFRS 3 (rev. 2008): Einheitstheorie in der M&A-Bilanzierung, in: BB 2008, S. 602-606 (IFRS 3).

PELLENS, BERNHARD/BRANDT, EVA/NEUHAUS, STEFAN, Ergebnisneutrale Erfolgsbestandteile in der IFRS-Rechnungslegung, in: Rechnungslegung und Wirtschaftsprüfung: Festschrift zum 70. Geburtstag von Jörg Baetge, hrsg. v. Kirsch, Hans-Jürgen/Thiele, Stefan, Düsseldorf 2007, S. 446-477 (Ergebnisneutrale Erfolgsbestandteile).

PELLENS, BERNHARD/HILLEBRANDT, FRANCA/TOMASZEWSKI, CLAUDE, Value Reporting – Eine empirische Analyse der DAX-Unternehmen, in: Wertorientiertes Management: Konzepte und Umsetzungen zur Unternehmenswertsteigerung, hrsg. v. Wagenhofer, Alfred/Hrebicek, Gerhard, Stuttgart 2000, S. 177-207 (Value Reporting).

PELLENS, BERNHARD/JÖDICKE, DIRK/JÖDICKE, RALF, Anwendbarkeit nicht freigegebener IFRS innerhalb der EU, in: BB 2007, S. 2503-2507 (Anwendbarkeit nicht freigegebener IFRS innerhalb der EU).

PELLENS, BERNHARD/FÜLBIER, ROLF UWE/GASSEN, JOACHIM/SELLHORN, THORSTEN, Internationale Rechnungslegung, 7. Aufl., Stuttgart 2008 (Internationale Rechnungslegung).

PELLENS, BERNHARD/NEUHAUS, STEFAN/SAWAZKI, WOLFGANG/ZIMMERMANN, RALF, IFRS-Bilanzierung verstärkt Gewinnentwicklung, in: DB 2008, S. 137-145 (IFRS-Bilanzierung verstärkt Gewinnentwicklung).

PFAFF, DIETER/KUKULE, WILFRIED, Wie fair ist der fair value?, in: KoR 2006, S. 542-549 (Fair Value).

PFAFF, DIETER/PETERS, GERD, Anforderungen an die Zwischenberichterstattung im Lichte des operativen Controllings, in: Jahrbuch für Controlling und Rechnungswesen 2006, hrsg. v. Seicht, Gerhard, Wien 2006, S. 285-303 (Anforderungen an die Zwischenberichterstattung).

PFYL, THOMAS, Durch Quartalsberichte sollte man Trendänderungen frühzeitig erkennen, in: GoingPublic 2003, Heft 4, S. 28-29 (Quartalsberichte).

PHILIPPS, HOLGER, Halbjahresfinanzberichterstattung nach dem WpHG: Umsetzung der neuen Anforderungen für den Zwischenbericht von Unternehmen des Prime Standards, in: DB 2007, S. 2326-2332 (Halbjahresfinanzbericht).

PIRNER, BARBARA/LEBHERZ, AXEL, Wie nach dem Transparenzrichtlinie-Umsetzungsgesetz publiziert werden muss, in: Die Aktiengesellschaft 2007, S. 19-27 (Publizieren nach dem TUG).

POERSCHKE, KRISTIN, Die Bilanzierung von zur Veräußerung gehaltenem Vermögen nach IFRS, Düsseldorf 2006 (Die Bilanzierung von zur Veräußerung gehaltenem Vermögen).

POPPER, KARL R., Logik der Forschung, 2. Aufl., Tübingen 1966 (Logik der Forschung).

POTTGIESSER, GABY/VELTE, PATRICK/WEBER, STEFAN, Die langfristige Auftragsfertigung nach IAS 11, in: KoR 2005, S. 310-318 (Die langfristige Auftragsfertigung nach IAS 11).

PREVITS, GARY JOHN/BRICKER, ROBERT, A Content Analysis of Sell-Side Financial Analyst Company Reports, in: Accounting Horizons 1994, S. 55-70 (Analysis of Sell-Side Financial Analyst Company Reports).

PRIGGE, CORD, Inhaltliche Redundanzen in Konzernlagebericht und IFRS-Konzernanhang, in: KoR 2006, S. 253-258 (Inhaltliche Redundanzen).

PRIGGE, CORD, Konzernlageberichterstattung vor dem Hintergrund einer Bilanzierung nach IFRS, Düsseldorf 2006 (Konzernlageberichterstattung).

PWC/KIRCHHOFF (Hrsg.), Kapitalmarktkommunikation in Deutschland: Investor Relation und Corporate Reporting, URL: http://www.pwc.de, Stand: 23. Juni 2008 (Kapitalmarktkommunikation in Deutschland).

Q

QIN, SIGANG, Bilanzierung des Excess nach IFRS 3, Düsseldorf 2005 (Bilanzierung des Excess nach IFRS 3).

R

RABENHORST, DIRK/WIECHENS, GERO, Praxis der Halbjahresfinanzberichterstattung der DAX 30-Unternehmen, in: DB 2009, S. 521-526 (Praxis der Halbjahresfinanzberichterstattung).

RAFFOURNIER, BERNARD, The determinants of voluntary financial disclosure by swiss listed companies, in: European Accounting Review 1995, S. 261-280 (The determinants of voluntary financial disclosure).

RAMSEY, JAMES B., Tests for Specification Errors in Classical Linear Least Squares Regression Analysis, in: Journal of the Royal Statistical Society 1969, S. 350-371 (Tests for Specification Errors).

REGIERUNGSKOMMISSION DEUTSCHER CORPORATE GOVERNANCE KODEX (Hrsg.), Deutscher Corporate Governance Kodex (in der Fassung vom 06. Juni 2008), Berlin 2007 (DCGK).

REILLY, FRANK K./MORGENSON, DAVID L./WEST, MARILYN, The Predictive Ability of Alternative Parts of Interim Financial Statements, in: Journal of Accounting Research 1972, S. 105-131 (The Predictive Ability of Interim Financial Statements).

REMSPERGER, HERMANN/STÖSS, ELMAR, Die Bedeutung der Investmentfonds für die private Geldvermögensbildung, in: Zeitschrift für das gesamte Kreditwesen 2005, S. 1367-1372 (Investmentfonds).

REVSINE, LAWRENCE/COLLINS, DANIEL W./JOHNSON, BRUCE, Financial Reporting and Analysis, 3. Aufl., New Jersey 2005 (Financial Reporting).

RICHTER, MICHAEL, Die Bewertung des Goodwill nach SFAS No. 141 und SFAS No. 142: Eine kritische Würdigung des impairment only-Ansatzes, Düsseldorf 2004 (Goodwill).

RIDDER, CHRISTOPHER/BOMMER, KAY, Investor Relationship Management: Ein Ansatz für die systematische Kapitalmarktorientierung in der Investor Relations-Arbeit, in: FB 2006, S. 614-621 (Investor Relationship Management).

RIEDL, RENÉ, Analytischer Hierarchieprozess vs. Nutzwertanalyse: Eine vergleichende Gegenüberstellung zweier multiattributiver Auswahlverfahren am Beispiel Application Service Providing, in: Wirtschaftsinformatik als Schlüssel zum Unternehmenserfolg, hrsg. v. Fink, Kerstin/Ploder, Christian, Wiesbaden 2006, S. 99-127 (Analytischer Hierarchieprozess vs. Nutzwertanalyse).

RODEWALD, JÖRG/UNGER, ULRIKE, Zusätzliche Transparenz für die europäischen Kapitalmärkte – Die Umsetzung der EU-Transparenzrichtlinie in Deutschland, in: BB 2006, S. 1917-1919 (Transparenz für die europäischen Kapitalmärkte).

ROGGENBUCK, HARALD E., Zwischenberichterstattung, in: Rechnungslegung für Banken nach IFRS: Praxisorientierte Einzeldarstellungen, hrsg. v. Löw, Edgar, 2. Aufl., Wiesbaden 2005, S. 1007-1036 (Zwischenberichterstattung).

ROHRMANN, BERND, Empirische Studien zur Entwicklung von Antwortskalen für die sozialwissenschaftliche Forschung, in: Zeitschrift für Sozialpsychologie 1978, S. 222-245 (Entwicklung von Antwortskalen).

ROIGER, MANUELA, Gestaltung von Anreizsystemen und Unternehmensethik: Eine norm- und wertbezogene Analyse der normativen Principal-Agent-Theorie, Wiesbaden 2007 (Gestaltung von Anreizsystemen).

ROLVERING, ANDREA, Zwischenberichterstattung börsennotierter Kapitalgesellschaften – Eine empirische Untersuchung zur Qualität der Unternehmenspublizität, Berlin 2002 (Zwischenberichterstattung).

ROLVERING, ANDREA/STAHL, ANNE, Die Aussagefähigkeit von Zwischenberichten ausgewählter DAX- und „Neuer-Markt"-Unternehmen, in: krp 1999, S. 294-300 (Die Aussagefähigkeit von Zwischenberichten).

ROSSBACH, CHRISTINE, Entwurf des DRS 16 zur Zwischenberichterstattung: Ein Beitrag zur Harmonisierung der Rechnungslegung?, in: Accounting 2007, S. 11-14 (DRS 16).

RUHNKE, KLAUS/DETERS, ERIC, Die Erwartungslücke bei der Abschlußprüfung, in: ZfB 1997, S. 923-945 (Erwartungslücke).

RUHWEDEL, FRANCA/SCHULTZE, WOLFGANG, Value Reporting: Theoretische Konzeption und Umsetzung bei den DAX 100-Unternehmen, in: ZfbF 2002, S. 602-632 (Value Reporting).

S

SABI DES IDW (Hrsg.), Zur Darstellung der Finanzlage i. S. v. § 264 Abs. 2 HGB, Stellungnahme SABI 3/1986, in: WPg 1986, S. 670-671 (Darstellung der Finanzlage).

SACHS, LOTHAR/HEDDERICH, JÜRGEN, Angewandte Statistik: Methodensammlung mit R, 12. Aufl., Berlin 2006 (Angewandte Statistik).

SAHNER, FRIEDHELM/KAMMERS, HEINZ, Der Lagebericht: Gegenwart und Zukunft, in: DB 1984, S. 2309-2316 (Der Lagebericht).

SCHEFFLER, EBERHARD, Kapitalflussrechnung – Stiefkind in der deutschen Rechnungslegung, in: BB 2002, S. 295-300 (Kapitalflussrechnung).

SCHEFFLER, EBERHARD, Aufgaben und erste Erfahrungen des Enforcements, in: IRZ 2006, S. 13-22 (Aufgaben und erste Erfahrungen des Enforcements).

SCHEFFLER, EBERHARD, Die Möglichkeiten und Grenzen der DPR bei Enforcement und Interpretation der Rechnungslegungsstandards, in: IFRS-Management, hrsg. v. Heyd, Reinhard/Keitz, Isabel von, München 2007, S. 75-92 (Das Enforcementsystem in Deutschland).

SCHEFFLER, EBERHARD, Was der DPR aufgefallen ist: Die vernachlässigte Kapitalflussrechnung, in: DB 2007, S. 2045-2048 (Die vernachlässigte Kapitalflussrechnung).

SCHILDBACH, THOMAS, Der Erfolg im Rahmen der internationalen Rechnungslegung – konzeptionelle Vielfalt bei der Information des Kapitalmarkts, in: Kapitalmarkt, Unternehmensfinanzierung und rationale Entscheidung: Festschrift für Jochen Wilhelm, hrsg. v. Kürsten, Wolfgang/Nietert, Bernhard, Heidelberg 2006, S. 311-328 (Der Erfolg im Rahmen der internationalen Rechnungslegung).

SCHILDBACH, THOMAS, Der Konzernabschluss nach HGB, IFRS und US-GAAP, 7. Aufl., München 2008 (Konzernabschluss).

SCHINDLER, JOACHIM/SCHURBOHM, ANNE/BÖCKEM, HANNE, Praktische Fragestellungen der Rechnungslegung und Prüfung von Zwischenberichten, in: KoR 2002, S. 88-95 (Prüfung von Zwischenberichten).

SCHLITT, MICHAEL, Die neuen Marktsegmente der Frankfurter Wertpapierbörse, in: Die Aktiengesellschaft 2003, S. 57-69 (Die neuen Marktsegmente der FWB).

SCHOLZ, SUSAN, The Changing Nature and Consequences of Public Company Financial Restatements, URL: http://www.imanet.org/pdf/ustr.pdf, Stand: 23. Oktober 2008 (Financial Restatements).

SCHRUFF, WIENAND/ROTHENBURGER, MANUEL, Zur Konsolidierung von special purpose entities im Konzernabschluss nach US-GAAP, IAS und HGB, in: WPg 2002, S. 755-765 (Konsolidierung von special purpose entities).

SCHULTZE, WOLFGANG/KAFADAR, KALINA/THIERICKE, SANDRA, Die Kaufpreisallokation bei Unternehmenszusammenschlüssen nach IFRS 3 (a. F.) und IFRS 3 (rev. 2008), in: DStR 2008, S. 1348-1354 (Die Kaufpreisallokation).

SCHULZ, MICHAEL, Aktienmarketing: Eine empirische Erhebung zu den Informationsbedürfnissen deutscher institutioneller Investoren und Analysten, Berlin 1999 (Aktienmarketing).

SCHWEDLER, KRISTINA, Business Combinations Phase II: Die Neuen Vorschriften zur Bilanzierung von Unternehmenszusammenschlüssen, in: KoR 2008, S. 125-138 (Business Combinations).

SELCHERT, WILHELM, Die sonstigen finanziellen Verpflichtungen, in: DB 1987, S. 545-549 (Sonstige finanzielle Verpflichtungen).

SERFLING, KLAUS/GROSSKOPFF, ANNE/RÖDER, MARKO, Investor Relations in der Unternehmenspraxis, in: Die Aktiengesellschaft 1998, S. 272-280 (Investor Relations in der Unternehmenspraxis).

SEVERUS, JULIA, Jahresabschlussprüfung in Form eines Joint Audit's: Eine fallstudienbasierte Wirkungsanalyse, Wiesbaden 2007 (Jahresabschlussprüfung).

SHARPE, WILLIAM/ALEXANDER, GORDON/BAILEY, JEFFERY, Investments, 6. Aufl., Englewood 1999 (Investments).

SHILLINGLAW, GORDON, Concepts Underlying Interim Financial Statements, in: Accounting Review 1961, S. 222-231 (Interim Financial Statements).

SICKMANN, ERIC, Konsolidierung von Variable Interest Entities, Düsseldorf 2005 (Variable Interest Entities).

SIENER, FRIEDRICH, Der Cash-Flow als Instrument der Bilanzanalyse, Stuttgart 1991 (Cash-Flow).

SILHAN, PETER A., The Effects of Segmenting Quarterly Sales and Margins on Extrapolative Forecasts of Conglomerate Earnings: Extension and Replication, in: Journal of Accounting Research 1983, S. 341-347 (The Effects of Segmenting Quarterly Sales and Margins on Extrapolative Forecasts of Conglomerate Earnings).

SILLS, STEPHEN/SONG, CHUNYAN, Innovations in Survey Research – An Application of Web-Based Surveys, in: Social Science Computer Review 2002, S. 22-30 (Web-Based Surveys).

SINGHVI, SURENDRA/DESAI, HARSHA B., An Empirical Analysis of the Quality of Corporate Financial Disclosure, in: Accounting Review 1971, S. 129-138 (Financial Disclosure).

SOROOSH, JALAL/CIESIELSKI, JACK T., Accounting for Special Purpose Entities Revised: FASB Interpretation 46(R), in: CPA Journal 2004, No. 7, S. 30-37 (Accounting for Special Purpose Entities).

SPENCE, MICHAEL, Job Market Signaling, in: Quarterly Journal of Economics 1973, S. 355-374 (Signaling).

SRI INTERNATIONAL (Hrsg.), Investor Information Needs and the Annual Report, Morristown 1987 (Investor Information Needs).

STERL, RICHARD, Zwischenberichterstattung ohne Wirtschaftsprüfer und Aufsichtsrat – wie lange noch?, in: SWK 2001, S. 769-773 (Zwischenberichterstattung).

STICKNEY, CLYDE P./BROWN, PAUL R./WAHLEN, JAMES M., Financial Reporting, Financial Statement Analysis, and Valuation: A strategic Perspective, 6. Aufl., Mason 2007 (Financial Reporting).

STIER, WINFRIED, Empirische Forschungsmethoden, 2. Aufl., Berlin 1999 (Empirische Forschungsmethoden).

STREBEL, HEINZ, Scoring-Modelle im Lichte neuer Gesichtspunkte zur Konstruktion praxisorientierter Entscheidungsmodelle, in: DB 1978, S. 2181-2186 (Scoring-Modelle).

STRECKENBACH, JANA ISABELLE, Bilanzierung von Zweckgesellschaften im Konzern: Abgrenzung der wirtschaftlichen Einheit nach US-GAAP und IFRS, Bochum 2006 (Bilanzierung von Zweckgesellschaften im Konzern).

STRIEDER, THOMAS, Der DRS 6: Zwischenberichterstattung – Ein erster Überblick, in: KoR 2001, S. 112-116 (Der DRS 6).

STRIEDER, THOMAS, Die Zwischenberichterstattung in Deutschland nach der Veröffentlichung des DRS 6, in: KoR 2001, S. 222-228 (Zwischenberichte und DRS 6).

STRIEDER, THOMAS, Sonderprobleme der kapitalmarktorientierten Zwischenberichterstattung: Unterzeichnung und Rumpfgeschäftsjahr, in: BB 2001, S. 1998-2001 (Unterzeichnung von Zwischenberichten).

STRIEDER, THOMAS/AMMEDICK, OLIVER, Der Zwischenlagebericht als neues Instrument der Zwischenberichterstattung, in: DB 2007, S. 1368-1372 (Der Zwischenlagebericht).

STRIEDER, THOMAS/AMMEDICK, OLIVER, Die periodische unterjährige externe Rechnungslegung nach dem TUG und dem künftigen DRS 16, in: KoR 2007, S. 285-292 (Die periodische unterjährige Rechnungslegung).

STRÖHER, THOMAS, Die Bilanzierung von Unternehmenszusammenschlüssen unter Common Control nach IFRS, Düsseldorf 2008 (Die Bilanzierung von Unternehmenszusammenschlüssen unter Common Control nach IFRS).

STRUFFERT, RALF, Asset Backed Securities-Transaktionen und Kreditderivate nach IFRS und HGB, Wiesbaden 2006 (Asset Backed Securities-Transaktionen).

SUDMEYER, JAN, Mitteilungs- und Veröffentlichungspflichten nach §§ 21, 22 WpHG, in: BB 2002, S. 685-692 (Mitteilungs- und Veröffentlichungspflichten).

T

TANSKI, JOACHIM S., Bilanzpolitik und Bilanzanalyse nach IFRS: Instrumentarium, Spielräume, Gestaltung, München 2006 (Bilanzpolitik).

TEITLER, EVELYN, Offenlegungspflichten über die Hauptquellen von Schätzungsunsicherheiten nach IAS 1, in: IRZ 2006, S. 179-185 (Schätzungsunsicherheiten).

THIELE, STEFAN, Das Eigenkapital im handelsrechtlichen Jahresabschluß: Rechtsformübergreifende und rechtsformspezifische Grundsätze für Ansatz und Ausweis des gesetzestypischen Eigenkapitals und der hybriden Finanzierungsformen, Düsseldorf 1998 (Eigenkapital).

THIELE, STEFAN, Zeitbewertung und Rechnungslegungsgrundsätze: Hat der Fair Value eine Chance?, in: Rechnungslegung und Wirtschaftsprüfung: Festschrift zum 70. Geburtstag von Jörg Baetge, hrsg. v. Kirsch, Hans-Jürgen/Thiele, Stefan, Düsseldorf 2007, S. 625-643 (Zeitbewertung).

TIELMANN, SANDRA, Durchsetzung ordnungsmäßiger Rechnungslegung: Ein Beitrag zur aktuellen Enforcement-Diskussion, Düsseldorf 2001 (Durchsetzung ordnungsmäßiger Rechnungslegung).

TRAWEGER, CHRISTIAN, Statistik für Politikwissenschaftler, URL: http://stat.uibk.ac.at/~cmt/VO_PW_Inhalt05_06.doc, Stand: 06. Oktober 2008 (Statistik).

V

VANSTRAELEN, ANN/ZARZESKI, MARILYN T./ROBB, SEAN W. G., Corporate Nonfinancial Disclosure Practices and Financial Analyst Forecast Ability Across Three European Countries, in: Journal of International Financial Management and Accounting 2003, S. 249-274 (Disclosure).

VERBEEK, MARNO, A guide to modern Econometrics, 2. Aufl., Chichester 2005 (Modern Econometrics).

VOLK, GERRIT, Pro-forma-Kennzahlen zwischen Information und gezielter Fehlinformation, in: Rechnungslegung, Eigenkapital und Besteuerung: Entwicklungstendenzen: Festschrift für Dieter Schneeloch zum 65. Geburtstag, hrsg. v. Winkeljohann, Norbert/Bareis, Peter/Volk, Gerrit, München 2007, S. 127-144 (Pro-forma-Kennzahlen).

W

WAGENHOFER, ALFRED, Informationspolitik und Jahresabschluß: Freiwillige Informationen und strategische Bilanzanalyse, Heidelberg 1990 (Informationspolitik und Jahresabschluß).

WAGENHOFER, ALFRED, Accounting and Economics: What we Learn from Analytical Models in Financial Accounting and Reporting, in: The Economics and Politics of Accounting, hrsg. v. Leuz, Christian/Pfaff, Dieter/Hopwood, Anthony, Oxford 2004, S. 5-31 (Accounting and Economics).

WAGENHOFER, ALFRED, Internationale Rechnungslegungsstandards – IAS/IFRS, 5. Aufl., Frankfurt am Main 2005 (Internationale Rechnungslegungsstandards).

WAGENHOFER, ALFRED, Fair Value-Bewertung im IFRS-Abschluss und Bilanzanalyse, in: IRZ 2006, S. 31-37 (Fair Value-Bewertung).

WAGENHOFER, ALFRED/EWERT, RALF, Externe Unternehmensrechnung, 2. Aufl., Berlin 2007 (Externe Unternehmensrechnung).

WALLACE, OLUSEGUN/NASER, KAMAL, Firm-Specific Determinants of the Comprehensiveness of Mandatory Disclosure in the Corporate Annual Reports of Firms Listed on the Stock Exchange of Hong Kong, in: Journal of Accounting and Public Policy 1995, S. 311-368 (Firm-Specific Determinants).

WASSER, GERD, Bestimmungsfaktoren freiwilliger Prognosequalität: Eine empirische Untersuchung auf der Basis eines Modells zur Bewertung des Informationsgehalts veröffentlichter Untersuchungsprognosen, Düsseldorf 1976 (Prognosequalität).

WEBER, CLAUS-PETER, Risikoberichterstattung nach dem E-DRS 5, in: BB 2001, S. 140-144 (Risikoberichterstattung).

WEBER, MARTIN/KRAHNEN, JAN/WEBER, ADELHEID, Scoring-Verfahren – häufige Anwendungsfehler und ihre Vermeidung, in: DB 1995, S. 1621-1626 (Scoring-Verfahren).

WEBER, THOMAS, Anreizsysteme für die betriebliche Forschung und Entwicklung, Wiesbaden 2006 (Anreizsysteme).

WELGE, MARTIN K./AL-LAHAM, ANDREAS, Planung: Prozesse – Strategien – Maßnahmen, Wiesbaden 1992 (Planung).

WENK, MARC OLIVER/JAGOSCH, CHRISTIAN, Konzeptionelle Neugestaltung der Segmentberichterstattung nach IFRS 8 – Was ändert sich tatsächlich?, in: KoR 2008, S. 661-670 (Konzeptionelle Neugestaltung der Segmentberichterstattung).

WICHELS, DANIEL, Gestaltung der Kapitalmarktkommunikation mit Finanzanalysten, Wiesbaden 2002 (Kapitalmarktkommunikation mit Finanzanalysten).

WIEDERHOLD, PHILIP/PUKALLUS, SABINE, Zwischenberichterstattung nach dem Transparenzrichtlinie-Umsetzungsgesetz – Neue Anforderungen an kapitalmarktorientierte Unternehmen aus Sicht der Corporate Governance, in: Der Konzern 2007, S. 264-274 (Corporate Governance).

WILK, LIESELOTTE, Die postalische Befragung, in: Die Befragung 1: Der Fragebogen – die Stichprobe, hrsg. v. Holm, Kurt, 4. Aufl., Tübingen 1991, S. 187-200 (Befragung).

WIRTH, JOHANNES, Firmenwertbilanzierung nach IFRS: Unternehmenszusammenschlüsse, Werthaltigkeitstest, Endkonsolidierung, Stuttgart 2005 (Firmenwertbilanzierung nach IFRS).

WÖHE, GÜNTER, Einführung in die allgemeine Betriebswirtschaftslehre, 21. Aufl., München 2002 (Betriebswirtschaftslehre).

WOLLMERT, PETER/OSER, PETER, Befreiender internationaler Konzernabschluss (§ 292a HGB), in: DB 2000, S. 729-735 (Befreiender internationaler Konzernabschluss nach § 292a HGB).

WOLLMERT, PETER/OSER, PETER/BISCHOF, STEFAN, Zur Veräußerung gehaltene langfristige Vermögenswerte und aufgegebene Geschäftsbereiche nach IFRS 5, in: Rechnungslegung und Wirtschaftsprüfung: Festschrift zum 70. Geburtstag von Jörg Baetge, hrsg. v. Kirsch, Hans-Jürgen/Thiele, Stefan, Düsseldorf 2007, S. 749-781 (IFRS 5).

WYSOCKI, KLAUS VON, Ergebnisse empirischer Untersuchungen über das Publizitätsverhalten deutscher Unternehmen, in: ZfbF 1976, S. 744-755 (Publizitätsverhalten).

Z

ZANGEMEISTER, CHRISTOF, Nutzwertanalyse, in: Die neuen Methoden der Entscheidungsfindung, hrsg. v. Tumm, Günter W., München 1972, S. 264-285 (Nutzwertanalyse).

ZANGEMEISTER, CHRISTOF, Nutzwertanalyse in der Systemtechnik: Eine Methodik zur multidimensionalen Bewertung und Auswahl von Projektalternativen, 4. Aufl., München 1976 (Nutzwertanalyse in der Systemtechnik).

ZANGEMEISTER, CHRISTOF/BOMSDORF, ECKART, Empfindlichkeitsuntersuchungen in der Nutzwertanalyse (NWA): Ermittlung kritischer Zielgewichte und Empfindlichkeitsmaße, in: ZfbF 1983, S. 375-397 (Nutzwertanalyse).

ZENTRALER KREDITAUSSCHUSS (Hrsg.), E-DRS 21 „Zwischenberichterstattung“, URL: http://www.standardsetter.de/drsc/docs/03_E-DRS%2021.pdf, Stand: 01. Dezember 2008 (Stellungnahme E-DRS 21).

ZIESEMER, STEFAN, Rechnungslegungspolitik in IAS-Abschlüssen und Möglichkeiten ihrer Neutralisierung, Düsseldorf 2002 (Rechnungslegungspolitik).

ZÜLCH, HENNING, Die Gewinn- und Verlustrechnung nach IFRS: Erfolgswirtschaftliche Grundlagen der IASB-Rechnungslegung, Entwicklungsstand der Gewinn- und Verlustrechnung nach IFRS, Perspektiven der Erfolgsermittlung im internationalen Kontext, Berlin 2005 (Die GuV nach IFRS).

ZÜLCH, HENNING/FISCHER, DANIEL, Wertminderungen im Rahmen der Zwischenberichterstattung gem. IFRIC 10, in: PiR 2006, S. 175-176 (Wertminderungen im Rahmen der Zwischenberichterstattung).

ZÜLCH, HENNING/FISCHER, DANIEL, Das Joint Financial Statement Presentation Project vom IASB und FASB – Arbeitsergebnisse und mögliche Auswirkungen, in: DB 2007, S. 1765-1770 (Financial Statement Presentation).

ZÜLCH, HENNING/LIENAU, ACHIM, Bilanzierung zum Verkauf stehender langfristiger Vermögenswerte sowie aufgegebener Geschäftsbereiche nach IFRS 5, in: KoR 2004, S. 442-451 (Bilanzierung nach IFRS 5).

ZÜLCH, HENNING/LIENAU, ACHIM, Die Bilanzierung von Discontinued Operations (aufgegebene Geschäftsbereiche) nach IFRS, in: DStR 2005, S. 391-396 (IFRS 5).

ZÜLCH, HENNING/WILLMS, JESCO, Jahresabschlussänderungen und ihre bilanzielle Behandlung nach IAS 8 (revised 2003), in: KoR 2004, S. 128-135 (Abschlussänderungen).

ZÜLCH, HENNING/FISCHER, DANIEL/ERDMANN, MARK-KEN, Neuerungen in der Darstellung eines IFRS-Abschlusses gem. IAS 1 „Presentation of Financial Statements" (revised 2007), in: WPg 2007, S. 963-968 (Neuerungen IAS 1).

Verzeichnis der Gesetze, Verordnungen und Gesetzesmaterialien

BMF (Hrsg.), Diskussionsentwurf: Entwurf eines Gesetzes zur Umsetzung der Richtlinie 2004/109/EG des Europäischen Parlaments und des Rates vom 15. Dezember 2004 zur Harmonisierung der Transparenzanforderungen in Bezug auf Informationen über Emittenten, deren Wertpapiere zum Handel auf einem geregelten Markt zugelassen sind, und zur Änderung der Richtlinie 2001/34/EG (Transparenzrichtlinie-Umsetzungsgesetz – TUG –) (Diskussionsentwurf zum TUG).

BMJ (Hrsg.), Bekanntmachung des Deutschen Rechnungslegungs Standards Nr. 16 (DRS 16) – Zwischenberichterstattung – des Deutschen Rechnungslegungs Standards Committees e. V., Berlin, nach § 342 Abs. 2 des Handelsgesetzbuchs, Bundesanzeiger Nr. 110 vom 24.07.2008, Beilage 110a.

Börsengesetz (BörsG) vom 27.05.1908, RGBl. I 1908, S. 215, zuletzt geändert durch Gesetz vom 16.12.1986, BGBl. I 1986, S. 2478 (BörsG a. F.).

Börsenzulassungs-Verordnung (BörsZulV) neugefasst am 09.09.1998, BGBl. I 1998, S. 2832-2852, zuletzt geändert durch Gesetz vom 10.11.2006, BGBl. I 2006, S. 2553-2586 (BörsZulV a. F.).

BT-Drucksache 16/2498 vom 04. September 2006: Gesetzentwurf der Bundesregierung: Entwurf eines Gesetzes zur Umsetzung der Richtlinie 2004/109/EG des Europäischen Parlaments und des Rates vom 15. Dezember 2004 zur Harmonisierung der Transparenzanforderungen in Bezug auf Informationen über Emittenten, deren Wertpapiere zum Handel auf einem geregelten Markt zugelassen sind, und zur Änderung der Richtlinie 2001/34/EG (Transparenzrichtlinie-Umsetzungsgesetz – TUG).

BT-Drucksache 16/3644 vom 29. November 2006: Beschlussempfehlung und Bericht des Finanzausschusses (7. Ausschuss) zu dem Gesetzentwurf der Bundesregierung – Drucksachen 16/2498, 16/2917 – Entwurf eines Gesetzes zur Umsetzung der Richtlinie 2004/109/EG des Europäischen Parlaments und des Rates vom 15. Dezember 2004 zur Harmonisierung der Transparenzanforderungen in Bezug auf Informationen über Emittenten, deren Wertpapiere zum Handel auf einem geregelten Markt zugelassen sind, und zur Änderung der Richtlinie 2001/34/EG (Transparenzrichtlinie-Umsetzungsgesetz – TUG).

BT-Drucksache 16/12407 vom 24.03.2009: Beschlussempfehlung und Bericht des Rechtsausschusses (6. Ausschuss) zu dem Gesetzentwurf der Bundesregierung – Drucksache 16/10067 – Entwurf eines Gesetzes zur Modernierung des Bilanzrechts (Bilanzmodernisierungsgesetz – BilMoG).

Gesetz über den Wertpapierhandel (Wertpapierhandelsgesetz – WpHG) neugefasst am 09.09.1998, BGBl. I 1998, S. 2708-2725, zuletzt geändert durch Gesetz vom 20.03.2009, BGBl. I 2009, S. 607-629.

Gesetz zur Einführung internationaler Rechnungslegungsstandards und zur Sicherung der Qualität der Abschlussprüfung (Bilanzrechtsreformgesetz – BilReG) vom 04.12.2004, BGBl. I 2004, S. 3166-3182.

Gesetz zur Umsetzung der Richtlinie 2004/109/EG des Europäischen Parlaments und des Rates vom 15. Dezember 2004 zur Harmonisierung der Transparenzanforderungen in Bezug auf Informationen über Emittenten, deren Wertpapiere zum Handel auf einem geregelten Markt zugelassen sind, und zur Änderung der Richtlinie 2001/34/EG (Transparenzrichtlinie-Umsetzungsgesetz – TUG) vom 05.01.2007, BGBl. I 2007, S. 10-32.

Gesetz zur Umsetzung der Richtlinie über Märkte für Finanzinstrumente und der Durchführungsrichtlinie der Kommission (Finanzmarktrichtlinie-Umsetzungsgesetz – FRUG) vom 16.07.2007, BGBl. I 2007, S. 1330-1381, zuletzt geändert durch Gesetz vom 21.12.2007, BGBl. I 2007, S. 3089-3139.

Handelsgesetzbuch (HGB) vom 10.05.1897, RGBl. 1897, S. 219-436, zuletzt geändert durch Gesetz vom 23.10.2008, BGBl. I 2008, S. 2026-2047.

Verordnung zur Konkretisierung von Anzeige-, Mitteilungs- und Veröffentlichungspflichten sowie der Pflicht zur Führung von Insiderverzeichnissen nach dem Wertpapierhandelsgesetz (Wertpapierhandelsanzeige- und Insiderverzeichnisverordnung – WpAIV) vom 13.12.2004, BGBl. I 2004, S. 3376-3380, zuletzt geändert durch Gesetz vom 12.08.2008, BGBl. I 2008, S. 1666-1671.

Verordnung zur Umsetzung der Richtlinie 2007/14/EG der Kommission vom 8. März 2007 mit Durchführungsbestimmungen zu bestimmten Vorschriften der Richtlinie 2004/109/EG zur Harmonisierung der Transparenzanforderungen in Bezug auf Informationen über Emittenten, deren Wertpapiere zum Handel an einem geregelten Markt zugelassen sind (Transparenzrichtlinie-Durchführungsverordnung – TranspRLDV) vom 13.03.2008, BGBl. I 2008, S. 408-413.

Verzeichnis der Rechtsquellen der EG/EU

Richtlinie 82/121/EWG des Rates vom 15. Februar 1982 über regelmäßige Informationen, die von Gesellschaften zu veröffentlichen sind, deren Aktien zur amtlichen Notierung an einer Wertpapierbörse zugelassen sind, in: Amtsblatt der EG Nr. L 048 vom 20.02.1982 (Zwischenberichtsrichtlinie).

Richtlinie 2004/109/EG des Europäischen Parlaments und des Rates vom 15. Dezember 2004 zur Harmonisierung der Transparenzanforderungen in Bezug auf Informationen über Emittenten, deren Wertpapiere zum Handel auf einem geregelten Markt zugelassen sind, und zur Änderung der Richtlinie 2001/34/EG, in: Amtsblatt der EG Nr. L 390 vom 31.12.2004 (Transparenzrichtlinie).

Richtlinie 2007/14/EG der Kommission vom 8. März 2007 mit Durchführungsbestimmungen zu bestimmten Vorschriften der Richtlinie 2004/109/EG zur Harmonisierung der Transparenzanforderungen in Bezug auf Informationen über Emittenten, deren Wertpapiere zum Handel an einem geregelten Markt zugelassen sind, in: Amtsblatt der EG Nr. L 69 vom 09.03.2007 (Richtlinie mit Durchführungsbestimmungen zur Transparenzrichtlinie).

Verordnung (EG) Nr. 1606/2002 des Europäischen Parlaments und des Rates vom 19. Juli 2002 betreffend die Anwendung internationaler Rechnungslegungsstandards, in: Amtsblatt der EG Nr. L 243 vom 11.09.2002 (IAS-Verordnung).

Verordnung (EG) Nr. 1126/2008 der Kommission vom 3. November 2008 zur Übernahme bestimmter internationaler Rechnungslegungsstandards gemäß der Verordnung (EG) Nr. 1606/2002 des Europäischen Parlaments und des Rates, in: Amtsblatt der EG Nr. L 320 vom 29.11.2008 (Verordnung (EG) Nr. 1126/2008).

Verordnung (EG) Nr. 1274/2008 der Kommission vom 17. Dezember 2008 zur Änderung der Verordnung (EG) Nr. 1126/2008 betreffend die Übernahme bestimmter internationaler Rechnungslegungsstandards in Übereinstimmung mit der Verordnung (EG) Nr. 1606/2002 des Europäischen Parlaments und des Rates im Hinblick auf International Accounting Standard (IAS) 1, in: Amtsblatt der EG Nr. L 339 vom 18.12.2008 (Verordnung (EG) Nr. 1274/2008).

Verzeichnis der Standards und Rahmengrundsätze

DRSC:

Deutscher Rechnungslegungs Standard Nr. 5: Risikoberichterstattung, Berlin 2005 (DRS 5).

Deutscher Rechnungslegungs Standard Nr. 6: Zwischenberichterstattung, Berlin 2001 (DRS 6).

Deutscher Rechnungslegungs Standard Nr. 15: Lageberichterstattung, Berlin 2005 (DRS 15).

Deutscher Rechnungslegungs Standard Nr. 16: Zwischenberichterstattung, Berlin 2008 (DRS 16).

Entwurf Deutscher Rechnungslegungs Standard Nr. 20: Lageberichterstattung, URL: http://www.drsc.de, Stand: 13. November 2003 (E-DRS 20).

Entwurf Deutscher Rechnungslegungs Standard Nr. 21: Zwischenberichterstattung, URL: http://www.drsc.de, Stand: 18. Dezember 2006 (E-DRS 21).

IASB:

Framework for the Preparation and Presentation of Financial Statements, in: International Financial Reporting Standards 2008, hrsg. v. IASB, London 2008, S. 69-94 (F).

International Accounting Standard 1, Darstellung des Abschlusses, in: Verordnung (EG) Nr. 1274/2008, S. 5-24, zuletzt geändert durch Verordnung (EG) Nr. 53/2009, S. 33-35 (IAS 1).

International Accounting Standard 7, Kapitalflussrechnungen, in: Verordnung (EG) Nr. 1126/2008, S. 27-33, zuletzt geändert durch Verordnung (EG) Nr. 1274/2008, S. 29 (IAS 7).

International Accounting Standard 8, Rechnungslegungsmethoden, Änderungen von rechnungslegungsbezogenen Schätzungen und Fehler, in: Verordnung (EG) Nr. 1126/2008, S. 34-41, zuletzt geändert durch Verordnung (EG) Nr. 1274/2008, S. 29 (IAS 8).

International Accounting Standard 10, Ereignisse nach der Berichtsperiode, in: Verordnung (EG) Nr. 1126/2008, S. 42-45, zuletzt geändert durch Verordnung (EG) Nr. 1274/2008, S. 30 (IAS 10).

International Accounting Standard 14, Segmentberichterstattung, in: Verordnung (EG) Nr. 1606/2002, S. 1-4, zuletzt geändert durch Verordnung (EG) Nr. 1274/2008, S. 32 (IAS 14).

International Accounting Standard 16, Sachanlagen, in: Verordnung (EG) Nr. 1126/2008, S. 72-82, zuletzt geändert durch Verordnung (EG) Nr. 1274/2008, S. 32 (IAS 16).

International Accounting Standard 19, Leistungen an Arbeitnehmer, in: Verordnung (EG) Nr. 1126/2008, S. 99-129, zuletzt geändert durch Verordnung (EG) Nr. 1274/2008, S. 32-33 (IAS 19).

International Accounting Standard 23, Fremdkapitalkosten, in: Verordnung (EG) Nr. 1260/2008, S. 12-15 (IAS 23).

International Accounting Standard 24, Angaben über Beziehungen zu nahe stehenden Unternehmen und Personen, in: Verordnung (EG) Nr. 1126/2008, S. 146-149 (IAS 24).

International Accounting Standard 27, Konzern- und Einzelabschlüsse, in: Verordnung (EG) Nr. 494/2009, S. 8-21 (IAS 27).

International Accounting Standard 33, Ergebnis je Aktie, in: Verordnung (EG) Nr. 1126/2008, S. 195-207, zuletzt geändert durch Verordnung (EG) Nr. 1274/2008, S. 36-37 (IAS 33).

International Accounting Standard 34, Zwischenberichterstattung, in: Verordnung (EG) Nr. 1126/2008, S. 208-214, zuletzt geändert durch Verordnung (EG) Nr. 1274/2008, S. 37-38 (IAS 34).

International Accounting Standard 36, Wertminderung von Vermögenswerten, in: Verordnung (EG) Nr. 1126/2008, S. 215-240, zuletzt geändert durch Verordnung (EG) Nr. 1274/2008, S. 38-39 (IAS 36).

International Accounting Standard 37, Rückstellungen, Eventualverbindlichkeiten und Eventualforderungen, in: Verordnung (EG) Nr. 1126/2008, S. 241-251, zuletzt geändert durch Verordnung (EG) Nr. 1274/2008, S. 39 (IAS 37).

International Accounting Standard 38, Immaterielle Vermögenswerte, in: Verordnung (EG) Nr. 1126/2008, S. 252-269, zuletzt geändert durch Verordnung (EG) Nr. 1274/2008, S. 39 (IAS 38).

International Accounting Standard 39, Finanzinstrumente: Ansatz und Bewertung, in: Verordnung (EG) Nr. 1126/2008, S. 270-322, zuletzt geändert durch Verordnung (EG) Nr. 53/2009, S. 35 (IAS 39).

International Accounting Standard 40, Als Finanzinvestition gehaltene Immobilien, in: Verordnung (EG) Nr. 1126/2008, S. 323-334, zuletzt geändert durch Verordnung (EG) Nr. 1274/2008, S. 41-42 (IAS 40).

International Financial Reporting Interpretations Committee 10, Zwischenberichterstattung und Wertminderung, in: Verordnung (EG) Nr. 1126/2008, S. 461.

International Financial Reporting Standard 3, Umenszusammenschlüsse, in: Verordnung (EG) Nr. 495/2009, S. 24-59 (IFRS 3).

International Financial Reporting Standard 5, Zur Veräußerung gehaltene langfristige Vermögenswerte und aufgegebene Geschäftsbereiche, in: Verordnung (EG) Nr. 1126/2008, S. 405-412, zuletzt geändert durch Verordnung (EG) Nr. 1274/2008, S. 28 (IFRS 5).

International Financial Reporting Standard 8, Geschäftssegmente, in: Verordnung (EG) Nr. 1126/2008, S. 432-438, zuletzt geändert durch Verordnung (EG) Nr. 1274/2008, S. 29 (IFRS 8).

Standing Interpretations Committee Interpretation 12, Konsolidierung – Zweckgesellschaften, in: Verordnung (EG) Nr. 1126/2008, S. 466-467 (SIC-12).

Verzeichnis der zitierten IFRS-Zwischenberichte

BASF SE (Hrsg.), Halbjahresfinanzbericht 2008, Ludwigshafen 2008.

BAYER AG (Hrsg.), Halbjahresfinanzbericht 2008, Leverkusen 2008.

BAYWA AG (Hrsg.), Halbjahresfinanzbericht 2008, München 2008.

DAIMLER AG (Hrsg.), Halbjahresfinanzbericht 2008, Stuttgart 2008.

DEUTSCHE EUROSHOP AG (Hrsg.), Halbjahresfinanzbericht 2008, Hamburg 2008.

DEUTSCHE POST AG (Hrsg.), Halbjahresfinanzbericht 2008, Bonn 2008.

DEUTSCHE TELEKOM AG (Hrsg.), Halbjahresfinanzbericht 2008, Bonn 2008.

E.ON AG (Hrsg.), Halbjahresfinanzbericht 2008, Düsseldorf 2008.

GERRY WEBER INTERNATIONAL AG (Hrsg.), Halbjahresfinanzbericht 2007/2008, Halle/Westfalen 2008.

GILDEMEISTER AG (Hrsg.), Halbjahresfinanzbericht 2008, Bielefeld 2008.

HEIDELBERGCEMENT AG (Hrsg.), Halbjahresfinanzbericht 2008, Heidelberg 2008.

KOENIG & BAUER AG (Hrsg.), Halbjahresfinanzbericht 2008, Würzburg 2008.

LANXESS AG (Hrsg.), Halbjahresfinanzbericht 2008, Leverkusen 2008.

MAN AG (Hrsg.), Halbjahresfinanzbericht 2008, München 2008.

MLP AG (Hrsg.), Halbjahresfinanzbericht 2008, Wiesloch 2008 .

PUMA AG (Hrsg.), Halbjahresfinanzbericht 2008, Herzogenaurach 2008.

RWE AG (Hrsg.), Halbjahresfinanzbericht 2008, Essen 2008.

SYMRISE AG (Hrsg.), Halbjahresfinanzbericht 2008, Holzminden 2008.

THYSSENKRUPP AG (Hrsg.), Halbjahresfinanzbericht 2007/2008, Düsseldorf 2008.

TUI AG (Hrsg.), Halbjahresfinanzbericht 2008, Hannover 2008.

WACKER CONSTRUCTION EQUIPMENT AG (Hrsg.), Halbjahresfinanzbericht 2008, München 2008.

Verzeichnis der untersuchten IFRS-Zwischenberichte

ADIDAS AG (Hrsg.), Halbjahresfinanzbericht 2008, Herzogenaurach 2008.

ALTANA AG (Hrsg.), Halbjahresfinanzbericht 2008, Wesel 2008.

ARCANDOR AG (Hrsg.), Halbjahresfinanzbericht 2007/2008, Essen 2008.

BASF SE (Hrsg.), Halbjahresfinanzbericht 2008, Ludwigshafen 2008.

BAUER AG (Hrsg.), Halbjahresfinanzbericht 2008, Schrobenhausen 2008.

BAYER AG (Hrsg.), Halbjahresfinanzbericht 2008, Leverkusen 2008.

BAYWA AG (Hrsg.), Halbjahresfinanzbericht 2008, München 2008.

BMW AG (Hrsg.), Halbjahresfinanzbericht 2008, München 2008.

C.A.T. OIL AG (Hrsg.), Halbjahresfinanzbericht 2008, Wien 2008.

CELESIO AG (Hrsg.), Halbjahresfinanzbericht 2008, Stuttgart 2008.

CONTINENTAL AG (Hrsg.), Halbjahresfinanzbericht 2008, Hannover 2008.

CTS EVENTIM AG (Hrsg.), Halbjahresfinanzbericht 2008, Bremen 2008.

CURANUM AG (Hrsg.), Halbjahresfinanzbericht 2008, München 2008.

D + S EUROPE AG (Hrsg.), Halbjahresfinanzbericht 2008, Hamburg 2008.

DEMAG CRANES AG (Hrsg.), Halbjahresfinanzbericht 2007/2008, Düsseldorf 2008.

DEUTSCHE BETEILIGUNGS AG (Hrsg.), Halbjahresfinanzbericht 2007/2008, Frankfurt am Main 2008.

DEUTSCHE BÖRSE AG (Hrsg.), Halbjahresfinanzbericht 2008, Frankfurt am Main 2008.

DEUTSCHE EUROSHOP AG (Hrsg.), Halbjahresfinanzbericht 2008, Hamburg 2008.

DEUTSCHE LUFTHANSA AG (Hrsg.), Halbjahresfinanzbericht 2008, Frankfurt am Main 2008.

DEUTSCHE POST AG (Hrsg.), Halbjahresfinanzbericht 2008, Bonn 2008.

DEUTZ AG (Hrsg.), Halbjahresfinanzbericht 2008, Köln 2008.

DIC ASSET AG (Hrsg.), Halbjahresfinanzbericht 2008, Frankfurt am Main 2008.

DÜRR AG (Hrsg.), Halbjahresfinanzbericht 2008, Stuttgart 2008.

ELEXIS AG (Hrsg.), Halbjahresfinanzbericht 2008, Wenden 2008.

EM.SPORT MEDIA AG (Hrsg.), Halbjahresfinanzbericht 2008, Ismaning 2008.

FRAPORT AG (Hrsg.), Halbjahresfinanzbericht 2008, Frankfurt am Main 2008.

FUCHS PETROLUB AG (Hrsg.), Halbjahresfinanzbericht 2008, Mannheim 2008.

GERRESHEIMER AG (Hrsg.), Halbjahresfinanzbericht 2007/2008, Düsseldorf 2008.

GERRY WEBER INTERNATIONAL AG (Hrsg.), Halbjahresfinanzbericht 2007/2008, Halle/ Westfalen 2008.

GFK AG (Hrsg.), Halbjahresfinanzbericht 2008, Nürnberg 2008.

GILDEMEISTER AG (Hrsg.), Halbjahresfinanzbericht 2008, Bielefeld 2008.

GRAMMER AG (Hrsg.), Halbjahresfinanzbericht 2008, Amberg 2008.

H&R WASAG AG (Hrsg.), Halbjahresfinanzbericht 2008, Salzbergen 2008.

HCI CAPITAL AG (Hrsg.), Halbjahresfinanzbericht 2008, Hamburg 2008.

HENKEL AG & CO. KGAA (Hrsg.), Halbjahresfinanzbericht 2008, Düsseldorf 2008.

HOCHTIEF AG (Hrsg.), Halbjahresfinanzbericht 2008, Essen 2008.

HUGO BOSS AG (Hrsg.), Halbjahresfinanzbericht 2008, Metzingen 2008.

INDUS HOLDING AG (Hrsg.), Halbjahresfinanzbericht 2008, Bergisch Gladbach 2008.

INTERHYP AG (Hrsg.), Halbjahresfinanzbericht 2008, München 2008.

JUNGHEINRICH AG (Hrsg.), Halbjahresfinanzbericht 2008, Hamburg 2008.

K+S AG (Hrsg.), Halbjahresfinanzbericht 2008, Kassel 2008.

KOENIG & BAUER AG (Hrsg.), Halbjahresfinanzbericht 2008, Würzburg 2008.

KUKA AG (Hrsg.), Halbjahresfinanzbericht 2008, Augsburg 2008.

LANXESS AG (Hrsg.), Halbjahresfinanzbericht 2008, Leverkusen 2008.

LEONI AG (Hrsg.), Halbjahresfinanzbericht 2008, Nürnberg 2008.

LINDE AG (Hrsg.), Halbjahresfinanzbericht 2008, München 2008.

MAN AG (Hrsg.), Halbjahresfinanzbericht 2008, München 2008.

MERCK KGAA (Hrsg.), Halbjahresfinanzbericht 2008, Darmstadt 2008.

METRO AG (Hrsg.), Halbjahresfinanzbericht 2008, Düsseldorf 2008.

MLP AG (Hrsg.), Halbjahresfinanzbericht 2008, Wiesloch 2008.

MPC MÜNCHMEYER PETERSEN CAPITAL AG (Hrsg.), Halbjahresfinanzbericht 2008, Hamburg 2008.

MVV ENERGIE AG (Hrsg.), Halbjahresfinanzbericht 2007/2008, Mannheim 2008.

PATRIZIA IMMOBILIEN AG (Hrsg.), Halbjahresfinanzbericht 2008, Augsburg 2008.

PFLEIDERER AG (Hrsg.), Halbjahresfinanzbericht 2008, Neumarkt 2008.

PRAKTIKER BAU- UND HEIMWERKERMÄRKTE HOLDING AG (Hrsg.), Halbjahresfinanzbericht 2008, Kirkel 2008.

PREMIERE AG (Hrsg.), Halbjahresfinanzbericht 2008, Unterföhring 2008.

PUMA AG (Hrsg.), Halbjahresfinanzbericht 2008, Herzogenaurach 2008.

RHEINMETALL AG (Hrsg.), Halbjahresfinanzbericht 2008, Düsseldorf 2008.

RHÖN-KLINIKUM AG (Hrsg.), Halbjahresfinanzbericht 2008, Bad Neustadt/Saale 2008.

RWE AG (Hrsg.), Halbjahresfinanzbericht 2008, Essen 2008.

SAP AG (Hrsg.), Halbjahresfinanzbericht 2008, Walldorf 2008.

SGL CARBON AG (Hrsg.), Halbjahresfinanzbericht 2008, Wiesbaden 2008.

SIEMENS AG (Hrsg.), Halbjahresfinanzbericht 2007/2008, München 2008.

SIXT AG (Hrsg.), Halbjahresfinanzbericht 2008, Pullach 2008.

SKW STAHL-METALLURGIE HOLDING AG (Hrsg.), Halbjahresfinanzbericht 2008, Unterneukirchen 2008.

SÜDZUCKER AG (Hrsg.), Halbjahresfinanzbericht 2008/2009, Mannheim 2008.

SYMRISE AG (Hrsg.), Halbjahresfinanzbericht 2008, Holzminden 2008.

TAKKT AG (Hrsg.), Halbjahresfinanzbericht 2008, Stuttgart 2008.

THYSSENKRUPP AG (Hrsg.), Halbjahresfinanzbericht 2007/2008, Düsseldorf 2008.

TOGNUM AG (Hrsg.), Halbjahresfinanzbericht 2008, Friedrichshafen 2008.

TUI AG (Hrsg.), Halbjahresfinanzbericht 2008, Hannover 2008.

VOLKSWAGEN AG (Hrsg.), Halbjahresfinanzbericht 2008, Wolfsburg 2008.

VOSSLOH AG (Hrsg.), Halbjahresfinanzbericht 2008, Werdohl 2008.

WACKER CONSTRUCTION EQUIPMENT AG (Hrsg.), Halbjahresfinanzbericht 2008, München 2008.

WINCOR NIXDORF AG (Hrsg.), Halbjahresfinanzbericht 2007/2008, Paderborn 2008.

Stichwortverzeichnis

J

K

L

M